rapid biological inventories : 16

T0132977

Perú: Matsés

Corine Vriesendorp, Nigel Pitman, José Ignacio
Rojas Moscoso, Brandy A. Pawlak, Lelis Rivera Chávez,
Luis Calixto Méndez, Manuel Vela Collantes,
Pepe Fasabi Rimachi, editores/editors

ENERO/JANUARY 2006

Instituciones Participantes /Participating Institutions

The Field Museum	The Field Museum
	Comunidad Nativa Matsés
CEDIA	Centro para el Desarrollo del Indígena Amazónico (CEDIA)
	Herbario Amazonense de la Universidad Nacional de la Amazonía Peruana
	Museo de Historia Natural de la Universidad Nacional Mayor de San Marcos
	Centro de Conservación, Investigación y Manejo de Áreas Naturales (CIMA-Cordillera Azul)

LOS INVENTARIOS BIOLÓGICOS RÁPIDOS SON PUBLICADOS POR/
RAPID BIOLOGICAL INVENTORIES REPORTS ARE PUBLISHED BY:

THE FIELD MUSEUM
Environment, Culture and Conservation
1400 South Lake Shore Drive
Chicago, Illinois 60605-2496, USA
T 312.665.7430, F 312.665.7473
www.fieldmuseum.org

Editores/Editors

Corine Vriesendorp, Nigel Pitman, José Ignacio Rojas Moscoso,
Brandy A. Pawlak, Lelis Rivera Chávez, Luis Calixto Méndez,
Manuel Vela Collantes, Pepe Fasabi Rimachi

Diseño/Design

Costello Communications, Chicago

Mapas/Maps

Dan Brinkmeier, Kevin Havener, Sergio Rabiela, Jorge Riviera

Traducciones/Translations

Patricia Álvarez, Andrea Nogués, Roosevelt García,
Guillermo Knell, Tatiana Pequeño, Laura Schreeg,
Amanda Zidek-Vanega

Cita sugerida/Suggested citation

C. Vriesendorp, N. Pitman, J. I. Rojas M., B. A. Pawlak, L. Rivera C.,
L. Calixto M., M. Vela C., P. Fasabi R. (eds.). 2006. Perú: Matsés.
Rapid Biological Inventories Report 16. Chicago, Illinois:
The Field Museum.

Créditos fotográficos/Photography credits

Carátula/Cover: *Platycarpum orinocense* (Rubiaceae) es una
especie rara y poco conocida, y es endémica de los bosques
de arena blanca. Foto de R. Foster./*Platycarpum orinocense*
(Rubiaceae) is a rare and poorly known species, and is endemic
to white-sand forests. Photo by R. Foster.

Carátula interior/Inner cover: Durante el inventario rápido de
la región Matsés descubrimos un complejo inmenso de bosques
de arena blanca, más grande que cualquier otro parche de arena
blanca conocido del Perú. Foto de R. Foster./During the rapid
inventory of the Matsés region we discovered a vast white-sand
forest complex, larger than any of the other white-sand habitat
patches known in Peru. Photo by R. Foster.

Láminas a color/Color plates: Figs. 1, 3B, 3C, 3D, 3G, 3J, 3K,
3L, 4A, 4B, 4C, 4E, 4F, 4G, 4H, 4I, 4J, 11E, 11F, 12B, R. Foster;
Figs. 3F, 3H, 4D, 5A, 8A, 10A, 10B, 10D, C. Vriesendorp;
Figs. 5B, 5C, 5D, 5E, 5F, M. Hidalgo; Figs. 6A, 6C, 7A, 7C, 7D,
10C, M. Gordo; Figs. 6B, 7B, G. Knell; Fig. 7E, M. Martins;
Figs. 8B, 8C, 8D, 8E, D. Stotz; Figs. 9A, 9B, H. Plenge;
Figs. 11A, 11C, P. Zanabria; Figs. 11B, 11D, 11I, D. Rivera;
Figs. 11G, 11H, A. Berardi.

 Impreso sobre papel reciclado/Printed on recycled paper

CONTENIDO/CONTENTS

INTEGRANTES DEL EQUIPO

EQUIPO DE CAMPO

Jessica Amanzo (*mamíferos*)
Universidad Peruana Cayetano Heredia
Lima, Perú

Luis Calixto Méndez (*caracterizacíon social*)
CEDIA, Lima, Perú

Nállarett Dávila Cardozo (*plantas*)
Universidad Nacional de la Amazonía Peruana
Iquitos, Perú

Pepe Fasabi Rimachi (*caracterizacíon social*)
Comunidad Nativa Matsés
Anexo San José de Añushi, Río Gálvez, Perú

Paul V. A. Fine (*plantas*)
Dept. of Ecology and Evolutionary Biology
University of Michigan, Ann Arbor, MI, EE. UU.

Robin B. Foster (*plantas*)
Environmental and Conservation Programs
The Field Museum, Chicago, IL, EE. UU.

Antonio Garate Pigati (*logística de campo*)
Universidad Ricardo Palma
Lima, Perú

Marcelo Gordo (*anfibios y reptiles*)
Universidade Federal do Amazonas
Manaus, Brasil

Max H. Hidalgo (*peces*)
Museo de Historia Natural
Universidad Nacional Mayor de San Marcos
Lima, Perú

Dario Hurtado (*logística de transporte*)
Policía Nacional del Perú, Lima, Perú

Guillermo Knell (*anfibios y reptiles, logística de campo*)
Environmental and Conservation Programs
The Field Museum, Chicago, IL, EE. UU.

Italo Mesones (*plantas*)
Universidad Nacional de la Amazonía Peruana
Iquitos, Perú

Debra K. Moskovits (*coordinadora*)
Environmental and Conservation Programs
The Field Museum, Chicago, IL, EE. UU.

Andrea Nogués (*caracterizacíon social*)
Center for Cultural Understanding and Change
The Field Museum, Chicago, IL, EE. UU.

Tatiana Pequeño (*aves*)
CIMA-Cordillera Azul
Lima, Perú

Dani Enrique Rivera González (*logística de campo*)
Museo de Historia Natural
Universidad Nacional Mayor de San Marcos
Lima, Perú

Lelis Rivera Chávez (*logística general, caracterizacíon social*)
CEDIA, Lima, Perú

José-Ignacio (Pepe) Rojas Moscoso (*logística de campo*)
Rainforest Expeditions
Tambopata, Perú

Robert Stallard (*geología*)
Smithsonian Tropical Research Institute
Ciudad de Panamá, Panamá

Douglas Stotz (*aves*)
Environmental and Conservation Programs
The Field Museum, Chicago, IL, EE. UU.

Miguel Angel Velásquez (*peces*)
Museo de Historia Natural
Universidad Nacional Mayor de San Marcos
Lima, Perú

Manuel Vela Collantes (*caracterizacíon social*)
Comunidad Nativa Matsés
Anexo Jorge Chávez, Río Gálvez, Perú

Corine Vriesendorp (*plantas, coordinadora*)
Environmental and Conservation Programs
The Field Museum, Chicago, IL, EE. UU.

Alaka Wali (*caracterizacíon social*)
Center for Cultural Understanding and Change
The Field Museum, Chicago, IL, EE. UU.

Patricio Zanabria (*caracterizacíon social*)
CEDIA, Lima, Perú

COLABORADORES

Los Anexos de la Comunidad Nativa Matsés:
Buen Perú, Buenas Lomas Antigua, Buenas Lomas Nueva,
Estirón, Jorge Chávez, Nuevo Cashishpi, Nuevo San Juan,
Paujíl, Puerto Alegre, San José de Añushi, San Mateo,
Santa Rosa, Remoyacu

La Junta Directiva de los Matsés

Gobierno Regional de Loreto
Loreto, Perú

Instituto Nacional de Recursos Naturales (INRENA)
Lima, Perú

United States Geological Survey

University of Colorado

University of Michigan

Asociación para la Conservación de la Cuenca Amazónica (ACCA)

PERFILES INSTITUCIONALES

The Field Museum

El Field Museum es una institución de educación y de investigación, basada en colecciones de historia natural, que se dedica a la diversidad natural y cultural. Combinando las diferentes especialidades de Antropología, Botánica, Geología, Zoología y Biología de Conservación, los científicos del museo investigan asuntos relacionados a evolución, biología del medio ambiente y antropología cultural. Medio Ambiente, Cultura, y Conservación (ECCo) es la división del museo dedicada a convertir la ciencia en acción que crea y apoya una conservación duradera de la diversidad biológica y cultural. ECCo colabora estrechamente con los residentes locales para asegurar su participación en conservación a través de sus valores culturales y fortalezas institucionales. Con la acelerada pérdida de la diversidad biológica en todo el mundo, la misión de ECCo es de dirigir los recursos del museo—conocimientos científicos, colecciones mundiales, programas educativos innovadores—a las necesidades inmediatas de conservación a un nivel local, regional, e internacional.

The Field Museum
1400 South Lake Shore Drive
Chicago, Illinois 60605-2496 EE.UU.
312.922.9410 tel
www.fieldmuseum.org

Comunidad Nativa Matsés

La Comunidad Nativa Matsés (CNM) es una institución jurídica inscrita en los registros públicos de Loreto, que agrupa a la gran mayoría de población indígena del grupo etnolingüístico Matsés del Perú. Su territorio fue titulado en el año 1993 y abarca una superficie de 452.735 ha en el Distrito de Yaquerana, Provincia de Requena, Región Loreto. La CNM está conformada por 13 Anexos ubicados en las márgenes del río Yaquerana, del río Gálvez y de la quebrada Chobayacu. Su población es cazadora y recolectora con una agricultura complementaria y está en proceso de sedentarización. Su organización tradicional está basada en relaciones de parentesco y alianzas matrimoniales. Las relaciones institucionales entre Anexos se dan a través de las Juntas de Administración y de éstas con la Comunidad, mediante la Asamblea General de Delegados, cuyos acuerdos son ejecutados por su Junta Directiva que representa legalmente a la Comunidad. No se encuentra afiliada a ninguna federación indígena por lo que es autónoma en sus decisiones.

Comunidad Nativa Matsés
Calle Las Camelias No. 162
Urb. San Juan Bautista
Iquitos, Perú
51.065.261235 tel/fax

Centro para el Desarrollo del Indígena Amazónico (CEDIA)

CEDIA es una organización civil peruana sin fines de lucro con más de 20 años de trabajo en favor de las poblaciones indígenas de la Amazonía peruana, mediante el ordenamiento territorial de cuencas, seguridad jurídica de la propiedad indígena, promoción y gestión participativa de planes de manejo de sus bosques.
Ha facilitado procesos de titulación de más de 350 comunidades nativas con casi 4 millones de hectáreas para 11.500 familias indígenas. CEDIA busca consolidar la propiedad indígena a través del fortalecimiento institucional comunitario y el manejo sostenible de recursos naturales y la biodiversidad. Sus actividades se ejecutan con los pueblos indígenas Machiguenga, Yine Yami, Ashaninka, Kakinte, Nanti, Nahua, Harakmbut, Urarina, Iquito, y Matsés en las cuencas del Alto y Bajo Urubamba, Apurímac, Alto Madre de Dios, Chambira, Nanay, Gálvez y Yaquerana.

Centro para el Desarrollo del Indígena Amazónico-CEDIA
Pasaje Bonifacio 166, Urb. Los Rosales de Santa Rosa
La Perla-Callao, Lima, Perú
51.1.420.4340 tel
51.1.457.5761 tel/fax
cedia+@amauta.rcp.net.pe

Herbario Amazonense de la Universidad Nacional de la Amazonía Peruana

El Herbario Amazonense (AMAZ) pertenece a la Universidad Nacional de la Amazonía Peruana (UNAP), situada en la ciudad de Iquitos, Perú. Fue creado en 1972 como una institución, dedicada a la educación e investigación de la flora amazónica. En el se preservan ejemplares representativos de la flora amazónica del Perú, considerada una de las más diversas del planeta. Además cuenta con una serie de colecciones provenientes de otros países. Su amplia colección es un recurso que brinda información sobre clasificación, distribución, épocas de floración y fructificación, y hábitats de los grupos vegetales como Pteridophyta, Gymnospermae y Angiospermae. Las colecciones permiten a estudiantes, docentes e investigadores locales y extranjeros disponer de material para sus actividades de enseñanza, aprendizaje, identificación e investigación de la flora. De esta manera, el Herbario Amazonense busca fomentar la conservación y divulgación de la flora amazónica.

Herbario Amazonense (AMAZ)
Universidad Nacional de la Amazonía Peruana
Esquina Pevas con Nanay s/n
Iquitos, Perú
51.65.222649 tel
herbarium@dnet.com

Museo de Historia Natural de la Universidad Nacional Mayor de San Marcos

El Museo de Historia Natural, fundado en 1918, es la fuente principal de información sobre la flora y fauna del Perú. Su sala de exposiciones permanentes recibe visitas de cerca de 50.000 escolares por año, mientras sus colecciones científicas—de aproximadamente un millón y medio de especímenes de plantas, aves, mamíferos, peces, anfibios, reptiles, así como de fósiles y minerales—sirven como una base de referencia para cientos de tesistas e investigadores peruanos y extranjeros. La misión del museo es ser un núcleo de conservación, educación e investigación de la biodiversidad peruana, y difundir el mensaje, a nivel nacional e internacional, de que el Perú es uno de los países con mayor diversidad de la Tierra y que el progreso económico dependerá de la conservación y uso sostenible de su riqueza natural. El museo forma parte de la Universidad Nacional Mayor de San Marcos, la cual fue fundada en 1551.

Museo de Historia Natural de la
Universidad Nacional Mayor de San Marcos
Avenida Arenales 1256
Lince, Lima 11, Perú
51.1.471.0117 tel
www.unmsm.edu.pe/hnatural.htm

Centro de Conservación, Investigación y Manejo de Áreas Naturales (CIMA-Cordillera Azul)

CIMA-Cordillera Azul es una organización peruana privada, sin fines de lucro, cuya misión es trabajar en favor de la conservación de la diversidad biológica, conduciendo el manejo de áreas naturales protegidas, promoviendo alternativas económicas compatibles con el ambiente, realizando y difundiendo investigaciones científicas y sociales, promoviendo las alianzas estratégicas y creando las capacidades necesarias para la participación privada y local en el manejo de las áreas naturales, y asegurando el financiamiento de las áreas bajo manejo directo.

CIMA-Cordillera Azul
San Fernando 537
Miraflores, Lima, Perú
51.1.444.3441, 242.7458 tel
51.1.445.4616 fax
www.cima-cordilleraazul.org.pe

AGRADECIMIENTOS

El éxito de nuestros inventarios rápidos depende en gran medida—si no es totalmente—de un sinnúmero de colaboradores que hacen posible este trabajo: desde la hospitalidad y ingeniosidad de los residentes locales, al gran entusiasmo y colaboración de nuestros colegas científicos, hasta el invalorable apoyo que siempre brindan las grandes entidades gubernamentales. Este inventario no fue una excepción. Aunque en las secciones abajo solamente podemos nombrar algunas de las personas que nos apoyaron, queremos agradecer sinceramente a todos y cada uno de las personas que hicieron posible este trabajo.

Nosotros no hubiéramos podido hacer nuestras investigaciones y estudios en estos espectaculares bosques que circundan la Comunidad Nativa Matsés sin la participación activa y el involucramiento integral de nuestros contrapartes y guias Matsés. Los miembros de la Comunidad participaron activamente en cada fase del inventario: preparando y construyendo campamentos y trochas como parte del equipo de avanzada; inventariando plantas, peces, anfibios, reptiles, aves y mamíferos como parte del equipo biológico; identificando las fortalezas tradicionales, como parte del equipo social. Realmente no podemos agradecer lo suficiente a los líderes Matsés y a nuestros guías de campo por habernos invitado a investigar e inventariar los bosques colindantes a sus tierras, por brindarnos hospitalidad en su comunidad y caseríos y por compartir con nosotros su visión del futuro del área.

Guillermo Knell una vez más estuvo a cargo de la complicada logística, coordinación y organización de los trabajos de avanzada antes y durante el inventario, y logró unir un formidable y multitalentoso equipo: José-Ignacio (Pepe) Rojas, Antonio Garate y Dani Rivera. El equipo de avanzada lideró la construcción de los helipuertos, campamentos y trochas. Además, Dani formó una parte integral del equipo herpetológico en Itia Tëbu, y Pepe contribuyó enormemente al inventario de aves en Actiamë.

Recibimos un apoyo excepcional de cada Anexo de la Comunidad Nativa Matsés. En Choncó, Pepe Rojas estuvo acompañado por Robinson Reyna de Jorge Chávez; Pepe Rodríguez, Antonio Reyna y Hernán Manuyama de Buen Perú; Pepe Vela, Benito Vela, y Andrés Fasabi de San José de Anushi; y Jorge Vaquí, Samuel Coya, y Daniel Tëca de San Juan. Dani Rivera y Antonio Garate estuvieron a cargo del campamento Itia Tëbu con Cesar Sánchez de Jorge Chávez; Eliseo Silvano y Oscar López de Remoyacu; Mariano Manuyama, Ramón Jiménez y Glen Manuyama de Buen Perú, Noe Silvano de Paujil; German Rodríguez y Hildebrando Tumí de San Mateo; además de Juan Tumí de San José de Añushi. Guillermo Knell lideró el equipo en Actiamë que incluía a Douglas Dunú y Daniel Nacuá de Puerto Alegre; Mario Binches, Julio Tumi, y Leonardo Dunu de Buenas Lomas Nueva; Tomás Nëcca y Jaime Teca de Buenas Lomas Antigua; Douglas Tumi y Luis Jiménez de Estirón; y Eliseo Tumi de Santa Rosa. Nuestra cocinera, Elisa Vela Collantes, se aseguró de tenernos bien alimentados durante el inventario.

El Comandante Dario Hurtado, de la Aviación Policial Nacional del Perú, una vez más coordinó brillantemente la complicada logística referente al transporte, inspirando calma en los momentos más tensos gracias a su gran capacidad y liderazgo para resolver rápidamente cualquier problema. Estamos muy agradecidos por el continuo apoyo y asistencia de la Policía Nacional del Perú y nuestros más sinceros agradecimientos al Capitán Johnny Aguirre y Carlos Espinosa, de Requena. También queremos agradecer a Carlos Gonzáles y Copters–Perú SAC por su apoyo en el campo.

Los ornitólogos agradecen a Tom Schulenberg por su ayuda en la revisión del capítulo de aves y a José (Pepe) Álvarez por su análisis minucioso de la grabación del canto de Hemitriccus de los bosques de arena blanca. El equipo de ictiólogos agradece a Hernán Ortega por sus invalorables comentarios al capítulo de peces, y los herpetólogos agradecen a Lily Rodríguez y Víctor Morales por ayudar en la identificación de algunas especies difíciles.

El equipo botánico está profundamente agradecido al Herbario Amazonense por proveer espacio para organizar y secar las muestras de plantas. Agradecemos enormemente a la directora, Meri Nancy Arévalo, por su ayuda y coordinación en nuestro trabajo en el herbario, además de liberar uno de los miembros del equipo que quedó encerrado inesperadamente en el herbario durante los paros de protesta que ocurrían en la ciudad de Iquitos. Algunos expertos nos ayudaron en la identificación de especímenes y fotografías; agradecemos a W. Anderson, N. Hensold, M. L. Kawasaki, J. Kuijt, J. Kullunki, D. Nelly, R. Ortiz-Gentry, C. Taylor y A. Vicentini.

El equipo social agradece a Eddy Mejía, Patricio Zanabria, Manuel Vela Collantes, Ángel Uaqui Dunu Maya y Santos Chuncun

Bai Beso, por compartir los resultados de sus trabajos preliminares de campo en los ríos Blanco y Tapiche. Esta información contribuyó en gran medida a la sección de la Historia de la Región y su Gente. Más importante aún es nuestro agradecimiento a todos los residentes Matsés de los Anexos ubicados a lo largo del río Yaquerana, río Gálvez y Quebrada Chobayacu, que nos recibieron en sus casas, que compartieron su amistad y que nos apoyaron durante todas las etapas del trabajo de campo.

Las oficinas de CEDIA en Lima e Iquitos nos apoyaron con muchos detalles; estamos especialmente agradecidos con Jorge Rivera por su valioso trabajo con los mapas y con Ronald Rodríguez por coordinar y administrar los detalles financieros de nuestro inventario en el Perú. También agradecemos al Hotel Sadicita en Requena y al Hotel Doral Inn en Iquitos, por tolerar el barro y lodo además del caos ocasional.

Como siempre, en Chicago tenemos un gran apoyo de nuestro increíble equipo: Tyana Wachter y Rob McMillan. Ellos ayudaron en cada aspecto, supervisando para que nuestro inventario funcionara de la mejor manera y sin complicaciones desde las primeras etapas del trabajo de avanzada, a la fase de campo, al análisis de resultados y hasta la distribución de nuestros reportes. Dan Brinkmeier y Kevin Havener produjeron excelentes mapas y dibujos hechos a mano y Sergio Rabiela brindó su invalorable asistencia técnica con las imágenes de satélite. Tuvimos mucha suerte de poder contar con la ayuda de un grupo de talentosos traductores y editores, nuestra más sincera gratitud para Patricia Álvarez, Andrea Nogués, Roosevelt García, Guillermo Knell, Tatiana Pequeño, Laura Schreeg, Doug Stotz y Tyana Wachter.

Jim Costello y su equipo en Costello Communications continúan dando todo de si en los diseños para capturar la esencia de cada lugar. Les estamos profundamente agradecidos por estos esfuerzos.

Nosotros agradecemos enormemente a la administración de The Field Museum por su apoyo continuo, y a la Gordon and Betty Moore Foundation por su apoyo financiero a este inventario. Finalmente, queremos agradecer al Gobierno Regional de Loreto y al INRENA por continuar invitándonos a participar en la conservación del Perú y de sus bosques tan excepcionales.

La meta de los inventarios rápidos—biológicos y sociales
—es catalizar acciones efectivas para la conservación en
regiones amenazadas, las cuales tienen una alta riqueza y
singularidad biológica.

Metodología

En los inventarios biológicos rápidos, el equipo científico se
concentra principalmente en los grupos de organismos que sirven
como buenos indicadores del tipo y condición de hábitat, y que
pueden ser inventariados rápidamente y con precisión. Estos
inventarios no buscan producir una lista completa de los organismos
presentes. Más bien, usan un método integrado y rápido (1) para
identificar comunidades biológicas importantes en el sitio o región
de interés y (2) para determinar si estas comunidades son
excepcionales y de alta prioridad a nivel regional o mundial.

En los inventarios rápidos de recursos y fortalezas culturales y
sociales, científicos y comunidades trabajan juntos para identificar
el patrón de organización social y las oportunidades de colaboración
y capacitación. Los equipos usan observaciones de los participantes
y entrevistas semi-estructuradas para evaluar las fortalezas de las
comunidades locales que servirán de punto de inicio para
programas extensos de conservación.

Los científicos locales son clave para el equipo de campo.
La experiencia de estos expertos es particularmente crítica para
entender las áreas donde previamente ha habido poca o ninguna
exploración científica. A partir del inventario, la investigación y
protección de las comunidades naturales y el compromiso de las
organizaciones y las fortalezas sociales ya existentes, dependen
de las iniciativas de los científicos y conservacionistas locales.

Una vez completado el inventario rápido (por lo general en
un mes), los equipos transmiten la información recopilada a las
autoridades locales y nacionales, responsables de las decisiones,
quienes pueden fijar las prioridades y los lineamientos para las
acciones de conservación en el país anfitrión.

Fechas del trabajo de campo	25 de octubre al 6 de noviembre del 2004
Región	Provincia de Loreto, región noreste de la Amazonía peruana, en el gran interfluvio entre los ríos Blanco, Gálvez y Yaquerana. El área delimita al oeste con las cabeceras del río Gálvez, a unos 3 km del río Blanco. Al sur, colinda con la propuesta Zona Reservada Sierra del Divisor; al este, colinda con la Comunidad Nativa Matsés; y al norte se encuentra a 150 km de Iquitos (Figura 2). La vasta extensión de selva baja contiene una variedad excepcional de suelos y bosques.
Sitios muestreados	Tres sitios en el llano amazónico que rodean la Comunidad Nativa Matsés: Choncó, en la cuenca media del río Gálvez; Itia Tëbu, en las cabeceras del río Gálvez cerca al río Blanco; y Actiamë en el margen del canal principal del río Yaquerana (Figuras 3A, E, I).
Organismos estudiados	Plantas vasculares, peces, reptiles y anfibios, aves, y mamíferos grandes
Resultados principales	Nuestro resultado más sorprendente y espectacular fue encontrar un gran archipiélago de bosques de arena blanca, o varillales, en las cabeceras del río Gálvez. Estos varillales—desconocidos por el mundo científico hasta este inventario—representan un hábitat poco común en el Perú y en el resto de la Amazonía, con un alto endemismo en flora y fauna. Por la gran variación edáfica en toda la propuesta Reserva Comunal, desde suelos pobres del varillal hasta suelos muy fértiles, las comunidades biológicas representan una muestra casi completa de la extraordinaria diversidad de plantas y animales conocida de los bosques de tierra firme en la Amazonía peruana.

Plantas: Los bosques en la propuesta Reserva Comunal Matsés son tremendamente heterogéneos y diversos y parecen albergar una diversidad de plantas más alta que cualquier reserva peruana en selva baja. El equipo registró ~1.500 especies de plantas en el campo y estima una flora regional de 3.000-4.000 especies. De las más de 500 especies fértiles colectadas durante el inventario, varias especies comunes aparentan ser nuevas para el Perú y/o para la ciencia. Los bosques están notablemente intactos.

Peces: Durante las dos semanas de muestreo en ríos, cochas y quebradas de aguas negras, blancas y claras, el equipo registró 177 especies, de las más de 300 especies estimadas para la región. Diez de las especies registradas son nuevas para el Perú y hasta ocho podrían ser nuevas para la ciencia. Mucha de la diversidad íctica se concentra en las quebradas de bosque, con una riqueza alta de especies ornamentales (tetras, cíclidos, pez lápiz). Los ríos grandes

Resultados principales (continuación)	soportan poblaciones saludables de especies de consumo incluyendo el paiche, tucunaré, doncella y arahuana. **Reptiles y anfibios:** El equipo herpetológico registró 74 especies de anfibios y 35 de reptiles (18 lagartijas, 13 culebras, 2 lagartos, 2 tortugas) durante el inventario. Tres de las especies de anfibios aparentan ser nuevas para la ciencia, entre ellas una especie potencialmente restringida a los varillales (un *Dendrobates* con patas doradas, Figura 6C). Los herpetólogos descubrieron un género nuevo para el Perú, *Synapturanus* (Figura 7C), cuando escucharon el canto de esta especie subterránea debajo del barro. El equipo estima más de 200 especies de anfibios y reptiles para la región, incluyendo 100-120 anfibios, 25 lagartijas, 4 lagartos, 8 tortugas y 70 culebras. **Aves:** En los 14 días del inventario, el equipo ornitológico registró 416 de las 550 especies de aves estimadas para la región. Varios registros de aves constituyen importantes extensiones de rango y cuatro especies son de distribución local, con menos de 10 registros previos. Los tres sitios de muestreo fueron marcadamente diferentes en cuanto a la comunidad de aves (diversidad y abundancia de especies), principalmente por diferencias en hábitats. El equipo registró 2 especies de aves especialistas en hábitats de arena blanca durante el inventario, y una de ellas podriá ser nueva para la ciencia. Con inventarios adicionales se espera encontrar más especies especialistas en el gran archipiélago de varillales en la región Matsés. **Mamíferos:** La Amazonía occidental es conocida como una de las zonas de más alta diversidad de mamíferos en el mundo. La propuesta Reserva Comunal Matsés no es la excepción, con 65 especies de mamíferos grandes estimadas para la región y 43 especies registradas durante el inventario. El área soporta poblaciones saludables de muchas especies amenazadas con extinción al nivel global, incluyendo una densidad impresionante de los primates mayores (mono choro, maquisapa, Figura 9A). Dos especies raras y amenazadas de monos, *Cacajao calvus* y *Callimico goeldii*, han sido reportadas para la zona, pero no fueron vistas durante el inventario. La comunidad de mamíferos en la zona parece ser excepcionalmente intacta sin indicaciones de cacería.
Comunidades humanas	Los Matsés han vivido en la región por generaciones, en ambos lados de la frontera entre Perú y Brasil. En 1993, con el asesoramiento de CEDIA, los Matsés del Perú lograron titular sus tierras, formando la Comunidad Nativa Matsés (CNM: 452.735 ha). La CNM cuenta con una población estimada de 1.700 personas, dispersadas entre 13 Anexos (Figura 11E) ubicados a lo largo de la Quebrada Chobayacu, y de los ríos Yaquerana y Gálvez.

Amenazas principales	La extracción forestal, en conjunto con sus efectos secundarios (caminos de tractores [Figura 10D], puntos de entrada para agricultores), es una de las amenazas más serias para la región. Al lado oeste del río Blanco, un territorio contemplado para concesiones forestales se sobrepone con los bosques de arena blanca. Estos bosques—con sus árboles extremadamente delgados y cortos—son de tan baja productividad que generaciones de Matsés los han reconocido como lugares improductivos para la caza y la agricultura. La destrucción en otros bosques de arena blanca (p. ej., los bosques alrededor de Iquitos en la cuenca del río Nanay), nos indica que la extracción forestal en esta área no solo sería de muy baja productividad y una pérdida económica, sino también destruiría el varillal con toda su singularidad biológica.
	No solamente en el río Blanco existen presiones de extracción de recursos. En la cuenca del río Gálvez, los Matsés enfrentan fuertes presiones por madereros y otros comerciantes que buscan acceso a los recursos naturales dentro de la Comunidad Nativa.
Antecedentes y estado actual	Los Matsés han vivido en los bosques de los alrededores y dentro de la Comunidad Nativa Matsés durante generaciones. En conjunto con CEDIA han estado buscando una protección formal y legal para esta área durante 14 años. La Comunidad Nativa Matsés, con los resultados de este inventario rápido y el trabajo previo de CEDIA en el área, proponen la protección de 391.592 ha para establecer la Reserva Comunal Matsés en la selva diversa de las tierras que bordean su territorio. También proponen una ampliación de 61.282 ha de su Comunidad Nativa hacia el sur.
Principales recomendaciones para la protección y el manejo	01 Establecer la Reserva Comunal Matses (391.592 ha, Figura 2, Mapa 1) para proteger un gradiente casi completo de hábitats de tierra firme que rodean la CN Matsés.
	02 Proveer la categoría más alta de protección para los extensos varillales (Mapa 2), que son de mínimo potencial para el uso—comercial o de subsistencia—pero de extrema fragilidad y que además albergan especies únicas (Figs. 4A, B, C, E, H, I).
	03 Proveer protección adecuada a las cabeceras de los ríos Gálvez y Yaquerana, y a las fuentes de animales y plantas de gran importancia para los Matsés.
	04 Asegurar que la administración de la propuesta área natural protegida, la Reserva Comunal Matsés, involucre integralmente al Jefe, la Junta Directiva, y la Asociación de Jóvenes de la Comunidad Nativa Matsés.
	05 En conjunto con los Matsés elaborar planes de manejo para el uso de recursos naturales en el territorio de la Comunidad Nativa Matsés.

Mapa 1

**Areas propuestas que colindan
con la Comunidad Nativa Matsés**

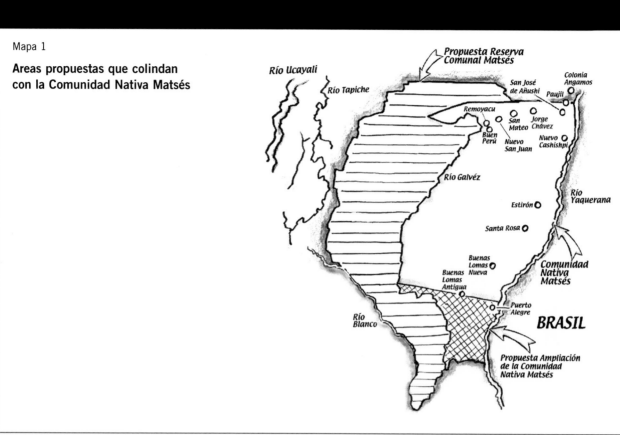

Mapa 2

**Bosques de Arena Blanca
en la región**

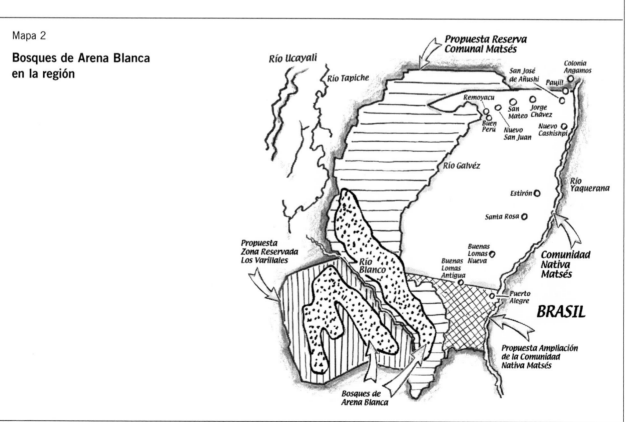

Beneficios de conservación a largo plazo

El área de conservación que proponemos para la región de los Matsés presenta **una oportunidad única para la protección** de un mosaico imponente de hábitats y micro-hábitats en la región, encapsulando la mayoría de **la extraordinaria diversidad de plantas y animales** que hace famoso al departamento de Loreto. La conservación de los bosques de la propuesta Reserva Comunal Matsés también fortalecerá la diversidad cultural, proporcionando refugio a **los Matsés y sus conocimientos sobre los recursos naturales** acumulados por generaciones. Con la creación de esta área de conservación protegemos:

01 un área con alto valor biológico y cultural

02 los extensos varillales, hábitats escasos y poco estudiados con alto endemismo de flora y fauna

03 un gradiente de hábitats continuos que representan los principales hábitats de tierra firme en la Amazonía

04 las cabeceras de los ríos Gálvez y Yaquerana

05 un área fuente de animales y plantas de alta importancia para los Matsés

06 el compromiso de los Matsés para manejar sus recursos naturales

¿Por qué Matsés?

A primera vista, la región de Matsés parece ser un área típica de los bosques amazónicos de tierras bajas—húmedos, hiperdiversos, y con una abundante vida silvestre. La región está dominada por colinas suaves y abruptas, y el prístino bosque es atravesado por quebradas y ríos. Desde el espacio, las imágenes satelitales revelan un mosaico rico en tonos verdosos que reflejan la diversidad de plantas que se encuentra en esta región, salpicada por manchas moradas que indican los pantanos o el azul profundo que representa un bosque en regeneración o algún claro (Figura 2). Sin embargo, una mirada más cercana nos revela unas bandas anchas de bosque, en ambos lados del río Blanco, que reflejan unas sombras de color lila; estos tonos inesperados fueron nuestro primer indicio de que la región de Matsés era extraordinaria.

Estas áreas lilas fueron un misterio para nosotros. En los sobrevuelos iniciales vimos grandes poblaciones de palmeras pequeñas de *Mauritia* y *Euterpe*, lo que nos hizo especular que nuestro inventario en estas áreas nos llevaría a conocer un bosque pantanoso enano. Sin embargo, una vez en el terreno nos dimos cuenta de que estas palmeras no eran ni *Mauritia flexuosa* ni *Euterpe precatoria*, típicas de la Amazonía, más bien eran sus parientes que viven en arenas blancas, *Mauritia carana* (Figura 3G) y *Euterpe catinga* (Figura 4J). Estas áreas de color lila representan un complejo enorme de bosques de arena blanca, que no había sido visitado previamente por los científicos y el más grande de todos los bosques de arena blanca existentes en el Perú (Figura 12A).

Los pobladores nativos de Matsés tienen un conocimiento profundo de los recursos naturales existentes dentro de sus territorios. Ellos conocían estas áreas de arenas blancas desde hace mucho tiempo y las consideraban áreas frágiles y sagradas. Por generaciones han sabido que estas áreas no son productivas para la agricultura debido a los pocos nutrientes del suelo y poco adecuadas para cazar debido a la escasez de animales ahí presentes.

Pero no sólo los bosques de arenas blancas nos impresionaron durante nuestro inventario. Esta región alberga una representación casi completa de los diferentes tipos de bosques y ríos de la baja Amazonía. En todos los sitios que visitamos, durante un solo día podíamos caminar por bosques inundables, tupidos bosques de tierra firme, bajiales húmedos y pantanos, todos estos hábitats en diferentes tipos de suelos. Este mosaico de hábitats, con su fertilidad de suelo y sus gradientes hidrológicos, representa un laboratorio importante para la evolución. La preservación de la propuesta Reserva Comunal Matsés y los varillales adyacentes, con la profunda participación de los Matsés, protegerá este mosaico, rico y único, para las futuras generaciones.

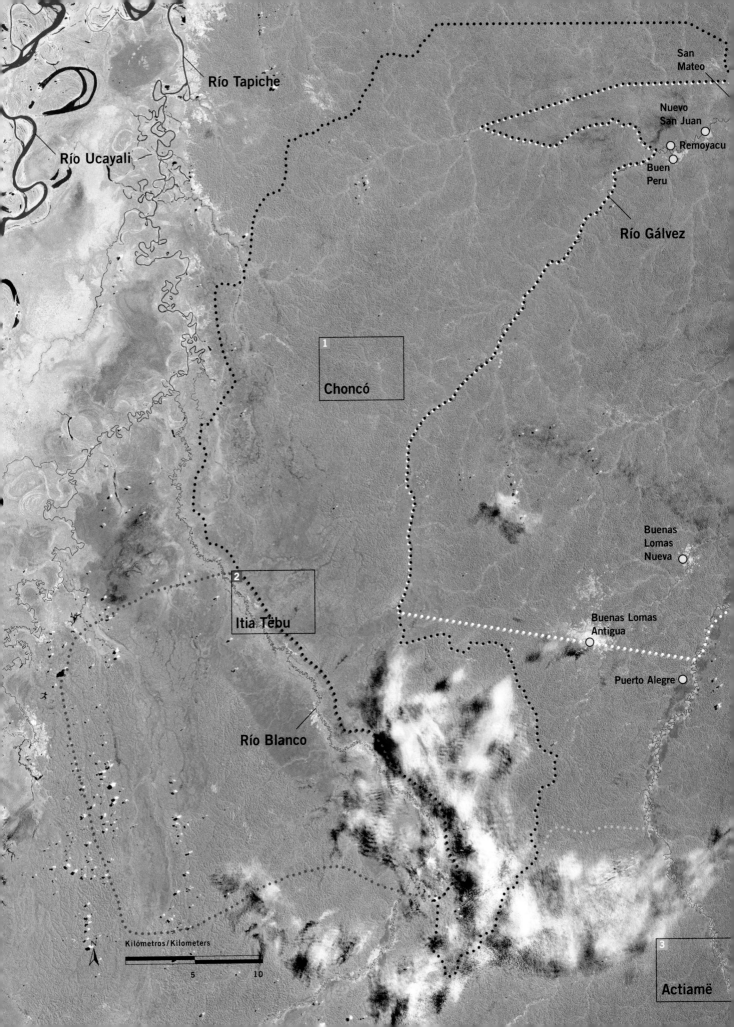

Río Tapiche

Río Ucayali

San Mateo

Nuevo San Juan

Remoyacu

Buen Peru

Río Gálvez

1

Choncó

Buenas Lomas Nueva

2

Itia Tëbu

Buenas Lomas Antigua

Puerto Alegre

Río Blanco

N

Kilómetros / Kilometers

5   10

3

Actiamë

Colonia
Angamos

Paujil

Jorge
Chávez

San José
de Añushi

Nuevo
Cashishpi

Estirón

Santa
Rosa

Río Yaquerana

BRASIL

PERÚ: Matsés

FIG.2 La región de los Matsés es una de las más diversas del planeta. Un rico e inmenso mosaico de planicies de río, pantano y bosques de tierra firme se extiende entre los ríos Ucayali y Yaquerana. En la imagen satelital (16 ago 2000) destacamos algunos de los hábitats más sobresalientes, los ríos más grandes, y nuestros tres sitios de inventario. Indicamos los 13 Anexos dentro de la Comunidad Nativa Matsés y la propuesta de ampliación hacia el sur. Señalamos también los limites de las dos áreas de conservación propuestas: la Reserva Comunal Matsés y la Zona Reservada Los Varillales./ The Matsés region is one of the most diverse on the planet. A rich mosaic of floodplains, swamps, and terra firme forests stretches virtually uninterrupted between the Ucayali and Yaquerana rivers. On the satellite image (16 Aug 2000) we high-light some of the most obvious habitat types, the major rivers, and our three inventory sites. We indicate the 13 settlements (*Anexos*) within the Comunidad Nativa Matsés, and outline the southern expansion proposed by the Matsés for their lands. We also outline the boundaries for the two proposed conservation areas: the Reserva Comunal Matsés and the Zona Reservada Los Varillales.

Tipos de Vegetación/
Vegetation Types

Areas abiertas y/o
deforestadas/Cleared
and/or open areas

Bosques de arena
blanca/White-sand
Forests

Bosque de colinas
bajas/Lowland forest
with gentle hills

Bosques de colinas
altas/Lowland forest
with steep hills

Aguajal/Mauritia
palm swamp

Asentamento humano/
Human settlement

••• Comunidad Nativa
Matsés (452,735 ha)

••• Propuesta Reserva
Comunal Matsés/
Proposed Reserva
Comunal Matsés
(391,592 ha)

••• Propuesta ampliación
de la Comunidad Nativa
Matsés/Proposed
extension of the
Comunidad Nativa
Matsés (61,282 ha)

••• Propuesta Zona Reservada
Los Varillales/Proposed
Zona Reservada Los
Varillales (195,365 ha)

● Anexos
(asentamentos Matsés/
Matsés settlements)

Campamentos/Camps

1 Choncó

2 Itia Tëbu

3 Actiamë

Nuestro sitio mas sureño, Actiamë, se ubica dentro de la actual propuesta de la Zona Reservada Sierra del Divisor. Como los Matsés utilizan los bosques dentro y alrededor de Actiamë, recomendamos incluirles estrechamente en los planes de conservación y manejo a largo plazo para esta zona de Sierra del Divisor./ Our southernmost site, Actiamë now lies outside the proposed Reserva Comunal Matsés and falls within the proposed zona Reservada Sierra del Divisor. Given that the Matsés use the forests in and around Actiamë we recommend involving them intimately in the conservation and managment plans for this region of Sierra del Divisor.

Ecuador

Iquitos

PERÚ

Brasil

Oceano
Pacífico

Lima

FIG.3A, E, I Nuestros tres sitios de inventario cubren un gradiente casi completo de fertilidad de suelo, desde suelos pobres de arena blanca en Itia Tëbu, hasta suelos intermedios en Choncó, hasta suelos ricos y fértiles en Actiamë./ Our three inventory sites span a near-complete soil fertility gradient, from poor white-sand soils at Itia Tëbu; to intermediate soils at Choncó; to rich, fertile soils at Actiamë.

mpamento 1/Camp 1 ▶

.3B Los bosques de tierra me dominan las colinas bajas Choncó./Terra firme forests minate the low hills at Choncó.

.3C La palmera *choncó* *holidostachys synanthera*) unda en esta región y es eferida por los Matsés para s techos./The *choncó* palm *holidostachys synanthera*) ounds here, and is favored by e Matsés for roof thatching.

.3D Aguas claras forman a red de drenaje en los valles cillosos./Clearwater streams m a large drainage network the clay bottomlands.

mpamento 2/Camp 2 ▶

.3F Esta es el área más extensa bosques de arena blanca en todo Perú./This is the largest patch of ite-sand forests anywhere in Peru.

.3G Miles de individuos de la lmera *Mauritia carana*, conocido r los Matsés como *itia tëbu*, ecen en esta área./*Mauritia* rana palms, known to the Matsés *itia tëbu*, number in the ousands here.

.3H Muchas de las especies los bosques de arena blanca isten solamente en estos bitats./Many species in ite-sand forests occur only these habitats.

mpamento 3/Camp 3 ▶

.3J Bosques diversos cubren s colinas altas de Actiamë./ verse forests blanket the high lls at Actiamë.

.3K Abundantes árboles en uto atrajeron una profusión de una./Abundant fruiting trees at is site attracted plentiful fauna.

.3L Acampamos al lado del o Yaquerana (*actiamë* en Matsés) ue define la frontera con Brasil./ e camped along the Yaquerana ver (*actiamë* in Matsés) that rms the Peru-Brazil border.

3A

río Blanco

3E

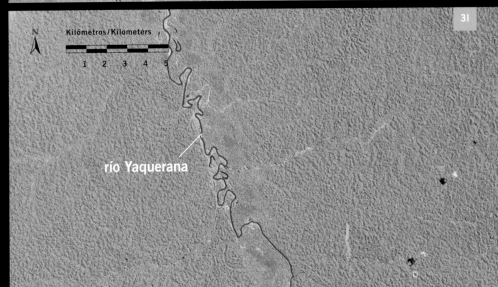

río Yaquerana

3I

FIG.4A Todas las copas con flores blancas son *Platycarpum orinocense*, revelando su dominancia en los bosques de arena blanca./All the white-flowered crowns are *Platycarpum orinocense*, demonstrating its dominance of the white-sand forests.

FIG.4B *Protium* es un género diverso en la región y esta especie es probablemente nueva para la ciencia./*Protium* is a diverse genus in this region, and this species is probably new to science.

FIG.4C Antes de nuestra expedición, esta especie endémica de arenas blancas, *Platycarpum orinocense* (Rubiaceae), había sido colectada solamente tres veces en el Perú./Prior to our trip the white-sand endemic *Platycarpum orinocense* (Rubiaceae) had been collected only three times in Peru.

FIG.4D Recolectamos ~500 muestras fértiles durante el inventario./We collected ~500 fertile plants during the inventory.

FIG.4E *Pachira brevipes* es una especie endémica a bosques de arena blanca./*Pachira brevipes* is

FIG.4F En Actiamë, las Moraceae fueron especialmente diversas./At Actiamë, plants in the Moraceae family were especially diverse.

FIG.4G La diversidad regional de palmeras es excepcionalmente alta; registramos más de 55 especies./Regional palm diversity is extremely high; we recorded more than 55 species.

FIG.4H Sospechamos que por lo menos una docena de especies de plantas son nuevas para la ciencia, incluyendo esta *Pleurisanthes* (Icacinaceae)./We suspect at least a dozen plant species are new to science, including this

FIG.4I Encontramos un árbol de *Dicorynia*, un género nuevo para el Perú, creciendo en el Anexo Matsés de Remoyacu./We found a *Dicorynia* tree, a new genus for Peru, growing in the Matsés village of Remoyacu.

FIG.4J Encontramos las palmeras *Euterpe catinga* unicamente en suelos extremadamente pobres./We found *Euterpe catinga* palms only on extremely poor soils.

FIG.5A Estimamos unas 350 especies de peces para la región./We estimate some 350 species of fishes for the region.

FIG.5B Este pequeño bagre (*Pariolius* sp.) parece ser una especie nueva para la ciencia./ This small catfish (*Pariolius* sp.) appears to be new to science.

FIG.5C Las lagunas en la región de los Matsés albergan gran cantidad de peces./Lakes in the Matsés region harbor large fish populations.

FIG.5D Las pirañas (*Serrasalmus* sp.) son importantes en la dieta Matsés./Piranas (*Serrasalmus* sp.) are important in the Matsés diet.

FIG.5E Esta *Ammocryptocharax* es un nuevo género para el Perú y podría ser una especie nueva para la ciencia./This *Ammocryptocharax* is a new genus for Peru, and could be a new species in science.

FIG.5F Encontramos *Myoglanis koepckei*, una especie muy rara y escasa, comúnmente en las quebradas arenosas./We found *Myoglanis koepckei*, a rare and scarce species, commonly in sandy streams.

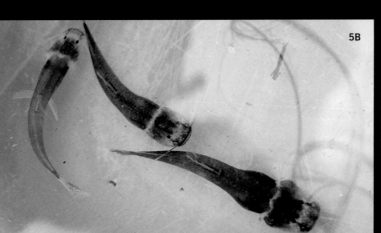

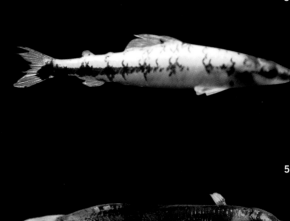

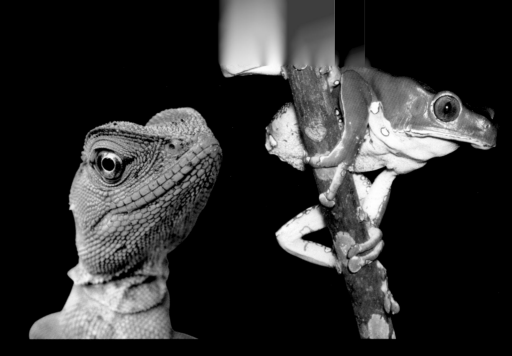

FIG.6A Registramos 18 especies de lagartijas, incluyendo a *Enyalioides laticeps.*/We recorded 18 species of lizards, including *Enyalioides laticeps.*

FIG.6B Los Matsés usan las secreciones de la piel de *Phyllomedusa bicolor* en sus rituales./Matsés use skin secretions of *Phyllomedusa bicolor* in their rituals.

FIG.6C Este *Dendrobates* del grupo *quinquevittatus* es nuevo para la ciencia, y parece ocurrir solamente en hábitats de arena blanca./This *Dendrobates* in the *quinquevittatus* group is new to science and appears to occur only in white-sand habitats.

6C

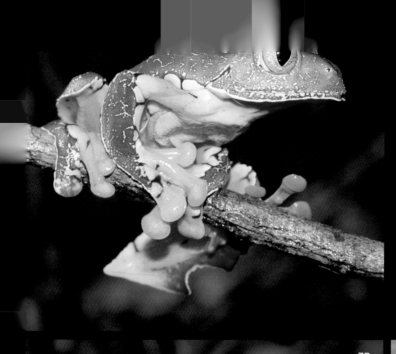

FIG.7A Encontramos 74 especies de anfibios durante el inventario, incluyendo *Agalychnis craspedopus*/ We found 74 species of amphibians during the inventory, including *Agalychnis craspedopus*.

FIG.7B La rana rara y nocturna, *Phrynohyas resinifictrix,* vive en la copa de los árboles./The rare and nocturnal frog, *Phrynohyas resinifictrix,* lives in tree canopies.

FIG.7C Este *Synapturanus* cf. *rabus* es un genero nuevo para el Perú y una extensión de rango de 500 km para la especie./Our record of *Synapturanus* cf. *rabus* is a new genus for Peru, and a 500-km range extension for the species.

FIG.7D El sapo raro *Hemiphractus scutatus* fue registrado tres veces en el bosque de arena blanca./ The rare frog *Hemiphractus scutatus* was registered three times in the white-sand forest.

FIG.7E Una especie extremadamente rara y poco conocida, *Bothrops brazili,* fue encontrada por algunos Matsés en el equipo de avanzada./ An extremely rare and little known species, *Bothrops brazili,* was found by several Matsés on the advance team.

7B

7D

FIG.8A El río Blanco fue nuestra única área de muestreo dentro del drenaje del Ucayali./Río Blanco is the only area we surveyed within the Ucayali drainage.

FIG.8B La batará crestinegro, *Sakesphorus canadensis*, fue registrada solamente en una cocha de águas negras cerca del río Blanco./Black-crested Antshrike, *Sakesphorus canadensis*, was recorded only along the blackwater lake near the Río Blanco.

FIG.8C El Zafiro barbiblanco (*Hylocharis cyanus*) fue una de las pocas aves restringidas a arenas blancas./White-chinned Sapphire (*Hylocharis cyanus*) was one of the few birds restricted to white-sand habitats.

FIG.8D Encontramos un puñado de especies, incluyendo a Chotacabras negruzca (*Caprimulgus nigrescens*), incubando huevos./We found a handful of species, including Blackish Nightjar (*Caprimulgus nigrescens*), actively nesting.

FIG.8E *Galbula cyanicollis* tiene un rango restringido dentro del Perú y fue encontrado en Actiamë y Choncó./*Galbula cyanicollis* has a restricted range within Peru and was found at Actiamë and Choncó.

FIG.9A Doce especies de monos, incluyendo a *Ateles paniscus*, fueron registrados durante el inventario./Twelve species of monkey, including *Ateles paniscus*, were registered during the inventory.

FIG.9B Especies vulnerables a la caza, como *Mazama americana*, eran comunes en Choncó y Actiamë./Species vulnerable to hunting, like *Mazama americana*, were common in Choncó and Actiamë.

10A

10B

10C

10D

FIG.10A Aunque encontramos cartuchos de escopeta por el río Blanco, la presión de caza parece ser mínima en la zona./ Though we found shotgun shells along the Río Blanco, hunting impacts appear to be minimal in the region.

FIG.10B Los Matsés cazan a lo largo del río Yaquerana, al sur de la Comunidad Nativa./ Matsés hunt along the Río Yaquerana, south of the Comunidad Nativa.

FIG.10C Los bosques de arena blanca son frágiles y crecen lentamente; estos caminos de tractor podrían demorar centenares de años en regenerarse./ White-sand forests are fragile and slow-growing; these tractors trails may take hundreds of years to regenerate.

FIG.10D Encontramos restos de un antiguo campamento de narcotraficantes cerca del río Yaquerana./ We found remains of an old, illegal drug processing camp along the Río Yaquerana.

11F

11G

11H

11I

Río Ucayali

8

Río Blanco

1. Jenaro Herrera
2. Tamshiyacu
3. Allpahuayo Mishana
4. Nanay
5. Alto Nanay
6. Morona
7. Jeberos
8. Matsés

N

...de arena blanca son un habitat sumamente raro, representando menos de 1% de la selva baja peruana. Estos bosques en la región Matsés son ahora la extensión más grande de arena blanca conocida en el Perú./ Stunted white-sand forests are an exceedingly rare habitat, representing less than 1% of Peruvian lowland forest. These Matsés forests are now the largest patch of this white-sand habitat known for Peru.

12B

¿Por qué proteger los varillales?

Los bosques que crecen sobre los suelos de arena blanca (conocidos en el Perú como varillales) tienen la diversidad de especies más baja de todas las comunidades del bosque amazónico. Típicamente, los árboles tienen poco diámetro y son bajos y hay una escasez de animales. ¿Por qué debemos conservar estas comunidades de baja diversidad?

Aunque los bosques de arena blanca son casi cinco veces menos diversos que los bosques más ricos de la tierra firme de la Amazonía, generalmente las especies que ocurren allí son endémicas. En los últimos diez años, biólogos que han estado trabajando en los bosques de arena blanca cerca de Iquitos han descubierto más de dos docenas de especies nuevas para la ciencia, incluyendo cinco aves y numerosas plantas e insectos. Estas especies no han sido registradas fuera de los bosques de arena blanca y muchos sólo ocurren en el Perú.

Las comunidades de bosque de arena blanca son poco comunes en el paisaje. En toda la cuenca Amazónica, representan ~3% de los bosques de selva baja y ocurren principalmente dentro de la cuenca del río Negro en Venezuela y Brasil. En el Perú, los hábitats de arena blanca son aún menos comunes. Hay ocho parches conocidos de bosque de arena blanca en el Perú, representando menos del 1% de la selva baja peruana (Figura 12A). Actualmente solamente una de estas áreas se encuentra protegida, la Reserva Nacional Allpahuayo-Mishana (58.069 ha), y solamente una 20% de esta reserva es bosque de arena blanca.

Los ocho parches de arena blanca están aislados unos de otros y tienen hábitats similares a los de Colombia, Venezuela y Brasil. Esta distribución dispersa probablemente refuerza no solamente el endemismo pero también la vulnerabilidad de la flora y fauna de arena blanca en el Perú. Por ejemplo, una nueva especie de atrapamoscas (*Polyoptila clementsi*) fue descrita en el 2005. Se conocen menos de 25 individuos en el mundo y todos ocurren en dos parches de bosque de arena blanca en y cerca a la Reserva Nacional Allpahuayo-Mishana.

Los bosques de arena blanca son extremadamente frágiles. Estos suelos tiene la más baja disponibilidad de nutrientes registrada para cualquier lugar, los nutrientes minerales residen dentro de los organismos vivos, y las raices y los hongos capturan rápidamente cualquier nutriente de la descomposición. Si se talan los árboles en el bosque de arena blanca, los nurientes se lixivian rápidamente a través de la arena, y el suelo se degrada. Usando estos bosques para actividades de extracción o de agricultura sería contraproducente económicamente, ya que se invierten más recursos en talar el bosque que en lo que se podría recuperar por medio de actividades madereras o agrícolas.

Como los bosques de arena blanca son hábitats raros, frágiles y albergan especies vulnerables y endémicas, la propuesta Zona Reservada Los Varillales (195.365 ha; Figuras 2, 12A), representa un oportunidad inigualable para la conservación. A lo largo del río Blanco hay pequeños asentamientos humanos esparcidos, sin embargo la mayoría del área está deshabitada y el bosque está intacto. Durante solamente los tres días en que estuvieron en el sitio, los científicos encontraron especies nunca antes registradas en el Perú, y algunas nuevas para la ciencia. Esta área representa el bosque más grande de arena blanca en el Perú, y como poblaciones más grandes son más resistentes a la extinción, creando la Zona Reservada Los Varillales ayudará a resguardar especies raras y endémicas que de lo contrario desaparecerían para siempre.

Panorama General de
los Resultados

PAISAJE Y SITIOS VISITADOS

Por dos semanas en octubre-noviembre del 2004, el equipo del inventario biológico rápido evaluó los bosques de tierra firme, bosques inundables, pantanos, quebradas y lagos de la propuesta Reserva Comunal Matsés (391.592 ha; Figura 2). El estudio se enfocó en tres lugares despoblados hacia el norte, oeste y sur de la Comunidad Nativa Matsés, los territorios de la etnia Matsés. Simultáneamente, el equipo social visitó siete Anexos Matsés, reuniéndose con los líderes de la Comunidad para identificar fortalezas e iniciativas locales que puedan jugar un rol importante en la conservación de sus tierras y las tierras que colindan con su Comunidad. A pesar de que esta área del Perú es íntimamente conocida por los Matsés, casi todo el área era desconocida para los biólogos e investigadores antes de nuestro inventario.

Nuestro punto más cercano de comparación para este trabajo fue el inventario rápido que se realizó en cuatro lugares a lo largo del río Yavarí (Pitman et al. 2003). Como la región de los Matsés forma parte de la cuenca del Yavarí, nosotros sospechábamos que estas dos áreas serían biológicamente muy similares entre sí. Pero, por lo contrario, los resultados de todos los organismos evaluados—plantas, peces, anfibios, reptiles, aves y mamíferos—indican que la región Matsés posee muchas especies únicas. Además, muchos de los hábitats evaluados en la región Matsés no fueron explorados durante la expedición al Yavarí, y ni siquiera aparecieron en las imágenes de satélite de la región del Yavarí. Abajo presentamos un panorama más detallado sobre nuestros resultados, ubicándolos en lo posible en un contexto regional y global, además de sobresaltar las características únicas que se encontraron en esta región.

GEOLOGÍA, HIDROLOGÍA Y SUELOS

Varias técnicas fueron usadas para evaluar la geología, hidrología y los suelos de la región Matsés, desde la observación y estudio a gran escala de imágenes de satélite hasta las mediciones de escala menor de las características topográficas, perfiles de suelo y propiedades del agua. Estas medidas preliminares revelan un paisaje con una gran heterogeneidad en fertilidad y composición de suelos.

Existen dos estructuras geológicas grandes que se encuentran subyacentes a este paisaje heterogéneo el arco de Iquitos y la falla de Bata-Cruzeiro. El arco de Iquitos es una formación elevada que se distribuye más o menos a lo largo del eje este-oeste y es bisectada por la falla Bata-Cruzeiro muy cerca del río Blanco (Figura 2). Fallas en la cuenca Amazónica son menos obvias que aquellas en áreas montañosas de los Andes, pero mirando cuidadosamente la imagen de satélite se observan numerosas, quebradas que corren perfectamente paralelas al río Blanco a lo largo de las fallas lineales. Además, el valle del río Blanco es el punto más bajo (<100 m sobre el nivel del mar) de los alrededores del paisaje, que sugiere que esa área colapsó durante el proceso de fallamiento.

A lo largo de esa región, entre 100 a 120 m separan los puntos más bajos y más altos del paisaje; nuestro punto de evaluación más alto fue 220 m sobre el nivel del mar. La topográfia varía desde las inclinadas colinas en Actiamë, hacia colinas más anchas y suaves en Choncó, hasta las colinas de cimas planas en Itia Tëbu. (Apéndice 1F, Figura II).

En distancias tan cortas como 10 km, uno puede encontrar un gradiente casi completo de todos los diferentes tipos de suelos y hábitats del llano Amazónico, desde suelos pobres de arenas blancas hasta suelos ricos arcillosos, y aquellos intermedios mezclados de arenas y arcilla. Los suelos de arenas blancas son raros dentro de la Amazonía, y sus orígenes son desconocidos. Ellos quizá representen antiguos arenales aluviales, o quizá reflejen el resultado de la descomposición de una mezcla compleja de sedimentos. Vistos en las imágenes de satélite, estos suelos pobres de arenas blancas ocurren en ambos lados del río Blanco, y representan las extensiones más grandes de bosques de arenas blancas conocidos para el Perú.

Dentro de la región, los suelos superficiales varían en grandes y pequeñas escalas. Los suelos en la zona norte se originan principalmente de la Formación Pevas (remanentes de un gran sistema de lagunas formada hace 18 millones de años), y típicamente los suelos del sur provienen más de los sedimentos fluviales. A pesar de esta tendencia general, ambos depósitos de suelo pueden ocurrir en cualquier parte de la región. Los ríos y las quebradas cambian de curso frecuentemente, cortando y dando forma a canales nuevos a través de suelos viejos de material frecuentemente más fino, para así dar exposición a nuevos niveles de suelo. Este dinamismo resulta en un mosaico de suelos que puede variar lateral y verticalmente sobre escalas tan pequeñas como docenas de centímetros.

Los ríos y las quebradas no solo cambian activamente la forma del paisaje cuando cambian de curso, los químicos disueltos en sus aguas proveen información sobre la dinámica de los nutrientes y la fertilidad del suelo de los bosques cercanos. Durante el inventario encontramos bajas conductividades en Itia Tëbu con bajas concentraciones de nutrientes y material disuelto, a niveles de conductividad intermedios en Choncó, hasta niveles de conductividad muy altos en Actiamë con mayor porcentaje de solutos, y altas concentraciones de nutrientes.

VEGETACIÓN Y FLORA

Loreto es famoso por ser un centro de diversidad de plantas tropicales, y la región de los Matsés aparenta ser uno de los lugares más sobresalientes en la zona. Nuestras dos semanas de colección, identificación y registro por fotografías de las plantas en el campo, nos dieron una lista preliminar de ~1.500 especies, cerca a la mitad de las especies de plantas que creemos que ocurre en toda el área. Otros inventarios rápidos en Loreto, uno en las orillas del cercano río Yavarí (Pitman et al. 2003), y otro más al norte a lo largo de los ríos Ampiyacu, Apayacu y Yaguas (Vriesendorp et al. 2004) estimaron una flora regional para esas áreas de 2.500 a 3.500 especies. Nosotros creemos que la propuesta Reserva Comunal Matsés tendría especies adicionales asociadas a hábitats especializados (p.ej., bosque de arenas blancas), y por eso quizá contenga una diversidad de plantas mayor a cualquier área protegida existente en el llano Amazónico del Perú.

Dentro de nuestros tres sitios del inventario encontramos casi todo el rango de hábitats de bosques del llano Amazónico: pantanos, aguajales, bosques de terrazas inundables, bosques de tierra firme sobre suelos ricos, intermedios y extremadamente pobres. Dentro de cualquier sitio de la propuesta RC Matsés la riqueza local de plantas varía desde la más rica en la Amazonía (bosques altos con suelos intermedios a ricos en fertilidad), hasta una de las más pobres (áreas de bosques de arenas blancas).

Por su baja diversidad y estructura relativamente sencilla, los bosques de arenas blancas son los más fáciles para caracterizar florísticamente. En Itia Tëbu estos bosques son dominados por una palmera emergente, *Mauritia carana*; una Rubiaceae del dosel del bosque (*Platycarpum orinocense*, árbol colectado previamente en sólo tres oportunidades en el Perú); y cuatro árboles pequeños—*Pachira brevipes* (Bombacaceae), *Euterpe catinga* (Arecaceae), *Protium heptaphyllum* subsp. *heptaphyllum* (Burseraceae) y *Byrsonima* cf. *laevigata* (Malpighiaceae). Antes de este inventario, se pensaba que *Mauritia carana* era una especie extremadamente rara, sin embargo en los bosques de arena blanca de la región Matsés la población es de centenares de miles en número.

Los bosques altos de la región Matsés, igual a aquellos en otras partes del llano Amazónico, son increíblemente diversos. La magnitud de la diversidad en plantas es tan impresionante que casi todas las especies son raras. Para dar un ejemplo, los botánicos evaluaron árboles con un diámetro de más que 10 cm en un transecto de 100 m en Actiamë, y registraron 47 especies en 50 tallos.

Concentrándose en una sola familia se hace más fácil dar un contexto a esta alta diversidad. Durante las dos semanas del inventario, nosotros encontramos 41 especies de árboles de Burseraceae en los tres campamentos, extraoficialmente el máximo registro para esta familia en el Perú. Para comparar,

tomó más de 4 años para poder colectar 40 especies a través de un gran rango de hábitats de tierra firme en la Reserva Nacional Allpahuayo-Mishana.

La mayoría de los especímenes de nuestro inventario permanecen sin identificación; sin embargo, nosotros estimamos que una docena o más de nuestros 500 especímenes fértiles podrían ser nuevas especies.

PECES

El equipo ictiológico evaluó una gran variedad de hábitats acuáticos, muestreando 16 ríos y quebradas, dos pequeñas pozas a lo largo de las quebradas, dos lagunas, un bajial, y un aguajal. De estos 24 lugares, 15 fueron de aguas negras, cinco de aguas claras, y cuatro de ambientes de aguas blancas.

Estas evaluaciones indicaron que los ambientes acuáticos de la región de los Matsés soportan una alta diversidad de comunidades de peces. En 12 días de trabajo de campo, incluyendo las entrevistas a pescadores Matsés, los ictiólogos generaron una lista preliminar de 177 especies de peces que representan 113 géneros, 29 familias, y 9 ordenes. Algunos hábitats no fueron evaluados durante este estudio, incluyendo ríos grandes como el Gálvez, Blanco, y el Yaquerana, además de numerosas lagunas de aguas blancas y negras que fueron vistas durante los sobrevuelos del área. Con la suma de estos lugares, el equipo estima que el número de peces que habitan la región de la propuesta RC Matsés es de aproximadamente 350 especies.

La región presenta una gran variedad de ambientes de aguas claras, negras y blancas, y todas presentan comunidades heterogéneas de peces, algunas abundantes en biomasa de peces (lagunas y ríos principales), y otras que son ricas en especies, pero que presentan solo moderadas o bajas densidades de peces (quebradas de aguas claras y negras.) A pesar de esto, la mayor diversidad fue encontrada en las cabeceras del río Gálvez, y en las quebradas que alimentan al Yaquerana, donde se registraron 125 especies (70% de todos las especies de peces registradas en el inventario.)

Al menos cinco especies de Characidae representan nuevos registros para el Perú. Además, en las cabeceras del Gálvez los ictiólogos registraron *Ammocryptocharax* (Crenuchidae), registrando este género por primera vez en el país. Una de las especies de *Ammocryptocharax* aparenta ser nuevo para la ciencia, y en total para este inventario se han registrado entre 8-10 especies potencialmente nuevas, incluyendo algunas en los géneros *Pariolius, Tatia* y *Corydoras*.

Cuando comparamos estos resultados con recientes inventaros rápidos en Loreto, la propuesta RC Matsés contiene una de las comunidades de peces más ricas para ambientes acuáticos en el Perú, y 45-50% de las especies resultan ser únicas para la región Matsés. De las 117 especies registradas durante el inventario Matsés, 89 (50%) también se presentaron en Yavarí (Ortega et al. 2003a) y 98 (55%) fueron registrados en el inventario de los ríos Ampiyacu, Apayacu y Yaguas (Hidalgo y Olivera 2004.) La región Matsés amerita protección como una importante fuente biológica, cultural y económica de especies de peces, y como un centro importante también de la diversidad de peces a nivel regional.

ANFIBIOS Y REPTILES

Este inventario fue realizado durante los meses más secos del año, octubre y noviembre, y típicamente estas condiciones secas son las menos favorables para encontrar anfibios y reptiles. A pesar de esto, los herpetólogos registraron una diversa herpetofauna en la región Matsés incluyendo 74 especies de anfibios y 35 especies de reptiles representados por 18 lagartijas, 13 serpientes, 2 tortugas y 2 caimanes. En solo 12 días, el equipo registró más del 60% de los anfibios conocidos para la zona de Iquitos (~115 spp.), y más del 50% de las especies de lagartijas de la cuenca amazónica.

Tres especies nuevas para la ciencia fueron registradas durante este inventario, incluyendo dos, un *Bufo* del grupo *margaritifer* ("pinocho") y un *Hyalinobatrachium* (Centrolenidae), ya confirmados

como especies nuevas para la ciencia en el inventario rápido en el río Yavarí (Rodríguez y Knell 2003). En los bosques de arenas blancas en Itia Tëbu, el equipo encontró una rara especie de rana venenosa, un *Dendrobates* del grupo *quinquevittatus*, de cuerpo negro, rayas claras a lo largo del cuerpo comenzando debajo de la boca, y con piernas doradas. Sin duda, esta especie es nueva y al parecer restringida a los hábitats de arenas blancas.

Los herpetólogos descubrieron también una rara especie de rana fosorial, *Synapturanus rabus*. Un individuo fue oído cantando debajo de varios centímetros de barro en el suelo del bosque. Este individuo representa el primer registro de este género para el Perú y representa un rango de expansión de por lo menos 500 km para esta especie. Una jergón rara y poco conocida, *Bothrops brazili*, fue encontrada por miembros de la Comunidad Matsés durante los trabajos del equipo de avanzada.

Los Matsés se entusiasmaron mucho cuando se encontró la rana arbórea *Phyllomedusa bicolor* en Actiamë, a lo largo del río Yaquerana. Conocida por los Matsés como *kampô* o *dauqued*, esta especie es culturalmente importante para numerosos grupos indígenas del Amazonas. Tanto hombres como mujeres se aplican mediante quemaduras en su piel las secreciones que secretan las glándulas dorsales de la rana, provocando en estas personas sensaciones de fuerza y coraje.

Otros inventarios rápidos en el Yavarí (Rodríguez y Knell 2003) y en los ríos Ampiyacu, Apayacu y Yaguas (AAY), (Rodríguez y Knell 2004) proveyeron de un contexto regional con respecto a la información sobre diversidad herpetológica encontrada durante el inventario Matsés. Aunque hicimos un muestreo de cinco días más corto, nosotros registramos casi el equivalente al número de anfibios en Matsés (73 especies) que en el Yavarí (77), y más especies que en AAY (64.) En la región Matsés, registramos 26 especies de anfibios y 11 de reptiles que no fueron encontrados en AAY y 20 especies de anfibios y 10 de reptiles no registradas en Yavarí.

AVES

Los ornitólogos registraron 416 especies de aves durante el inventario rápido en la propuesta RC Matsés, extraoficialmente el mayor número para inventarios biológicos rápidos en Loreto. Con una evaluación más completa estimamos que pueden encontrarse aproximadamente unas 550 especies en la región.

Dedicamos tres días a la exploración de los bosques de arena blanca en la región Matsés, documentando la baja densidad y diversidad en la comunidad de aves típica de estos hábitats. Durante este tiempo, logramos grabar a una especie de *Hemitriccus* que se diferencia de las grabaciones del Tirano-todi de Zimmer (*Hemitriccus minimus*), y que quizá pueda representar una especie no descrita aun. Solo una otra especie que es especialista de estos hábitats fue vista, el Mosquero gargantiamarillo (*Conopias parva*), aunque se conozcan más de 20 especies asociadas a estos bosques de arena blanca y suelos extremadamente pobres. En la ultima década, cinco especies nuevas para la ciencia han sido encontradas en estos hábitats de arena blanca en el Perú, típicamente luego de años de trabajo intenso en el sitio. Nuestros descubrimientos han resaltado la importancia de otras evaluaciones en los bosques de arenas blancas en la región Matsés, para seguir buscando tanto especies potencialmente nuevas para la ciencia como aquellas especialistas de estos hábitats.

Fuera de los hábitats de arenas blancas, encontramos la alta diversidad de aves característica de las partes bajas de la Amazonía. Por ejemplo, nuestra evaluación de cuatro días en uno de los hábitats de suelos ricos de tierra firme registró 322 especies. Varios de nuestros registros representan extensiones substanciales de rango. El más notable registro fue el del Reinita-acuática norteña, *Seiurus novaboracensis*, visto a lo largo de una quebrada en Actiamë. Este emigrante norteamericano es conocido del Perú de sólo otras dos observaciones, uno al sur de Lima en la costa Pacífica, y el otro del río Curaray (T. Schulenberg, com. pers.). Nuestra evaluación realizada a finales de octubre y comienzos de noviembre representa el punto más bajo de migración, y registramos sólo 19 especies emigrantes de Norteamérica durante este inventario.

Para entender la singularidad de la avifauna Matsés, nosotros comparamos nuestros resultados con otros dos inventarios rápidos en Loreto. El inventario del Yavarí (Lane et al. 2003) muestreó cuatro lugares dentro de la cuenca del Yavarí, río abajo del inventario Matsés. El inventario Ampiyacu, Apayacu, y Yaguas, (Stotz y Pequeño 2004) evaluó tres sitios al norte del río Amazonas, dentro de las cuencas del Amazonas y Putumayo. Muchas especies se comparten entre estos tres inventarios, por lo menos un tercio de la avifauna es única para cada uno.

MAMÍFEROS

Inventarios previos en áreas cercanas, incluyendo la Reserva Comunal Tamshiyacu-Tahuayo y sitios lo largo de los ríos Gálvez y Yavarí, indican que 65 especies de mamíferos medianos y grandes podrían ocurrir en la propuesta RC Matsés. Durante nuestro inventario de dos semanas, registramos 43 de estas especies y los Matsés reconocieron por lo menos 60 que ellos conoce de sus tierras. La región Matsés parece ser parte de un grupo selectivo de sitios en el Perú (p.ej., Yavarí; Ampiyacu, Apayacu y Yaguas, Parque Nacional del Manu; Reserva Comunal Tamshiyacu-Tahuayo) que se ubican dentro las áreas con más diversidad de mamíferos del mundo.

Las especies que sufren gran presión de caza, como los grandes primates y ungulados, fueron realmente abundantes durante el inventario (Figuras 9A, B). Excepto por el área cercano al río Blanco (Figuras 8A, 10A), encontramos poca o ninguna evidencia de cacería en nuestros campamentos. Encontramos pocos mamíferos en los bosques de arenas blancas en comparación con otros lugares de la región, pero esto fue esperado porque refleja la reducida productividad de estos hábitats.

Durante el inventario, algunos avistamientos eran de especies consideradas raras. Observamos jaguares (*Panthera onca*) y sus huellas en varias ocasiones, un perro de monte (*Speothos venaticus*) fue visto en Choncó. Una hembra de delfín rosado (*Inia geoffrensis*) fue vista dando de lactar a su cría en la boca de un pequeño tributario del río Yaquerana.

Por otro lado, dos especies raras estuvieron notablemente ausentes durante este inventario. Esperábamos encontrar dos monos que están globalmente en peligro, el pichico de Goeldi (*Callimico goeldii*) y el huapo colorado (*Cacajao calvus*). Los Matsés reconocen a ambas especies, pero solo unos pocos han visto al pichico de Goeldi, que es una especie rara por todo su distribución. En contraste, muchos reconocieron al huapo colorado, que es una especie que típicamente viene asociados a aguajales, y puede ocupar una área de 150 km². Ninguna de estas dos especies está protegida dentro del SINANPE.

COMUNIDADES HUMANAS

La propuesta Reserva Comunal (RC) Matsés colinda al este con la Comunidad Nativa (CN) Matsés, el territorio indígena titulado más grande del Perú. Unos ~1.700 Matsés viven dentro de las 452.735 de la CN Matsés, distribuidos en 13 asentamientos o Anexos (Apéndice 7). Los Matsés son un grupo étnico autónomo con representación propia, y no se han afiliado a ninguna organización o federación indígena. Durante los últimos 26 años, el antropólogo Luis Calixto ha vivido con los Matsés, estudiando sus modos de organización y participando de su vida cotidiana. Sus estudios, junto con la asistencia técnica que ha brindado el Centro para el Desarrollo del Indígena Amazónico (CEDIA) a la Comunidad Nativa Matsés desde 1991, proporcionan el contexto social para este inventario.

En 1997, los Matsés propusieron un área de conservación al oeste, sur, y norte de su comunidad, en las tierras donde han cazado y pescado durante generaciones. Su visión para esta área de conservación es

una Reserva Comunal, una categoría dentro del SINANPE que provee protección a largo plazo y permite uso sostenible de recursos naturales. Actualmente, los Matsés son los cuidadores extraoficiales de este territorio. Con una Reserva Comunal se reconocería formalmente la importancia de este rol y se aseguraría más efectivamente la conservación de esta área a largo plazo.

Los Matsés están muy bien posicionados para asumir un rol mayor y más oficial para la conservación. Previos estudios sociales en la región y datos del inventario social demuestran que la sociedad Matsés es altamente organizada, con mecanismos de toma de decisión explícitos dentro de y entre los Anexos. El uso tradicional de los recursos y una fuerte identidad étnica forman la base de la Comunidad Matsés, y son reforzados en generaciones de jóvenes mediante educación bilingüe en castellano y Matsés. La recientemente formada Asociación de Jóvenes CANIABO (caniabo significa "joven" en Matsés), ofrece oportunidades de capacitación y liderazgo a los jóvenes Matsés. Estas fortalezas organizacionales y culturales, junto con el uso sostenible de los recursos naturales, son indicadores fuertes de que los Matsés serán administradores responsables de estas tierras.

Además de la Comunidad Nativa Matsés, existen otros asentamientos humanos en la región. Del lado oeste de la propuesta área protegida, hay varias comunidades a lo largo del río Ucayali, así como a lo largo de su tributario, el río Blanco. Requena, una pequeña ciudad situada sobre el río Ucayali, queda a tres días de caminata para los Matsés, y ellos periódicamente hacen trueque, venden, y compran productos ahí. Al norte de la CN Matsés, Colónia Angamos es el asentamiento más cercano y más grande, con pista de aterrizaje que recibe vuelos hacia y desde Iquitos.

No hay asentamientos humanos dentro de la propuesta Reserva Comunal. Sin embargo, los Matsés han reportado que hay Matsés en aislamiento voluntario dentro de esas tierras, así como dentro de su Comunidad Nativa.

AMENAZAS

La amenaza más fuerte para el área son las concesiones forestales al este del río Blanco, adyacente a la propuesta RC Matsés. Estas concesiones traslapan directamente con la extensión de arenas blancas más grande en el Perú, y representan una amenaza inminente para estos hábitats tan frágiles. Las plantas crecen increíblemente lentas en estas áreas tan pobres en nutrientes, produciendo árboles enanos, delgados e inadecuados para madera. Solamente un grupo especializado de plantas y animales puede sobrevivir en estos suelos tan extremos. Así que la extracción forestal en las arenas blancas no solamente sería improductiva, sino también destruiría las comunidades singulares que viven allí.

Dos actividades adicionales son amenazas potenciales para la zona: la caza indiscriminada y campamentos temporales de narcotraficantes. Si bien estas actividades parecen haber tenido efectos mínimos en la región hasta ahora, las dos podrían producir efectos muy negativos a largo plazo. En gran parte de la Amazonía, la caza es la amenaza más grande para poblaciones de animales, especialmente cuando existe un alto esfuerzo de caza a gran escala. Los campamentos ilegales de narcotraficantes, por su anarquía, representan un peligro para ambas comunidades humanas y biológicas.

Nuestro inventario brindó una vista preliminar sobre estas dos amenazas y sus impactos. Encontramos varias evidencias de caza previa (cartuchos para escopeta, un cráneo de sajino en un campamento viejo de cazadores), pero también observamos poblaciones saludables y substanciales de especies típicamente bajo gran presión de caza (p.ej., paujiles, pavos, majás, monos grandes). Cerca de la frontera del Perú con Brasil, encontramos un campamento abandonado de narcotraficantes, unas trochas, y un balón de gas. Sospechamos que la pista de aterrizaje abandonada al otro lado del río en el lado brasileño forma parte de la misma operación. Aunque estos campamentos ilegales pueden ocasionar impactos negativos sobre la fauna, los abundantes animales en este sitio sugieren que tal vez los trabajadores en este campamento no cazaban durante su estadía. Sin embargo, el impacto directo de este campamento ilegal sobre las comunidades humanas, en ambos el lado peruano y brasilero, permanece desconocido.

Nuestra evidencia de previas expediciones de caza viene de Itia Tëbu cerca al río Blanco, y el campamento abandonado unos 5 años atrás por los narcotraficantes se encuentra en Actiamë por el río Yaquerana. No es por casualidad que las dos estén por ríos grandes, pues los ríos son los puntos más vulnerables de la zona por brindar acceso a áreas remotas.

Dado las concesiones forestales, el potencial por caza indiscriminada, y el campamento ilegal de los narcotraficantes, tal vez la amenaza más sobresaliente para las comunidades humanas y biológicas en esta región es la falta de protección para el área. La propuesta RC Matsés es una de las joyas de la selva baja del Perú—encapsulando un rango muy grande de tipos de suelo. Estableciendo un área de conservación aquí protegería mucha de la diversidad de flora y fauna de la Amazonía peruana. Las cabeceras del Yavarí, uno de los tributarios principales del Amazonas, nacen en esta región, y esta red de drenaje alberga peces económicamente importantes igual que peces que representan registros nuevos, especies raras, y especies nuevas para la ciencia. La región Matsés representa una oportunidad enorme para proteger la diversidad espectacular de estos hábitats terrestres y acuáticos mientras todavía permanecen intactos.

OBJETOS DE CONSERVACIÓN

El siguiente cuadro resalta las especies, las comunidades y los ecosistemas más valiosos para la conservación en la región. Algunos de los objetos de conservación son importantes por (i) ser especialmente diversos, o endémicos del lugar, (ii) ser raros, amenazados, vulnerables, y/o declinando en otras partes del Perú o de la Amazonía, (iii) por su papel en la función del ecosistema o (iv) por su importancia para la economía local. Algunos de los objetos de conservación entran en más que una de las categorías detalladas arriba.

GRUPO DE ORGANISMOS	OBJETOS DE CONSERVACIÓN
Comunidades Biológicas	Los principales hábitats de tierra firme en la Amazonía peruana, desde suelos arcillosos ricos hasta colinas arenosas con fertilidad intermedia y suelos de arena blanca pobres en nutrientes
	Grandes áreas de bosques de arena blanca, un hábitat con muchas especies endémicas y que representa menos del 1% de la Amazonía Peruana (Figura 12A)
	Quebradas extremadamente ácidas que drenan las arenas blancas (Figura 3D)
	Complejos de pantanos y montículos en las cabeceras del río Gálvez
	Los variados ecosistemas acuáticos de aguas negras, claras y blancas de las cabeceras del río Gálvez y la cuenca del río Yaquerana
	Las cabeceras de los ríos Yaquerana y Gálvez que son críticas para asegurar la integridad de la cuenca del Yavarí
	Comunidades en bosques de tierra firme, incluyendo bajiales, aguajales y bosques de suelos de arena blanca con alta diversidad de anfibios y reptiles
	Hábitats heterogéneos e intactos que son fuentes de especies de caza, especialmente las cabeceras de los ríos Yaquerana y Gálvez
Plantas Vasculares	Plantas endémicas de los bosques de arena blanca, incluyendo extensas poblaciones de *Mauritia carana* (Arecaceae, Figura 3G), *Platycarpum orinocense* (Rubiaceae, Figuras 4A, C), y *Byrsonima* cf. *laevigata* (Malpighiaceae)
	Poblaciones de especies maderables que han sido fuertemente explotadas en Loreto, incluyendo el cedro (*Cedrela odorata*, Meliaceae), lupuna (*Ceiba pentandra*, Bombacaceae) y palisangre (*Brosimum utile*, Moraceae)
Peces	Especies de importancia biológica, cultural y económica que son comunes en la zona como *Osteoglossum bicirrhosum* (arahuana) y *Cichla monoculus* (tucunaré)

Peces (continuación)	Grandes bagres como *Pseudoplatystoma tigrinum* (tigre zúngaro), explotados intensamente en otras zonas de la Amazonía
	Especies raras y de distribución restringida como *Myoglanis koepckei* (Figura 5F)
	Especies de valor ornamental como *Paracheirodon innesi* (neón tetra), *Monocirrhus polyacanthus* (pez hoja), *Boehlkea fredcochui* (tetra azul)
	Diversas especies de *Apistogramma* (bujurqui) abundantes en las aguas claras y negras dentro de los diversos bosques de la región de los Matsés
Anfibios y Reptiles	Comunidades de muchas (hasta 10) especies de dendrobátidos coexistiendo en el mismo sitio
	Especies de anfibios relacionadas a los varillales y alrededores como la rana *Osteocephalus planiceps* y una posible nueva especie de *Dendrobates* en el grupo *quinquevittatus* (Figura 6C)
	Poblaciones de *Synapturanus* (Microhylidae, Figura 7C), un nuevo género para el Perú
	Especies de valor comercial como tortugas (*Podocnemis unifilis, Geochelone denticulata*) y caimanes (*Caiman crocodilus*)
Aves	Aves de hábitats de bosque de arena blanca, incluyendo potenciales especialistas de hábitat y nuevas especies para la ciencia
	Diversa avifauna de bosques de tierra firme
	Aves de caza amenazadas en otras partes de su distribución, incluyendo al Paujil común (*Crax tuberosum*) y el Trompetero de ala blanca (*Psophia leucoptera*)
Mamíferos	Una comunidad de primates muy diversa (14 especies) con abundantes especies grandes como *Lagothrix lagothricha, Ateles paniscus* (Figura 9A) y *Alouatta seniculus*
	El armadillo gigante (*Priodontes maximus*), en peligro de extinción según los criterios de la UICN (2004)
	Especialistas de hábitat como *Callimico goeldii* y *Cacajao calvus*, ambos en situación vulnerable según los criterios de la UICN (2004)
	Especies de mamíferos grandes que han sufrido extinción local en partes de su rango por pérdida de hábitat o cacería

Comunidades Humanas
(Los Matsés)

Alta capacidad organizativa para administrar un Área Natural Protegida

Actividades económicas y métodos de producción de tipo y escala compatible con la conservación (Figuras 11F, I)

Alto valor de conocimientos culturales sobre el medio ambiente, incluyendo los varillales

Compromiso para la conservación y el uso sostenible de los recursos naturales

En conjunto con los Matsés nuestra visión a largo plazo de su paisaje está conformada por un mosaico de tierras de uso, que conserven a los bosques diversos e intactos de la región, y protegen a las prácticas tradicionales y el estilo de vida de la Comunidad Nativa Matsés que habitan en estos bosques. De nuestro inventario rápido y de los 14 años de experiencia de CEDIA con la Comunidad Nativa Matsés, salieron dos prioridades: (1) la conservación del paisaje diverso que bordea los terrritorios Matsés a través de la creación y consolidación de la Reserva Comunal Matsés y (2) la conservación de la biología singular de los bosques de arenas blancas dentro de un área protegida. Más adelante ofrecemos nuestras recomendaciones para el establecimiento de estas dos áreas protegidas—la Reserva Comunal Matsés y la Zona Reservada Los Varillales—e incluimos nuestras sugerencias para la protección y el manejo, zonificación, futuros inventarios, investigación, monitoreo y vigilancia.

Protección y manejo

Reserva Comunal Matsés

01 **Establecer la Reserva Comunal Matsés (391.592 ha) dentro de los límites sugeridos en la Figura 2.** Esta área amerita protección inmediata basada en su gran extensión de bosques intactos, su extraordinaria riqueza biológica y su importancia cultural para los Matsés. Esta área es adyacente a la propuesta área protegida de arenas blancas (ver Bosques de Arenas Blancas, abajo).

02 **Negociar un proceso entre la Junta Directiva Matsés y el administrador del sistema peruano de áreas protegidas, INRENA, para asegurar la participación integral de los Matsés en la conservación y administración a largo plazo de la Reserva Comunal Matsés.** Hay razones obvias y prácticas para las cuales la Reserva Comunal Matsés debe de ser un área protegida administrada por gente indígena. Los Matsés han trabajado 14 años con CEDIA para proteger esta área. Ellos tienen un profundo conocimiento de estos bosques, y tienen mucha experiencia en enfrentar amenazas como la invasión, colonización y extracción de recursos. Además, el proceso igualitario de tomar decisión de los Matsés representa una base firme para la administración y manejo de un área protegida (ver p. III, Fortalezas Socio-culturales de la Comunidad Nativa Matsés).

03 **Incluir a los miembros de los grupos Matsés, o _Anexos_, en la protección y manejo de los bosques Matsés.** Trabajar directamente con los directivos Matsés (Junta Directiva y las Juntas de Administración) para la promoción de la participación local en los esfuerzos de protección, lo cual incluye:

- **Involucrar a los miembros de las comunidades locales como guardaparques, administradores y educadores.**

- **Involucrar a los jóvenes Matsés en los esfuerzos de conservación, por medio de la Asociación CANIABO** (_caniabo_ significa jóvenes en Matsés).

Protección y manejo
(continua)

- **Monitorear el aprovechamiento de aves silvestres, mamíferos y peces por los miembros de las comunidades Matsés.** Aquí recomendamos la investigación inmediata de carácter participativo (ver Investigación 03, abajo) en el uso del paisaje por la Comunidad Nativa, las formas tradicionales de aprovechamiento de las especies cinegéticas, y el impacto de la cacería en especies más vulnerables. Recomendamos la implementación de un plan de manejo—diseñado por la Comunidad Nativa y basado en los resultados de las investigaciones—para así asegurar la cacería sostenible, incluyendo el establecimiento de áreas protegidas estrictas donde la cacería está prohibida para servir como áreas de aprovisionamiento y lugares de recuperación para las especies cinegéticas.

04 **Asegurar el financiamiento sostenible para la implementación de la Reserva Comunal.**

05 **Proveer sistencia técnica y financiera** para la Comunidad Nativa Matsés y ONG's apropiadas para el mejoramiento de la efectividad y viabilidad a largo plazo de sus esfuerzos en el transcurso de su administración y protección de la Reserva Comunal Matsés.

06 **Mapear, marcar, y dar a conocer los límites del área protegida Matsés.** Los lugares más vulnerables son los límites cerca del oeste y norte de la reserva, susceptibles a la incursión de gente proveniente de río arriba, a lo largo del río Blanco, o Iquitos, y de la gente de Angamos.

07 **Entrenar a los guardaparques Matsés.** Establecer protocolos con los Matsés, incluyendo rutas de patrullaje y procesos para poner un alto a las actividades ilegales (e.g., tala de árboles).

08 **Minimizar los impactos a las cabeceras dentro de la región para la protección de la red entera del drenaje del Yavarí y el Yaquerana.** La conservación de la totalidad de estas redes de drenaje, desde las pequeñas quebradas de las cabeceras, hasta los ríos grandes como el río Yavarí, es crítica para la protección de la cuenca y de las comunidades de peces, invertebrados y vertebrados incluyendo humanos quienes dependen de la integridad de la cuenca.

09 **Expandir la Comunidad Nativa Matsés hacia el sur,** dentro de las fronteras delimitadas en la Figura 2. La actual frontera sur de la CN Matsés corta por la mitad un asentamiento Matsés (Buenas Lomas Antigua), y debería ser expandido hacia el sur para poder incluir a la totalidad del asentamiento, así como al grupo de Puerto Alegre y también las áreas que le rodean. Esta ampliación es de 61.282 ha.

Bosques de arenas blancas

01 **Establecer la Zona Reservada Los Varillales (195.365 ha, Figura 2) para la protección de la singularidad biológica de los bosques de arena blanca (*varillales*) en ambos lados del río Blanco (ver mapas p. 15).** Esta área presenta la extensión más grande de bosques de arena blanca en el Perú. Las incursiones madereras y de colonos amenazan esta área. Durante este inventario biológico rápido observamos numerosas chacras abandonadas y una red persistente y destructiva de trochas abiertas por los tractores madereros. La madera no está siendo extraída de las áreas de arena blanca; estas áreas están siendo arrasadas sólo para entrar en áreas con especies maderables al interior del bosque. Nuestros mejores estimados sugieren que la vegetación de arena blanca; que está siendo destruida por estos tractores se recuperará en cientos de años, si no es más. Recomendamos la creación de la Zona Reservada y por último un Santuario Nacional (ver abajo) para asegurar la protección inmediata de estos bosques frágiles de arena blanca.

02 **Reubicar las concesiones madereras que habían sido planeadas dentro de los bosques de arena blanca en el lado oeste del río Blanco.** Las arenas blancas son los suelos más pobres de la cuenca Amazónica y las especies de árboles son enanas y delgadas. Estas áreas de baja productividad son definitivamente inapropiadas para la extracción de madera, pero muy importantes para la conservación de especies endémicas y extremadamente valiosas para la conservación.

03 **Determinar una categoría de protección y elaborar los límites para el área de protección de los bosques de arena blanca.** Nuestros resultados del inventario rápido apoyan el sistema de protección más estricto para el área, ya sea como Parque Nacional o Santuario Nacional. Recomendamos conversaciones conjuntas del Gobierno Regional de Loreto, INRENA, y directivos Matsés para determinar y aprobar la categoría final. Para elaborar los límites del área protegida de arenas blancas, recomendamos invitar a expertos en análisis de imágenes de satélite para participar en estas conversaciones. Los análisis preliminares realizados por R. Stallard son muy útiles como punto de partida (Figura 2, 12A).

04 **Instaurar patrullas de guardaparques para la prevención de la tala ilegal, cacería ilegal y otros tipos de incursiones en la región.**

Zonificación

Involucrar a la Comunidad Matsés en conversaciones participativas para el desarrollo de un plan de Zonificacíon. Junto con CEDIA, los Matsés han empezado el desarrollo de mapas de sus usos de los recursos de la región.

Zonificación
(continua)

Esto debería servir como el primer paso hacia el desarrollo de un plan de zonificación que proteja a las comunidades biológicas del área, y que al mismo tiempo le permita a los Matsés continuar con el uso tradicional del bosque, ahora bajo un manejo integrado.

Inventarios futuros

01 **Continuar con los inventarios básicos de plantas y animales, enfocándolos en otros sitios y otras épocas del año, especialmente de marzo a agosto.** Las áreas prioritarias acuáticas para otros inventarios incluyen al Gálvez, Blanco, y Yaquerana, y los lagos inexplorados, o cochas, observados durante los sobrevuelos. La prioridad más alta para los hábitats terrestres está conformada por los bosques de arenas blancas (ver 02 abajo) y los bosques a lo largo de las aguas negras del río Gálvez y sus tributarios.

02 **Hacer inventarios de largo plazo en los bosques de arenas blancas en el área del río Blanco, involucrando a los biólogos expertos en hábitats similares de la Amazonía.** Los bosques de arenas blancas albergan un gran número de endémicas y sospechamos que los inventarios de largo plazo registrarán especies endémicas raramente colectadas u otras especies nuevas, especialmente de plantas y aves. Aunque no encontramos más que dos aves que se especialicen en hábitats de arena blanca durante este inventario, los inventarios a largo plazo en mosaicos más pequeños cerca de Iquitos (Reserva Nacional Allpahuayo-Mishana) han registrado cinco especies nuevas de aves para la ciencia.

03 **Confirmar dos primates reportados para la región y amenazados globalmente.** El huapo rojo, *Cacajao calvus*, y el pichico de Goeldi, *Callimico goeldii*, han sido registrados para la región por los Matsés y otros, pero no fueron vistos durante nuestro inventario. Recomendamos una expedición con los Matsés para confirmar la presencia de estos monos, y mapear su distribución dentro del área.

Investigación

01 **Investigar la estructura genética y conectividad de poblaciones de los especialistas de estas áreas de arena blanca, comparada con las poblaciones de otras áreas similares.** Las especies restringidas a los bosques de arenas blancas ocupan un hábitat natural de mosaicos. Entender cómo las poblaciones de un mosaico mantienen el flujo genético con los de otros mosaicos, podría ayudarnos a entender la evolución de estos especialistas de hábitats y el manejo de sus poblaciones.

02 **Evaluar los impactos ecológicos de la cacería de subsistencia y recolección en las comunidades biológicas de la región.** Esta investigación es una

Investigación
(continua)

extensión lógica de los mapas de uso de recursos (ver Zonificación), y debería estar dirigida hacia la preservación de tanto la fauna y flora como la calidad de vida de los cazadores de subsistencia y sus familias.

03 **Evaluar la importancia de los gradientes de hábitats en plena evolución.** El mosaico de hábitats en la región de Matsés constituye un laboratorio natural de evolución. Estos hábitats yuxtapuestos representan un recurso importante para futuras investigaciones del origen y mantenimiento de la diversidad de plantas de la Amazonía, así como también de la diversidad de insectos, aves y muchos otros organismos.

04 **Evaluar los límites de existencia de las especies y sus barreras biogeográficas en la región.** Aunque no existan barreras obvias de dispersión (p. ej., ríos amplios) al este del río Ucayali, muchas especies de aves reemplazan a otras y/o las especies están en los límites de su rango en esta área. Esto incluye 24 especies de aves comunes en el Amazonas y conocidas para otras áreas desde el norte, sur, este y oeste, y que parecen estar ausentes de la cuenca del Yavarí (ver p. 94, Aves). Entender estas distribuciones nos ayudará a establecer límites para el manejo de las áreas, especialmente para las especies de bosque que no estarían restringidas a las cuencas.

05 **Medir la eficacia de las señales en los linderos y los patrullajes en cuanto a la reducción de las incursiones ilegales e invasiones** en las áreas protegidas nuevas: Reserva Comunal Matsés y el Santuario Nacional Los Varillales.

Monitoreo/Vigilancia

01 **Monitorear los movimientos y demografía de los Anexos Matsés dentro de la Comunidad Nativa Matsés** (Figura 13, p. 109). Tradicionalmente los grupos Matsés se movían cada 3 a 5 años. Pero en los últimos 30 años estos asentamientos se han convertido en más sedentarios. Debido a que los límites de la CN Matsés colinda con la reserva, la reubicación o el cambio del tamaño de la población podrían influenciar la distribución de la flora y fauna dentro de la Reserva Comunal Matsés, y los planes de manejo deberían de ser revisados de acuerdo a esto.

02 **Hacer el inventario de las poblaciones de peces y especies cinegéticas, incluyendo a las tortugas y caimanes.** Estos datos serán de gran importancia para determinar los estándares poblacionales, proporcionando los objetivos de conservación y el establecimiento de las zonas limítrofes.

03 **Diseñar y conducir una investigación social dirigida hacia los cambios y oportunidades que experimentan los distintos socios envueltos en la protección**

Monitoreo/Vigilancia
(continua)

y manejo de la Reserva Comunal Matsés (comunidades y organizaciones indígenas, agencias gubernamentales, ONG's locales e internacionales relevantes). Por ser una de las pocas áreas protegidas en el Perú que sería administrada en gran parte por su gente indígena, la RC Matsés servirá de modelo para las otras áreas del Perú y América Latina. Recomendamos la evaluación de este proceso, con el objetivo dirigido hacia la creación de recomendaciones a los reglamentos que apoyen a la creación de marcos legales y políticos capaces de asegurar el co-manejo efectivo de las áreas protegidas por la gente indígena.

04 **Desarrollar un programa eficiente de monitoreo que evalúe el progreso de acuerdo a objetivos puntuales de manejo del lugar.** Combinar estos resultados de investigación e inventarios con el conocimiento acumulado de los Matsés para el establecimiento de lineamientos y objetivos para las especies vulnerables o poblaciones.

05 **Identificar las amenazas del área (incluyendo la tala de árboles, colonización y campamentos temporales de procesamiento de cocaína).** Para la identificación y para realizar un enfoque de las áreas más vulnerables de la reserva, los métodos del monitoreo deberían incluir una combinación de metodologías SIG, técnicas de sensores remotos y patrullajes tradicionales en el área de Matsés, que incluyan a los guardaparques Matsés.

Informe Técnico

PANORAMA GENERAL DE LOS SITIOS MUESTREADOS

(Corine Vriesendorp, Robert Stallard)

La propuesta Reserva Comunal (RC) Matsés representa una extensión de 391.592 ha de selva baja dentro de la Amazonía peruana, aproximadamente a unos 150 km de la ciudad de Iquitos en su límite norte y a unos 250 km de la ciudad de Pucallpa en su límite sur. El área semeja vagamente a un cuarto creciente debido a su curvatura alrededor de los límites sur y oeste de las tierras tituladas de la Comunidad Nativa Matsés (Figura 2).

Situada en el área interfluvial de los ríos Yaquerana, Gálvez y Blanco, la propuesta RC Matsés se encuentra dentro de la cuenca media del Yavarí, entre Sierra del Divisor al sur y la confluencia del Yavarí con el río Amazonas al norte. La región está dominada por pequeñas colinas, siendo estas bajas y anchas en la parte norte del área protegida propuesta y más empinadas y estrechas en la parte sur.

Los bosques crecen encima de una gran variedad de suelos, desde suelos arenosos, blancos y pobres en nutrientes hasta los suelos fértiles de las tierras bajas. La precipitación anual varía de 2.500 mm en el sur a 3.000 mm en el norte, con una época seca no muy evidente que ocurre desde junio a agosto (Marengo 1998). La temperatura promedia es de ~26°C.

Durante el inventario biológico y social de la propuesta RC Matsés, realizado del 25 de octubre al 6 de noviembre del 2004, el equipo social estudió siete Anexos dentro de la Comunidad Nativa Matsés, y el equipo biológico se enfocó en tres sitios inhabitados en el norte, oeste, y al sur de las comunidades nativas (Figura 2). En esta sección damos una descripción breve de los sitios visitados por ambos equipos.

LUGARES VISITADOS POR EL EQUIPO BIOLÓGICO

En el mes de noviembre del 2003, los representantes de las comunidades Matsés, The Field Museum, CEDIA, e INRENA volaron en una pequeña avioneta sobre la propuesta RC Matsés y la Comunidad Nativa Matsés. Combinando las observaciones del sobrevuelo con nuestra revisión de las imágenes de satélite, seleccionamos tres lugares que cubrían un gradiente hidrológico de las corrientes de agua más pequeñas hasta las más grandes, desde las quebradas de las cabeceras del río Gálvez (Itia Tëbu), hasta un área en la cuenca media del río Gálvez (Choncó), y terminando en el amplio canal principal del río Yaquerana (Actiamë; Figura 3A, E, I).

Una vez que se seleccionaron los sitios, un grupo de avance voló con el helicóptero a cada uno para establecer un campamento temporal, un pequeño helipuerto y unos 15 km de trochas. Los miembros de cada asentamiento Matsés (conocidos como Anexos) participaron en la preparación de los campamentos y las trochas, y en cada lugar, varios Matsés formaron parte del equipo del inventario (Figuras 11B, D). Los nombres de los lugares, en idioma Matsés, y elegidos por los miembros Matsés del equipo, representan una característica biológica o cultural dominante en el paisaje (Figuras 3C, G, L).

A continuación describimos brevemente estos sitios, enfocándonos en el amplio rango de variabilidad de la fertilidad del suelo, patrones de drenaje, y tipos de bosque que caracterizan a la región. Descripciones más técnicas del paisaje se encuentran en el capítulo de Procesos del Paisaje: Geología, Hidrología y Suelos (p. 57).

Choncó (05°33'23"S 73°36'22"O, ~90-200 m.s.n.m., 25-28 oct 2004)

Nuestro primer sitio en el inventario es el que se encuentra en el extremo más septentrional de los tres sitios estudiados, en la cuenca medía del río Gálvez. Por cuatro días exploramos las colinas bajas y ondulantes de área—completamente distintas a las colinas de cimas aplanadas tan abundantes en Itia Tëbu (ver abajo)—separadas generalmente por unos 100 a 200 m de una cima a otra.

Los suelos variaron de un lugar a otro en esas colinas, con limos arenosos-arcillosos de color amarillo y marrón, todos con una alfombra de raíces de 5 a 10 cm de grosor. Encontramos un sólo parche de bosques de arenas blancas en una colina de cima aplanada, que no se hubiera distinguido fácilmente de las otras colinas similares y circundantes a esta. Esta cima de arenas blancas no fue la parte más alta del paisaje, como en las áreas de arena blanca de las cabeceras. Muchas de las plantas dominantes de los terrenos de arenas blancas localizados dentro de esta pequeña área no fueron observadas en ninguna otra parte del paisaje, destacando las distribuciones fragmentadas de estos hábitats. La quebrada que drena esta área de arenas blancas fue la única quebrada de aguas negras que encontramos.

Una red grande de quebradas de aguas claras atraviesa los suelos arcillosos de este sitio (Figura 3D). Los fondos de los valles son planos y probablemente se inundan. La mayoría de las numerosas quebradas tienen bancos abruptos de 0.5 a 1.5 m, y todos tienen canales relativamente simples y rectos a excepción de la quebrada cerca al campamento, la cual es muy meándrica. En una caminata de 2 km a lo largo de una sola trocha uno puede cruzar todas las quebradas principales vistas en este sitio: quebradas meándricas con bancos abruptos, quebradas de corriente rápida, quebradas temporales y un pantano llenado por una quebrada.

Acampamos en un peñasco con vista a la quebrada más grande (unos 10 m de ancho) en el área, y una de nuestras cuatro trochas se adentraba en este terreno amplio de tierras inundables. La fauna fue abundante en este lugar, y todas las mañanas fuimos despertados por los tocones (*Callicebus*). Las caídas de árboles, huaycos y otros disturbios grandes fueron muy raros, con tan sólo una excepción. A lo largo de una colina encontramos una purma, uno de los tantos parches visibles en la imagen satelital. Un ventarrón creó estas caídas masivas de árboles, un evento poco frecuente e impredecible que ocurre en la Amazonía.

De vez en cuando los Matsés caminan desde sus Anexos hasta Requena, un pueblo grande por el río Ucayali, para intercambiar y comprar mercancías. En uno de estos viajes de tres días en el pasado nuestros guías Matsés habían caminado por este sitio del inventario. Encontramos evidencia (un campamento temporal y abandonado, un parche pequeño de bosque secundario) de un asentamento pequeño en el area, desconocido para los Matsés. Ellos estimaron que fue abandonado unos 5 a 10 años atrás.

Los Matsés nombraron este sitio por la palmera choncó (*Pholidostachys synanthera*; Figura 3C), la especie usada por ellos para el techado de sus viviendas. Localmente exterminada en los alrededores de sus campamentos, esta palmera era considerablemente abundante en esta área. Palmeras por lo general conformaron una parte dominante del paisaje, y la diversidad de palmeras fue notoria en este sitio, con más de 30 especies (Figura 4G). No observamos ningún aguajal grande, pero encontramos numerosos individuos solitarios del aguaje (*Mauritia flexuosa*) y algunos parches esparcidos compuestos por una docena de tallos.

Itia Tëbu (05°51'30"S 73°45'37"O, ~100-180 m.s.n.m., 29 oct-2 nov 2004)

Este fue el segundo lugar visitado durante el inventario biológico rápido, ubicado a lo largo del límite oeste de la propuesta RC Matsés. Por tres días exploramos más de 15 km de trochas a lo largo de un complejo de colinas bajas, achatadas y con amplios fondos de valle. Acampamos a lo largo de una de las numerosas quebradas en el área, parte de una gran red de quebradas de aguas negras, charcos aislados y lagunas más grandes interconectadas entre sí.

Aunque sólo está a 3 km desde el río Blanco, una falla geológica de considerable extensión ocasiona que los quebradas drenen en la dirección opuesta, hacia el río Gálvez, y por último hacia el lejano río Yavarí. El día 28 de octubre llovió considerablemente y se inundaron partes del sistema de trochas, haciendo que los sapos comenzaran a aparearse explosivamente por varias noches. En la imagen satelital, esta área inundada se forma en el extremo oeste de un pequeño lago que se conecta a la red de tributarios del río Gálvez.

Muchos de los suelos en este lugar son arenosos, variando desde limos arenosos pobres en nutrientes localizados en el fondo de los valles hasta arenas blancas extremadamente pobres en la parte de las colinas: el tipo de suelo más pobre de la Amazonía (Figura 3C). Una alfombra porosa de raíces, de unos 10 a 40 cm de grosor, cubre todas las áreas que no están inundadas ni con corrientes de agua.

Paradójicamente la vegetación más baja crece en las partes más altas del paisaje. Los tallos son delgados y muy raramente alcanzan más de 15 m de altura en estas cimas aplanadas; estos bosques de arenas blancas son localmente conocidos como varillal. Una versión más extrema del varillal, conocida como chamizal, crece en las arenas blancas más puras y presenta un dosel mucho más bajo aun, típicamente de 3 a 5 m de altura (Figura 3E). Tanto el varillal como el chamizal son hábitats pobres en especies, dominados por un pequeño grupo de especies, la mayoría endémica de estos hábitats (ver Flora y Vegetación, pp. 66-67). Esta área representa la más grande extensión de bosques de arenas blancas conocida en el Perú (Figura 12A).

Los guías Matsés que nos acompañaron nunca habían visitado este lugar, sin embargo estaban familiarizados con los bosques de arenas blancas, ya que en áreas cercanas a sus asentamientos existen pequeños parches de este tipo de bosque. Ellos bautizaron el sitio como Itia Tëbu, debido a la palmera *Mauritia carana* que domina los bosques de arena blanca (Figura 3G).

Adicionalmente al mosaico de colinas de arena blanca y los valles, pudimos explorar el río Blanco, un tributario del Ucayali. Desde el campamento, seguimos una ancha y vieja trocha de tractor (Figura 10D) por 3 km, pasando numerosos parches de bosque secundario recuperándose de la agricultura y trochas madereras, y atravesando tres valles paralelos al curso del río Blanco antes de llegar al río. Estos valles están tal vez asociados con la falla que existe a lo largo del Blanco (ver Procesos del Paisaje: Geología, Hidrología y Suelos, p. 57). El río Blanco (Figura 8A) es de aguas claras, con unos 50 m de ancho y meandros activos. Exploramos los terrenos angostos de tierras inundables ubicados en la ribera este, así como también el lago de aguas negras de tierras bajas.

A lo largo del río Blanco encontramos la evidencia más grande del impacto humano de los tres sitios que vistamos, con una chacra recientemente quemada para cultivar yuca, asentamientos temporales y varios cartuchos de escopetas (Figura 10A). A una hora por canoa río arriba se encuentra el asentamiento ribereño de Frontera (~15 familias).

Actiamë (06°19'03"S 73°09'28"O, ~80-190 m.s.n.m., 2-7 nov 2004)

Este fue nuestro sitio más alejado en el sur, y nuestro único campamento cerca de un río grande, el río Yaquerana, conocido por los Matsés como Actiamë (Figura 3L). Acampamos en una terraza dentro de una extensa área de las tierras inundables del Yaquerana, un área relativamente plana con una cobertura vegetal limitada. Los depósitos de sedimentos encontrados en los troncos caídos sugieren que esta área puede inundarse completamente en ciertas ocasiones. Desde el campamento salían cuatro trochas que atravesaban un amplio rango de hábitats, incluyendo un complejo de colinas y valles, las tierras bajas del Yaquerana, un pequeño aguajal, y una cocha grande.

Durante nuestros cuatro días en este lugar exploramos algunos de los terrenos más empinados que se encontraron en este inventario, con una trocha que tenía numerosas cuestas empinadas que luego descendían precipitadamente hacia angostos valles. Estas cuestas nos daban un panorama de las transiciones de suelos. Inicialmente los suelos eran de un limo arcilloso arenoso de color amarillo y marrón, típicos de los depósitos de las terrazas, mientras que en las zonas más altas de las vertientes se encontraban suelos rojizos, densos y arcillosos, muy pegajosos. Más alejados del río, las trochas continuaban ascendiendo gradualmente, dando lugar a una tierra firme elevada con una cima aplanada y suelos arenosos, a veces con una serie de terrazas ascendiendo de los numerosos valles formados por las quebradas.

Uno de los valles formados por la quebradas fue muy diferente a todos las demás observados durante el inventario. La quebrada exhibía una conductividad muy alta y su lecho consistía en depósitos sedimentarios duros, que incluían lodolitas densas y azules, y guijarros mucho más duros. Todas estas características indican que los sedimentos provienen de la Formación Pevas, que son depósitos típicamente encontrados más al norte, cerca del Amazonas (ver Procesos del Paisaje: Geología, Hidrología y Suelos, p. 57).

Otra trocha que exploramos en las terrazas inundables fue una que seguía el curso río abajo del Yaquerana, hasta alcanzar y cruzar unos de sus tributarios más grandes. En este tributario, ocasionalmente se observó delfines de río, incluyendo uno con su cría (ver Mamíferos, p. 102). La mayoría de estas quebradas que cruzan las tierras inundables y que desembocan en los tributarios más grandes fueron sostenidas por la inundación ocurrida unos días antes, lo que causó una acumulación de depósitos de agua y barro en los canales de las quebradas.

Aunque los ictiólogos no pudieron explorar el río Yaquerana debido a la altura de sus aguas, se exploró un lago de tierras bajas, aproximadamente a unos 500 m tierra adentro y se encontraron numerosas especies de peces. Este fue el único sitio visitado que tenía un aguajal de tamaño considerable, aunque era pequeño si se compara con otros aguajales en la Amazonía y es casi invisible en las imágenes de satélite.

La fauna, especialmente los monos grandes, fueron abundantes en este sitio, probablemente atraída por la alta densidad de árboles fructificando, la densidad más alta observada durante el inventario (Figura 3K). Aunque las comunidades animales parecen estar intactas, encontramos evidencias de previas visitas de carácter humano al área. Había un sistema de trochas, algunos campamentos temporales y un balón de gas (Figura 10B) encontrados en el área, sugiriendo que el área fue usada como un campamento en el proceso de trafico de cocaína, tal vez 5 años atrás. Adicionalmente, nuestros guías Matsés nos indicaron que los Matsés ocasionalmente cazan en esta área. Durante nuestra estadía observamos una embarcación retornando de una expedición de cacería río arriba y cargando carne de sachavaca y huangana (Figura 10C).

POBLADOS VISITADOS POR EL EQUIPO DE CIENCIAS SOCIALES

Mientras el equipo biológico estaba en el campo, el equipo de ciencias sociales investigaba siete de los 13 Anexos dentro de los territorios Matsés (Figuras 2, 11E). A lo largo del río Galvéz trabajamos con 5 comunidades, San José de Añushi, Buen Perú, Remoyacu, Paujíl, y Jorge Chávez. Al sudeste, a lo largo de la Quebrada Chobayacu, visitamos otras dos comunidades, Buenas Lomas Nueva y Buenas Lomas Antigua. Todas estas comunidades, así como las otras seis de la región que el equipo social no pudo visitar, son descritas en más detalle en Historia Territorial de los Matsés, (p. 109).

PROCESOS DEL PAISAJE: GEOLOGÍA, HIDROLOGÍA Y SUELOS

Autor: Robert F. Stallard

Objetos de Conservación: Diversidad excepcional de suelos, parches antiguos de suelos arenosos blancos con una vegetación distintiva, una característica única del paisaje de Loreto insuficientemente protegida por el SINANPE; quebradas de bosque extremadamente ácidos que drenan las arenas blancas; complejos de pantanos y montículos

INTRODUCCIÓN

El lado peruano del valle intermedio del río Yavarí se encuentra en tierra firme alta y se elevó entre 3 a 5 millones de años atrás. Los sedimentos de la superficie tenderían a ser de la Formación Pevas en el norte y a sedimentos fluviales en el sur. Ambos tipos de depósitos exhiben variaciones laterales marcadas en textura y composición (Linna 1993). La Formación Pevas tiende a tener arcillas azules, lignitas, limo y arenas. Algunas litologías contienen minerales fácilmente meteorizados tales como calcita ($CaCO_3$), yeso ($CaSO_4$), pirita (FeS), y apatita ($Ca_5(PO_4)_3(F,Cl,OH)$). Los suelos producidos por la meteorización pueden ser ricos o pobres, dependiendo del sustrato litológico y la duración de la meteorización (Kauffman et al. 1998). Todos los sedimentos fluviales en la región han sido pre-

meteorizados en un ciclo previo de erosión. La meteorización subsiguiente produce suelos ricos en depósitos fluviales jóvenes, pero suelos fuertemente lixiviados (lavados) en depósitos fluviales muy antiguos (Klammer 1984; Irion 1984a,b; Johnsson y Meade 1990; Stallard et al. 1990; Kauffman et al. 1998; Paredes Arce et al. 1998). En la región de Iquitos, así como en el área visitada durante el inventario biológico rápido, este lavado de sedimentos fluviales ha producido suelos blancos arenosos de cuarzo (Kauffman et al. 1998).

Hay muy pocos estudios publicados de la geología o de los suelos de la región intermedia del Yavarí. En el Apéndice 1A se da una revisión de estos estudios, así como también una mirada más amplia a la geología de la región y su paisaje. En este capítulo revisaré las características más obvias de los sitios visitados durante el inventario biológico rápido.

MÉTODOS

Suelos, topografía, y disturbios

A lo largo de las trochas de cada campamento evalué el color de los suelos con una tabla de colores de suelos Munsell (Munsell Color Company 1954), y la textura del suelo al tacto, con la ayuda de una guía desarrollada en inglés y español por el Smithsonian Center for Tropical Forest Science (Apéndices 1B, 1C). Debido a que el suelo estaba generalmente cubierto de hojarasca y por una maraña de raíces, utilicé una pequeña barrena helicoidal para colectar las muestras de suelos. A lo largo de las trochas también observé actividades de organismos bioalteradores (tales como cigarras, lombrices de tierra, hormigas cortadoras, y mamíferos), frecuencia de caídas de árboles relacionadas a las raíces, presencia de deslizamientos, importancia de los indicadores de escorrentía (cárcavas, vegetación envuelta a lo largo de tallos que indican movimientos superficiales), y evidencia de inundaciones (sedimentos depositados en los troncos caídos, abundancia de suelos gley).

Además de mirar los suelos, también hice un intento de describir cualitativamente las pendientes y los disturbios a mayores escalas. En el caso de las pendientes, esto incluyó 1) un estimado del relieve topográfico,

2) espaciamiento de colinas, 3) llanura de las cimas, 4) presencia de terrazas, y 5) evidencia de control del lecho de piedras. Los tipos más grandes de disturbios naturales esperados para la selva baja oeste del Amazonas son las caídas de árboles extensivas (Etter y Botero 1990, Duivenvoorden 1996, Foster y Terborgh 1998), pequeños deslizamientos (Etter y Botero 1990, Duivenvoorden 1996), migraciones de canales por ríos aluviales (Kalliola y Puhakka 1993), y levantamientos tectónicos rápidos o desplomes que cambian la hidrología (Dumont 1993).

Ríos y quebradas

Evalué todos los cuerpos de agua a lo largo de las trochas visualmente y mediante medidas de acidez y conductividad. La caracterización visual de las quebradas incluyó 1) tipo de agua (blanca, clara, negra) 2) ancho aproximado, 3) flujo aproximado de volumen, 4) tipo de canal (recto, meándrico, pantanos, entrelazados) 5) altura de bancos, 6) evidencia del flujo de sedimentos, 7) presencia de terrazas, y 8) evidencia de control del lecho rocoso y la morfología del canal.

Para medir el pH usé un Sistema Portátil ISFET-ORION Modelo 610 con un sistema de electrodos sólidos Orion pH/Temperatura. Para la conductividad, usé un metrómetro digital de conductividad Amber Science Modelo 2052 con una celda de conductividad de platino. El uso de pH y conductividad para la clasificación de aguas superficiales de una manera sistemática no es común, en parte debido a que la conductividad es una medida agregada de la amplia variedad de iones disueltos. Sin embargo, los gráficos de pH vs. conductividad (ver Winkler 1980) son útiles para clasificar las muestras de agua tomadas a lo largo de la región en asociaciones que nos dan una idea de la geología superficial (Stallard y Edmond 1983, 1987; Stallard 1985, 1988; Stallard et al. 1990).

RESULTADOS

Química de quebradas

El primer resultado de los análisis químicos del agua es que las quebradas de un sitio dado tienden a agruparse (Figura I en Apéndice 1F). Las quebradas de las cabeceras del río Gálvez alrededor de Itia Tëbu tienden a ser quebradas de aguas negras. La quebrada cerca del campamento tiene el agua superficial natural más ácida (pH=3,76) que haya muestreado en los trópicos. Por el contrario las quebradas de la cuenca intermedia del río Gálvez alrededor del Choncó tienden a tener aguas claras, con quebradas pequeñas de aguas negras (Figura 3D). Estas aguas tienen baja conductividad, indicando muy bajas concentraciones de material disuelto y por lo tanto de nutrientes. La conductividad y pH del agua del río Gálvez cerca de Remoyacu-Buen Perú están mayormente derivados de las quebradas de agua clara, similar a las quebradas ubicadas en el sitio de donde se ubica la cuenca intermedia.

Las quebradas cerca del río Yaquerana (Actiamë, Figura 3L) son también quebradas de aguas claras, pero las altas conductividades indican una cantidad más alta de solutos. La quebrada con la más alta conductividad (210 :S, micro Siemens por cm) drena la Formación Pevas. Las conductividades a este nivel indican que los minerales solubles contribuyen a la mezcla de solutos. En la Formación Pevas, los contribuyentes más notables son la calcita ($CaCO_3$), el yeso ($CaSO_4$), y la pirita (FeS_2).

Descripción del lugar

Para la presentación de los resultados de este estudio, empiezo con las cabeceras (Itia Tëbu), sigo con la cuenca intermedia río abajo (Choncó), para luego ir por el canal principal de la parte baja del río Yaquerana (Actiamë), y finalmente al canal principal del río Gálvez (Remoyacu-Buen Perú). Los análisis y el muestreo de las quebradas están en los Apéndices 1D, 1E.

Cabeceras del río Gálvez: Itia Tëbu

Esta región parece ser una cabecera, formada recientemente, del río Gálvez, creada cuando la cabecera más grande de la región fue atravesada por el río Blanco, tal vez debido a un sistema de fallas que conecta la Falla Inversa de Bata Cruzeiro. Los numerosas quebradas pequeñas que son paralelos a la corriente principal del valle del río Blanco indican que esta falla es tanto activa como tal vez reciente, y sugiere que el río Blanco ha capturado recientemente la antigua cabecera del río Gálvez. De acuerdo a esto, es de esperar que las características del paisaje encontradas en este estudio que continúen a lo largo de la falla del río Blanco.

El paisaje que rodea al campamento parece haber sido formado en una terraza baja antigua, formada de depósitos de un plano aluvial ancestral del sistema del río Amazonas/río Ucayali. La variación de textura de la composición de sedimentos en estos depósitos es compleja, variando desde grava gruesa (fondo del canal) a arcillas finas (lagos de tierras inundables). Esta variación es tanto lateral como vertical, debido a que los canales cambian sus cursos frecuentemente, cortando nuevos cursos a través de material antiguo mucho más fino. En el campo, uno raramente ve mucha consistencia entre los lugares, sin realizar un mapeo mucho más detallado (Linna 1993).

Suelos y topografía: Los bosques de varillales han crecido en suelos blancos de arena de cuarzo en colinas aplanadas y filones (Figura IIA en Apéndice 1F). Estas colinas aplanadas probablemente representan los remanentes de un paisaje fluvial antiguo. Las arenas de cuarzo podrían haber sido arenas de cuarzo, o tal vez se han derivado de los sedimentos de textura compleja debido a la meteorización. Los suelos de arena blanca en las áreas más planas están cubiertos por una capa densa de raíces y limo de unos 10 cm de grosor. Debajo de esta hay arena con matriz orgánica, y finalmente arena limpia a 20 cm. En el núcleo de suelos más profundos se encontraron raíces a 35 cm, y a 40 cm la arena ya estaba saturada. La presencia de una capa de raíces, la cual juega un rol importante en la retención de nutrientes, es un indicador de suelos extremadamente pobres en nutrientes (Stark y Holley 1975, Stark y Jordan 1978).

Casi todas las pendientes tienen arena arcillo-arenosa de color amarillo-marrón a suelos arenosos-margosos de color marrón-amarillo. Estos suelos amarillo-marrones están cubiertos de una capa de raíces de 10 cm de grosor, la cual es más porosa y menos densa y limosa que la de los varillales. Hay una cuantas áreas de filones y llanuras que tienen suelos similares a los mencionados anteriormente, pero estos están subordinados al paisaje y tienden a tener menor elevación que las colinas aplanadas.

El terreno alrededor del campamento consistía de suelos margosos arenosos color amarillo-marrón con una capa de raíces densa y casi entera. La quebrada pequeña muy cercana a ésta era de color té, muy ácido (pH = 3,76), con aguas negras drenando los varillales. La mayoría de los otras quebradas en el área son también de aguas negras, reflejando la abundancia de varillales.

Pantanos de montículos: Los amplios fondos de valle y las grandes extensiones de tierras bajas estuvieron llenos de pantanos de montículos de palmeras, árboles grandes y pequeños y numerosos arbustos. Entre estas montículos hay lagos y una red interconectada de aguas negras. Todo aquello que no es un charco o corriente de agua, está cubierta de una capa de raíces porosas, 10 a 40 cm de grosor.

Cuando se entra a estos pantanos, uno se encuentra primero con charcos esparcidos y aislados. Tan pronto como uno sigue avanzando, los charcos se vuelven más grandes y comienzan a conectarse. Más adelante, uno llega a una la red de charcos interconectados, entrelazados con montículos conectados, y después con áreas donde los montículos forman islas dentro de un cuerpo de agua más grande. Finalmente, uno alcanza un área amplia e inundada con algunas montículos. Muchos de estos pantanos de montículos terminan con una quebrada que va en dirección contraria al levantamiento brusco hacia el bosque de tierra firme (estos arroyos, por su parte, algunas veces migran hacia otro pantano o a un varillal). Algunos pantanos de montículos están encaramados; frecuentemente las pendientes empinadas de la región albergan bosques de tierra firme, pero a una corta distancia de alcanzar la cima, empieza ya sea el pantano de montículos o los bosques de arena blanca.

La capa de raíces podría tener un rol de desarrollar esta típica transición de la topografía de pantanos de montículos. Las montículos no son tan sólo simples lomas de material orgánico, más bien son núcleos de suelos minerales usualmente de arena blanca, pero algunas veces de arena margosa de color amarillo-marrón a arcilla margosa de color amarillo-marrón. Estos grandes montículos (10-15 m de diámetro) tienen marga arcillosa-arenosa de color amarillo-marrón y muchos árboles parecidos a los de tierra firme. Los fondos de los charcos entre montículos no tienen una capa de raíces, tan sólo hojarasca sobre el suelo mineral. Los suelos minerales ligeramente levantados que forman los núcleos de las montículos indican que las áreas más bajas son bajas debido a que algo ha hundido el suelo mineral que esta relacionado con las montículos.

Una posible explicación es que en las áreas más bajas hay huecos originados por las caídas de los árboles. Algunos charcos y montículos claramente son originados así. Sin embargo, la mayoría de los charcos son muy grandes para ser originados por las caídas de árboles y la transición predecible de los charcos esparcidos hacia montículos esparcidas sugiere que el factor formador no es enteramente al azar. Una erosión física simple a través de la red de canales no funcionaría debido a la falta de conectividad de canales en el segundo (terrenos planos con charcos) y tercero (montículos entrelazadas/charcos) tipos de terreno de montículos. Posiblemente los charcos y los canales de agua son el equivalente a agujeros de disolución (*solution pits* en inglés), donde las arcillas han estado disolviéndose de las arenas existentes bajo la capa gruesa de raíces y la arena se está colapsando en los charcos. Posiblemente, los agujeros iniciales son tan sólo producto de las caídas de árboles, pero el material excavado está parcialmente perdido por medio de la disolución dejando un hueco. El agua en el agujero es tanto ácida como llena de agentes complejos que pueden disolver las arcillas y los minerales de hierro y sesquióxido de aluminio que forman los componentes de fina textura de los suelos. Tal vez esta agua reactiva eventualmente expanda los charcos en una red conectada.

Extensión del varillal: La apariencia característica de la vegetación de varillal/chamizal en la imagen satelital dio lugar para que Räsänen et al. (1993) infiera correctamente que existían suelos blancos y arenosos en la región. Usé un programa de edición fotográfica para mapear las regiones que basados en las observaciones de campo, posiblemente son varillales o chamizales. Este ejercicio indica que las regiones ocupadas por los suelos blancos arenosos de cuarzo son probablemente amplias (Figuras 12A, B). Dada la lentitud del proceso de blanqueamiento que originan estos suelos, el cual involucra interacciones sutiles entre la textura de suelos, química del agua de escorrentía, y colonización de plantas, y considerando la rareza de la vegetación de varillales en el norte del Perú, los suelos de la región merecen una protección máxima.

Cuenca media del río Gálvez: Choncó

Este paisaje alrededor del Choncó parece desarrollarse en un deposito fluvial más antiguo, parecido al de las cabeceras. El paisaje consiste en colinas bajas convexo-cóncavas, usualmente con una naturaleza parecida a la de los filones, tal vez guiadas parcialmente por la topografía original de un plano inundable o cambios verticales o laterales en depósitos de tipo sedimentario (Figura IIB en Apéndice 1F). Esta red de quebradas es altamente dendrítica, y numerosas quebradas, incluyendo a los grandes cercanos al campamento, atraviesan estos filones. Esta área no tenía ninguna de las colinas aplanadas ni los filones encontrados de manera abundante cerca al campamento de la cabecera. Esto podría ser consistente con la erosión profunda frecuentemente encontrada en los interiores de las cuencas de los ríos. Las elevaciones tomadas con el GPS en la parte topográfica más alta de la cuenca intermedia (unos 180 m) fueron mayores que la topografía más alta cerca de la divisoria (unos 160 m). La elevación baja de la cabecera podría ser debido a una falla del GPS o podría reflejar la posibilidad, discutida en el Apéndice 1A, que la cabecera actual podría estar cerca del viejo canal del río Gálvez.

Solo encontramos un área de suelos de arena blanca de cuarzo, en una cima aplanada que de otra manera no hubiera podido ser distinguida de las otras cimas de la trocha. Además, esta cima no era la parte más alta del paisaje, como lo fueron las áreas de arenas blancas de cuarzo en las cabeceras. Adicionalmente, este tipo de suelo probablemente no es un remanente, después de mucha erosión, de un paisaje como los que vimos en las cabaceras. Por el contrario, parece ser que el suelo se formó in situ. La quebrada que drenaba esta arena fue la única quebrada de aguas negras encontrada en este sitio.

Con excepción de las fallas de los bancos a lo largo de las quebradas y una caída mayor de árboles en particular (uno de las pocas que son evidentes en las fotos satelitales) parece ser que no existen disturbios mayores en el paisaje. Las caídas de árboles fueron raras a lo largo de las trochas, y la topografía suave no parece generar deslizamientos o derrumbes.

Canal principal del río Yaquerana: Actiamë

El paisaje adyacente al río Yaquerana es un fuerte contraste con los sitios de las cabeceras y la cuenca intermedia del río Gálvez. Este campamento da acceso a tierre firme de colinas del Yaquerana, tierre firme de colinas de tributarios mayores, una cocha, un aguajal y tierra altas montañosas.

El campamento fue construido en la planicie inundable del Yaquerana, cerca a una quebrada que corta de manera perpendicular al dique elevado que separa la planicie del río. La corriente del Yaquerana se encontraba a 3-4 m por debajo del nivel de la planicie inundable en el momento que ocupamos el lugar. El depósito de dique es un montículo de terrenos elevados y que está más cerca del río ubicado en la terraza. Entre el dique y la terraza elevada, unos 4 m arriba de las tierras inundables recientes, hay un complejo de drenajes naturales que incluyen aguajales bien desarrollados.

Los suelos de las terrazas elevadas de este campamento varían desde suelos arenosos a arcillas densas y pegajosas. Un valle acá tiene paredes casi verticales compuesta de sedimentos mucho más antiguos que los sedimentos fluviales que yacen debajo de las cabeceras y a los sitios de la cuenca intermedia del río Gálvez. Las capas más duras, lodolitas de color azul o verde, típicas de la Formación Pevas, forman numerosas cascadas pequeñas en el lecho rocoso. Este lecho rocoso tiene piedritas de grava arcillosa derivadas de la lodolita densa así como sedimentos más gruesos provenientes de la erosión de las capas más suaves de los depósitos de sedimentos más antiguos. La grava más dura está formada de cuarzo, feldespato, y sedimentos de granos duros y finos. Los sedimentos duros y finos indican ya sea un origen andino o derivados del escudo, pero con mayor probabilidad de ser de origen andino. La grava y las rocas fueron lo suficientemente novedosas para hacer que los trabajadores Matsés colectaran algunas y se las llevaran a sus casas como souvenirs.

Arriba de esta quebrada se localizó el que es tal vez el filón más alto y definitivamente el más empinado en el sistema de trochas. Tenía suelos de arcilla desde arriba hacia abajo, incluyendo su cima. Por el otro lado de este filón había una segunda quebrada, que si bien era más pequeña que el anterior, tenía características similares. Otra quebrada del área también tenía una grava de similar textura en su lecho.

Muchas de las otras colinas, especialmente aquellas de cima aplanada, tenían suelos arenosos en la cima. En algunas de estas colinas, la capa arenosa de color crema yace arriba de un horizonte de arcilla rojiza. El color cremoso indica algo de lavado, talvez en la dirección de la formación del suelo arenoso de cuarzo.

A lo largo del sistema de trochas, las pendientes de muchas colinas son interrumpidas por una terraza, unos 3 m arriba del fondo del valle. Esto se iguala con terrazas similares en el río Yaquerana, mencionado anteriormente, y en el tributario más grande del río. Por lo tanto, existen por lo menos tres niveles de terraza en este paisaje: (1) las cimas de colinas aplanadas, (2) las numerosas terrazas antiguas en los ríos principales y numerosas quebradas del valle, y (3) las planicies inundables actuales (Figura IIC en Apéndice 1F). Tal vez haya dos niveles de terrazas más antiguas, pero sin las mediciones topográficas precisas esto es difícil de confirmar. Con estas observaciones, podemos hacer una hipótesis de cinco estadios en la historia de la erosión.

El primer estadio una planicie en proceso de erosión de la cual se derivan las colinas de cimas aplanadas. Segundo, esta superficie fue erosionada y por eso existe el sistema de drenaje que vemos ahora; la erosión continuó hasta que los valles de las quebradas se volvieron planos. Tercero, un cambio en el ámbito basal promocionó la incisión de estos valles dejando a los remanentes de los fondos de los valles antiguos como terrazas. Cuarto, nuevos fondos de valles planos se formaron. Finalmente, las quebradas son ahora incisivos en partes de los fondos de los valles que ahora son planos. Esto indicaría un nuevo ajuste o podría ser parte del progreso natural de la ampliación del valle.

Los datos de la conductividad de quebradas nos indican que hay más cantidad de iones disueltos en las quebradas del río Yaquerana y sus tributarios que aquellos en la parte superior y media del río Gálvez. La mayoría de las quebradas y sus tributarios fueron de 30 a 40 :S. El Yaquerana fue 50 :S, mientras que la quebrada que drenaba la formación más antigua fue de 210 :S. Este último valor es relativamente alto para un río que drena exclusivamente silicatos y sugiere la influencia de carbonatos y tal vez pirita. La alta conductividad en el Yaquerana indica que podría haber una conductividad así de alta en las quebradas río arriba.

Canal principal del río Gálvez (Remoyacu-Buen Perú)
Aunque en nuestra corta visita a Remoyacu-Buen Perú no se estableció un campamento oficial, nos dio la oportunidad de extender la caracterización de la cuenca del río Gálvez. La topografía del área fue muy similar a la de nuestro sitio en cuenca intermedia. Las colinas tenían una forma simple ondulante con ocasionales valles amplios y planos (Figura IID en Apéndice 1F). El pueblo de Remoyacu estaría ubicado en una terraza y el campo detrás de este pueblo, donde aterrizó el helicóptero, podría ser una terraza más baja.

El lecho de piedras expuesto a lo largo del río está generalmente compuesto de un barro denso rojo y amarillo, pegajoso cuando está húmedo y de una textura como de palomitas de maíz cuando está seco,

típico de depósitos ricos en montmorillonita. Cerca del río se encontró abundantes nódulos calcáreos y fragmentos de fósiles de conchas, consistentes con las unidades superiores de la Formación Pevas. El río Gálvez es una quebrada de aguas límpidas con una baja conductividad y pH intermedio. Esto podría indicar una muy baja interacción con los sedimentos tales como los descritos arriba, con tendencia a producir quebradas con altas conductividades y alto pH. La presencia de la Formación Pevas en Remoyacu-Buen Perú y su ausencia del sitio que visitamos en la cuenca media del río Gálvez al sur, es consistente con la inclinación de los depósitos sedimentarios al sur, previsto por Räsänen et al. (1998).

DISCUSIÓN

La intrusión rumbo sur de las formaciones sedimentarias, la cual expone la Formación Pevas en el norte y a lo largo del río Yaquerana y formaciones más jóvenes y meteorizadas hacia el sur, ha creado una región extensa de suelos profundamente meteorizados, incluyendo suelos arenosos de cuarzo en la mayoría de la parte sur de la cuenca del río Gálvez. Basados en la conductividad, esta región incluye a la mayoría de la cuenca al sur de Remoyacu-Buen Perú. Estos suelos están cubiertos con una capa de raíces y son susceptibles a una severa pérdida de nutrientes de ocurrir actividades de deforestación o agricultura extensiva. Las áreas de Formación Pevas dentro de la región tienen suelos ricos. El resultado es un paisaje complejo con muchos suelos y tipos de agua, perfecto para generar las comunidades biológicas diversas. La geología y los suelos no han sido explícitamente examinados en las evaluaciones de Ampiyacu y Yavarí (Pitman et al. 2003, 2004). La localidad tipo de la Formación Pevas es la desembocadura del río Ampiyacu, y la inclinación hacia el sur de las formaciones sedimentarias sugieren un frecuencia mayor de sedimentos de la Formación Pevas en dos regiones, y por lo tanto con mayor riqueza de suelos.

AMENAZAS, OPORTUNIDADES Y RECOMENDACIONES

El sector peruano de la parte media de la cuenca del río Yavarí, el cual alberga las cuencas del río Gálvez y la parte baja del río Yaquerana, tiene una variedad excepcional de suelos y bosques. La característica del paisaje más notable es la presencia de áreas extensivas de suelos de arena blanca de cuarzo que son particularmente comunes a lo largo de la divisoria entre el río Gálvez y el río Blanco. Estos suelos y su vegetación de varillal parecen haberse desarrollado in situ a lo largo de millones de años debido a la meteorización de suelos fluviales antiguos en un proceso que incluye la disolución de arcillas y sesquióxidos de aluminio-hierro por ácidos orgánicos y otros agentes. La gran cantidad de tiempo que le toma a la formación de suelos de arenas blancas de cuarzo in situ, y su extrema sensibilidad a los cambios hidrológicos y la erosión causada por las carreteras y hasta trochas (Figura 10D), hace de la protección completa una necesidad esencial. Si los suelos son dañados, tanto estos como su vegetación de varillal no se recuperarán por miles de años o tal vez nunca. Estos suelos de arena de cuarzo deben de recibir máxima protección.

INVESTIGACIÓN, EDUCACIÓN Y TRABAJO PARTICIPATORIO

Con la compra de una cartilla de suelos y una herramienta barata de extracción de suelos, los suelos y el material parental expuestos en los canales de las quebradas pueden ser fácilmente mapeados de una forma que sea suficiente para caracterizar la mayoría de este paisaje. Las tablas de textura de suelos en los apéndices de este reporte (Apéndice 1B) también serían requeridas. El mapeo consistiría en la extracción de suelos y el registro de la localidad, presencia y grosor de la capa de raíces, color y textura de la superficie edáfica, tipo de canal, forma de canal y descripción de la fuente de material (Pevas/no Pevas). El único instrumento requerido es un GPS para registrar coordenadas en las regiones que no tienen mapas adecuados.

FLORA Y VEGETACIÓN

Autores/Participantes: Paul Fine, Nállarett Dávila, Robin Foster, Italo Mesones, Corine Vriesendorp

Objetos de Conservación: Grandes áreas de bosques de arena blanca, un hábitat con muchas especies endémicas y que representa menos del 1% de la Amazonía peruana; plantas endémicas de los bosques de arena blanca, incluyendo extensas poblaciones de *Mauritia carana* (Arecaceae, Figura 3B), *Platycarpum orinocense* (Rubiaceae; Figuras 4A, C), y *Byrsonima* cf. *laevigata* (Malpighiaceae); poblaciones de especies maderables que han sido fuertemente explotadas en Loreto, incluyendo el cedro (*Cedrela odorata*, Meliaceae), lupuna (*Ceiba pentandra*, Bombacaceae) y palisangre (*Brosimum utile*, Moraceae); todos los principales hábitats de tierra firme en la Amazonía peruana, que incluye un gradiente edáfico casi completo, desde suelos arcillosos ricos hasta colinas arenosas con fertilidad intermedia y suelos de arena blanca extremadamente pobres en nutrientes

INTRODUCCIÓN

Loreto, el departamento más grande en la Amazonía peruana, es uno de los "puntos calientes" de diversidad en plantas en el mundo (Gentry 1986, 1989; Vásquez Martínez 1993; Ruokolainen y Tuomisto 1997, 1998; Vásquez Martínez y Phillips 2000). La extraordinaria riqueza de especies documentada cerca de Iquitos se deriva de la variedad de tipos de bosques y la notable heterogeneidad de suelos en el área, colocando a estos bosques en marcado contraste a otros bosques amazónicos más uniformes desde el punto de vista edáfico y florístico, tales como el Parque Nacional Yasuní en Ecuador y el Parque Nacional Manu en el sur del Perú.

Debido a la geología y ecología única del área de Iquitos, es difícil extrapolar sus patrones de diversidad a otras partes de Loreto, especialmente a áreas no estudiadas previamente tales como la propuesta Reserva Comunal (RC) Matsés. En bosques lejos de Iquitos la diversidad botánica permanece relativamente desconocida, con la excepción de Jenaro Herrera (Spichiger et al. 1989, 1990), inventarios en el norte de Loreto (Grández et al. 2001), datos dispersos de viajes de colecta (p. ej., Encarnación 1985, Fine 2004, N. Pitman et al. unpub. data) y dos inventarios botánicos rápidos (Pitman et al. 2003, Vriesendorp et al.

2004). Los bosques en la Comunidad Nativa Matsés
y alrededores se localizan a varios días de viaje en bote
desde Iquitos, razón por la cual pocos científicos han
visitado estos bosques. Una excepción notable es el
trabajo de Fleck y Harder (2000) quienes describen 47
tipos de hábitat distintivos reconocidos por los Matsés.
Sin embargo, sus lugares de estudio a lo largo del río
Gálvez estuvieron localizados a más de 25 km de las
áreas visitadas por nosotros, y tampoco documentaron
la diversidad botánica del área, aparte de un listado de
todas las especies de palmeras. Nuestro inventario
rápido representaría la primera visita a esta área por
botánicos no Matsés.

MÉTODOS

Usamos una variedad de métodos para caracterizar
la flora y la vegetación en los tres sitios (Figura 4D).
Mucho de tiempo caminamos lentamente en los
senderos buscando plantas con flor o fruto, anotando
todas las plantas observadas y comparando la
composición del bosque en diferentes hábitats.
R. Foster tomó más de 1.190 fotos de plantas comunes
e interesantes, muchas de las cuales van a ser usadas
en una guía de campo de la propuesta RC Matsés.
Cada sitio fue muestreado cuantitativamente con
parcelas de 0.1 ha y transectos de diferentes tamaños.
Para caracterizar la estructura del bosque en cada
sitio, medimos los árboles de mayores diámetros e
inventariamos la diversidad de especies en cada tipo de
hábitat. P. Fine y I. Mesones registraron y identificaron
todas las especies de Burseraceae que encontraron, y
tomaron notas detalladas sobre sus afinidades edáficas
(Apéndice 2B). Colectamos 600 diferentes especies,
incluyendo más de 500 representadas por colecciones
fértiles que se depositaron en el Herbario Amazonense,
el Museo de Historia Natural en Lima y el Museo de
Historia Natural Field en Chicago.

RIQUEZA FLORÍSTICA, COMPOSICIÓN
Y ENDEMISMO

Nuestros tres sitios inventariados incluyeron casi toda
la variedad de hábitats inundados y de tierra firme de la
Amazonía baja: bosques pantanosos, bosques de
planicie inundable y bosques de tierra firme en suelos
ricos, intermedios y extremadamente pobres. Debido a
que la mayoría de las especies de plantas en la Amazonía
occidental está asociada con uno o dos de estos tipos de
suelos (Fine 2004, Fine et al. *in press*), sospechamos que
la propuesta Reserva Comunal Matsés puede contener
una diversidad de plantas más alta que cualquier otra
área protegida existente en la selva baja del Perú.

Compilamos una lista preliminar de ~1.500
especies de plantas para la propuesta RC Matsés
(Apéndice 2A). Esta lista incluye todas las plantas
que fueron colectadas, fotografiadas y/o observadas
e identificadas en el campo, y representa quizás un tercio
de la mitad de la flora de la propuesta RC Matsés.
Estimaciones de la flora para otros inventarios rápidos
en Loreto (Yavarí, Pitman et al. 2003; Ampiyacu,
Apayacu, y Yaguas (AAY), Pitman et al. 2004) oscilan
entre 2.500-3.500 especies. Creemos que la propuesta
RC Matsés probablemente soporta números
equivalentes. Esta región probablemente alberga especies
adicionales debido a su diversidad de suelos y hábitats.
Por ejemplo, nosotros encontramos 100-200 especies
restringidas a hábitats más especializados en la propuesta
RC Matsés que no fueron observadas o colectadas en
los otros dos inventarios.

La riqueza de especies de plantas en cualquier
sitio de la propuesta RC Matsés oscila ampliamente
desde los niveles más bajo en la Amazonía (los bosques
de arena blanca, Figura 3H) a algunos de los más ricos
(todas las áreas de tierra firme con fertilidad intermedia
a relativamente rica; Figuras 3B, J). Los patrones de
diversidad en especies de los diferentes hábitats no se
deben tanto a los procesos ecológicos locales, sino que
se relacionan más a los tamaños relativos y la historia de
los hábitats de arena y arcilla en la cuenca amazónica.
Por ejemplo, los bosques de arena blanca en la Amazonía
occidental son generalmente pequeñas islas de hábitat

rodeadas por un mar de bosque sobre tipos de suelos más ricos en nutrientes. Aunque los bosques de arena blanca presentes en la propuesta RC Matsés son los más grandes encontrados hasta ahora en cualquier otro sitio del Perú, estos hábitats sólo cubren un pequeño porcentaje de la región. En el área del río Blanco donde están más extendidos, ellos aparecen como un archipiélago de islas, aun cuando algunos de ellos son de varios kilómetros cuadrados en tamaño. Como toda isla, estos hábitats están caracterizados por tener baja diversidad y la dominancia de algunas especies que se han dispersado de otras áreas de arena blanca o han evolucionado in situ.

En contraste, suelos arcillosos fértiles y suelos arcillo-arenosos de intermedia fertilidad han estado presentes por al menos ocho millones de años y cubren una vasta área de la Amazonía occidental (Hoorn 1993). Por lo tanto, no es sorprendente que una hectárea de bosque de arena blanca en Itia Tëbu, uno de nuestros sitios muestreados, contiene típicamente ~50 especies de árboles >5 cm en diámetro, mientras que una hectárea de bosque en arcilla en Actiamë o los lugares franco-arenosos en Choncó probablemente contiene seis veces ese número.

La composición del bosque a nivel de familia y género en los bosques de los Matsés parece ser típico de las selvas bajas amazónicas (Gentry 1988). Muchas de las familias que fueron comunes en otros inventarios de Loreto son también comunes en la propuesta RC Matsés: Fabaceae, Arecaceae, Moraceae, Rubiaceae, Annonaceae, Sapotaceae y Sapindaceae. La familia Burseraceae parece ser especialmente rica en el área, con un 20% más de especies encontradas en la propuesta RC Matsés que en los otros dos inventarios en Loreto. Otros grupos especialmente diversos comparado a los otros inventarios fueron *Bactris* (Arecaceae, 12 especies), *Tachigali* (Fabaceae, 9 especies) y *Dendropanax* (Araliaceae, 4 especies). Algunos taxa no fueron tan comunes o tan diversos como uno esperaría en la selva baja de la Amazonía, incluyendo las familias Lauraceae, Myristicaceae y los generos *Licania* (Chrysobalanaceae) y *Heliconia* (Heliconiaceae).

Es difícil estimar los niveles de endemismo dentro de la propuesta RC Matsés. Debido a que

muchos de sus bosques crecen sobre suelo arcilloso y franco-arenoso que es común a lo largo de la Amazonía, es poco probable que contengan más de unas pocas plantas endémicas. En este inventario nosotros colectamos numerosas plantas raras de los bosques de arena blanca que sospechamos, con revisión de especialistas y estudio posterior, representarán nuevas especies o variedades, especies incipientes, o ampliación sustancial de rangos de distribución de especies conocidas en el Escudo de Guyana (Figuras 4E, I).

TIPOS DE VEGETACIÓN Y DIVERSIDAD DE HÁBITAT

La propuesta RC Matsés varía menos de 100 m en elevación pero abarca una impresionante amplitud de tipos de suelos—desde arenas blancas quartzíticas empobrecidas, hasta terrazas arcillo-arenosas de fertilidad intermedia hasta arcillas ricas en nutrientes de la Formación geológica conocida como Formación Pevas. Además de la diversidad de tipos de suelos, la topografía del paisaje y los patrones de inundación de los ríos, como en muchas otras partes de la Amazonía, crean hábitats que permanecen inundados por meses. Estos largos períodos de inundación también alteran fuertemente la apariencia y la composición de especies del bosque. Por ejemplo, en los bosques no inundados del campamento Choncó encontramos dos veces la densidad de árboles grandes (diámetros >60 cm) comparado con los sitios inundados (Tabla 1), sin ningún traslape en la composición de especies.

Además de la topografía, la cantidad relativa de arcilla y arena en los suelos parece influenciar tanto la disponibilidad de nutrientes como los patrones de drenaje que a su vez influencian la estructura del bosque y la composición de especies. En Actiamë, nuestro sitio con mayor fertilidad del suelo, los árboles grandes fueron cinco veces más abundantes que en Itia Tëbu, el sitio con la fertilidad más baja de suelo (Tabla 1). Además, de las 100 especies de árboles grandes que encontramos en los dos sitios, sólo seis especies fueron compartidas entre ambos sitios.

Tabla 1. Riqueza y abundancia de árboles grandes (DAP > 60 cm) en los tres sitios del inventario (N. Dávila).

Sitio	Hábitat	Km de trocha	Árboles > 60 DAP	Árboles por km	Número de especies	Especies por individuo
Choncó	Arcilla arenosa	4.0	52	13	27	0.52
Choncó	Arcilla inundada	1.5	11	7	6	0.55
Itia Tëbu	Arena blanca	1.0	0	0	0	0.00
Itia Tëbu	Arcilla arenosa	10.0	51	5	20	0.39
Itia Tëbu	Arcilla inundada	2.0	10	5	8	0.80
Actiamë	Arcilla y arcilla arenosa	1.1	90	82	20	0.22
Actiamë	Planicie del río	3.0	90	30	20	0.22

Los tres sitios estuvieron ubicados a lo largo de un gradiente marcado de fertilidad de suelo, aunque todos tenían bosques inundables y no inundables. A continuación describimos los principales tipos de bosques en cada lugar, empezando con los bosques en arena blanca pobres en nutrientes, los bosques inundables en suelo arenoso, las terrazas no inundables en Tëbu y Choncó, y continuando con las lomas de arcilla fértiles y las planicies de inundación en Actiamë.

Bosques de arena blanca (Itia Tëbu y Choncó)

La parte más emocionante de la expedición fue encontrar vastas áreas de bosques de arena blanca en los alrededores del río Blanco (Figuras 12A, B). Usando imágenes de satélite, Räsänen et al. (1993) especularon acerca de la posible existencia de estos bosques de arena blanca. Sin embargo, nuestra visita al área fue la primera oportunidad para confirmar su existencia en el terreno. Dentro de la propuesta Reserva Comunal Matsés, estos bosques representan ~5-10% del área, y están concentradas en las cabeceras del río Gálvez. Sin duda alguna, estos bosques cubren un área más grande que cualquiera de los parches de arena blanca conocidos en el Perú, incluyendo los famosos bosques de arena blanca del área de Iquitos, en la cuenca del río Nanay, un área con muchas especies raras y endémicas de plantas y animales (Álvarez et al. 2003; Figura 12A).

Tanto en Choncó como en Itia Tëbu, los bosques de arena blanca ocurren en la parte plana encima de las colinas, flanqueadas por pendientes de arena marrón y franco-arenosa que soportan árboles más altos. Esta rara combinación de árboles enanos creciendo sobre los puntos más altos en el paisaje rodeados por áreas más baja con doseles más altos crea la falsa impresión desde el aire de que los bosques de arena blanca crecen en los valles.

Suelos de arena blanca como los que visitamos en Itia Tëbu y Choncó tienen una disponibilidad de nutrientes extremadamente bajas. Estos bosques desarrollan un dosel bajo de árboles delgados, lo que permite que más luz alcance el sotobosque, a diferencia de otros bosques Amazónicos típicos (Figura 3E). Lianas y epífitas son mucho más raras en los bosques de arena blanca y debido quizás al bajo tamaño del dosel, las caídas de árboles son menos frecuentes que en bosques con suelos más ricos. Nunca se ven grandes claros. Las plantas desarrollan un manto de raíces gruesa que atrapa eficientemente los nutrientes de la capa, a menudo muy gruesa, de hojarasca acumulada.

La composición de las especies de los bosques de arena blanca es distinta a la de los bosques que crecen en suelos más fértiles. Esto posiblemente se deba a que las especies deben poseer adaptaciones específicas para sobrevivir en un ambiente con estrés en nutrientes. La dominancia local por unas pocas especies que representan más de la mitad de todos los individuos es un fenómeno común en estos bosques (Fine 2004).

Inventariamos todos los tallos leñosos mayores a de 5 cm en díametro a la altura del pecho (DAP) en parcelas de 50 x 20 m. Este inventario se llevó a cabo tanto en un bosque de arena blanca de dosel bajo (dosel ~8-10 m) en Itia Tëbu como en un bosque de arena blanca de dosel alto en Choncó (dosel ~30 m). La parcela en Itia Tëbu estuvo localizada cerca del centro del punto más claro en la imagen satelital, y probablemente fue representativo del bosque de arena blanca de dosel bajo del área. Visitamos un parche de bosque similar ~5 km distante y encontramos la misma composición de las especies dominantes. Los bosques de arena blanca estudiados en Itia Tëbu estuvieron dominados por una palmera emergente, *Mauritia carana* (Figura 3G), un árbol de dosel de la familia Rubiaceae que previamente sólo había sido colectado en tres ocasiones en el Perú (*Platycarpum orinocense*; Figuras 4A, C) y cuatro árboles más pequeños: *Pachira brevipes* (Bombacaceae, Figura 4E), *Euterpe catinga* (Arecaceae, Figura 4J), *Protium heptaphyllum* subsp. *heptaphyllum* (Burseraceae) y *Byrsonima* cf. *laevigata* (Malphigiaceae). El sotobosque estuvo compuesto mayormente de árboles juveniles de las especies más comunes en los estratos superiores del bosque. También fueron comunes dos arbustos del género *Retiniphyllum* (Rubiaceae) y árboles pequeños de *Neea* spp. (Nyctaginaceae) y *Dendropanax* sp. (Araliaceae). En Itia Tëbu encontramos 35 especies en 346 tallos, mientras que en Choncó encontramos 49 especies en 138 tallos.

En contraste al extenso archipiélago de bosques de arena blanca que encontramos cerca del río Blanco (Itia Tëbu), en Choncó sólo encontramos un pequeño parche (~0.5 ha). Es posible que parches de tamaños similares estén dispersos a lo largo de toda la cuenca del río Gálvez, dentro de una matriz de bosques que crecen sobre suelos arcillo-arenosos. La parcela que estudiamos en este parche estuvo dominada por Fabaceae, Euphorbiaceae, Annonaceae y Lauraceae, los que juntos representan el 59% de todos los tallos. Las especies comunes incluyeron *Adiscanthus fusciflorus* (Rutaceae); *Pachira brevipes* (Bombacaceae); *Hevea guianensis*, *Micrandra spruceana* y *Mabea subsessilis* (Euphorbiaceae); *Macrolobium limbatum* subsp. *propinquum* y *Parkia panurensis* (Fabaceae) y *Jacaranda macrocarpa* (Bignoniaceae). Todas estas especies han sido colectadas

previamente en otros bosques de arena blanca de Loreto. El sotobosque estuvo dominado por árboles pequeños de *Neoptychocarpus killipii* (Flacourtiaceae), *Calyptranthes bipennis* (Myrtaceae) y *Geonoma macrostachys* (Arecaceae).

Otros bosques de arena blanca en Loreto

Contando tanto los bosques de arena blanca con dosel bajo y alto, registramos ~90 especies de árboles en los bosques de arena blanca de los Matsés (Apéndice 2A). Cerca de 50 de estas especies han sido colectadas antes en otros bosques de arena blanca de Loreto (Fine 2004). Las 40 especies restantes son posiblemente nuevas, aunque muchas de ellas aún necesitan ser comparadas con especímenes de herbario y enviadas a especialistas. Cerca de 20 de estas especies fueron colectadas con flores o frutos, y son de un valor enorme para caracterizar los bosques de arena blanca del Perú.

Por ejemplo, nosotros colectamos los frutos de una especie rara de *Ilex* (Aquifoliaceae) que ha sido colectada previamente en otros bosques de arena blanca del Perú pero casi nunca fértil. Colecciones previas han sido identificadas provisionalmente como *I. andarensis*, nativo de las elevaciones altas en los Andes, o como *I. nayana*, un árbol de selva baja raramente colectado. Sospechamos que varias de nuestras colecciones fértiles conducirán a la descripción de especies nuevas o especialistas endémicas de los bosques de arena blanca (p. ej., García-Villacorta y Hammel 2004).

Otro hallazgo fascinante fue la enorme población de la palmera *Mauritia carana* (Figuras 3G, 12B). Esta palmera es una especie de la cuenca del río Negro, conocido del Perú sólo de los bosques de arena blanca de Iquitos (donde se conocen menos de 100 individuos) y Jeberos, 500 km al oeste de Iquitos (donde la población conocida es aún más pequeña). En la propuesta RC Matsés, esta palmera domina el dosel de todos los bosques de arena blanca de dosel bajo que caminamos o vimos desde el aire, y su población sobrepasa indudablemente decenas de miles (Figura 12B).

La diversidad de las parcelas de arena blanca que inventariamos en Itia Tëbu y Choncó está en el rango promedio para los bosques de arena blanca de Loreto. Un bosque de arena blanca de dosel bajo similar en Allpahuayo-Mishana exhibe 34 especies en 343 tallos comparado a las 35 especies en 340 tallos en Itia Tëbu. Un bosque de arena blanca de dosel alto en Allpahuayo-Mishana tuvo 36 especies en 96 tallos, comparado a las 49 especies en 138 tallos encontrados en Choncó (Fine 2004).

Aunque muchas de las especies comunes de otros bosques de arena blanca de Loreto están presentes en los bosques de arena blanca de los Matsés, no encontramos muchas especies que son comunes y dominantes en Allpahuayo-Mishana. Por ejemplo, no observamos nunca a *Dicymbe uiaparaensis* (Fabaceae), un árbol de tallos múltiples característico de los bosques de arena blanca de Allpahuayo-Mishana, el Alto Nanay y Jenaro Herrera. De hecho, de las 17 especies dominantes reportadas para seis bosques de arena blanca de Loreto por Fine (2004) solo 11 fueron encontradas en los bosques de los Matsés, y tres de estas fueron observadas solo una vez. Sin embargo, es importante notar que las especies dominantes en arenas blancas a menudo se encuentran en grandes poblaciones agrupadas y que nosotros sólo muestreamos dos pequeñas áreas (muy juntas) de la extensa área de arena blanca cerca del río Blanco. Otra posibilidad intrigante que puede explicar la ausencia de algunas de las especies dominantes de arena de otras partes de Perú es que los bosques de arena blanca de la región de los Matsés tienen un origen más reciente, y que las especies están aun dispersándose dentro del área (o llegando a ser especialistas in situ). Comparar los bosques de arena blanca de los Matsés con otros bosques de arena blanca de Perú y otros países Amazónicos es una ruta de investigación futura emocionante.

Bosques franco-arcillo-arenosos de tierra firme
(Itia Tëbu y Choncó)

Los suelos franco-arcillo-arenosos de fertilidad intermedia estudiados en Itia Tëbu y Choncó cubren las colinas bajas que dominan la región de los Matsés. Estimamos que este tipo de bosque cubre ~70-80% de la cuenca del río Gálvez, y ~40% de la cuenca del río Yaquerana. En los bosques no inundables el dosel alcanza 40-50 m con emergentes de hasta 50 m, con un sotobosque bien desarrollado y muchas lianas en Itia Tëbu. Las epífitas son también muy abundantes. Los árboles más grandes tenían diámetros en un rango de 70-80 cm, con un individuo de *Caryocar* cf. *amigdaliforme* (Caryocaraceae) excediendo los 100 cm. Debido al alto contenido de arena en el suelo, la mayor parte de los árboles no tienen grandes raíces tablares y superficiales. Esto posiblemente conduce a la formación de pocos claros grandes, ya que cuando los árboles mueren y caen sus raíces no cubren áreas tan grandes y así pocos árboles vecinos son afectados.

En estos bosques la diversidad de las especies de dosel es alta con algunas especies presentes tanto del bosque de arena blanca de dosel alto como de los bosques de tierra firme arcillo-arenosos de Actiamë. Árboles emergentes representativos incluyeron *Cedrelinga cateniformis* y *Parkia nitida* (Fabaceae), *Cariniana decandra* (Lecythidaceae). El sotobosque estuvo dominado en muchas partes por la palmera *Lepidocaryum tenue*, conocida localmente como *irapay*. Árboles pequeños comunes incluyeron muchas especies de las familias Annonaceae y Lauraceae, muchas especies de los géneros *Miconia* (Melastomataceae), *Mouriri* (Memecylaceae), *Guarea* (Meliaceae), *Protium* (Burseraceae), *Tachigali* (Fabaceae) y una impresionante variedad (30+ especies) y abundancia de palmeras pequeñas y medianas. La hierba *Ischnosiphon lasiocoleus* (Marantaceae) fue conspicuamente común en el sotobosque.

Aunque no tuvimos tiempo de llevar a cabo un inventario cuantitativo de este tipo de hábitat para árboles más grandes de 10 cm de diámetro, N. Dávila y M. Ríos inventariaron una parcela de 1 hectárea en suelo similar en la Reserva Comunal Tamshiyacu-Tahuayo. En su parcela, ellos registraron ~217 especies de un total de ~500 individuos (N. Dávila y M. Ríos, unpub. data). Aunque este número está en el promedio cuando se compara otras parcelas extremadamente diversas en otras partes de Loreto (ver Pitman et al. 2003, Vriesendorp et al. 2004), esta parcela es muy diversa para los estándares Amazónicos. Se espera una diversidad similar de árboles por hectarea en los bosques en suelos franco-arcillo-arenosos de la propuesta RC Matsés.

Bosques periódicamente inundables de fertilidad intermedia (Itia Tëbu y Choncó)

Adyacentes a los bosques no inundados de suelos franco-arcillo-arenosos de fertilidad intermedia en Itia Tëbu y Choncó se encontraron áreas aluviales de baja elevación con un alto contenido de arcilla. Estas áreas inundadas presentan probablemente niveles similares de nutrientes a los otros tipos de bosques inventariados (ver Pantanos de montículos, Procesos del Paisaje: Geología, Hídrología y Suelos, p. 59-60). A la escala del paisaje, bosques periódicamente inundables cubren 10-20% de la cuenca del río Gálvez, y 5% o menos de la cuenca del río Yaquerana. Estos bosques parecen ser inundados a intervalos después de lluvias fuertes, y pueden estar estacionalmente inundados por tres o más meses del año. El dosel es más bajo que en las áreas no inundadas, con los árboles más grandes alcanzando un diámetro de 50 cm, con menos árboles gigantes (Tabla 1), pero con muchos claros grandes y muchas más lianas y epífitas, especialmente Araceae.

La inundación ocasiona un estrés singular en las plantas y estas requieren adaptaciones específicas para sobrevivir en condiciones anaeróbicas. Por lo tanto, aunque la disponibilidad de nutrientes en los sitios inundados es probablemente muy similar a los sitios de tierra firme (ver Procesos del Paisaje: Geología, Hídrología y Suelos, p. 57), la composición florística fue marcadamente diferente, con casi ninguna especie traslapándose entre hábitats. La riqueza de especies en los hábitats inundados parece ser sustancialmente más bajo que en la tierra firme. Tambien notamos que las mismas especies aparecían una y otra vez cada vez que el sendero de estudio entraba a lugares por debajo del nivel de inundación. Los árboles dominantes del dosel pertenecían a las familias Fabaceae (*Dialium guianense Tachigali macbridei*) y Lecythidaceae (*Eschweilera* cf. *itayensis*). Árboles más pequeños encontrados con frecuencia fueron: *Socratea exorrhiza* (Arecaceae),

Rinorea racemosa (Violaceae), *Sorocea* sp. (Moraceae), y *Calliandra* sp (Fabaceae). Plantas de sotobosque incluyeron las palmeras *Bactris maraja* e *Iriartella stenocarpa*, *Clidemia* spp. (Melastomataceae), *Neea* sp. (Nyctaginaceae), *Psychotria* spp. (Rubiaceae) y *Palicourea* spp. (Rubiaceae).

Purmas, o claros naturales a gran escala (Choncó)
(C. Vriesendorp)

Claros naturales inmensos con cientos o miles de árboles caídos ocurren en lugares dispersos a lo largo de la cuenca Amazónica, y son la consecuencia de repentinos ventarrones catastróficos (Nelson et al. 1994). Estas áreas a menudo son claramente observables en las imágenes de satélite como parches brillantes dentro del paisaje boscoso, similar en apariencia a los bosques secundarios cerca de los ríos o asentamientos humanos. En Choncó, usando la imagen satelital como guía, penetramos una de estas áreas y encontramos un bosque secundario conocido en el Perú como *purma*. Usando el tamaño de los árboles más grandes como guía, nosotros estimamos que este claro natural se originó hace 10-15 años.

En un previo inventario rápido de las zonas del Putumayo medio (Ampiyacu, Apayacu, Yaguas) se reportaron claros similares productos de vientos (Vriesendorp et al. 2004). En estos lugares la hierba *Phenakospermum guyannense* (Strelitziaceae) fue uno de los dominantes a diferencia de Choncó donde estuvo ausente. La purma de Choncó estuvo dominado por árboles de 15-35 cm de diámetro de *Cecropia sciadophylla* (Cecropiaceae), con un sotobosque pobre de arbustos de Melastomataceae, individuos de *Psychotria* sp. (Rubiaceae), *Drymonia* sp. (Gesneriaceae) y palmeras juveniles de *Oenocarpus bataua* (Arecaceae).

Bosques de la planicie inundable (Actiamë)

En Actiamë encontramos varios hábitats distintivos no encontrados en Itia Tëbu y Choncó, incluyendo extensas áreas de bosques de planicie inundable creciendo en suelos relativamente ricos con alto contenido de arcilla. Áreas de planicie inundable están esencialmente ausentes del río Gálvez y cubren 5% o menos del área dentro de la cuenca del río Yaquerana. Estas planicies inundables no han mostrado evidencia de inundación anual continua y los árboles más grandes fueron emergentes gigantes con diámetros excediendo los 150 cm y con altura de ~50 m o más. Debajo de los emergentes crece un dosel uniforme de árboles a más de 40 m de altura, un sub-dosel bien definido y abundantes lianas y epífitas. Grandes claros abiertos por árboles caídos fueron comunes en este lugar y en ellos registramos una comunidad bien desarrollada de especies pioneras y de bosques secundarios.

La composición de especies compartidas con otros hábitats previamente mencionados fue baja. Sin embargo, algunas plantas estuvieron presentes tanto en la planicie de inundación como en la tierra firme en suelos arcillos de Actiamë, especialmente en las áreas de transición entre ambos hábitats. Los árboles emergentes estuvieron representados principalmente por *Ceiba pentandra* y *Matisia cordata* (Bombacaceae), *Spondias venosa* (Anacardiaceae) y una agrupación diversa del género *Ficus* spp. (Moraceae), incluyendo muchos individuos de *Ficus insipida* (Moraceae). Árboles y arbustos más comunes incluyeron *Otoba parviflora* (Myristicaceae), *Quararibea wittii* (Bombacaceae), las palmeras *Attalea* spp., *Astrocaryum* sp., *Rinorea viridifolia* (Violaceae), *Oxandra* "mediocris" (Annonaceae) y *Calyptranthes* spp. (Myrtaceae). Plantas trepadoras comunes en el área incluyeron representantes de la familia Menispermaceae y los epífitos aroides *Anthurium clavijerum*, *Rhodospatha* sp. y *Philodendron ernestii*. Mientras que la diversidad de este hábitat no es particularmente alta cuando se lo compara a los bosques de tierra firme (excepto los de arenas blancas), muchas de las especies encontradas aquí no fueron vistas en ninguno de los otros hábitats estudiados. Estos hábitats por lo tanto representan un importante componente de la diversidad total en la región. La flora de la llanura inundable tiene mucho más en común con otras llanuras inundables de agua blanca de la Amazonía occidental, tales como las del río Manu, Madre de Dios, al sur del Perú.

Bosques de tierra firme en suelos arcillosas y arcillo-arenosos (Actiamë)

En Actiamë se observaron colinas estrechas fuertemente inclinadas que se elevan cerca de 30 m sobre la llanura de inundación, cubiertas en algunas partes por arcillas extremadamente fértiles de la Formación Pevas (ver Procesos del Paisaje: Geología, Hídrología y Suelos, p. 57). Los bosques en arcilla y en suelo arcilloso arenoso de estas colinas fueron estructuralmente similares a los bosques de las llanuras inundables, con grandes claros formados por la caída de árboles y deslizamientos de tierra. Estos bosques parecen ser relativamente raros (<5%) dentro de la cuenca del río Gálvez y más o menos común (~50%) dentro de la cuenca del río Yaquerana.

Árboles enormes con diámetros más grandes de 60 cm fueron más comunes en este hábitat que en cualquiera de los otros hábitats visitados, en especial en las laderas de las colinas (Figura 3J). Estos bosques tuvieron la diversidad más alta de todos los bosques estudiados. El dosel estuvo dominado por la familia Fabaceae (como en la mayor parte de los sitios), Bombacaceae y Moraceae (a diferencia de otros sitios; Figura 4F). Algunas especies comunes incluyeron *Pterygota amazonica* (Sterculiaceae), *Eriotheca globosa* (Bombacaceae), *Parkia nitida*, *Dussia tessmanni* (Fabaceae), *Cariniana decandra* (Lecythidaceae), *Clarisia racemosa* y *Pseudolmedia laevis* (Moraceae). Un ejemplo de la alta diversidad en especies en este tipo de hábitat es en un transecto de ~100 m donde estudiamos los árboles >10 cm de diámetro. ¡En este lugar 47 de los 50 árboles censados pertenecían a diferentes especies! En el mismo transecto también estudiamos 100 tallos en la clase diamétrica de 1-10 cm y encontramos 82 especies. Juntando el número total de individuos en estos dos censos casi no incrementa el número de especies repetidas: 125 especies de un total de 150 individuos. Esta diversidad es muy similar a la de los bosques de tierra firme estudiados en el Yavarí y en el AAY (Pitman et al. 2003, Vriesendorp et al. 2004). Extrapolando a parcelas de 1 ha, estimamos que los bosques de tierra firme de los Matsés contienen más de 300 especies por hectárea. Esto es probablemente una sobrestimación, pero aun muestreos con un 10% menos de especies colocarían a estos bosques entre los más diversos del planeta.

Un grupo que merece una atención especial en Actiamë es Moraceae (Figura 4F). De los 150 árboles en el transecto, 20 individuos pertenecieron a 14 especies de Moraceae, en los siguientes géneros: *Sorocea, Naucleopsis, Ficus, Brosimum, Perebea,* y *Pseudolmedia.* Otros géneros comunes encontrados fueron *Guarea* y *Trichilia* (Meliaceae), *Composneura, Otoba, Iryanthera* y *Virola* (Figura 3K) en la Myristicaceae, *Inga* (Fabaceae) y *Protium* (Burseraceae).

Bosques de pantano (Actiamë)

En un bosque de planicie inundable del río Yaquerana en Actiamë, encontramos un bosque de pantano pequeño con agua estancada dominado por la palmera de dosel *Mauritia flexuosa,* conocido como *aguaje* en Perú. Desde el aire observamos más pantanos de palmeras en la región de los Matsés, pero este hábitat es raro, cubriendo menos del 1% de la cuenca del río Gálvez y menos del 5% de la cuenca del río Yaquerana. Debido a que la palmera de *aguaje* no tiene un dosel compacto, estos bosques tienen una apariencia abierta, con mucho espacio entre los árboles. Las lianas están prácticamente ausentes y las epífitas son raras.

La composición de especies es distinta del bosque de llanura inundable adyacente debido al ambiente de inundación permanente. Especies comunes de sotobosque encontradas fueron: un *Ischnosiphon* (Marantaceae) no encontrado en otros hábitats, *Sorocea* (Moraceae), *Croton* (Euphorbiaceae), arbolitos de Lauraceae y una tercera especie de *Rinorea* (Violaceae).

BURSERACEAE

(P. Fine, I. Mesones)

Comparar la composición de especies y evaluar el número de especies compartidas entre hábitats son especialmente difíciles en sitios tan diversos como los bosques de los Matsés. Como sustituto de la diversidad total los investigadores a menudo escogen asociaciones de especies con características similares (p. ej., hierbas del sotobosque, árboles emergentes) o grupos taxonómicos (p. ej., palmeras, otras familias de plantas particulares) que pueden ser usados para examinar el recambio en la composición de especies entre hábitats (Higgins & Ruokolainen 2004). Con la meta de obtener una idea preliminar de la distribución de las especies en los diferentes tipos de suelos de la propuesta RC Matsés, nosotros anotamos detalladamente todas las especies de Burseraceae en los tres sitios inventariados. Una comparación de los tipos de hábitat y la topografía con las imágenes satelitales y los datos del campo colectados por R. Stallard (ver Procesos del Paisaje: Geología, Hídrología y Suelos, p. 57) nos permitió caracterizar los hábitats con respecto a la disponibilidad de nutrientes y al régimen de inundación.

La familia Burseraceae es un componente importante de la flora Amazónica (Daly 1987, Gentry 1988, Oliveira & Mori 1999). El género *Protium* (Figura 4B) a menudo se ubica como el más abundante en muchos bosques Amazónicos tales como los ampliamente distantes Manu y Yasuní (Pitman 2000), Iquitos (Vásquez y Phillips 2000), Manaus (Oliveira y Mori 1999) y Belém (Daly 1987). Las especies de Burseraceae se encuentran en todos los bosques de tierra firme en la Amazonía occidental y están restringidas generalmente a uno o dos tipos de suelos (Fine et al. 2005).

Durante las dos semanas del inventario, encontramos 41 especies diferentes de árboles de Burseraceae en los tres sitios inventariados, un record para esta familia en el Perú. Comparativamente, nos ha tomado más de cuatro años colectar 40 especies en diferentes tipos de bosques de tierra firme en la Reserva Nacional Allpahuayo-Mishana. Comparando las colecciones de Burseraceae en la propuesta RC Matsés (Apéndice 2A, 2B) con otras regiones hiperdiversas de la Amazonía occidental, Yavarí tuvo 27-33 especies y AAY tuvo 25-29 especies. Los bosques de Yasuní (Ecuador) tienen 12 especies y Manu tiene cerca de ocho (N. Pitman, unpub. data)

De todas las especies colectadas en nuestros cuatro sitios de campo en Loreto, sólo *Protium divaricatum* subsp. *krukovii* y *Crepidospermum pranceii* no fueron encontradas en el inventario de los Matsés. Tres especies de *Protium* nunca encontradas antes por nosotros fueron colectadas en la propuesta RC Matsés, una en flor y una en fruto. Al menos una de ellas parecer ser una especie nueva para la ciencia (Figura 4B).

Casi todas las especies de Burseraceae que fueron encontradas estuvieron en sólo uno o dos de los cinco tipos principales de hábitat (Apéndice 2B). Mientras que la mayoría de las Burseraceae fueron encontradas en los hábitats de más amplia distribución en Loreto (arcilla fértil y suelos franco-arcillo-arenosos), ocho especies sólo fueron encontradas en bosques de arena blanca o del llanura inundable (Apéndice 2B). Un pátron similar se observó entre las más de 56 especies de palmeras (Arecaceae) en el área de los Matsés: la gran mayoría fue registrada en suelos fértiles y suelos intermedios franco-arcillo-arenosos, un grupo más pequeño sólo en la llanura inundable y sólo dos en arena blanca.

NUEVAS ESPECIES, RAREZAS Y EXTENSIONES EN RANGOS DE DISTRIBUCIÓN

La mayor parte de las colecciones de plantas de nuestro inventario permanecen sin identificar al momento de esta publicación. Sin embargo, estimamos que una docena o más de nuestros 500 especímenes fértiles serán probablemente nuevas especies. Mientras más especies lleguen a ser identificadas o se confirme especies adicionales, actualizaremos nuestra lista de plantas en http://www.fieldmuseum.org/rbi/. En el Apéndice 2A incluimos números de colección como una referencia a las colecciones depositadas en el Herbario Amazonense, el Museo de Historia Natural en Lima y el Museo de Historia Natural Field en Chicago.

Varias nuevas especies para la ciencia probablemente se encuentran dentro de nuestras colecciones de los bosques de arena blanca. Una especie de *Byrsonima* (Malpighiaceae) con sépalos rojos persistentes y frutos verdes, uno de los árboles dominantes en los bosques de arena blanca de Itia Tëbu, parece muy similar a *B. laevigata*, una especie que es actualmente conocida de las Guyanas y Brasil. Esta colección llegará probablemente a documentar una enorme extensión en su distribución o una especie nueva para la ciencia. Posibilidades similares existen para colecciones fértiles de *Ilex* (Aquifoliaceae), *Retiniphyllum* (Rubiaceae), *Pleurisanthes* (Icacinaceae; Figura 4H) y *Pagamea* (Rubiaceae) entre otras.

Fuera de los bosques de arena blanca también encontramos especies inusuales o potencialmente nuevas. Por ejemplo, en el Anexo Remoyacu una especie de *Dicorynia* (Fabaceae; Figura 4I) fue colectada con flores. Este género no es conocido del Perú (Pennington et al. 2004) y el género típico del escudo guyanés. Colectamos tres especies desconocidas de Burseraceae, dos de las cuales estuvieron fértiles y sospechamos que representan especies nuevas (Figura 4B). Una de ellas esta cercanamente relacionada a *Protium hebetatum* pero fue encontrado en la llanura inundable, mientras que *Protium hebetatum* sólo estuvo presente en la tierra firme de Actiamë. La presunta nueva especie tiene frutos verdes lustrosos (como *P. hebetatum*), pero tiene hojas más pequeñas, venación secundaria distintiva y el envés glabro, a diferencia del piloso *P. hebetatum*. Una segunda especie potencialmente nueva está en el grupo Pepeanthos de *Protium* (Daly, *in press*), y es una de las varias especies de *Protium* con látex blanco lechoso. Esta probable nueva especie tiene flores blancas y foliolos muy pequeños casi sin pulvínulo, una combinación de caracteres no conocida de ningún *Protium* actualmente nombrado del grupo Pepeanthos.

Varias colecciones en la propuesta RC Matsés extienden los rangos de distribución conocidos de algunas especies cientos de kilómetros al sur y/o al oeste. Muchos de las especialistas de arena blanca, como *Mauritia carana* y *Platycarpum orinocense*, eran previamente conocidas sólo del área de Iquitos pero no hacia el sur de la Amazonía peruana. *Couma* sp. (Apocynaceae) podría ser una especie nueva para el Perú. Muchas de estas especialistas de arena blanca que encontramos son conocidas sólo de unos pocos registros previos (*Ilex* sp., *Remijia pacimonica*, *Protium laxiflorum*, *P. calanense*).

AMENAZAS, OPORTUNIDADES Y RECOMENDACIONES

La amenaza más grave para la región son las concesiones madereras al oeste del río Blanco, adyacente a la propuesta RC Matsés. Estas concesiones incluyen grandes franjas de bosques de arena blanca. Aun cuando hay unas pocas (o ninguna) especies maderables valiosas en los bosques de los Matsés, los pequeños tallos en los bosques aledanos a los de arena blanca proporcionan poca resistencia a tractores. La construcción de caminos para la extracción de estos pocos individuos en los bosques de arena blanca aledaños puede dañar seriamente estos frágiles hábitats.

En Itia Tëbu encontramos un camino de tractor (Figura 10D) que penetró en un bosque de arena blanca, presumiblemente en búsqueda de árboles de tornillo (*Cedrelinga cateniformis*). Este camino ilustra la naturaleza frágil de los bosques de arena blanca. Debido a que los árboles crecen tan lentamente en estos suelos pobres, la regeneración de los bosques de arena blanca toma mucho más tiempo que en otros bosques. Si estos bosques son completamente deforestados (o en el peor de los casos quemados), el bosque no regresará a su estado original en muchas generaciones humanas (la carretera Iquitos-Nauta es un claro ejemplo del uso de la tierra no planificada y la consecuente destrucción de los bosques de arena blanca; ver Maki et al. 2001). Además de lo impráctico de iniciar operaciones extractivas de madera en el área, el verdadero peligro es que las compañías madereras cortarían los bosques de arena blanca para tener acceso a los árboles más valiosos que crecen en las elevaciones más bajas. Estas áreas con suelos franco-arcillo-arenosos bordean todos los hábitats de arena blanca en el río Blanco. Esto precipitaría un desastre ecológico para la totalidad de la cuenca del río Blanco, creando desiertos que serán inservibles tanto para la gente como para la fauna silvestre y las plantas.

Una segunda amenaza es la extracción comercial oportunista de árboles de cedro (*Cedrela odorata*) en las planicies inundables y los bosques de suelos más ricos de Actiamë. Esta especie ha llegado a ser cada vez más rara en la Amazonía peruana y solo quedan muy pocos individuos en edad reproductiva. Ya que *C. odorata* se encuentra a menudo cerca de los ríos, los árboles son fácilmente transportados al mercado y por esto han llegado a ser exterminados localmente de la mayor parte de su antes amplia área de distribución geográfica.

Una amenaza menor es el uso intensivo de ciertos recursos del bosque por el pueblo Matsés. Robinson, nuestro contraparte Matsés en Choncó, observó que la palmera *Pholidostachys* (choncó, Figura 3C), preferida por los Matsés para techar las casas, fue muy común en Choncó (y también en Itia Tëbu), pero estuvo ausente en los bosques cercanos a los Anexos Matsés. Otras especies comercialmente importantes tales como el tornillo (*Cedrelinga cateniformis*) y el palisangre (*Brosimum utile*) fueron comunes y representan poblaciones reproductivas saludables que pueden reponer las áreas adyacentes más fuertemente usadas.

Recomendaciones

Protección y manejo

01 Recomendamos la protección estricta de los bosques de arena blanca en ambos lados del río Blanco, defendiendo estas áreas frágiles de extracción de madera, deforestación por agricultura y/o caminos de tractores.

02 Recomendamos dar protección estricta a las áreas grandes de tierra firme en suelos más productivos adyacentes a las arenas blancas, no solo para proteger su flora diversa sino también porque representan la mayor fuente de frutos para los animales silvestres. Los suelos fértiles y los bosques de las llanuras inundables representan probablemente un refugio para las poblaciones animales que potencialmente se dispersan desde áreas adyacentes dentro de la zona de cacería de los Matsés. Actiamë parece ser un sitio de producción continua de frutos por la abundancia de especies de animales en el área.

Estos hábitats sirven como una importante fuente de alimentación para los animales y un fuente de semillas de especies de plantas económicamente importantes para el pueblo Matsés. Proteger estos hábitats representará una importante inversión para las futuras generaciones de Matsés.

Investigación/Futuros Inventarios

03 Recomendamos estudios de largo plazo para los bosques de arena blanca en el área del río Blanco por biólogos expertos en similares hábitats de la Amazonía. Los expertos en bosques de arena blanca del IIAP (Instituto de Investigaciones de la Amazonía Peruana) son una obvia elección por su cercanía a los bosques de la propuesta RC Matsés (tres días en bote por el río Blanco). Estudios adicionales permitirían comparaciones con otros bosques de arena blanca donde IIAP lleva a cabo investigaciones, tales como los bosques de arena blanca de Allpahuayo-Mishana y Jenaro Herrera. Debido a que los bosques de arena blanca contienen un gran número de endémicos, sospechamos que estudios de largo plazo descubrirán muchas más especies raramente colectadas o nuevas para la ciencia.

04 Recomendamos realizar investigaciones en los bosques de arena blanca junto con los tipos de bosques más fértiles que los rodean. Gradientes ecológicos fuertes han mostrado ser importantes en la formación de nuevas especies (Smith et al. 1997, Fine et al. 2005). Preservando estas áreas de transición entre hábitats, estaremos preservando los procesos que originan la estructura de las poblaciones, adaptación, y finalmente especiación. El mosaico de hábitats en la propuesta RC Matsés constituye un laboratorio de evolución natural, lo que representa un fabuloso recurso para investigaciones futuras acerca del origen y mantenimiento de la diversidad de plantas en la Amazonía así como la diversidad de insectos, aves y muchos otros organismos.

PECES

Participantes/Autores: Max H. Hidalgo y Miguel Velásquez

Objetos de conservación: Comunidades de peces de alta diversidad en los diferentes ambientes acuáticos de la región de los Matsés; los variados ecosistemas acuáticos de aguas negras, claras y blancas de las cabeceras del río Gálvez y la cuenca del río Yaquerana; especies de importancia biológica, cultural y económica que son comunes en la zona tales como *Osteoglossum bicirrhosum* (arahuana), *Cichla monoculus* (tucunaré); grandes bagres como *Pseudoplatystoma tigrinum* (tigre zúngaro), intensamente explotadas en otras zonas de la Amazonía; especies raras y de distribución restringida como *Myoglanis koepckei* (Figura 5F); numerosas especies de valor ornamental como *Paracheirodon innesi* (neón tetra), *Monocirrhus polyacanthus* (pez hoja), *Boehlkea fredcochui* (tetra azul) y diversas especies de *Apistogramma* (bujurqui) frecuentes y abundantes en las aguas claras y negras dentro de los diversos bosques de la región de los Matsés

INTRODUCCIÓN

En los últimos años se han incrementado los esfuerzos por conocer la diversidad ictiológica en la Amazonía peruana. Así, en la región noreste del Perú, en el departamento de Loreto, estudios de inventario ictiológico han sido realizados en Ampiyacu, Apayacu, y Yaguas, región entre los ríos Amazonas y Medio Putumayo (Hidalgo y Olivera 2004); en la Sierra del Divisor (Sierra de Contamana y la cuenca del río Abujao, Proyecto Abujao 2001); y en la cuenca del río Yavarí (Ortega et al. 2003), entre los más recientes. En curso hay un estudio en Jenaro Herrera, en la cuenca del río Ucayali (H. Ortega, com. pers.).

En medio de estas áreas mencionadas, entre los ríos Ucayali y Yaquerana, se ubica la región que corresponde a los territorios de los Matsés, y que están siendo propuestos como una nueva área natural protegida, la Reserva Comunal (RC) Matsés. Estos territorios incluyen las cabeceras del río Gálvez y parte de la cuenca del río Yaquerana, que juntos forman el río Yavarí. Durante el inventario rápido en Yavarí se registró una altísima diversidad de peces; sin embargo, gran parte de esta cuenca, en especial las cabeceras, permanece desconocida para el estudio de este importante grupo biológico.

El objetivo principal de este estudio fue investigar la composición y estado actual de las comunidades de peces que habitan los diferentes ambientes acuáticos en dos sitios en la cuenca del río Gálvez y uno en la del Yaquerana, a través de una evaluación rápida.

MÉTODOS

Trabajo de campo

Durante 12 días efectivos de trabajo de campo estudiamos la mayor cantidad y variedad de ambientes acuáticos que pudimos explorar, siguiendo el sistema de trochas en cada campamento; solo en el río Yaquerana utilizamos una pequeña canoa. Siempre contamos con el apoyo de un colaborador Matsés (Figura 5A). En total pudimos efectuar 24 estaciones de muestreo, entre 6 a 10 por campamento. Anotamos las coordenadas geográficas en cada punto de evaluación y registramos las características básicas del ambiente acuático (Apéndice 3A).

De los 24 puntos evaluados, 16 fueron ambientes lóticos entre ríos y quebradas, y seis lénticos que correspondieron a dos remansos encontrados a los lados del cauce de quebradas de corriente muy lenta, dos áreas extensas de "bajiales" en el bosque (uno de tipo bosque inundado y el otro un aguajal) y dos lagunas. Quince ambientes eran de agua negra, cinco de agua clara y cuatro de agua blanca.

En los ríos principales colectamos solo en un punto en las orillas, y debido al nivel elevado de las aguas no se encontraron playas para realizar la pesca de arrastre. En las quebradas pudimos explorar mayor área para las colectas y en algunas de ellas (las más grandes) lo hicimos hasta en tres puntos distintos. Los ríos Blanco (Figura 8A) y Yaquerana (Figura 3L) fueron poco evaluados debido a la creciente. El río Gálvez no fue estudiado y permanece como un punto muy importante para evaluaciones en el futuro.

Colecta y análisis del material biológico

Colectamos los peces con redes de 10 x 1,8 m y de 5 x 1,2 m de abertura de malla pequeña (de 5 y 2 mm respectivamente). Estos aparejos fueron utilizados para realizar repetidos arrastres a la orilla, en el canal principal de las quebradas, capturando peces asociados a vegetación sumergida, palizadas y hojarasca. También los utilizamos como redes de espera removiendo los sustratos de arena, fango y arcilla con material vegetal (ramas, hojas).

Otros aparejos de pesca empleados incluyeron una red de mano o "calcal" para explorar las zonas de escasa profundidad, principalmente en las orillas de pequeñas quebradas, en los "bajiales", entre las raíces, troncos sumergidos y en agujeros profundos en los lados del canal de las quebradas. Solo en los ríos y quebradas grandes se emplearon líneas con anzuelos, y adicionalmente hicimos observaciones directas superficiales en los ambientes de aguas claras y negras para identificar especies que no pudieron ser capturadas.

Para la fijación de los especímenes colectados como muestras utilizamos una solución de formol al 10% por 24 horas, y después los preservamos en alcohol al 70%. La identificación preliminar de las especies se realizó en el campo, y en algunos casos se presentan como "morfoespecies" a aquellas que no han podido ser plenamente reconocidas. Algunas de estas formas podrían tratarse de nuevos registros para el Perú y otras eventualmente nuevas para la ciencia (Figuras 5B, E). Esta misma metodología ha sido aplicada en otros inventarios rápidos, como en los ambientes acuáticos de las regiones de Yavarí y Ampiyacu, Apayacu, y Yaguas (Ortega et al. 2003, Hidalgo y Olivera 2004). Todas las muestras han sido depositadas en la Colección Científica de Peces del Museo de Historia Natural de la Universidad Nacional Mayor de San Marcos en Lima, Perú.

DESCRIPCIÓN DE LOS SITIOS DE ESTUDIO

Itia Tëbu

Este sitio se ubica sobre el área sudoeste de las cabeceras del río Gálvez en la margen izquierda de la cuenca, y muy cerca de la divisoria con la subcuenca del río Blanco, que forma parte del drenaje del río Ucayali. Los ambientes acuáticos en este campamento correspondieron casi todos a aguas negras, a excepción del río Blanco, con pH ácido (< 4,5) y conductividad muy baja (< 20 μs/cm); ver Procesos del Paisaje: Geología, Hídrología y Suelos; Apéndices 1D, 1E). La mayoría de las quebradas eran menores de 4 m de ancho en promedio, con una profundidad menor de 50 cm, de aguas lentas, con orillas estrechas, e influenciadas por las características de los suelos y la vegetación circundante. Las aguas eran típicamente de color té oscuro y de fondos blandos, principalmente arena blanca.

Las quebradas, además de numerosas, presentaron abundante material vegetal en el fondo, principalmente hojarasca, ramas, y troncos caídos. El cauce de estos ambientes acuáticos era sinuoso, y durante los días de evaluación se formó una zona inundada de bosque mayor de un km de ancho que resultó de la unión de diversas microcuencas de varias quebradas vecinas. La formación de zonas inundables en bosques de tierra firme, bastante alejados del río Gálvez, beneficia a los peces por la formación de refugios nuevos y acceso a recursos más diversos provenientes del bosque.

En este campamento evaluamos diversas quebradas y bajiales, todos en la cuenca del río Gálvez. En la cuenca del río Blanco hicimos muestreos en una laguna de agua negra y en el mismo río Blanco (Figura 8A). Este río es caracterizado por ser tipo agua blanca de color crema, una anchura de ~70 m, ausencia de orillas o playas visibles en el punto evaluado, corriente moderada, y una profundidad máxima estimada de 5 m. La laguna de agua negra en la cuenca del río Blanco aparentemente es de origen meándrico, por su relativa cercanía al río, con forma de "U", aproximadamente de 35 m de ancho, y longitud estimada mayor de 100 m. Sin embargo, llamó mucho nuestra atención la gran diferencia del tipo de agua en la laguna (aguas negras) con las del río (aguas blancas), a pesar de la cercanía (menos de 20 m). En los sobrevuelos entre campamentos fue posible observar de manera similar lagunas de agua negra en ambos lados del río Yaquerana.

Choncó

Este sitio corresponde a la zona media sudoeste de la cuenca del río Gálvez, y fue el punto más norte que

evaluamos en la región de los Matsés. Todos los ambientes acuáticos fueron quebradas y ambientes acuáticos relacionados a las mismas (pozas temporales, sin conexión o parcialmente conectadas a las quebradas). A diferencia de los ambientes acuáticos de Itia Tëbu, la mayoría de quebradas eran de agua clara, y pocas eran de agua negra (Figura 3D). Sin embargo, algunas de las quebradas podrían ser clasificadas como aguas "intermedias" entre clara y negra, debido a su coloración té oscuro pero con características fisicoquímicas de aguas claras. Información más detallada sobre las características de los tipos de agua se encuentra en el capítulo de Procesos del Paisaje: Geología, Hídrología y Suelos y Apéndice 1D, 1E.

El ancho de las quebradas varió entre 1 y 12 m. La quebrada más grande y más profunda fue de agua clara, con más de 2 m de profundidad en algunos lugares. El tipo de fondo varió entre arena, fango y arcilla. En algunas áreas del bosque y cercano a las quebradas más grandes fue posible encontrar pozas medianas de hasta 8 m de ancho.

Actiamë

Este sitio corresponde a la región media alta de la cuenca del río Yaquerana. El río Yaquerana (Figura 3L) se caracteriza por ser de aguas blancas, de cauce meándrico, con gran cantidad de sólidos en suspensión. El Yaquerana tiene alta conductividad en comparación con las aguas negras y claras de los dos campamentos anteriores, e incluso mayor que lo registrado en el río Yavarí (ver Procesos del Paisaje: Geología, Hídrología y Suelos; Apéndices 1D, 1E). En este sitio la mayoría de los ambientes acuáticos eran de agua clara, con excepción de una laguna grande, el río Yaquerana y la quebrada más grande que muestreamos durante el inventario rápido. Los ambientes de agua negra correspondieron básicamente a aguajales y quebradas pequeñas, pero no eran tan negras como en los varillales entre el Blanco y el Gálvez.

El río Yaquerana se caracterizó por tener un ancho de ~70 m y una profundidad cerca de 5 m, con fondo fangoso-arcilloso. Las orillas presentaban una pendiente moderada (~40°). Durante los días de evaluación el nivel de las aguas fue alto, lo que no permitió detectar playas o zonas de orilla donde pudiéramos trabajar con las redes de arrastre a orilla. Esto en gran medida disminuyó nuestra exploración ictiológica de este hábitat, limitándonos a los ambientes laterales de la cuenca tales como lagunas y quebradas principales que fluyen al río, y quebradas de tierra firme, similares a las de los sitios previos con cobertura vegetal más del 50%.

Las quebradas presentaron un ancho variable entre 2 y 15 m, de aguas claras, negras y solo una de agua blanca. En la mayoría de estas el fondo era arena, fango y limo, pero en una se observó fondo duro de roca con presencia de pequeñas partículas (tipo grava) de cuarzos y otros elementos minerales. Este tipo de fondo es común y frecuente en quebradas relacionadas al pie de monte andino (por ejemplo, en Cordillera Azul). La única laguna estudiada fue de agua blanca, muy cerca al río Yaquerana, de origen fluvial, de sustrato muy fangoso y orillas con vegetación ribereña (arbustos) que se extiende hasta 4 m dentro del espejo de agua. No observamos plantas flotantes en este hábitat. Durante el sobrevuelo a este sitio se pudo observar numerosas lagunas de agua negra a los lados del río Yaquerana que no fueron inventariadas, y que constituyen sitios de interés para futuros estudios.

RESULTADOS

Diversidad de especies y estructura comunitaria

Usando los resultados taxonómicos de nuestras colectas (~2.500 ejemplares de peces) y relacionándolos con las conversaciones sostenidas con algunos miembros de las comunidades que nos apoyaron durante el estudio, generamos una lista preliminar de los peces de la región comprendida por 177 especies, las cuales representan a 113 géneros, 29 familias y nueve órdenes (Apéndice 3B). El número estimado de especies de peces que habitarían la propuesta RC Matsés podría fácilmente duplicar lo que hemos registrado para llegar a ~350 especies, si se incluye los ambientes acuáticos que no estudiamos, como el canal principal del río Gálvez y hábitats relacionados (área inundable y lagunas), gran número de otras lagunas de agua blanca y negra en la cuenca

del Yaquerana observadas desde los sobrevuelos, y parte de la cuenca del Blanco.

Los grupos más diversos corresponden a los peces del orden Characiformes (peces con escamas, sin espinas en las aletas) con 95 especies y del orden Siluriformes (bagres, peces con barbillas) con 56 especies. Juntos estos dos grupos constituyen el 85% de la diversidad que registramos durante todo el inventario. De los otros nueve órdenes, los Perciformes (peces con espinas en las aletas impares, como el "pez hoja" y los cíclidos) y los Gymnotiformes (peces eléctricos) representaron el 12% (21 especies) de la ictiofauna registrada en la propuesta RC Matsés. Los restantes cinco órdenes presentaron una especie cada una.

A nivel de familias, Characidae presentó el más alto número de especies (63), riqueza que es mucho mayor comparativamente con lo registrado para otras familias en este inventario. Los carácidos representan el grupo más diverso de peces continentales neotropicales, con más de un quinto de las especies válidas reconocidas hasta la fecha (Reis et al. 2003). Para la propuesta RC Matsés, formas de pequeño tamaño de los géneros *Moenkhausia*, *Hemigrammus* e *Hyphessobrycon* fueron las más representativas. Del material colectado de estos grupos probablemente se encuentren novedades para la ciencia. Otras familias bien representadas pero con menos riqueza fueron Loricariidae (19 especies), Cichlidae (13), Crenuchidae (11) y Callichthyidae (10).

En términos de riqueza de especies y abundancia relativa, las comunidades de peces registradas presentan una clara dominancia de aquellas formas de pequeño a mediano tamaño, con adultos menores a los 12 cm de longitud estándar. Esas especies de menores tamaños representan más del 65% de la diversidad registrada durante nuestras exploraciones. Alrededor de un 20% de las especies son de tallas intermedias entre 12 y 20 cm, y el restante 15% son formas con tallas mayores: ~20 cm en *Mylossoma* (palometa), *Serrasalmus* (piraña, Figura 5D), *Triportheus* (sardina), *Liposarcus* (carachama), y hasta más de un metro en *Pseudoplatystoma tigrinum* (tigre zúngaro), siendo estas especies de consumo para los Matsés. Otras especies de consumo de tamaños mayores incluyen *Osteoglossum bicirrhosum* (arahuana), *Cichla monoculus* (tucunaré) y *Calophysus macropterus* (mota). *Electrophorus electricus* (anguila eléctrica), que puede alcanzar hasta 2 m de longitud como el ejemplar observado en Yavarí durante el inventario rápido en esa región, fue registrada en el río Yaquerana.

Diversidad por sitios y hábitats

El campamento con mayor diversidad registrada fue Actiamë (103 especies), con un gran aporte de especies que habitan lagunas, las quebradas grandes y el canal principal. En Chonocó registramos 85 especies y en Itia Tëbu 50. El número de especies entre estaciones de muestreo varió de 5 a 35 especies, desde una baja diversidad en el aguajal del río Yaquerana en Actiamë hasta una alta diversidad en la quebrada mayor en Chonocó.

Considerando los distintos tipos de hábitat y de agua, las quebradas fueron los más diversos, registrándose 120 especies en total. Registramos menos riqueza de especies en otros hábitats como pozas temporales en el bosque (47), lagunas (41), ríos (37) y en zonas inundadas (11). Estas diferencias están explicadas porque las quebradas fueron los hábitats dominantes en los sitios donde realizamos el inventario, lo que significó un mayor esfuerzo de pesca aplicado en total (15 de 24 estaciones de muestreo), comparativamente con el menor número de otros hábitats que se pudieron muestrear. Si hiciéramos colectas en mayor número de lagunas y en más puntos en los ríos principales el número de especies total se incrementaría. Los ambientes de agua clara resultan los más ricos en especies con 114, seguidos de los de agua blanca con 76 y por último los de agua negra con 51.

Las comunidades de peces que habitan las quebradas están dominadas por especies de talla mediana y pequeña, en especial de Characiformes, como *Hemigrammus, Hyphessobrycon, Moenkhausia, Characidium, Bryconella, Astyanax,* y *Knodus,* y de Siluriformes, como *Corydoras, Ancistrus,* y *Tatia.* Cíclidos también fueron frecuentes en este hábitat,

como *Apistogramma* y *Aequidens,* en especial en las quebradas de agua negra. Las especies de mayor tamaño en las quebradas fueron *Hoplias malabaricus, Leporinus* sp. y varias especies de bagres heptaptéridos como *Pimelodella* y *Rhamdia.* Los raros o escasos bagres *Myoglanis* y *Cetopsorhamdia* solo estuvieron presentes en las quebradas, y no fueron registrados en otros tipos de hábitat.

Registros interesantes

La propuesta RC Matsés representa una de las áreas con mayor variedad de peces que viven en ambientes acuáticos de bosques de tierra firme del Perú, de acuerdo a comparaciones con otros estudios en regiones mejor exploradas en la selva peruana y recientemente inventariadas en Loreto (ver Discusión). Encontramos una alta diversidad de peces en las cabeceras de los ríos Gálvez y en las quebradas del Yaquerana, reconociendo en estos hábitats 125 especies (70% de lo registrado en este inventario) viviendo en quebradas pequeñas a medianas y microhábitats asociados (zonas de inundación y pozas temporales).

Otro registro interesante es la presencia de numerosas lagunas, escasamente exploradas durante el inventario y que albergarían grandes cardúmenes de peces (Figura 5C), siendo fuente de uso actual y potencial para las comunidades Matsés. Debido a que muchos de estos ambientes fueron mencionados como lugares donde se encuentran importantes especies comerciales como la arahuana y el tucunaré, el número de especies para consumo humano podría ser también alto. Durante el inventario, en las lagunas muestreadas encontramos gran variedad y abundancia de peces, lo que además se relaciona con la frecuente observación de delfines en el río Yaquerana.

Existe en la propuesta RC Matsés una alta diversidad y una abundancia relativa moderada de especies utilizadas en el comercio de peces ornamentales, incluyendo *Paracheirodon innesi,* tetra neón; *Monocirrhus polyacanthus,* pez hoja; *Boehlkea fredcochui,* tetra azul; *Apistogramma* spp., bujurquis; *Hemigrammus* spp.; y *Hyphessobrycon* spp., tetras.

En Loreto esta actividad económica es importante, por lo que la propuesta RC Matsés podría ser fuente de estos recursos en beneficio para las comunidades nativas Matsés y la región de Loreto.

Entre los registros nuevos confirmados para el Perú tenemos el género *Ammocryptocharax* (Crenuchidae), encontrado en las pequeñas quebradas de las cabeceras del Gálvez. Además, este registro probablemente se trataría de una nueva especie (Figura 5E). Especies pequeñas de bagres heptaptéridos constituyeron también registros notables. Entre estos capturamos varios ejemplares de *Myoglanis koepckei*, descrito por Chang (1999) de la cuenca del Nanay en base a tres individuos (holotipo y paratipos), lo que representa una amplitud del rango de distribución hacia el sudeste para esta especie, además de incrementar el material en colecciones científicas. Es probable también que *Pariolius* sp. (Heptapteridae; Figura 5B) sea nueva para la ciencia, siendo aparentemente la misma especie que encontramos en Ampiyacu, Apayacu, y Yaguas. Así como *Myoglanis koepckei* (Figura 5F), fue encontrado en las quebradas de aguas claras y negras de fondos arenosos. Suponemos que al menos otras cinco especies de cáracidos no determinadas serían nuevos registros, y potencialmente nuevas para la ciencia, teniendo en cuenta las predicciones de especies no descritas para este grupo (Reis et al. 2003). Otros géneros con probables especies nuevas son *Tatia* y *Corydoras*.

La variedad de ambientes acuáticos de aguas claras, negras y blancas en pequeñas áreas y las áreas de bosques inundables por las quebradas de tierra firme es un registro interesante que se refleja en una alta diversidad de peces. La variada geología y el tipo de vegetación crean microhábitats y ambientes acuáticos diferentes, con características fisicoquímicas particulares que favorecen la presencia de comunidades de peces muy heterogéneas, algunas de ellas abundantes en biomasa (como en las cochas y ríos principales con mediana a alta conductividad), o ricos en especies pero de mediana a muy poca densidad (como en las quebradas de aguas claras y negras).

DISCUSIÓN

La región de los Matsés alberga una muy diversa ictiofauna que la sitúa entre las áreas con mayor riqueza de peces para el Perú, comparando con lo conocido hasta ahora en otras áreas estudiadas en Loreto (Ampiyacu, Yavarí, Cordillera Azul) y de la Amazonía peruana. A comparación de anteriores inventarios rápidos biológicos, el número de días de campo durante este estudio fue menor, teniendo como justificación inicial que habría mayor similaridad entre las especies de peces de Matsés con lo reportado para Yavarí (por la relación de cabeceras). Sin embargo, los resultados obtenidos mostraron que esta premisa no era totalmente cierta, y que las diferencias y particularidades de la ictiofauna en esta región en comparación con Yavarí y otras cuencas en el Perú contribuyen a sustentar la creación de una nueva área natural protegida.

Nuestra impresión general es que Matsés alberga una fauna íctica particular relacionada a los ambientes acuáticos de agua negra y clara de los bosques de tierra firme, y a las áreas inundables en la cuenca del Yaquerana. Sin embargo, también es posible percibir similaridades con las áreas bajas del Amazonas peruano, en especial Yavarí, y con la ictiofauna más relacionada al medio Ucayali (lo que se encuentra entre Contamana y Pucallpa). Esto se puede observar en la presencia de ciertos grupos de peces (*Creagrutus*, *Characidium* grupo *fasciatum*, *Ancistrus tamboensis*), que fueron más frecuentes y abundantes en las quebradas de aguas claras, de fondo duro o pedregosa de Matsés, similar a lo observado en regiones relacionadas al pie de monte andino como en las cuencas del Alto Pisqui en Cordillera Azul, en el Pachitea y en el Bajo Urubamba. En cambio, grupos de peces coloridos (considerados ornamentales) como *Paracheirodon innesi* (tetra neón) y *Apistogramma* spp. (bujurquis) estuvieron presentes en ambientes de fondos arenosos, por lo general de aguas negras, que son frecuentes en las partes bajas de Loreto, menos relacionados a los Andes.

Los ríos principales como el Yaquerana, el Gálvez y el Blanco pueden soportar una ictiofauna mayor, con especies de mayores tamaños y densidades, entre las que destacan algunos grandes bagres que registramos (*Pseudoplatystoma tigrinum, Pinirampus pinirampus, Goslinia platynema*), así como grandes cardúmenes de peces de importancia para el consumo humano regional, entre las que destacan diversas especies de lisas, palometas, y también otras muy valoradas como el tucunaré, la arahuana y el paiche. Sin embargo, la mayoría de estas especies son relativamente comunes en Loreto, y en casi toda la Amazonía peruana (en Madre de Dios no se ha registrado arahuana, y el paiche ha sido introducido), pudiendo haber más bien a nivel de cuencas y subcuencas diferencias en las abundancias relativas de sus poblaciones. Muchas de estas especies se benefician de las áreas de bosque inundables para la crianza de los alevinos durante las épocas de aguas altas, aprovechando los recursos del bosque, como también por encontrar refugio de los numerosos depredadores que habitan en el canal principal de los ríos y que no pueden acceder a estos hábitats temporales.

Durante nuestro estudio, observamos que la divisoria de aguas entre el río Blanco y parte de las cabeceras del Gálvez no permitiría la separación total de sus ictiofaunas. El bajo nivel altitudinal de las colinas que separan ambas cuencas, y su cercanía al río Blanco (que es parte de la cuenca del Ucayali), permitiría el paso de algunas especies de una cuenca a otra, con mayor probabilidad durante la época de lluvias o creciente. Esto explicaría en parte las similaridades encontradas en algunos de estos grupos de peces, pero lo más interesante es que permitiría un flujo de especies entre dos grandes cuencas (Ucayali y Yavarí).

Comparación con otros estudios en la Amazonía peruana

Comparado con las ictiofaunas reportadas en otros inventarios en el Perú, la propuesta RC Matsés muestra la presencia de una alta diversidad de peces (177 especies). Durante este inventario se registraron más especies que lo que se ha reportado en varios sitios en Loreto, incluyendo Cordillera Azul (93 especies, Rham et al. 2001); Jenaro Herrera (quebradas de bosque de colinas bajas), cerca de Requena (102 especies, H. Ortega, com.

pers.) y Sierra del Divisor (86 especies, Proyecto Abujao 2001). De manera similar, la diversidad de la propuesta RC Matsés es mayor a lo que se ha reconocido para la cuenca del río Pachitea entre Huánuco y Pasco (158 especies, Ortega et al. 2003a), en la cuenca del río Heath en Madre de Dios (105 especies, Ortega y Chang 1992), y recientemente en muestreos de la cuenca del río Los Amiguillos en Madre de Dios (~125 especies, Goulding et al., datos sin publ.). El esfuerzo de colecta (en días) en la mayoría de estos estudios ha sido mucho mayor al aplicado en el inventario de la propuesta RC Matsés.

Otras regiones en Loreto de impresionante diversidad ictiológica, que superan lo reconocido en la propuesta RC Matsés, corresponden a las cuencas de los ríos Ampiyacu, Apayacu y Yaguas con 207 especies (Hidalgo y Olivera 2004), el río Yavarí con 240 especies (Ortega et al. 2003), y en la Reserva Nacional Pacaya Samiria con 240 especies (J. Albert, com. pers.). En la cuenca del Pastaza, aunque el estudio de WWF (2002) reportó 165 especies, la diversidad es mucho mayor, con 315 especies (Willink et al. 2005).

Comparación con inventarios previos (Yavarí y Ampiyacu, Apayacu, y Yaguas)

Nuestro estudio aumentó el número conocido de especies que habitan la cuenca del Yavarí de 240 a 315 especies (considerando solamente los registros de Ortega et al. 2003). Es decir, un 43% de las especies presentes en Matsés (excluyendo las 13 que registramos en la muy rápida exploración en el río Blanco) resultaron en adiciones para la lista de Yavarí. Considerando el esfuerzo de colecta total en ambos inventarios, 27 días, la diversidad para la cuenca del Yavarí resulta muy alta, siendo este un río mediano en comparación con el Ucayali o Marañón. En términos de conservación estos resultados soportan la idea de la necesidad de proteger las cuencas enteras.

En la parte baja de la cuenca del Yavarí la inundación del bosque se da en mayor área y tiempo, a diferencia de las cabeceras, permitiendo la utilización de mayor cantidad de recursos para alimentación por parte de los peces, y también funciona como áreas de reproducción. En cambio, las cabeceras de la región de los Matsés, que corresponden a las cuencas de los ríos Gálvez y Yaquerana, tienen influencia en el mantenimiento del régimen hídrico para toda la cuenca del Yavarí, en especial las parte bajas. De acuerdo a nuestros resultados estas cabeceras presentan una ictiofauna de bosque de tierra firme diferente a las encontradas en la parte baja de la cuenca. Existe un incremento de la diversidad y abundancia desde los pequeños afluentes de las cabeceras hacia las áreas inundables, lo que es más evidente en las lagunas que mantienen conexión con el canal principal de los ríos, en especial por la abundancia.

Durante el análisis de nuestros resultados esperábamos encontrar mayor similaridad con Yavarí que con las cuencas de los ríos Ampiyacu, Apayacu y Yaguas (AAY) en la composición de las comunidades de peces, teniendo en cuenta que la región de los Matsés constituye parte de la cuenca del Yavarí. Sin embargo nos sorprendió a primera impresión que los resultados fueron opuestos a lo esperado.

De las 177 especies que registramos en Matsés, 89 (un 50%) estuvieron presentes en Yavarí, mientras que 98 (55%) lo estuvieron en AAY. En AAY (así como en Matsés) se estudiaron mayor número de quebradas de tierra firme que en Yavarí, en el que se tuvo acceso a mayor número de cochas y grandes quebradas influenciadas directamente por la inundación del Yavarí. Según Barthem et al. (2003), en un estudio hecho en la región de Madre de Dios, encontraron que la ictiofauna de los canales de ríos y las zonas de inundación (que en el caso de Matsés incluirían las lagunas a los lados de los ríos Yaquerana y Gálvez) es similar en riqueza y composición, mientras que la ictiofauna de quebradas de bosques de terraza alta es más distinta y variada. Esto explicaría en parte la mayor similaridad que encontramos entre Matsés y AAY. Sin embargo, considerando que la similaridad entre Matsés con AAY y Yavarí es cercana al 50%, sustenta la idea de que lo que encontramos en este inventario es particular y diferente en gran medida a lo reportado en los inventarios previos, resaltando aún más la imagen de una ictiofauna singular de esta región que merece conservarse.

AMENAZAS, OPORTUNIDADES Y RECOMENDACIONES

Amenazas

Las principales amenazas que observamos para los peces en esta región están relacionada a los efectos colaterales que se podrían producir por la potencial deforestación de la propuesta RC Matsés. Cambios en la estructura del bosque afectarán directamente la red trófica acuática, lo que podría ser observable en el corto plazo. A diferencia de otros grupos de organismos, principalmente vertebrados terrestres, las comunidades acuáticas reaccionan casi inmediatamente ante cualquier cambio o transformación de la calidad acuática. Entre los primeros efectos relacionados a la deforestación de la vegetación ribereña son los cambios en la calidad fisicoquímica del agua. Al dejar expuesto el suelo, aumenta la cantidad de sólidos en suspensión en el agua por efecto de la escorrentía, provenientes de las áreas que han perdido vegetación. La inestabilidad del suelo también puede producir derrumbes que causarían mortalidad masiva de peces por obstrucción de las branquias, además que en el mediano plazo cambia la constitución del lecho de las quebradas, disminuyendo la diversidad de organismos por pérdida o cambios en los microhábitats.

Para la propuesta RC Matsés esta amenaza resultaría mayor teniendo en cuenta que en las quebradas de agua negra, además que la diversidad es alta, las densidades son bajas en comparación con aquellos ambientes acuáticos de aguas blancas. La ictiofauna de la propuesta RC Matsés ha sido particularmente interesante en los ambientes acuáticos relacionados a los varillales (bosques de arenas blancas) y las quebradas de bosque más alejadas de los ríos principales, lo que se comprueba en los registros nuevos, especies raras, y las novedades para la ciencia que se han observado. Estos hábitats se encuentran amenazados porque cada vez más la búsqueda de especies maderables implica ingresar más en el bosque, debido a la escasez de las mismas en las áreas ribereñas. Adicionalmente, las quebradas son utilizadas por los madereros para el transporte de los grandes trozos de árboles que han sido cortados, llevándolos desde los afluentes menores hasta los ríos, por lo general aprovechando la época más lluviosa para este fin. A esto también se relaciona impactos derivados del vertimiento en los cuerpos de agua de sustancias de desechos de los campamentos, sustancias derivadas de hidrocarburos (aceites, petróleo, lubricantes, entre otros) empleados en las motosierras, y sustancias tóxicas para pesca durante el tiempo que se encuentran talando el bosque.

Aunque la presencia de los Anexos Matsés en la propuesta RC Matsés es muy escasa en las áreas donde se realizaron los inventarios, el uso de sustancias como el barbasco (planta de la familia Solanaceae cuyas raíces producen un tóxico que mata a los peces), o similares sigue siendo una de las amenazas más comunes para los organismos acuáticos, en especial en los lugares donde se practica la pesca para consumo. Las lagunas con abundantes peces, como las que encontramos en el río Yaquerana, podrían verse muy afectadas si las capturas de peces son realizadas mediante estos ictiotóxicos. Es necesario por esta razón trabajar mucho en la parte social para que estos métodos de pesca sean cada vez menos empleados, pensando en el mantenimiento en el tiempo de las saludables poblaciones de peces que viven en estos hábitats.

Recomendaciones

Protección y Manejo

Durante este estudio hemos observado que la región de los Matsés (las cabeceras de la cuenca del Yavarí) alberga una ictiofauna muy rica en especies. Los hábitats acuáticos de los bosques de tierra firme o terraza alta poseen comunidades con especies únicas y que se diferencian de aquellas que habitan el río principal y sus áreas de inundación. En términos de conservación esto significa proteger la cuenca entera, lo que refuerza la idea de que la mejor manera de conservar y manejar adecuadamente los ambientes acuáticos es cuidando la red completa de drenaje. Conservando desde las cabeceras (con sus quebradas pequeñas sumergidas bajo el dosel de los bosques de tierra firme) hasta las extensas áreas de los ríos principales y sus llanuras de inundación, como es el río Yavarí, se asegura la protección de estas comunidades de peces y de otros vertebrados que dependen de estos sistemas acuáticos.

La ubicación geográfica de la región de los Matsés es estratégica en el mosaico del SINANPE, ya que permitiría la conexión entre Yavarí y Sierra del Divisor, lo que así mismo se sustenta biológicamente en un flujo de especies a través de las cabeceras del Gálvez-Yaquerana con el río Blanco (Figura 2). Por esta razón, recomendamos la inclusión de la cuenca del Blanco en la propuesta para la RC Matsés.

Investigación

La ictiofauna de Matsés es importante por la presencia de especies nuevas, especies raras, probables endemismos, y especies de alto valor ornamental. Además de que son una fuente insustituible de proteína para la poblaciones locales (Figura 11F), estas comunidades de peces se presentan en un mosaico variado e interconectado de ambientes acuáticos con todos los tipos de agua conocidos para la Amazonía, lo que favorece la presencia de muchas especies de peces. Esto representa además de una gran oportunidad para la conservación, una excelente oportunidad para estudios científicos.

Es necesario hacer inventarios adicionales en los ríos Gálvez, Blanco y Yaquerana. Las lagunas fueron los hábitats menos explorados durante este inventario y por su importancia para poblaciones de peces de consumo merecen especial atención y prioridad. También es necesario realizar diagnósticos del uso de los recursos ícticos por los Anexos Matsés para así tener mejores bases si se quieren proponer medidas de manejo. En el Parque Nacional Cordillera Azul, producto de diversos talleres participativos con las comunidades asentadas en la zona de amortiguamiento, se están recomendando medidas de usos de recursos de bajo impacto, como por ejemplo, la disminución del uso del barbasco (CIMA 2004). La aplicación de estás acciones por lo general apunta al mediano y largo plazo, pero siempre los primeros pasos son determinar qué especies y qué áreas son usadas para la pesca.

Monitoreo

Las poblaciones de especies de importancia comercial que abundan en las lagunas deben ser monitoreadas. Es necesario para esto que se realicen estudios básicos de caracterización e identificación de usos de recursos acuáticos de los Anexos Matsés y por parte de flotas de pescadores foráneas de la región propuesta RC Matsés. Teniendo un diagnóstico y realizando el monitoreo pesquero, se podrá identificar especies, abundancia de las capturas y zonas de pesca, y en el mediano a largo plazo, tener noción del estado de la pesquería, si hay o no indicios de sobrexplotación de los recursos, lo cuál ya se está observando en Iquitos (De Jesús y Kohler 2004).

ANFIBIOS Y REPTILES

Participantes/Autores: Marcelo Gordo, Guillermo Knell y Dani E. Rivera Gonzáles

Objetos de conservación: Comunidades con alta diversidad de anfibios y reptiles en bosques de tierra firme, bajiales, aguajales y bosques de suelos de arena blanca (conocidos como varillales en el Perú, y campinas o campinaranas en Brasil); 10 especies de dendrobátidos simpátricos; especies de anfibios relacionados a los varillales y alrededores como la rana *Osteocephalus planiceps* y una posible nueva especie de *Dendrobates* (grupo *quinquevittatus*, Figura 6C); *Synapturanus* (Microhylidae, Figura 7C), un nuevo género para el Perú; especies de valor comercial como tortugas (*Podocnemis unifilis*, *Geochelone denticulata*) y caimanes (*Caiman crocodilus*)

INTRODUCCIÓN

La selva amazónica todavía tiene grandes extensiones donde la biodiversidad es aún desconocida; la propuesta Reserva Comunal (RC) Matsés es un ejemplo. Trabajos preliminares sobre la herpetofauna en lugares cercanos indican una gran diversidad en anfibios y reptiles en el alto Amazonas (Dixon y Soini 1986); en las zonas adyacentes al río Napo (Rodríguez y Duellman 1994); en la Amazonía ecuatoriana (Duellman 1978); en los alrededores de Iquitos (Lamar 1998); en la Sierra do Divisor en Brasil (Souza 2003); y en la región de los ríos Ampiyacu, Apayacu, y Yaguas (Rodríguez y Knell 2004.)

El inventario rápido en el río Yavarí (Rodríguez y Knell 2003), situado a docenas de kilómetros al norte de nuestro inventario en la propuesta RC Matsés, es el muestreo más cercano y donde se registró una extraordinaria diversidad (109 especies) de reptiles y anfibios.

MÉTODOS

Entre el 25 de octubre y el 6 de noviembre de 2004 fueron inventariadas tres localidades entre los ríos Blanco y Gálvez (Choncó, Itia Tëbu) y los ríos Blanco y Yaquerana (Actiamë)(Figuras 2; 3A, E, I). Durante 12 días efectivos de trabajo de campo se registraron todos los anfibios y reptiles encontrados en caminatas lentas, tanto diurnas como nocturnas, en trochas que pasaron por distintos microhábitats. El esfuerzo de muestreo fue aproximadamente igual entre los tres sitios. Este método de búsqueda activa sumó 134 horas-hombre de trabajo de campo. La mayoría de los especímenes colectados fueron fotografiados en vivo y liberados. Se hicieron grabaciones de las vocalizaciones de 23 especies de anuros para apoyar en la identificación de las especies.

Para las especies con identificación dudosa, realizamos una colección testigo (77 ejemplares de 38 especies) para comparaciones con especímenes en museos y descripciones en la literatura. Las colecciones han sido depositadas en el Museo de Historia Natural de San Marcos en Lima. Durante el inventario también aprovechamos los registros y colectas hechos de manera oportunista por otros investigadores y por el equipo de avanzada, quienes prepararon los campamentos y trochas.

Hábitats muestreados

Los tres sitios del inventario representaban un gran rango de tipos de hábitats y microhábitats, con diferencias en la cantidad y calidad de hábitats para los anfibios. Los pequeños aguajales y pozas temporales fueron los microhábitats que registraron una mayor concentración de especies de anfibios (34), seguidos del suelo con hojarasca (27) y la vegetación (7). Pocas especies de anfibios fueron encontradas exclusivamente en la vegetación cerca de las quebradas (4) o en microhábitats muy peculiares, como en el suelo entre las raíces (*Synapturanus* cf. *rabus*, Figura 7C) y en huecos de las ramas en la copa del bosque (*Trachycephalus resinifictrix*, Figura 7B). Muchas especies fueron encontradas en más de un microhábitat, como por ejemplo *Osteocephalus taurinus*, que fue observado tanto alrededor de pozas como en la vegetación adentro del bosque, o *Bufo dapsilis*, que fue encontrado en reproducción en pequeños charcos pero también a lo largo de las trochas en la hojarasca.

En Choncó muestreamos bosques densos de tierra firme, algunas pocas manchas de vegetación más abierta sobre suelos arenosos y, a lo largo de la quebrada más grande, un bosque inundado periódicamente por aguas claras. En todas las trochas había abundancia de quebradas y pozas marginales a ellas.

Itia Tëbu presentó una mezcla de bosques altos (pero relativamente abiertos) en terreno colinoso, y bosques bajos y abiertos (varillales o "campinas") en las cimas planas de las colinas, todos sobre suelos arenosos. En los dos tipos de bosque había abundancia de pozas temporarias y algunas quebradas pequeñas.

Actiamë estaba conformado por un bosque denso y muy diverso de suelos arcillosos y terreno colinoso. Habían aguajales extensos y grandes extensiones de bosques inundados periódicamente por aguas blancas, aunque pareciera que los periodos de inundación son bastante cortos. Pozas, charcos e inclusive una cocha ocurren en el área, además de las frecuentes quebradas de diferentes tamaños que desembocan en el río Yaquerana (Figura 3L).

RESULTADOS Y DISCUSIÓN

Diversidad herpetológica

Registramos 74 especies de anfibios anuros (6 familias, 26 géneros) y 35 de reptiles (Apéndice 4). De los reptiles, 18 especies son lagartijas (7 familias, 11 géneros), 13 son culebras, dos son tortugas y dos son caimanes. Estos números son un fuerte indicativo de que la herpetofauna es muy diversa, porque en tan solo 14 días de trabajo hemos registrado más del 60% de las especies de anfibios esperadas para las regiones alrededor de Iquitos

(~115 spp.; Rodríguez y Duellman 1994, Rodríguez y Knell 2004) y al sur en la Sierra del Divisor (120 spp., Souza 2003). Registramos más del 50% del número de especies de lagartijas que se espera para una región determinada en Amazonía (Figura 6A). En general, los reptiles son más difíciles de muestrear en inventarios rápidos, por sus hábitos más crípticos, por no producir vocalizaciones y porque en general siempre ocurren en bajas densidades.

Especies nuevas y registros de interés especial

En este inventario fueron encontradas tres especies potencialmente nuevas. Dos especies, un *Bufo* del grupo *margaritifer* ("pinocho") y un *Hyalinobatrachium* (Centrolenidae), ya han sido confirmadas como especies nuevas para la ciencia en el inventario rápido del río Yavarí (Rodríguez y Knell 2003.) Además, registramos un *Dendrobates* del grupo *quinquevittatus* en los varillales de Itia Tëbu que también parece ser nuevo para la ciencia (V. Morales, com. pers., Figura 6C). Este *Dendrobates* tiene un patrón de coloración aún no descrito para este grupo (Frost 2004, Caldwell y Myers 1990). Su cuerpo es negro con rayas longitudinales blancas (algunas veces con patrón amarillo y otras con azul) debajo de la boca, y casi en la barbilla presenta una coloración amarillenta y sus patas son doradas. Una especie parecida fue registrada en el 2003 en otro inventario en la zona del Yavarí a cargo de la WCS (M. Bowler, com. pers.), pero ésta no tenía las rayas continuas y tampoco el color amarillo debajo de la boca.

Otro reporte interesante fue la ranita fosorial del género *Synapturanus*, conocida para Brasil, Colombia y Ecuador. El género aporta apenas tres especies conocidas hasta el momento, y la que registramos en las varillales de Itia Tëbu parece ser *S. rabus* (Figura 7C), según la descripción original. Este registro representa una significativa ampliación del rango conocido para el género y para la especie, de por lo menos 500 km, además de ser un nuevo género para el Perú.

Los registros de *Colostethus trilineatus* y *C. melanolaemus* son interesantes por ampliar la distribución geográfica conocida para cada una de esas especies, especialmente *C. melanolaemus*, conocida de apenas dos localidades al norte del río Amazonas, cerca de los ríos Napo y Ampiyacu, y *C. trilineatus*, que empezó a ser registrada en regiones más centrales de la Amazonía (Grant y Rodríguez 2001, Rodríguez y Knell 2003).

Entre las serpientes, el registro de *Bothrops brazili* (Figura 7E) fue interesante, ya que se la considera como una especie rara y muy poco conocida (Cunha y Nascimento 1993).

Anotaciones de los sitios muestreados

Choncó

El trabajo de campo en este sitio de muestreo duró cuatro días. Las especies de anfibios más abundantes o frecuentes fueron la rana arbórea *Osteocephalus taurinus*, el sapo *Bufo margaritifer* y la ranita *Phyllonastes myrmecoides*. Algunas otras especies fueron muy abundantes pero con distribución puntual, o sea, fueron encontradas en apenas una poza, una quebrada o una pequeña parte de un charco, como *Hypsiboas granosa, Dendropsophus brevifrons, D. leali, D. miyatai* y *Osteocephalus buckleyi*. Entre las lagartijas, las más frecuentes fueron *Anolis nitens tandai* y *Kentropyx pelviceps*.

Entre las ranas observadas, algunas tienen comportamiento y biología bastante interesantes. *Trachycephalus resinifictrix* (Figura 7B) es un hylido que vive en las ramas más altas de los bosques y utiliza huecos grandes en el tronco de los árboles, donde se acumula agua, para poner sus huevos y el desarrollo de los renacuajos. *Osteocephalus deridens* es otro hylido que vive en los árboles, pero se reproduce en el agua acumulada entre las hojas de las bromelias. El hylido *Hypsiboas boans* es la rana arbórea más grande de Sudamérica y construye pequeñas piletas (hoyas) al margen de las quebradas, donde pone los huevos; cuando la pared de la hoya se rompe y se conecta con el agua de la quebrada, los renacuajos ya están un poco desarrollados y con más posibilidades de escapar de los depredadores acuáticos. La ranita *Synapturanus* cf. *rabus* es exclusivamente fosorial, viviendo en galerías

adentro del suelo entre las raíces, y su reproducción ocurre en cámaras donde son depositados sus huevos envueltos en una especie de gelatina.

Itia Tëbu

El trabajo en los varillales y sus alrededores duró tres días. En este sitio las especies más abundantes y frecuentes fueron el dendrobátido de patas doradas, *Dendrobates* sp. nov. grupo *quinquevittatus* (Figura 6C), y la rana arbórea *Osteocephalus planiceps*. Estas dos especies parecen tener una fuerte relación con la vegetación de varillales. El *Dendrobates*, que tiene hábitos diurnos, fue observado tanto en el suelo del bosque como trepando por los troncos en el varillal, y fue común observarlo merodeando e investigando las bromelias terrestres que eran abundantes en este tipo de bosque. Muy cerca del campamento observamos individuos cerca del suelo esponjoso en pequeños claros. Observamos *Osteocephalus planiceps* casi todas las noches tanto en el área del varillal como en las pozas inundadas y pequeños parches de aguajales, donde formaban grandes grupos vocalizando. Este hábitat fue el único donde fueron vistos en reproducción. Lo mismo fue observado en los varillales del Parque Nacional do Jaú en Brasil (Neckel-Oliveira y Gordo 2004).

Otras especies también abundantes o frecuentes fueron los leptodactylidos *Leptodactylus rhodomystax* y *L. leptodactyloides*, además de algunos hylidos como *Dendropsophus parviceps, Scinax* sp. y el microhylido *Chiasmocleis ventrimaculatus*. A pesar de considerarse a la rana terrestre *Hemiphractus scutatus* (Figura 7D) como especie rara, en este campamento la observamos en tres oportunidades. Para los reptiles no hubo especies abundantes, pero las más observadas fueron *Anolis nitens tandai* y *Kentropyx pelviceps*, al igual que en Choncó.

Las serpientes fueron raras pero las pocas que registramos fueron interesantes. *Bothrops brazili* (Figura 7E) es una especie con distribución amplia en la Amazonía pero que siempre ocurre en bajas densidades; por su tamaño y coloración es frecuentemente confundida con *Lachesis muta* (Cunha y Nascimento 1993).

Actiamë

Visitamos este sitio por cinco días y registramos la mayor diversidad de especies, quizá por la presencia de diferentes tipos de hábitats, vegetación y topografías. Entre los anfibios las especies más comunes fueron *Epipedobates hahneli*, *Colostethus* sp. 2 grupo *marchesianus* (rayas crema), *Hypsiboas granosa* e *H. lanciformis*.

Algunas otras especies fueron observadas en grupos muy grandes pero apenas en algunos puntos del bosque, charcos, quebradas o pozas, como *Dendropsophus parviceps*, *Colostethus melanolaemus*, *Chiasmocleis bassleri*, *Eleutherodactylus* sp. (patas anaranjadas) y *Hamptophryne boliviana*.

El género *Phyllomedusa* fue encontrado solamente en este sitio, y fue muy diverso para una única localidad con tres especies: *Phyllomedusa vaillanti*, *P. tomopterna* y *P. bicolor* (Figura 6B; ver abajo, Los Matsés y la rana *Phyllomedusa bicolor*). *Phyllomedusa* tiene un modo reproductivo muy interesante, poniendo los huevos envueltos por hojas de la vegetación arriba de las pozas o quebradas. Después de más o menos 11 días, los renacuajos empiezan a caer en el agua nadando inmediatamente. Con eso los huevos escapan de los peligros adentro del agua (como peces y algunos insectos depredadores); sin embargo, no están libres de los depredadores que pueden venir por el aire (avispas y moscas) o por las ramas (hormigas y culebras como *Leptodeira annulata*).

En una poza con ~40 m² encontramos varias especies incluyendo *Hamptophryne boliviana*, *Ctenophryne geayi*, *Dendropsophus parviceps* y *Scinax funereus*. Sólo los *Scinax* estaban reproduciéndose en forma explosiva, vocalizando durante el día y la noche. Luego de la puesta de huevos, observamos millones de huevos que formaban una película gelatinosa en toda la superficie del agua.

Las lagartijas fueron más frecuentes y diversas (11 especies) en comparación con los otros sitios, especialmente el género *Anolis*. Observamos tres especies, dos de las cuales son especies que habitan el sustrato bajo del bosque (*Anolis fuscoauratus* y *A. nitens tandai*) y una (*A. punctatus*) que prefiere las partes altas y medias del bosque, bajando ocasionalmente. En cuanto a geckos, *Gonatodes humeralis* fue la especie más abundante. En Actiamë registramos también reptiles de mayor tamaño, incluyendo un caimán blanco (*Caiman crocodilus*) en una de las cochas y dos taricayas (*Podocnemis unifilis*) en el río Yaquerana. Estas especies son muy importantes por ser especies comestibles para la gente local en toda la Amazonía.

En general las serpientes fueron muy raras en toda la expedición, pero en Actiamë observamos cinco especies de la familia Colubridae. La mayoría de ellas fueron encontradas durante las caminatas diurnas, como dos especies de *Chironius* y *Spilotes pullatus*, que son predominantemente especies terrestres que merodean por la hojarasca del suelo, y *Xenoxybelis argenteus*, especie que habita la vegetación media arbustiva.

Estructura y composición de las comunidades

Las diferencias entre la estructura y composición de las comunidades en los tres sitios que visitamos indican que la heterogeneidad del paisaje es muy importante para determinar la comunidad regional (total), habiendo especies que son restringidas o mucho más abundantes en determinados hábitats/microhábits, así como muchas especies que tienen distribuciones y abundancias irregulares a lo largo del gradiente de vegetación de la región estudiada.

Algunas especies fueron bastante abundantes o frecuentes, tales como *Bufo margaritifer*, *Epipedobates hahneli*, *Osteocephalus planiceps* y *Kentropyx pelviceps*. Por otro lado, algunas especies están restringidas a ciertos microhábitats y sitios como *Phyllomedusa* spp., *Dendrobates* sp. nov. del grupo *quinquevittatus* (Figura 6C), *Synapturanus* cf. *rabus* (Figura 7C) y *Osteocephalus* cf. *deridens*. Otras fueron muy poco abundantes, como *Adenomera andreae*, *Leptodactylus knudseni*, *L. rhodonotus*, *Cruziohyla craspedopus* (Figura 7A), *Bufo glaberrimus*, *B. marinus* y dos especies de *Dendrobates* del grupo *quinquevittatus*. Con tan pocos días de trabajo de campo y en una sola época del año, por el comportamiento críptico de algunas especies o por ocupar microhábitats poco accesibles para los investigadores, no es posible asegurar cuáles especies son raras y cuáles simplemente están mal muestreadas.

Entre los anfibios, el grupo más diverso fue el de los Dendrobatidae, con 10 especies en total y cuatro del género *Colostethus*. Esta diversidad supera la de la región de Iquitos (Rodríguez y Duellman 1994), que es conocida como una de las regiones con más especies simpátricas de anuros de la familia Dendrobatidae. Entre los reptiles, las lagartijas del género Anolis fueron relativamente frecuentes y diversas, con cinco especies.

Hay que tomar en cuenta que a pesar de observar algunas cochas de aguas negras en los alrededores de Actiamë durante los vuelos entre un campamento y otro, estas no pudieron ser estudiadas debido a las distancias y a su difícil acceso. Existe la posibilidad de encontrar quizás algunas especies que están relacionadas a esos cuerpos de agua y a la vegetación flotante típica de estos ecosistemas, como por ejemplo algunas especies de hylidos como *Hypsiboas punctata*, *H. raniceps*, *Dendropsophus walfordi*, *Scinax* del grupo *rostratus* y especies de *Sphaenorhynchus*, que no fueron registradas durante el inventario.

Comparación con inventarios previos

Por la relativa proximidad, semejanzas ambientales y uso de los mismos métodos, la comparación de este inventario con los que fueron realizados en la cuenca del río Ampiyacu (Rodríguez y Knell 2004) y el río Yavarí (Rodríguez y Knell 2003) nos puede brindar una vista preliminar de la distribución y diversidad de la herpetofauna en la región. Un factor importante en esta comparación es la temporada del año, que para los anfibios puede interferir en la eficiencia de los inventarios. Durante nuestro inventario de la propuesta RC Matsés el trabajo de campo no fue en la mejor época, que sería entre diciembre y marzo y corresponde con el "boom" reproductivo en la temporada de lluvias. Sin embargo, en menos tiempo y en una época menos favorable, encontramos casi la misma cantidad de especies de anfibios que en el inventario de Yavarí (77 en Yavarí, 73 en Matsés). En comparación como el

inventario de Ampiyacu, Apayacu, y Yaguas (64 spp. de anfibios), en nuestro inventario encontramos más especies en menos tiempo, pero el inventario de Ampiyacu, Apayacu, y Yaguas se realizó en época seca. La región de la propuesta RC Matsés parece albergar varias especies únicas, registrando 26 especies de anfibios y 11 de reptiles que no fueron encontradas en Ampiyacu, Apayacu, y Yaguas y 20 especies de anfibios y 10 de reptiles no registradas en Yavarí. De cualquier modo, toda la región de bosques amazónicos en el departamento Loreto parece ser de alta diversidad para la herpetofauna.

LOS MATSÉS Y LA RANA *PHYLLOMEDUSA BICOLOR*

La rana arbórea *Phyllomedusa bicolor* (Figura 6B), a pesar de ocurrir en toda la Amazonía, es especialmente importante en la región de los Matsés y en la Amazonía occidental de Brasil (valles de los ríos Yavarí y Juruá), donde varias etnias, incluso la de los indígenas Matsés, utilizan la secreción producida por las glándulas en el dorso del animal. Durante la temporada reproductiva más intensa, los animales, conocidos para los Matsés como *kampô* o *dauqued*, son capturados en la vegetación cercana de las pozas donde se reproducen. Los mantienen atados con soguillas por las cuatro patas y los ponen estirados sobre fuego suave, con el motivo de provocarles "stress", lo que facilita la obtención de la secreción que brota de la piel, y que es recogida con un palito. Una vez retirada la secreción los animales son liberados al bosque.

Con la punta de lianas o de raíces aéreas de plantas de la familia Araceae, los nativos hacen pequeñas quemaduras superficiales en el brazo u hombro para los hombres y en la barriga para las mujeres. Por encima de esas quemaduras, ya con la fina piel retirada, ponen un poco de la secreción previamente humedecida en agua.

Rápidamente suceden alteraciones fisiológicas (con incremento y caída de la presión sanguínea, sudoraciones, náuseas y dolores intestinales) que perduran por cerca de 20–30 min. Después de eso, los sentidos se ponen sensibles por uno o dos días y los Matsés aprovechan estas sensaciones para salir a cazar y colectar, pues dicen que las aplicaciones les dan más valentía y les agudizan los sentidos.

Entre los Matsés, es una actividad que ocurre con intervalos entre 8 y 10 meses. En otras etnias es mucho más frecuente, y el área del cuerpo donde hacen las aplicaciones en las mujeres cambia a la pierna. Otros habitantes de la Amazonía occidental en Brasil han adoptado esta costumbre, conocido por ellos como la "vacina do sapo", y su uso se viene propagando por todo Brasil. La gente cree que este ritual funciona como una purificación de la sangre, eliminando numerosas enfermedades. En realidad, ese poderío medicinal no está comprobado, pero los investigadores creen que la secreción tiene acción antimicrobiana (C. Bloch, com. pers.).

AMENAZAS, OPORTUNIDADES Y RECOMENDACIONES

Alteraciones bruscas y en grandes proporciones de la vegetación o de los microhábitats reproductivos (en el caso de los anfibios) pueden provocar cambios en la herpetofauna, con la extinción local o substitución de especies típicas de a los bosques por especies oportunistas de ambientes abiertos o alterados, que, en general, son más abundantes y comunes. La extracción forestal desordenada y las actividades agrícolas o ganaderas son grandes amenazas en muchas partes de la Amazonía. En la región investigada las concesiones para extracción forestal son la principal amenaza, sobre todo para los varillales y alrededores. Esos bosques están ubicados generalmente sobre suelos arenosos y cualquier forma de explotación de la vegetación o del suelo puede ocasionar daños irreversibles (Figura 10D). Esos daños pueden afectar las áreas fuente de reproducción de las poblaciones de anfibios y reptiles restringidos a estos bosques, como el dendrobátido *Dendrobates* sp. nov. grupo *quinquevittatus* (Figure 6C) y el hylido *Osteocephalus planiceps*.

Nada se sabe sobre las estructuras y dinámicas de las poblaciones de caimanes y quelonios (tanto acuáticos como terrestres), que son cazadas en esta región. En muchas partes de la Amazonía, la cacería y

colecta de huevos han reducido dramáticamente las poblaciones de tortugas (*Podocnemis expansa* y *Geochelone* spp.) y caimanes negros (*Melanosuchus niger*). En bosques periódicamente inundados, con gran complejidad de microhábitats, algunas especies (p. ej., *Melanosuchus niger*) encuentran refugio en estos lugares, por la difícil accesibilidad. En la región de los Matsés y a lo largo del alto Yavarí o sus tributarios no se notan grandes extensiones de áreas inundables o inaccesibles, que podrían garantizar la existencia de algunas poblaciones. En este caso, la caza y la colecta de huevos en las playas sin un plan de manejo adecuado pueden poner en peligro estas poblaciones.

Para proteger la diversidad de anfibios y reptiles, recomendamos que los hábitats más frágiles, como los varillales (Figura 3D) y alrededores, además de las grandes áreas de bosques con diversidad de hábitats y microhábitats de los alrededores sean protegidos por completo, para asegurar la fuente de animales colonizadores para las áreas que son explotadas de distintas formas. Eso incluye animales de caza, además de los usados para los distintos rituales como el kampô o dauqued, *Phyllomedusa bicolor* (Figura 6B).

En los casos específicos de caimanes y quelonios se necesitan investigaciones acerca de la distribución de los animales y de sus sitios reproductivos, además de informaciones sobre la dinámica poblacional, caza, biología y comportamiento. Al mismo tiempo es necesario ver la manera de implementar planes de manejo involucrando a las poblaciones humanas locales, lo que es imprescindible para obtener resultados positivos para la conservación de estas especies.

AVES

Participantes/Autores: Douglas F. Stotz, Tatiana Pequeño

Objetos de conservación: Aves de hábitats de bosque de arena blanca, incluyendo potenciales especialistas de hábitat y nuevas especies para la ciencia; diversa avifauna de bosques de tierra firme; aves de caza amenazadas en otras partes de su distribución, incluyendo al Paujil común (*Crax tuberosum*) y el Trompetero de ala blanca (*Psophia leucoptera*)

INTRODUCCIÓN

El área de la propuesta Reserva Comunal (RC) Matsés representa la porción peruana de la cuenca superior del río Yavarí. Los ornitólogos han dirigido sus estudios hacia la parte más baja del Yavarí, incluyendo limitadas colecciones de Castelnau y Deville en 1846, H. Bates en 1857-1858, J. Hidasi en 1959-1961 y C. Kalinowski en 1957 (ver Lane et al. 2003 para los detalles). Sólo C. Kalinowski investigó los sitios más al sur de la boca del río Yavarí, colectando algunos especímenes de la confluencia de los ríos Yaquerana y Gálvez, cerca del límite nororiental de la propuesta RC Matsés, en agosto del 1957 (Stephens y Traylor 1983). Sin embargo, la comparación más pertinente para nuestro inventario rápido en la propuesta RC Matsés es el inventario biológico rápido de tres sitios a lo largo del río Yavarí durante marzo-abril del 2003 (Lane et al. 2003).

Por otro lado, ha habido escaso trabajo ornitológico en esta parte norte del Perú. A. Begazo estudió las aves en la Reserva Comunal Tamshiyacu-Tahuayo, a lo largo de los afluentes de las riberas oriental del río Ucayali, al oeste de la cuenca alta del río Yavarí Mirín (Lane et al. 2003). Más al sur, las colectas más significantes vienen de la cuenca del río Ucayali, cerca de Contamana (J. Schunke en 1947, P. Hocking en 1960-80), y de una expedición de la Louisiana State University en 1987 al río Shesha. Estos sitios están 165 km y 200 km al suroeste de nuestro campamento más al sur en Actiamë.

Adicionalmente a la limitada información ornitológica existente en el Perú, existen algunos estudios en sitios cercanos en Brasil. Algunos lugares en el lado brasileño del bajo río Yavarí, en albergues para turistas, en especial el Palmari Lodge, han sido estudiados por varios ornitólogos (A. Whittaker, B. Whitney, K. Zimmer, ver Lane et al. 2003). Sitios en el drenaje del río Juruá en Serra do Divisor, 135 km al sudeste de Actiamë, fueron evaluados por equipos del Museo Emílio Goeldi, Belém, Brasil. La mayoría de estos resultados no han sido publicados, aunque una nueva especie, *Thamnophilus divisorius*, se describió a partir de un estudio en Serra do Divisor (Whitney et al. 2004)

MÉTODOS

Nuestro protocolo consistió en recorrer trochas, observando y escuchando las aves. Stotz y Pequeño llevaron a cabo sus recorridos separadamente para aumentar la cantidad de esfuerzo independiente por observador. Típicamente, salíamos del campamento antes de las primeras luces de la mañana, permaneciendo en el campo hasta media tarde, volviendo al campamento por 1-2 horas de descanso, y regresando al campo hasta el ocaso. De vez en cuando permanecíamos en el campo por todo el día y volvimos al campamento después de oscurecer. Intentamos cubrir todos los hábitats dentro de un área, aunque la distancia total caminada en cada campamento varió con la longitud del sendero, con el hábitat, y con la densidad de las aves. En Itia Tëbu, cada observador típicamente cubrió entre 12-20 km por día, mientras en los otros dos sitios las distancias recorridas estaban entre 5-12 km.

Ambos observadores llevamos una grabadora de cinta y un micrófono para documentar la presencia de las especies y confirmar identificaciones usando "playback". Mantuvimos registros diarios de abundancias de las especies, y los recompilamos durante reuniones en mesa redonda cada noche. Nuestras observaciones fueron complementadas por aquellas de otros miembros del equipo del inventario, sobre todo de Debby Moskovits en los tres sitios, y por José Rojas en Actiamë.

Pasamos cuatro días completos en Choncó y Actiamë, y tres en Itia Tëbu. Stotz y Pequeño pasaron ~92 horas de observación de aves en Choncó, ~62 horas en Itia Tëbu, y ~ 87 horas en Actiamë. Además, Pequeño y Stotz pasaron ~10 horas durante la visita al río Blanco (Figura 8A), un afluente del río Tapiche que desemboca en el río Ucayali, a unos 3 km de camino desde Itia Tëbu. Stotz hizo observaciones durante ~8 horas, entre el 6-8 noviembre en el pueblo de Remoyacu en el río Gálvez. Reportamos las aves registradas en el río Blanco y en Remoyacu por separado en el Apéndice 5.

En el Apéndice 5, estimamos las abundancias relativas usando nuestros registros diarios del número de aves por especie que observamos. Debido a que nuestra visita a cada uno de estos sitios fue corta, nuestras estimaciones son necesariamente crudas, y no pueden reflejar la abundancia de aves o la presencia de estas durante otras estaciones. Para los tres sitios principales del inventario, hemos usado cuatro clases de abundancia. "Común" indica las aves observadas en números sustanciales todos los dias (diez o más aves en promedio por día); "poco común" indica que una especie se vio a diario, pero que estuvo representada por menos de diez individuos cada día. Las aves "incomunes" fueron registradas más de dos veces por día, y las aves "raras" sólo se observaron una o dos veces como individuos solitarios o en parejas. Para los ríos Blanco y Remoyacu, modificamos este esquema porque nuestras visitas a estos lugares fueron más cortas. Para estos lugares usamos "común" para las especies con diez o más individuos durante por lo menos uno de los días en el sitio, "incomun" para especies vistas más de una vez pero menos que diez veces en el sitio, y "rara" para las aves vistas sólo una vez en el sitio.

RESULTADOS

Registramos 416 especies de aves durante el inventario rápido en la propuesta Reserva Comunal Matsés. De éstas, 376 fueron encontradas en los tres sitios del inventario, mientras que otras 39 especies se observaron durante las breves visitas al río Blanco en la cuenca del río Ucayali, o en Remoyacu a lo largo del río Gálvez dentro de la Comunidad Nativa Matsés. Una especie, *Butorides striatus*, sólo fue vista por el equipo antropológico durante su visita a los poblados a lo largo de la Quebrada Añushiyacu.

Avifauna de los sitios evaluados

La riqueza de especies de aves siguió el gradiente de fertilidad del suelo, con la riqueza más alta registrada en las tierras más ricas de Actiamë (323 especies en cuatro días). La riqueza intermedia se registró en Chonců (260 especies en cuatro días), y la riqueza más baja se registró en los suelos pobres de Itia Tëbu (187 especies en tres días). Los tres sitios que inspeccionamos tenían diferencias substanciales en los tipos de suelos, así como

el tipo y número de hábitats influenciados por los ríos. Más adelante, detallaremos nuestros resultados más resaltantes en cada sitio, con una descripción breve de los hábitats que evaluamos, empezando con las tierras más pobres de Itia Tëbu, y siguiendo la indefinidamente creciente gradiente de fertilidad de suelos. También discutiremos nuestras observaciones a lo largo del río Blanco (Figura 8A) y nuestra visita breve al Anexo de Remoyacu.

Itia Tëbu

Los suelos de arena blanca dominan los bosques en Itia Tëbu, e incluso las áreas sin arena blanca son más arenosas que la mayoría de los suelos en los otros dos campamentos. Las áreas bajas, a veces saturadas de agua, rodeaban las colinas arenosas. Encontramos algunas quebradas de curso bien definido, y muchas áreas pantanosas sin un flujo de agua distinguible.

Encontramos que los bosques de arena blanca mantenían una riqueza baja de especies de aves (187 especies), con una riqueza que disminuye con la estatura del bosque dentro de estas áreas de arena blanca. La comunidad de aves era esencialmente una avifauna de tierra firme empobrecida, aunque encontramos un número pequeño de especies que están asociadas a hábitats abiertos o de baja estatura en la Amazonía. Estos incluyen al Zafiro barbiblanco (*Hylocharis cyanus*, Figura 8C), el Mosquiterito fusco (*Cnemotriccus fuscatus*), la Tangara filiblanca (*Tachyphonus rufus*), el Chotacabras negruzco (*Caprimulgus nigrescens*, Figura 8D), y un tirano-todi (*Hemitriccus* sp). El *Tachyphonus* tiene una distribución muy restringida en el Perú, con poblaciones limitadas a los hábitats más secos en los ríos Mayo, Marañón, Ene y Urubamba.

Nuestro registro más interesante fue el tirano-todi *Hemitriccus* del que logramos obtener una grabación, pero no pudimos identificar la especie. El Tirano-todi de Zimmer (*Hemitriccus minimus*) típicamente ocurre en las áreas de arena blanca, incluso en parches pequeños. Sin embargo, nuestra grabación, si bien es similar en patrón de canto al *H. minimus*, difiere en el tono y puede representar una especie no descrita según J. Álvarez, que ha estudiado extensivamente las aves en los bosques de arena blanca en el norte del Perú.

Hay un grupo bien definido de especies asociadas con los bosques de arena blanca en el área de Iquitos (Álvarez y Whitney 2003), incluyendo por lo menos cinco especies recientemente descritas restringidas a estos bosques en el Perú nororiental. De las 21 especies listadas por Álvarez y Whitney (2003) como asociadas con arena blanca y otros suelos sumamente pobres nosotros registramos sólo al Mosquero gargantiamarillo (*Conopias parva*) en Itia Tëbu.

En nuestra experiencia, esta especie no es un especialista estricto de arenas blancas o siquiera de suelos sumamente pobres, ya que lo encontramos bastante comúnmente en bosques de tierra firme donde los suelos son relativamente ricos a lo largo del río Ampiyacu, norte del río Amazonas (Stotz y Pequeño 2004). Sin embargo, en los bosques inventariados dentro de la propuesta RC Matsés, esta especie mostró una fuerte predilección por los suelos pobres, sobre todo en arena blanca. Esta ave fue la más común en las áreas de arena blanca de estrato bajo en Itia Tëbu, siendo común en todas partes en este campamento. En las tierras pobres sin arena blanca de Choncó esta especie fue menos común, pero siempre ampliamente distribuida en el bosque de tierra firme. En los bosques de suelos arcillosos más ricos de Actiamë, registramos sólo una vez a *C. parva* en los bosques colinosos de tierra firme, en una zona bastante alejada de los suelos ricos cerca del río Yaquerana. El *C. parva* también se encontró en el inventario rápido de Yavarí, pero sólo se grabó una vez en la quebrada Buenavista (Lane et al. 2003).

Nuestro único registro de la Colaespina rojiza (*Synallaxis rutilans*) fue en el parche más grande de bosque de estrato bajo en arena blanca en Itia Tëbu. Esto representa uno de los pocos registros de esta especie en el Perú al este del río Ucayali.

Choncó

En Choncó los suelos eran pobres en nutrientes, con una profunda capa de hojarasca en la mayoría de las áreas. Aunque encontramos un parche pequeño de bosque de arena blanca, no vimos aves especialistas de arena blanca en el área. La mayoría de este sitio era bosques colinosos de tierra firme, y las especies de aves dominantes eran de tierra firme, aunque encontramos algunas especies más típicas de bosque bajo a lo largo de una quebrada grande que corría por el campamento.

Registramos 260 especies en Choncó durante cuatro días de evaluación, un número razonable para un sitio amazónico que es casi completamente bosque de tierra firme. La riqueza de especies es similar a las 241 especies que registramos durante cinco días en Maronal, una zona de tierra firme al norte del Amazonas en los inventarios de Ampiyacu, Apayacu, y Yaguas (Stotz y Pequeño 2004).

El número de loros, sobre todo los guacamayos, fue bajo en este campamento. Sólo cuatro especies (*Ara ararauna, Brotogeris cyanoptera, Pionus mentruus* y *Amazona farinosa*) se observaron diariamente, y generalmente sólo en pequeños números. Por otro lado, otras especies de aves frugívoras grandes (palomas, tucanes, trogones, y pavas) fueron abundantes.

Las bandadas de especies mixtas fueron más comunes y más grandes que en los otros sitios que evaluamos en este inventario. No obstante, fueron más pequeñas y escasas comparadas con lo normal en la Amazonía. Esto fue particularmente cierto en las bandadas de sotobosque donde ninguna de las bandadas incluyó todas las especies esperadas de *Myrmotherula*, y la mayoría incluyó sólo una de las dos especies de hormigueros *Thamnomanes*, aunque cada una de estas especies era bastante común. En 18 bandadas inspeccionadas por Stotz, el número promedio de especies en las bandadas del sotobosque en Choncó fue de menos de siete, comparado con promedios que van desde 10 a 19 especies en otras partes de bosques de tierra firme amazónicas (Stotz 1993, pers. obs.).

Actiamë

Este campamento se situó a lo largo del río Yaquerana, que se une al río Gálvez 80 km al norte para formar el río Yavarí. En el área evaluamos, las márgenes del río Yaquerana eran relativamente altas, dejando prácticamente ninguna playa expuesta. Los bosques en las márgenes del río no parecía estar siendo regularmente inundados durante períodos extensos aunque nosotros encontramos pequeñas áreas de bosque inundado a lo largo de dos afluentes grandes del Yaquerana.

A pesar de esto, la avifauna incluyó varias especies ribereñas que eran ausentes en nuestros otros campamentos principales. Algunas de éstas estaban directamente asociadas con el mismo río (garzas, playeros, golondrinas), pero la mayoría se encontraron en el bosque a lo largo de la ribera del río. Estas especies de ribera contribuyeron substancialmente a la avifauna en este sitio, y combinadas con la diversa comunidad de aves de tierra firme resultó en la riqueza de especies más alta de los tres sitios del inventario, con 323 especies registradas durante nuestros cuatro días en Actiamë.

Nosotros no encontramos al Cucarachero Gris (*Thryothorus griseus*), una especie conocida del río Yavarí en el lado brasileño pero no registrada del Perú. Tampoco fue encontrado durante el inventario de Yavarí (Lane et al. 2003). Puede que no ocurra tan al sur en la cuenca del río Yavarí, ya que parece improbable que el estrecho río Yaquerana actúe como una barrera.

Río Blanco

Evaluamos el río Blanco (Figura 8A) durante tres excursiones breves desde el sitio de Itia Tëbu. El hábitat alrededor del río Blanco está perturbado, y dominado por un gran claro agrícola y plantaciones de árboles frutales. Pudimos observar aves en la vegetación de borde de río, y es aquí donde encontramos la mayoría de las especies interesantes en este sitio. En ~10 horas de observación durante dos días, registramos 124 especies, incluyendo 13 especies no vistas en otra parte durante el inventario.

Ésta es el única área que evaluamos perteneciente a la cuenca de río Ucayali; todos los otros sitios estaban en la cuenca del río Yavarí. Varias especies que son bien conocidas por ocurrir a lo largo del río Ucayali al sur del área que evaluamos no son conocidas de la cuenca del Yavarí. Registramos en nuestro breve estudio tres de estas

especies, el Batará copetón (*Sakesphorus canadensis*, Figura 8B), la Moscareta amarilla (*Capsiempis flaveola*) y el Mosquero picudo (*Megarynchus pitangua*), y sospechamos que estudios más extensos en el río Blanco probablemente revelarían otras.

Sakesphorus canadensis (Figura 8B) está localmente distribuido en el Perú a lo largo del río Ucayali y del río Amazonas, especialmente cerca de los lagos de aguas negras. *Capsiempis flaveola* fue sólo recientemente hallado en el Perú (Servat 1993). Actualmente se conocen tres poblaciones disjuntas en la Amazonía del Perú (Schulenberg et al. en prep.), y aunque las dos poblaciones del sur están asociadas con los parches de bambú, la población peruana del norte no lo está. Nuestro registro en el río Blanco representa el registro más al sur de *C. flaveola* del norte del Perú.

Remoyacu

Las áreas evaluadas en Remoyacu durante un día y medio estaban dominadas por hábitats abiertos alrededor del pueblo y los bosques disturbados a lo largo del río Gálvez. Debido a que nos encontrábamos trabajando en la presentación e informes, no exploramos el área intensivamente. No obstante, observamos 144 especies, incluyendo 19 especies no registradas en otras partes durante el inventario rápido. La mayoría de las especies no observadas en los otros sitios estaban asociadas con los hábitats secundarios hallados alrededor del pueblo. Sin embargo, observamos aquí algunas especies de bosque, como el Buco pinto (*Notharchus tectus*) y el Cacique solitario (*Cacicus solitarius*), que no encontramos en otra parte.

Otros registros significativos

Algunas de nuestras observaciones representa extensiones del rango sustanciales. El más notable fue una solitaria Reinita-acuática norteña, *Seiurus novaboracensis*, visto por Stotz a lo largo de una quebrada en Actiamë. Este migrante norteamericano es conocido en el Perú de sólo dos registros, uno al sur de Lima en la vertiente del Pacífico, y el otro en el río Curaray (T. Schulenberg, com. pers.). Hay sólo unos pocos registros de la Amazonía en Ecuador (Ridgely y Greenfield 2001), y uno de la Amazonía oriental del Brasil (Sick 1993). Además de estos escasos registros, típicamente los registros de invierno más al sur están en el norte de América del Sur (Paynter 1995).

Observamos algunos machos solitarios del poco conocido Dacnis ventriblanco (*Dacnis albiventris*), en una bandada mixta de tangaras en Choncó al borde del helipuerto, y cantando en un bosque de crecimiento secundario en Remoyacu. La especie sólo es conocida de localidades esparcidas en la Amazonía occidental, y su distribución y preferencias de hábitat permanecen inciertas.

Pequeño observó una Tucaneta esmeralda (*Aulacorhynchus prasinus*), en un árbol fructificando en los bosques inundables de Actiamë. Esta especie ocurre principalmente en las vertientes montañosas más bajas en Perú, aunque en el sudeste peruano ocurre regularmente más lejos de los Andes. Nuestro registro es el registro peruano más al norte a esta distancia de los Andes. Es más, esta ave fue observada al otro lado del río en Brasil donde esta especie ha sido registrada sólo pocas veces (Wittaker y Oren 1999). A pesar de la escasez de registros, sospechamos que esta especie puede ser regular en el sudoeste amazónico del Brasil.

Pequeño observó una solitaria Garza cebra, *Zebrilus undulatus*, en una pequeña poza del bosque inundable en Actiamë. El equipo de avanzada que instaló las trochas en Actiamë también informó del avistamiento de un *Zebrilus* en la misma área mientras trabajaban en el campamento (G. Knell, com. pers.). Esta pequeña garza es conocida de sólo un puñado de sitios en el Perú, y es generalmente rara a lo largo de su rango de distribución.

El Verdillo pechigris (*Hylophilus semicinereus*) era común en el río Blanco dónde varias parejas estaban presentes y fueron grabadas. Stotz también observó uno en Choncó a lo largo de una pequeña quebrada entre la densa y enredada vegetación. Este verdillo fue sólo recientemente encontrado por primera vez para el Perú (Begazo y Valqui 1998). Actualmente es conocido en Perú de unos pocos sitios al sur del río Amazonas y al oeste de Pacaya-Samiria. Este es el registro más al sur en el Perú.

Migrantes

Encontramos 19 especies migrantes de Norteamérica. Observamos sólo una especie de migratorioaustral, el Espiguero lineado (*Sporophila lineola*). La mayoría de los migrantes estaba asociada con los hábitats abiertos o fueron playeros al borde de los ríos. Sin embargo, regularmente se encontraron varias especies dentro de los hábitats arbolados, que incluyen el Pibí oriental (*Contopus virens*), el Vireo ojirrojo (*Vireo olivaceus*), el Vireo verdiamarillo (*V. flavoviridis*), el Zorzal de Swainson (*Catharus ustulatus*), el Zorzal carigris (*C. minimus*), y la Piranga escarlata (*Piranga olivacea*). Durante nuestro inventario, los altos niveles de agua pudieron haber disminuido la abundancia y diversidad de los playeros migratorios en Actiamë y Remoyacu.

Reproducción

Durante el inventario observamos poca actividad reproductiva. Algunos paserinos insectívoros estuvieron acompañados de juveniles mayores, y los niveles generales de cantos eran bajos, sugiriendo que la estación principal de reproducción había acabado bastante recientemente. Sin embargo, observamos unos pichones, incluyendo juveniles aún dependientes de la Codorniz estrellada (*Odontophorus stellatus*), la Monjita frentinegra (*Monasa nigrifrons*), la Monjita frentiblanca (*Monasa morphoeus*), y el Trepador pardo (*Dendrocincla fuliginosa*). Sólo un puñado de especies se encontraba anidando activamente. Encontramos un nido del Gavilán bidentado (*Harpagus bidentatus*) con los pichones grandes en Actiamë. Encontramos un nido tanto de Perdiz grande (*Tinamus mayor*) y de la Chotacabras negruzca (*Caprimulgus nigrescens*, Figura 8D) con huevos siendo incubados, en Itia Tëbu. Un picaflor, la Ninfa colihorquillada (*Thalurania furcata*) estaba construyendo un nido en Actiamë. Observamos varios guacamayos y loros que investigaban agujeros para anidar en Actiamë, incluyendo al Guacamayo Azul y amarillo (*Ara ararauna*), el Guacamayo Rojo y verde (*Ara chloroptera*), el Guacamayo frente castaña (*Ara severa*), el Perico Pintado (*Pyrrhura picta*), y Loro vientre blanco (*Pionites leucogaster*).

Patrones biogeográficos

La propuesta RC Matsés está relativamente lejos de ríos principales u otras barreras que podrían representar los límites de rango de distribución para la mayoría de las especies Amazónicas. Sin embargo, hay un puñado de casos dónde las alloespecies se reemplazan entre si dentro de la región este del río Ucayali en Perú. Para la mayoría de los sitios encontramos las más septentrionales de estas especies durante nuestro inventario. Las alloespecies incluyen las siguientes parejas (las especies más septentrionales listadas primero y las especies encontradas durante el inventario de Matsés están marcadas con un asterisco): *Malacoptila rufa/semicincta**, *Galbalcyrhynchus leucotis/purusianus**, *Phaethornis bourcieri/philippii**, *Nonnula rubecula*/sclateri*, *Thamnomanes saturninus*/ardesiacus*, *Machaeropterus regulus*/pyrocephalus*, *Pipra filicauda*/fasciicauda*.

Sorprendentemente, por lo menos 24 especies comunes y ampliamente distribuidas en la Amazonía, no fueron registradas, ni durante el inventario rápido en Matsés ni en el de Yavarí. Todas estas especies ocurren tanto al este como hacia el oeste de la cuenca del Yavarí al sur de la Amazonía, y han sido registradas al norte como al sur del Yavarí; además, sus amplios patrones de distribución sugieren que deberían ocurrir en la cuenca del Yavarí. La lista incluye al Gavilán tijereta (*Elanoides forficatus*), el Shiguanco blanco (*Milvago chimachima*), la Paloma colorada (*Patagioenas cayennensis*), la Tortolita azul (*Claravis pretiosa*), el Perico Tui (*Brotogeris sanctithomae*), el Cuclillo listado (*Tapera naevia*), el Búho penachudo (*Lophostrix cristatus*), el Carpinterito pechirrufo (*Picumnus rufiventris*), el Carpintero chico (*Veniliornis passerinus*), el Trepador gargantipunteado (*Deconychura stictolaema*), el Picoguadaña piquirojo (*Campylorhamphus trochilirostris*), la Coliespina pechioscuro (*Synallaxis albigularis*), el Tirahojas piquicorto (*Sclerurus rufigularis*), el Mosquero azufrado (*Tyrannopsis sulphurea*), el Mosquero picudo (*Megarynchus pitangua*), el Cabezón gargantirrosada (*Pachyramphus minor*), la Cotinga lentejuela (*Cotinga cayana*), el Donaconbio (*Donacobius atricapilla*), la Tangara encapuchada (*Nemosia pileata*), la Tangara

cabecinaranja (*Thlypopsis sordida*), la Tangara enmascarada (*Tangara nigrocincta*), el Semillerito negriazulado (*Volatinia jacarina*), el Cacique lomirrojo (*Cacicus haemorrhous*), y el Tordo oriol (*Gymnomystax mexicanus*). Indudablemente, algunas de estas especies serán registradas con estudios adicionales a lo largo de la cuenca del río Yavarí, en Perú. Sin embargo, es extraño que en un mes de trabajo de campo de ornitólogos experimentados, en seis sitios esparcidos dentro de la cuenca del río Yavarí, no se hayan encontrado estas especies. De estar presentes, es difícil imaginar que estas especies son tan comunes en la cuenca del Yavarí como lo son en otras partes de la Amazonía.

Por lo menos algunas de estas especies están asociadas a hábitats alterados por la presencia humana y este tipo de hábitat puede ser bastante escaso en la región, o estas pueden no haberse dispersado a las áreas con hábitat apropiado relativamente limitado. De forma semejante, algunas de las especies asociadas a los ríos y sus hábitats relacionados pueden estar ausentes debido a que los hábitats convenientes son limitados. Pero la ausencia de otras especies, como *Elanoides forficatus*, *Lophostrix cristatus*, *Campylorhamphus trochilirostris*, *Pachyramphus minor* y *Cotinga cayana*, permanece sin explicación, y no se relaciona obviamente a la disponibilidad del hábitat.

DISCUSIÓN

Estimamos que cerca de 550 especies podrían ser encontradas en la región con estudios más completos, sobre todo de los hábitats ribereños. Varias especies de río y riberas encontradas en el inventario de Yavarí (Lane et al. 2003) probablemente ocurran dentro de la propuesta Reserva Comunal Matsés o de la Comunidad Nativa Matsés. Si los bosques de arena blanca, cerca del límite de la cuenca del río Gálvez y la cuenca del río Blanco que evaluamos en Itia Tëbu, fueran estudiados de forma más completa, se podrían descubrir especies adicionales, incluyendo potencialmente aquellas no descritas. Sin embargo, debido a que en estos hábitats generalmente la diversidad de aves es muy pobre, nosotros esperaríamos encontrar sólo un número modesto de especies adicionales.

Aves de bosques de arena blanca (varillal)

Los bosques de arena blanca están distribuidos en parches a lo largo de Amazonía, con áreas más extensas en la parte norte-central de la Amazonía Brasilera y el Perú nororiental. El complejo oriental de hábitats de arena blanca se ha estudiado por ornitólogos desde los primeros estudios ornitológicos en Amazonía en los 1800s, y Oren (1981) ha dirigido los estudios integrales más recientes. El área de arena blanca al oeste de Iquitos permaneció ornitologicamente desconocida, hasta que J. Álvarez empezara ha trabajar allí en los años noventa. Desde ese tiempo, cinco especies de aves nuevas para la ciencia han sido descritas de los bosques de arena blanca en el Perú. Adicionalmente, ocho otras especies, ninguna previamente conocida del Perú, se han documentado en estas áreas de arena blanca, así como otras especies que parecen estar principalmente asociadas a estos hábitats (Álvarez 2002, Álvarez y Whitney 2003).

Durante este inventario no encontramos ninguna de las especies restringidas a los hábitats de arena blanca de la Amazonía. A pesar que fracasamos en nuestro intento de hallar alguna aves especialistas de arena blanca, es difícil imaginar que no hubiera ninguna en esta zona, dado la gran extensión de bosques de arena blanca en la región. La gran distancia que separa el río Ucayali y el río Amazonas sugiere que probablemente las especies de rango restringido descubiertas en el área de Iquitos no se encontrarán en la región de Matsés. Los especialistas de amplia distribución, como la Perdiz barreada (*Crypturellus casiquiare*), la Perdiz patigris/de varillal (*C. duidae*), y el Tirano-saltarín coroniazafrán (*Neopelma chrysocephalum*), qué sólo se encuentran al norte del río Amazonas, es poco probable que ocurran aquí. En cambio, los bosques de arena blanca cerca de Itia Tëbu podrían albergar su propio grupo de especies de rango restringido esperando ser descubiertas. La mayoría de las especies

recientemente descritas cerca de Iquitos, y muchas de las especies de amplia distribución más especializadas, sólo fueron encontradas después de años de estudio en los parches mucho más pequeños de bosques de arena blanca (J. Álvarez, com. pers.).

Comparación entre los sitios

Los tres campamentos principales compartieron 151 especies. Actiamë fue fácilmente el campamento más diverso, con 323 especies, principalmente debido a su proximidad a un río grande. Actiamë también tenía el mayor número de especies únicas: 93. De éstos, registramos 38 especies (principalmente ribereñas) durante nuestros breves estudios del río Blanco y río Remoyacu, haciendo el número de especies únicas en Actiamë de 55, si todos los cinco sitios evaluados son considerados. En Choncó nosotros observamos 30 especies no observadas en Actiamë o en Itia Tëbu, mientras Itia Tëbu tenía 12 especies restringidas a ese sitio, principalmente especies restringidas a los bosques de arena blanca. Un número sustancial de especies típicamente comunes y de amplia distribución en el bosque no fue registrado en Itia Tëbu, incluyendo 67 especies comunes del interior del bosque que si observamos en Choncó y Actiamë.

Comparación con otros inventarios rápidos en Loreto

En esta sección comparamos nuestras observaciones en la región de Matsés con aquellas de los otros dos inventarios biológicos rápidos realizados en bosques de tierra firme en Loreto. El inventario de Yavarí (Lane et al. 2003) muestreó cuatro sitios dentro del drenaje del Yavarí, río abajo del inventario de Matsés. El inventario Ampiyacu, Apayacu, y Yaguas (Stotz y Pequeño 2004) muestreó tres sitios al norte del río Amazonas, dentro de los drenajes del Amazonas y del Putumayo. Muchas especies son compartidas entre estos tres inventarios, pero por lo menos una tercera parte de la avifauna es única para cada sitio.

Yavarí

El inventario biológico rápido de Yavarí registró
400 especies de aves (Lane et al. 2003) durante el 2003
de abril, mientras nosotros registramos 416 especies
en Matsés durante octubre-noviembre 2004. Las
diferencias en especies y abundancia entre los sitios
reflejan principalmente las diferencias estacionales y las
diferencias del hábitat. Ambos inventarios exploraron
varios tipos únicos de hábitats, y en conjunto hemos
podido visitar sitios con mayor variación de hábitats
en el inventario de Matsés que en el de Yavarí, ya
que todos los sitios durante el inventario de Yavarí
estuvieron a lo largo del cauce del río principal. Sin
embargo, el inventario de Yavarí evaluó los lagos de
herradura (cochas), amplios aguajales (pantanos de
Mauritia), y extensos hábitats de varzea—todos estos
son hábitats que no visitamos en la región de Matsés.
Con la excepción de los bosques de arena blanca,
suponemos que las dos regiones se sobreponen
substancialmente en los tipos del hábitat.

Registramos 78 especies en el inventario de
Matsés que no se encontraron en Yavarí, y 60 especies
en el inventario de Yavarí no se encontraron en la región
de Matsés. La mayoría de las especies únicas para Yavarí
estaban asociadas a los hábitats ribereños (29 especies) o
eran especies migratorias (13 especies: ocho australes y
cinco boreales). También registramos un grupo diverso
de migratorias boreales (19 especies). Once de estas
especies no fueron registradas en Yavarí. Observamos
sólo una especie de migrante austral. A finales de octubre,
ya las migrantes australes deberían haber vuelto a sus
territorios de reproducción, lo que probablemente
explica su ausencia durante este inventario. Es casi
seguro que las diferencias en la composición de especies
migratorias entre estos dos inventarios reflejan
diferencias estacionales en lugar de diferencias de
composición reales. La mayoría de las migratorias,
austral y boreal, probablemente ocurren en ambas áreas
a la estación apropiada.

Las especies ribereñas observadas solamente
durante el inventario de Yavarí, desde las garzas que
usan las aguas poco profundas para alimentarse hasta el
Pájaro sombrilla (*Cephalopterus ornatus*) que habita los
bosques de estrato alto en varzea a lo largo de los bordes
de grandes ríos amazónicos, refleja los variados y únicos
hábitats ribereños que se muestrearon en Yavarí.
Similarmente, registramos 18 especies en los hábitats
ribereños en el inventario Matsés (y tres especies
adicionales en la cuenca del Ucayali, en río Blanco) que
no habían sido registradas durante el inventario de Yavarí.

En dos ocasiones registramos especies en el
inventario de Matsés que geográficamente reemplazan a
otra especie congénere registrada en Yavarí. Estos
reemplazos de especies incluyeron al Buco semiacollarado
(*Malacoptila semicincta*) en lugar del Buco rufo (*M. rufa*)
y el Jejenero fajicastaña (*Conopophaga aurita*) en lugar
del Jejenero garganticeniza (*C. peruviana*). Los Bucos no
sólo se reemplazan entre ellos en nuestros dos inventarios,
sino también a lo largo de la extensión del Yavarí
muestreados durante este inventario. La distribución de
las dos especies de *Conopophaga* es compleja al este del
río Ucayali, y no se entiende bien.

Más allá de las diferencias en las listas de
especies en los inventarios en Yavarí y Matsés, hubo
notables diferencias en la abundancia de la avifauna.
Obviamente el inventario de Yavarí documentó un
avifauna ribereña más rica. Sin embargo, incluso las
especies ribereñas que documentamos en Actiamë eran
relativamente raras comparado al inventario de Yavarí.
Similarmente, la avifauna de tierra firme más rica
documentada durante el inventario de Matsés no sólo
reflejó un mayor número de especies de tierra firme,
sino también mayor abundancia de estas especies.

Ampiyacu, Apayacu, y Yaguas

En 2003 participamos en un inventario rápido en el
Ampiyacu, Apayacu, y Yaguas (AAY, Stotz y Pequeño
2004), un área al norte del río Amazonas. Allí, así como
en el inventario de Matsés, las especies de tierra firme
dominaron la avifauna. Debido a que las dos regiones
están separadas por el río Amazonas, existe una sustancial
diferencia en la composición en sus avifaunas. Durante el
inventario de AAY nosotros encontramos 42 especies
únicas, incluyendo 26 conocidas por no cruzar al sur del

río Amazonas o al este del río Ucayali en Perú. Sólo se registraron 45 especies de aves de tierra firme en la región de Matsés, incluyendo 33 que sólo se encuentran al sur del Amazonas en Perú. En 17 casos, las especies relacionadas se reemplazaban entre ellas a uno y otro lado del río Amazonas. Las diferencias entre estos dos inventarios en especies de tierra firme, si bien son sustanciales, son menores que las diferencias entre el inventario de AAY y el de Yavarí (Stotz y Pequeño 2004).

Nuevamente, muestreamos hábitats diferentes durante los dos inventarios, y varias de las diferencias en la composición reflejan estas diferencias en el hábitat. En general los sitios del inventario Matsés muestran una diversidad de hábitats mucho mayor que nuestros sitios de inventario en AAY. De acuerdo con esto, los tres sitios del inventario en AAY compartieron muchas más especies y mostraron un rango menor en la diversidad entre los sitios (AAY: 242-302 especies, Matsés: 187-323). Las diferencias más importantes entre estos sitios inventariados, aparte de su posición en los lados opuestos del Amazonas, son las arenas blancas en la región de Matsés y la elevada diversidad de hábitats de ribera muestreados en Actiamë.

AMENAZAS, OPORTUNIDADES Y RECOMENDACIONES

La amenaza principal para las aves en la región de Matsés es la destrucción del hábitat, sobre todo la deforestación, debido a que la avifauna está principalmente sustentada en los bosques de la región. Observamos evidencia de actividad maderera cerca del río Blanco, con varios caminos de tractores aún evidentes dentro de los bosques de arena blanca. El área ribereña en esta zona ha sido completamente alterado. La mayoría de las aves en este hábitat son relativamente tolerantes a la perturbación, pero para algunas especies incluyendo quizás al *Sakesphorus canadensis*, necesitamos asegurar que áreas relativamente extensas de hábitats ribereños permanezcan intactas.

Dado las altas densidades de aves de caza y la presencia de algunas de las especies más sensibles a los impactos de la caza (*Crax* y *Psophia*), la introducción

de cacería significativa en la región podría tener impactos notables en las poblaciones de estas especies. Continuar con la caza a niveles de subsistencia en las tierras usadas por las comunidades nativas no debe impactar negativamente las poblaciones de estas aves en el área que evaluamos. Podríamos esperar que el mayor potencial para los impactos negativos estén a lo largo de los cursos del río, que proporcionan el acceso relativamente fácil a parte de la región.

Recomendaciones

Protección y manejo

Actualmente el área sugerida para la Reserva Comunal Matsés se extiende hacia el oeste hasta la divisoria entre las cuencas del río Yavarí y la cuenca del río Ucayali (Figura 2). Está claro que los parches de bosque de arena blanca que evaluamos cerca de Itia Tëbu se extienden hacia el oeste en la cuenca del río Ucayali. Extendiendo el límite de la Reserva Comunal propuesta por el oeste hacia la margen oriental del río Blanco (Figura 2) se podría proteger más de esta comunidad biológica única. Esto proporcionaría al área un límite mucho más claramente definido y más fácilmente protegido, y aseguraría la protección de algunos hábitats ribereños dentro de la cuenca del río Ucayali. Esta cuenca tiene una pequeña área protegida por encima de su alcance más bajo. En general, las áreas ribereñas dentro de la región están en su mayoría bajo la presión de las actividades humanas. Recomendamos proteger secciones de algunos de los ríos mayores en estas áreas, sobre todo áreas que actualmente tienen poca o ninguna actividad humana. Esto proporcionará protección a los hábitats y la fauna que alberga, que está bajo presión a lo largo de la cuenca del Amazonas.

Inventarios y Monitoreo

La máxima prioridad para estudios adicionales de aves son los bosques de arena blanca que evaluamos brevemente cerca de Itia Tëbu. Estos bosques, aunque probablemente pobres en su riqueza global de especies (Figura 8E), podría albergar especies no descritas, ya que estudios en áreas más pequeñas de hábitats de arena blanca cerca de Iquitos han descubierto al menos cinco especies nuevas para la ciencia. Además, las áreas con cochas grandes dentro de la región de Matsés permanecen sin ser estudiadas, y deberían ser consideradas una prioridad. Finalmente, deberían emprenderse estudios en las áreas intensamente utilizadas por la Comunidad Nativa para entender cómo el uso de recursos por la Comunidad impacta a la comunidad de aves. Esta información podría ayudar al manejo de estas áreas para el uso sostenible en el área por las poblaciones humanas. Ésta sería una línea base necesaria para el monitoreo a largo plazo de las aves de caza que son explotados por los Matsés. Estas aves de caza deberían monitorearse en áreas en que los Matsés están cazando activamente y en áreas que son más aisladas, para comparar el manejo directo de este importante recurso del bosque.

Investigación

En el área este del Ucayali, varias alloespecies se reemplazan entre si, o las especies ocurren en los límites de su rango, a pesar de la falta de barreras obvias como ríos anchos. Entender éstos patrones de distribución podría ayudar a establecer límites naturales para las áreas de manejo, sobre todo para especies que son básicamente de bosque y que no pueden restringirse a las divisorias de cuenca. Si las áreas extensas de bosques de arena blanca junto con los aguajales asociados y otras áreas bajas anegadas limitan los movimientos de las especies más típicas de bosque, y está actuando como una barrera geográfica, será de gran valor el investigarlo.

Investigar las diferencias genéticas entre las poblaciones de especies que habitan los bosques de arena blanca en el área, y compararlos a otras áreas de arena blanca, ayudaría a manejar las poblaciones de estas aves especializadas. Estas ocupan un ambiente naturalmente formando parches, pero que ha sido relativamente estable por largos períodos de tiempo. Comparar su estructura genética con las especies en ambientes de parches que son efímeros podrían ayudar entender su evolución.

MAMIFEROS MEDIANOS Y GRANDES

Autor/Participante: Jessica Amanzo

Objetos de conservación: Una de las zonas con más alta diversidad de mamíferos de la Amazonía; una comunidad de primates muy diversa (14 especies) con abundantes especies grandes como *Lagothrix lagothricha, Ateles paniscus* (Figura 9A) y *Alouatta seniculus*; el armadillo gigante (*Priodontes maximus*) en peligro de extinción (EN) según los criterios de la UICN; especialistas de hábitat como *Callimico goeldii* y *Cacajao calvus*, ambos en situación vulnerable (VU) según los criterios de la UICN; abundancia de especies de mamíferos grandes que han sufrido extinción local en muchas zonas de su distribución por pérdida de hábitat o cacería; hábitats heterogéneos e intactos que son fuente de especies de caza, especialmente las cabeceras de los ríos Yaquerana y Gálvez

INTRODUCCIÓN

La propuesta Reserva Comunal (RC) Matsés se encuentra en la Amazonía occidental, zona de alta diversidad de mamíferos, probablemente con el mayor valor a nivel mundial (Emmons 1984, Voss y Emmons 1996, Valqui 2001). Algunos estudios intensivos de diversidad de mamíferos han sido realizados en zonas cercanas y dentro del territorio de la comunidad Matsés. Hacia el norte, Salovaara et al. (2003) registraron 39 especies en tres localidades en el alto río Yavarí, y 49 especies en el río Yavarí Mirín. Un estudio intensivo realizado por Fleck y Harder (2000) en la cuenca del río Gálvez dentro del territorio Matsés desarrolló una lista muy completa de especies de mamíferos con el apoyo de los pobladores locales, registrando 84 especies de las cuales 61 son mamíferos medianos y grandes. Así mismo, hacia el oeste en la Reserva Comunal Tamshiyacu-Tahuayo, Valqui (2001) registró 82 especies de mamíferos dentro de los cuales 44 son medianos y grandes.

En el presente estudio evaluamos la diversidad de mamíferos medianos y grandes en tres localidades, caracterizadas por diferentes condiciones edáficas y tipos de hábitat, dentro de la propuesta RC Matsés. En esta sección se detallan los resultados, las diferencias entre la diversidad encontrada en las tres localidades evaluadas (Figuras 2, 3A, E, I), las diferencias entre las localidades evaluadas y otras áreas de la Amazonía, las especies de importancia y las oportunidades de manejo y conservación.

MÉTODOS

La evaluación de mamíferos la enfocamos en las especies medianas y grandes (más de 0.5 kg de peso). No incluimos mamíferos pequeños porque el muestreo requiere de un tiempo más prolongado para la instalación de trampas y redes.

El muestreo lo realizamos en las trochas establecidas por el equipo de avanzada, las cuales variaron entre 1,2 y 11,1 km y que abarcaron la mayoría de hábitats presentes en la zona. Para registrar tanto las especies diurnas como las nocturnas, recorrimos las trochas durante el día entre las 7:30 AM y 5:30 PM, y durante la noche entre las 7:30 y 10:30 PM. La velocidad del recorrido fue de 1-1,5 km/h, observando el suelo, el subdosel y el dosel para registrar las especies terrestres y arborícolas. Cada cierta distancia nos deteníamos para observar algún movimiento o escuchar una vocalización. La mayor parte del tiempo trabajamos con el apoyo de un ayudante Matsés.

Registramos todas las evidencias directas (observaciones) e indirectas (huellas, vocalizaciones, comederos, heces, bañaderos, etc.) de animales durante los recorridos. Para cada observación directa tomamos información de especie, número de individuos, sexo (en lo posible) y distancia en la trocha. Incluimos en nuestro registro la información de los avistamientos de mamíferos por parte de los miembros del equipo de investigación (D. Moskovits, C. Vriesendorp, T. Pequeño, D. Stotz, G. Knell, M. Gordo, J. Rojas, M. Hidalgo, I. Mesones y N. Dávila) y los ayudantes Matsés durante la realización de su trabajo.

Las entrevistas las realizamos principalmente a los pobladores de varios Anexos de la Comunidad Nativa Matsés que apoyaron nuestro trabajo en los tres sitios del inventario y a aquellos reunidos en la localidad de Remoyacu/Buen Perú para la presentación de los resultados preliminares del inventario rápido.

Las entrevistas las dirigimos a varones adultos, debido a que la actividad de caza es realizada principalmente por ellos. Durante las entrevistas utilizamos las láminas de Emmons y Feer (1997) para facilitar la identificación de las especies.

RESULTADOS

De acuerdo a la información de inventarios y evaluaciones previas en áreas cercanas al territorio Matsés (Valqui 2001, Fleck y Harder 2002, Salovaara et al. 2003) preparamos una lista de especies esperadas de mamíferos medianos y grandes con 65 especies (Apéndice 6). Durante nuestra evaluación registramos 43 especies que corresponden a nueve órdenes, 23 familias y 35 géneros; esto conforma el 66% de las especies esperadas. Adicionando las especies registradas por medio de las entrevistas a los pobladores locales Matsés, este valor se incrementó a 60 especies, que corresponde al 92% del total de especies esperadas. Este último porcentaje nos indica el alto nivel de conocimiento de los Matsés sobre los animales presentes en su territorio.

Afinidades y diferencias entre sitios de muestreo

Tanto en el campamento Choncó como en el campamento Actiamë encontramos 35 especies, de las cuales 29 especies (83%) son compartidas entre los dos sitios. En el campamento Itia Tëbu encontramos 25 especies. Aquí resumimos en breve las especies registradas en los tres sitios de muestreo.

Actiamë

Actiamë sobresalió por la gran cantidad de árboles con frutos comestibles (Figura 3K) y la mayor abundancia de especies de caza, como *Agouti paca*, *Dasypus* spp., *Mazama gouazoubira*, *Priodontes maximus*, *Tapirus terrestris*, *Alouatta seniculus*, *Ateles paniscus* (Figura 9A), *Lagothrix lagothricha* y *Saimiri sciureus* (Tabla 2). Esta localidad correspondía a una zona de alta productividad y heterogeneidad de suelos, y era frecuente ver primates grandes y aves alimentándose en árboles de Moraceae y Sapotaceae, y en palmas. Asimismo, observamos diferentes grupos de primates de una misma especie (principalmente

Lagothrix lagothricha y Alouatta seniculus) utilizando áreas muy cercanas entre sí. En un pequeño aguajal encontramos muchas huellas de mamíferos que acudían a alimentarse de los frutos de *Mauritia flexuosa*, entre ellos, la sachavaca (*Tapirus terrestris*) y el majaz (*Agouti paca*). Estos frutos también son un recurso muy importante para los pequeños mamíferos como *Proechimys* spp. y *Oryzomys* spp. En una ladera de terraza junto al aguajal observamos muchos huecos de los armadillos (*Priodontes maximus* y *Dasypus* spp.), y en algunas quebradas observamos huecos de *Cabassous unicinctus*. Por otro lado, sólo en esta localidad fue registrado el delfín rosado (*Inia geoffrensis*) y el ronsoco (*Hydrochaeris hydrochaeris*) debido a que fue la única zona que inventaríamos con acceso cercano a un río grande.

Choncó

Choncó también mostró una alta diversidad y abundancia de mamíferos grandes. En esta localidad observamos 12 especies de monos, seguido por Actiamë (11) e Itia Tëbu (8). El mono leoncito (*Cebuella pygmaea*) únicamente lo registramos en esta localidad. En cuanto a los carnívoros, registramos seis especies de cuatro familias, dos especies más que en Actiamë e Itia Tëbu. Entre ellos se destaca el perro de monte (*Speothos venaticus*), un canido muy raro en toda la Amazonía. Las especies más abundantes fueron *Myrmecophaga tridactila, Panthera onca, Pecari tajacu* y *Callicebus cupreus*. La abundancia del sajino (*Pecari tajacu*) fue mucho mayor que en los otros dos sitios; sin embargo,

Tabla 2. Abundancia relativa de encuentros (rastros y observaciones) de mamíferos grandes en los tres sitios de inventario.

Especie	Nombre común	Abundancia relativa (Número de observaciones/km)		
		Itia Tëbu	Choncó	Actiamë
Agouti paca	majáz	0.106	0.162	0.379
Dasyprocta fuliginosa	añuje	–	0.054	–
Dasypus spp.	carachupa	0.372	0.324	0.506
Choloepus sp.	cashacushillo	0.053	0.027	0.032
Mazama americana	venado rojo	–	0.297	0.253
Mazama gouazoubira	venado gris	0.106	0.027	0.032
Myrmecophaga tridactyla	oso hormiguero	–	0.054	0.032
Panthera onca	otorongo	–	0.108	0.095
Pecari tajacu	sajino	0.106	0.811	0.632
Priodontes maximus	carachupa mama	0.213	0.162	0.316
Tapirus terrestris	sachavaca	0.159	0.351	0.442
Alouatta seniculus	coto	–	–	0.081
Ateles paniscus	maquisapa	–	0.054	0.063
Callicebus cupreus	tocon	0.053	0.081	0.063
Cebus albifrons	mono blanco	–	0.054	–
Lagothrix lagothricha	choro	–	0.081	0.284
Pithecia monachus	huapo negro	0.159	0.162	0.032
Saguinus mystax	pichico	0.213	–	0.032
Saguinus fuscicollis	pichico	0.053	–	–
Saimiri sciureus	fraile	–	–	0.032
Encuentros totales/km		**1.593**	**2.809**	**3.306**

al igual que en Actiamë, la abundancia de la huangana (*Tayassu pecari*) fue muy baja.

Itia Tëbu

Itia Tëbu, con sus amplios varillales con muy baja productividad, tuvo el menor número y abundancia de especies. De las 25 especies registradas, un alto porcentaje fueron compartidas entre este y los otros dos sitios evaluados. Este sitio compartió 21 especies con Choncó (88%) y 23 con Actiamë (96%). Entre las especies más abundantes en Itia Tëbu están los armadillos (*Dasypus* spp. y *Priodontes maximus*), el venado gris (*Mazama gouazoubira*) y los pichicos (*Saguinus* spp.). Es importante resaltar que a pesar de tener menor abundancia de mamíferos, en esta localidad registramos las dos especies de felinos grandes: el jaguar (*Panthera onca*) y el puma (*Puma concolor*).

Especies registradas

La mayoría de especies que registramos son típicamente Amazónicas y tienen distribución amplia. Todos los órdenes esperados, excepto el Orden Sirenia (representado por el manatí), estuvieron representados en los registros. Los mejor representados en las tres localidades fueron los xenarthros, los primates y los ungulados con el 89%, 86% y 100% de registros de las especies esperadas. El manatí (*Trichechus inunguis*) no fue registrado en los sitios evaluados ni fue reconocido durante las entrevistas con los pobladores locales; únicamente fue mencionado por los estudios previos como una especie de probable presencia en la zona. Durante los sobrevuelos del área observamos muchas cochas cercanas a los ríos Gálvez y Yaquerana (Figura 3L), por lo que no se descarta su presencia.

Observamos 12 de las 14 especies esperadas de primates, e incluyendo la información de las entrevistas, se alcanzaron las 14 especies, un valor alto para una evaluación rápida y en general para la Amazonía. El pichico de Goeldi (*Callimico goeldii*, y huapo rojo (*Cacajao calvus*), no fueron registrados en ninguno de los tres sitios del inventario, pero fueron reconocidos por los Matsés durante las entrevistas.

Los Matsés indicaron que el pichico de Goeldi (*Callimico goeldii*) es raro en la zona.

Entre los ungulados registramos seis especies. El sajino (*Pecari tajacu*) fue abundante en el campamento Choncó y común en Actiamë. No registramos evidencias de grupos grandes de huangana (*Tayassu pecari*) en ninguno de los sitios. La sachavaca (*Tapirus terrestris*) estuvo presente en las tres localidades pero tuvo mayor abundancia en Actiamë.

Los armadillos fueron relativamente comunes en Actiamë, y menos comunes en Choncó e Itia Tëbu, mientras que el oso hormiguero (*Myrmecophaga tridactyla*) fue abundante en Choncó y *Tamandua tetradactyla* fue abundante en Actiamë.

Dentro de los carnívoros registramos ocho especies (50% de las esperadas) representando todas las familias del orden. El mayor número de registros de felinos corresponden al jaguar (*Panthera onca*), mientras que los felinos medianos no fueron registrados excepto por una huella de *Leopardus pardalis* encontrada en una quebrada de Actiamë. Sin embargo, el escenario fue diferente durante las entrevistas pues los pobladores locales identificaron a todos los miembros de esta familia y, exceptuando al hurón (*Galictis vittata*), a todos los miembros esperados del orden Carnivora. La nutria de río (*Lontra longicaudis*) fue observada únicamente en Actiamë y es probable que en esta localidad también se encuentre el lobo de río (*Pteronura brasiliensis*) por la amplitud del río, el número de cochas cercanas y gran cantidad de recurso encontrado por los ictiólogos (ver capítulo de Peces, p. 74). En general, los mamíferos acuáticos fueron poco representados debido a que solo en una de las localidades teníamos acceso a un río grande y una cocha, pero según las entrevistas son comunes y se distribuyen ampliamente en el territorio Matsés.

El delfín rosado (*Inia geoffrensis*) lo registramos en el río Yaquerana (Figura 3L) en Actiamë, mientras que el delfín gris (*Sotalia fluviatilis*) únicamente lo registramos durante las entrevistas a los pobladores locales, los cuales mencionaron que es común en la mayoría de ríos del área.

Los roedores y marsupiales estuvieron representados en un 58% y 33% respectivamente respecto a las especies esperadas. Los roedores pertenecieron principalmente a las familias Sciuridae, Agoutidae y Dasyproctidae. El mayor número de rastros correspondieron al majaz (*Agouti paca*). La pacarana (*Dinomys branickii*), poco común en los bosques neotropicales (Emmons y Feer 1997), fue registrada durante las entrevistas. Para un mayor éxito en el registro de las especies de este orden es necesario usar trampas.

Durante los censos nocturnos también observamos algunos mamíferos pequeños terrestres: el marsupial *Marmosops* sp. alimentándose de una cucaracha, y los roedores *Proechimys* spp. (probablemente más de una especie) y *Oryzomys* sp. Observamos dos individuos del género *Proechimys* y uno de *Oryzomys* consumiendo la pulpa de un fruto de aguaje (*Mauritia flexuosa*) en Actiamë.

Registros notables

Las áreas evaluadas mostraron un bajo y nulo impacto de perturbación pues mantienen comunidades de mamíferos con un importante componente de primates grandes y ungulados, especialmente Actiamë. Generalmente en la Amazonía las actividades humanas dentro de los bosques incluyen cacería, que se centra inicialmente en estas especies, porque proveen mayor cantidad de carne y son preferidas por su sabor (Pacheco y Amanzo 2003). Cabe resaltar que los primates grandes tampoco mostraron un comportamiento evasivo a nuestra presencia, lo que indicaría que no existe impacto de cacería en estas zonas.

El felino con mayor cantidad de registros fue el jaguar (*Panthera onca*), especie de alto nivel trófico. Esta especie visitó los campamentos en Chocó y Actiamë y en este último caminó y vocalizaba alrededor de las carpas siendo observado por uno de los ayudantes Matsés. En áreas perturbadas los jaguares son mucho más cautelosos y generalmente no se acercan al hombre, además, la disminución de presas por efecto de la cacería reduce sus recursos en las zonas afectadas.

El huapo negro (*Pithecia monachus*), común en los tres sitios, fue observado asociado con pichicos (*Saguinus mystax* y *S. fuscicollis*) en Itia Tëbu. *Pithecia monachus* se alimenta principalmente de frutos, semillas y hojas. Curiosamente fue visto junto con las dos especies de *Saguinus* en la parte alta de un árbol que estaba siendo invadido por un enjambre de hormigas guerreras. Presumimos que estaba esperando los insectos y pequeños vertebrados que ascendían escapando de estas hormigas.

Una hembra con una cría de delfín rosado (*Inia geoffrensis*) fue observada por G. Knell por ~15 min en la desembocadura de una pequeña quebrada en el río Yaquerana, y dos noches un individuo fue visto en el acceso al río. *Inia geoffrensis* es mayormente solitario, y los nacimientos coinciden con la época de creciente (mayo y julio) en la que se da el incremento del recurso alimenticio disponible (Culik 2000). Sin embargo, se conoce aun poco sobre su biología reproductiva, principalmente en el Perú. Los abundantes peces del río Yaquerana y las cochas adyacentes estarían proveyendo de muchos recursos a las especies de mamíferos acuáticos y semiacuáticos.

En Itia Tëbu dominaron los varillales y las zonas de transición entre este hábitat y los bosques altos. En estos varillales observamos que muchos de los ápices de las palmeras de huasai (*Euterpe catinga*, Figura 4J) una especie dominante en este hábitat, estaban siendo comidos por lo que aparentemente sería un roedor. No pudimos identificar la especie debido al corto tiempo del muestreo y por no tener las trampas necesarias para capturarlo. Sin embargo debido a que este hábitat de arenas blancas es muy extenso, imaginamos que podría ser una especie que se ha adaptado a tomar ventaja de estas abundantes palmeras. Para su identificación se requiere de inventarios adicionales.

Especies objeto de conservación

El territorio de la Comunidad Matsés sostiene comunidades diversas e intactas de mamíferos medianos y grandes. Registramos un número elevado de especies amenazadas según los criterios de instituciones nacionales e internacionales (Apéndice 6). De las 65 especies potenciales, 21 se encuentran en categoría de amenaza según el criterio de la UICN (2004) y 13 según la categorización de INRENA (2004). Así mismo, 36 de ellas están protegidas por la Convención sobre el Comercio Internacional de Especies Amenazadas de Fauna y Flora Silvestres (CITES 2004).

Las especies de primates pichico de Goeldi (*Callimico goeldii*) y huapo rojo (*Cacajao calvus*) se encuentran en la categoría de Casi Amenazada (NT) según la UICN (2004) y la categoría de Vulnerable según INRENA (2004). *Callimico goeldii* es una especie muy rara a lo largo de toda su distribución (Aquino y Encarnación 1994) y depende de hábitat con bambú (Pook y Pook 1981, Aquino y Encarnación 1994). Probablemente no fue observado por la ausencia de estos hábitats en los sitios evaluados. Durante las entrevistas solo fue reconocido por pocos pobladores Matsés.

C. calvus tiene ámbitos de actividad de más de 150 km² (Emmons y Feer 1997). Esta especie ha desaparecido totalmente de muchas cuencas del nororiente y en otras áreas y sus poblaciones están disminuyendo progresivamente a causa de la desaparición de su hábitat y la cacería (Aquino y Encarnación 1994).

Las especies de monos grandes *Ateles paniscus* y *Lagothrix lagothricha* se encuentran en las categorías Vulnerable y Casi Amenazada respectivamente según INRENA (2004) y la sachavaca (*Tapirus terrestris*) está considerada como Vulnerable (VU) por la UICN e INRENA (2004). Debido a su baja tasa reproductiva, lento crecimiento y largo período de cuidado parental, y a que sus poblaciones soportan fuerte presión de cacería y reducción de hábitat, en muchas áreas de su distribución se han producido severas disminuciones poblacionales o extinción local de estas especies (Bodmer et al. 1997).

Es importante resaltar que los ríos Blanco y Tapiche son el límite de distribución de una subespecie de *Saimiri* (*S. boliviensis peruviensis*) y las subespecies de *Saguinus fuscicollis* (*S. f. nigrifrons, S. f. fuscicollis* y *S. f. illigeri*; Soini 1990, Aquino y Encarnación 1994), lo que podría estar indicando que esta es una zona de

especiación para estos grupos que merecería una categoría de alta protección.

El armadillo gigante (*Priodontes maximus*) es una especie de amplia distribución en la Amazonía, En Peligro según la UICN (2004) y muy amenazada principalmente por la cacería. Los huecos dejados por su actividad fueron observados en todos los sitios evaluados. El oso hormiguero gigante, especie poco común en los bosques amazónicos y que fue observado en dos oportunidades, se encuentra en la categoría Vulnerable (VU) según la UICN (2004) e INRENA (2004).

Los carnívoros grandes son también especies afectadas por la pérdida de hábitat y cacería, además de por la sobrecacería de sus presas. A pesar del corto período de evaluación fueron registrados el jaguar (*Panthera onca*) y el puma (*Puma concolor*), en la categoría de Casi Amenazados (NT), y el perro de monte (*Speothos venaticus*) en situación Vulnerable (VU) según la UICN. Durante las entrevistas todos los pobladores Matsés entrevistados identificaron a 15 de las 16 especies potenciales de carnívoros, entre ellas al lobo de río (*Pteronura brasiliensis*), En Peligro según la UICN (2004). Mucha de estas especies se encuentran protegidas en Parques Nacionales al sur del Perú, sin embargo no existe una protección estricta en la Amazonía norte, un área que difiere tanto en sus comunidades de mamíferos como en sus comunidades ecológicas

DISCUSIÓN

Los tres sitios evaluados tuvieron mucha heterogeneidad edáfica, y variacíon en productividad, flora y disponibilidad de recursos para los mamíferos (ver capítulos de Procesos del Paisaje: Geología, Hídrología y Suelos, p. 57; Flora y Vegetación, p. 63). Actiamë tuvo mayor abundancia de mamíferos grandes, seguido por Choncó e Itia Tëbu (Tabla 2). Esta mayor abundancia esta relacionada con la abundancia de especies de plantas con frutos comestibles que proveen recursos alimenticios para los herbívoros (principalmente primates, ungulados y roedores) los cuales son una importante fuente de proteínas para los poblados Matsés.

Mamíferos en los varillales (bosques de arena blanca)

Los varillales o bosques de arena blanca tienen suelos muy pobres y son poco productivos. Esto tiene como consecuencia una baja diversidad y abundancia de mamíferos, a causa de la muy baja oferta de recursos alimenticios y la poca complejidad estructural (Janzen 1974, Emmons 1984, Hice 2003). En otros grupos de organismos como plantas, aves y anfibios se ha documentado la presencia de especialistas para estos hábitats (Janzen 1974, Álvarez 2002). No se conoce ningún mamífero especialista en varillales para el Perú.

Itia Tëbu mostró una menor diversidad de especies, relacionada directamente con la baja productividad de sus suelos. Los bosques de arena blanca mantenían abundantes individuos del aguaje de varillales, *Mauritia carana* (Figuras 3G, 12B) pero aparentemente sus frutos no eran utilizados por los mamíferos como alimento pues no observamos evidencias de su consumo (marcas de dientes en los frutos y huellas alrededor de la planta madre). El majaz (*Agouti paca*) fue la única especie observada (D. Moskovits) dentro de los varillales; todos los demás registros fueron hechos en la transición de varillal y bosques altos, y en los bosques altos.

Afinidades y diferencias entre sitios de la Amazonía

El territorio Matsés mantiene una diversidad de mamíferos extremadamente alta. Las 84 especies registradas por Fleck y Harder (2000) corresponden a uno de los valores de diversidad más altos en toda la Amazonía. En el Perú esta es la única región donde se ha reportado la coexistencia de 14 especies de primates. Dentro de la Amazonía, la mayoría de especies de primates se encuentran entre los ríos Ucayali y Purus, y dependiendo del sitio, hay registradas entre 9 y 14 especies (Voss y Emmons 1996). La diversidad de hábitats dentro del territorio Matsés es grande, y parece determinar la distribución local de mamíferos. Típicamente en regiones con una heterogeneidad de hábitat más grande hay más probabilidad de encontrar una diversidad de mamíferos más grandes (Valqui 2001).

Dado que la diversidad de especies de mamíferos es la más elevada en la Amazonía oriental (Emmons 1984, Voss y Emmons 1996), haciendo una comparación de la riqueza de mamíferos con varias localidades Amazónicas cercanas al territorio Matsés (Tabla 3) encontramos que nuestro inventario en la propuesta RC Matsés estaría registrado entre los valores de riquezas más altas para los órdenes Xenarthra, Primates, y Cetacea. Los otros órdenes están también representados por muchas especies en la propuesta RC Matsés, pero no tanto como en otros sitios cercanos.

Mamíferos de caza

Es importante resaltar que algunas de las especies registradas son una importante fuente de proteínas para los poblados Matsés (Figura 10C). En las entrevistas realizadas por la autora y por el equipo social a los pobladores Matsés, ellos indicaron su preferencia por el consumo de ciertas especies de fauna. Las preferencias estuvieron determinadas por el sabor y tamaño del animal. Entre estas especies están los armadillos (*Dasypus* spp. y *Cabassous unicinctus*), los monos grandes (*Lagothrix poeppigii* y *Ateles chamek*), los pecaries (*Tayassu pecari* y *Pecari tajacu*), los perezosos (*Choloepus* sp. y *Bradypus variegatus*), el tapir (*Tapirus terrestris*) y los venados (*Mazama* spp.). Otras especies también importantes pero menos preferidas son los roedores medianos y grandes, como el ronsoco (*Hydrochaeris hydrochaeris*), el majaz (*Agouti paca*) y el añuje (*Dasyprocta fuliginosa*). De estas, las dos últimas son más abundantes por lo que conforman parte importante de la dieta de los Matsés.

La cacería se da con arco y flecha y con escopeta. El arco y flecha están siendo dejados de lado por los jóvenes; sin embargo, es necesario comprar cartuchos para cazar con escopeta, por lo que no siempre se utilizan estas armas de fuego. Actualmente, los Matsés están promoviendo la caza con flechas. La mayor proporción de la cacería es para autoconsumo y para mantener los lazos familiares ya que la carne es compartida con los miembros de la familia. En muy raras ocasiones la carne de monte es

Tabla 3. Especies de mamíferos medianos y grandes registradas en siete localidades amazónicas peruanas cercanas a la propuesta Reserva Comunal Matsés en comparación con las especies registradas para todo la selva amazónica del noreste del Perú. Los datos están ordenados por orden taxonómico y en negrita se indican los valores mayores.

Localidad	Orden									
	Marsupialia	Xenarthra	Primates	Carnivora	Cetacea	Sirenia	Perissodactyla	Artiodactyla	Rodentia	Lagomorpha
Cusco Amazónico (Pacheco et al. 1993)	**6**	7	13	**17**	0	0	1	6	12	1
Sierra del Divisor (Amanzo y Paredes 2001)	3	7	13	11	0	0	1	4	8	1
Ampiyacu, Apayacu, y Yaguas (Montenegro y Escobedo 2004)	3	5	10	7	2	1	1	4	6	0
Río Yavarí (Salovaara et al. 2003)	0	3	13	8	2	0	1	4	6	0
Río Yavarí Mirín (Salovaara et al. 2003)	0	8	13	13	2	1	1	4	7	0
Reserva Comunal Tamshiyacu Tahuayo (Valqui 2001)	5	**9**	13	14	2	1	1	4	10	0
Río Gálvez (Fleck y Harder 2000)	4	**9**	**14**	16	2	0	1	4	11	0
Matsés (este estudio) esperadas	5	**9**	**14**	15	2	1	1	4	9	0
Matsés (este estudio) registradas	2	8	12	8	1	0	1	4	8	0
Selva Amazónica, noreste del Perú	6	9	14	17	2	1	1	6	12	1

comercializada en la localidad de Requena la cual esta a tres días de camino a pie de las comunidades Matsés. Durante el inventario escuchamos el caso de un nativo Matsés que fue contratado por alguien para cazar con fines comerciales.

Las especies más preferidas están disminuyendo en abundancia en algunos de los Anexos de la comunidad, mientras que en otros se mantienen como comunes. Los mamíferos más sensibles a la actividad de caza son la sachavaca (*Tapirus terrestris*) y los primates grandes (Atelinae: *Lagothrix* y *Ateles*) debido a que tienen período de gestación largo, un desarrollo lento y mayor sensibilidad a perturbaciones, causando la disminución rápida de sus poblaciones y una lenta recuperación (Mittermeier 1987, Collins 1999, Alverson et al. 2000, Pacheco y Amanzo 2003). Por ello estas especies son las que generalmente desaparecen primero en zonas cercanas a centros poblados.

Los pecaries son especies de suma importancia para las comunidades locales. La abundancia de sajino (*Pecari tajacu*) fue mucho mayor en Choncó que en las otras localidades. Las evidencias de huellas y pequeñas colpas eran frecuentes; sin embargo, la huangana (*Tayassu pecari*) se registró como poco común y estuvo ausente en algunos sitios. Según los pobladores locales, la huangana era abundante cerca de sus Poblados hace más de cinco años y ahora es necesario adentrarse más en el bosque para encontrar grupos grandes. Ya que esta especie en su desplazamiento utiliza áreas muy grandes de territorio, es muy probable que con un período más prolongado de evaluación se registren grupos numerosos. Otra probable explicación a esta ausencia es que la huangana experimenta ciclos naturales de abundancia y extinción dentro de su rango de distribución (Fragoso 1997).

En los sitios evaluados no observamos una gran abundancia de primates pequeños en las localidades evaluadas. En áreas alteradas donde los primates más grandes han sido extirpados, puede ocurrir una abundancia mayor de primates pequeños (Freese 1982). Debido a que los cazadores neotropicales prefieren presas más grandes y sabrosas, generalmente estas especies son sobrecazadas luego de lo cual sus poblaciones declinan . Luego están forzados a cambiar a presas menos preferidas que generalmente tienden a ser más pequeñas (Robinson et al. 1997).

AMENAZAS, OPORTUNIDADES Y RECOMENDACIONES

Amenazas principales

Dentro del territorio Matsés la cacería es una de las más grandes amenazas para las poblaciones de mamíferos medianos y grandes cerca de las comunidades locales. Actiamë y Choncó no tienen amenaza de cacería, excepto por muy esporádicas visitas de cazadores. En Itia Tëbu se encontró algunas evidencias de impacto como una chacra, purmas y un cráneo de sajino encontrado junto al río Blanco. Esta es una zona con más acceso para las comunidades de mestizos asentadas en las riberas de este río (Figura 10A).

La pérdida y deterioro de hábitat así como la cacería afectarían principalmente a los primates grandes, la sachavaca y al armadillo gigante. Las especies de carnívoros con grandes rangos y que compiten con el hombre por sus presas también son muy vulnerables. Sin embargo dentro de los sitios inventariados, todas estas especies fueron abundantes indicando un mínimo impacto antropogénico o casi ninguno

Debido al patrón de dispersión de la Comunidad Matsés (Figura 13, p. 109), el hábitat dentro de la región de los Matsés ha permanecido casi enteramente intacto. La pérdida y deterioro de hábitat podrían afectar principalmente a los especialistas de hábitat como el pichico de Goeldi (*Callimico goeldii*) y el huapo rojo (*Cacajao calvus*) cuyas poblaciones están ya en situación vulnerable a extinción

Oportunidades de conservación

Esta zona sostiene una de las más diversas comunidades de mamíferos en el Amazonas , que probablemente se deba a la gran heterogeneidad de suelos y hábitats. La comunidad Matsés tiene un profundo conocimiento de la diversidad y de los recursos que mantienen en su territorio. Esta identificación de los Matsés con sus bosques es una gran ventaja para realizar el manejo de flora y fauna con los pobladores locales.

El aislamiento del territorio Matsés y las grandes distancias de viaje de las grandes ciudades y pueblos disminuyen la oportunidad de comercialización de carne de monte. Actualmente casi toda la carne es usada para consumo y subsistencia (Figura 10C). Dada la alta abundancia de especies de mamíferos de caza en la región, va a ser importante proteger y zonificar ciertas áreas para crear un mosaico de recursos de poblaciones fuente-sumidero.

Recomendaciones

Protección y Manejo

Se recomienda diseñar e implementar un plan de manejo de fauna en el que se logren acuerdos con la Comunidad para la caza sostenible, monitoreo de la cacería y la colección de la información biológica (productividad, densidad, preferencia de hábitat,) de las especies de caza. Ademas. recomendamos establecer un área de protección estricta donde la cacería sea prohibida; esto ayudaría a las áreas adyacentes a las áreas de cacería a recuperar las poblaciones de especies de caza.

Investigación

Se recomienda realizar evaluaciones más intensivas para determinar la diversidad alfa y beta del área, y la potencial presencia de especies endémicas especialmente de mamíferos pequeños en la zona de varillal. Como fue mencionado antes, los ríos Tapiche y Blanco representan el límite de distribución de algunas especies de primates, lo cual podría indicar que esta es una importante área de especiación.

Cacajao calvus y *Callimico goeldii* aparentemente se encuentran en el territorio Matsés. Pero no fueron observados durante nuestro inventario. Será importante realizar inventarios más largos y elaborados para entender sus distribuciones dentro del área así como sus patrones de uso de hábitat.

Historia de la región
y su gente

HISTORIA TERRITORIAL DE LOS MATSÉS

Autores/Participantes: Andrea Nogués, Luis Calixto Méndez, Manuel Vela Collantes, Alaka Wali, Patricio Zanabria, Ángel Uaquí Dunú Mayá, Wilmer Rodríguez López, Pepe Fasabi Rimachi

INTRODUCCIÓN

La Comunidad Nativa Matsés cuenta con importantes fortalezas que facilitarían su manejo de un área natural protegida. En este capítulo, nos centraremos en la historia territorial de los Matsés y discutir como esas fortalezas se han desarrollado y evolucionaron en los últimos 30 años. Veremos cómo los patrones pasados de dispersión y organización social se han relacionado con el manejo de recursos naturales, y cómo esos patrones han contribuido al estado actual de la organización política Matsés.

En 1979, el antropólogo Luis Calixto comenzó una larga convivencia con la Comunidad Nativa Matsés en el Perú. Desde entonces, el ha producido varios documentos que describen los modos de producción y consumo, dispersión geográfica, alianzas de parentesco, y organización política de los Matsés durante los últimos 25 años. Si bien la mayoría de la información del equipo social del inventario rápido está basada principalmente sobre observaciones directas de la situación actual y conversaciones con miembros de la comunidad, los estudios de Luis Calixto han jugado un papel importante en la redacción de este capítulo.

ANTES DEL CONTACTO

Por presiones de shiringueros, grupos de poblaciones Matsés fueron desplazados por la Amazonía hasta llegar al río Yaquerana, donde se estima que han estado viviendo al interior de los bosques desde 1905. En aquellas épocas, se cree que estos grupos salían a las riberas para aprovechar ciertos recursos de las playas, como por ejemplo taricayas. Se estima que los Matsés mudaban su residencia principal cada tres a cinco años, cuando era necesario hacer una nueva chacra o escaseaban los animales medianos; cuando fallecía un pariente importante; o cuando eran amenazados por otros grupos similares o foráneos.

PERIODO DE 1969 A 1979

Entre Agosto de 1969 hasta Agosto de 1970 los Matsés del Perú ocupaban dos zonas principales: una donde se estableció el contacto en el año 1969, aguas abajo del actual asentamiento de Puerto Alegre en el río Yaquerana, y otra ubicada en las cercanías a la margen derecha de las partes altas de la Quebrada Añushiyacu. Además habían grupos de familias extensas que se encontraban dispersos (Figura 13).

El 30 de agosto de 1969, dos representantes del Instituto Lingüístico de Verano (ILV) establecieron contacto con los Matsés, inicialmente sobre el río Yaquerana y luego (1970) sobre la margen izquierda de *Acte Dada* (quebrada grande en idioma Matsés), a la altura de la ribera derecha del Alto Añushiyacu. A este asentamiento se le conoció por el nombre de "Yaquerana", en donde el ILV construyó una pista de aterrizaje para aviones y se quedaron a vivir. Con la construcción de dicha pista, varias familias extensas Matsés que se encontraban alejadas empezaron a concentrarse cerca del ILV, permaneciendo ahí por un tiempo duradero en comparación a años anteriores. Por conocimiento de fechas de nacimiento y existencia de purmas abandonadas, se puede deducir que en esa época, los grupos cambiaban de lugar cada 3-5 años, exceptuando los casos por deceso de parientes, guerras con otros grupos, enfermedades y conflictos entre grupos. Este grupo consistía en alrededor de 22 familias extensas con su jefe de familia; se distribuían en igual número de casas grandes o malocas, posiblemente unas 500 a 600 personas hacia fines de esa década (1970).

Antes de concluir la década, algunas de estas familias decidieron trasladarse a otros lugares tomando varios destinos: unas, que pertenecieron al grupo Yaquerana, se dirigieron al sudeste, a la Quebrada Santa Sofía, afluente del Medio Yaquerana, y otras, conocidas como el grupo Dunú, enrumbaron hacia el noroeste, al Alto Gálvez, para dar nacimiento a los poblados de Buen Perú y Remoyacu.

El grupo Yaquerana permaneció en ese lugar casi 11 años por influencia del evangelio y proyectos de educación y promoción, ambos impulsados por el ILV. Durante esos años, apareció la presencia de un Jefe Mayor, conocido como *Chuiquid tapa*, quien era el enlace entre los varios jefes de familia para determinar actividades que afectaban al grupo entero. Es desde ese entonces que se ha documentado como los Matsés reacomodan su organización social en respuesta a las necesidades causadas por las interacciones con la sociedad externa.

Los grupos de familias grandes que vivieron en la Quebrada Santa Sofía y otras que aparecieron en el Bajo Yaquerana (San José) a fines de la década de los 70 tuvieron luego contacto con un segundo grupo misionero conocido como El Faro. En esa época, el Ministerio de Educación colaboró con El Faro para contratar docentes evangélicos mestizos, siendo éste el momento que se impulsó la educación monolingüe en castellano para la etnia Matsés. Es por influencia de estos docentes evangélicos que los tres grupos fueron nombrados Santa Sofía, San Juan y San José, respectivamente. En 1973, con el propósito de garantizar la posesión inmemorial que los Matsés venían ejerciendo en la Amazonía, el Ministerio de Agricultura Peruano reservó 344.687 ha de tierras a los Matsés–la primera vez que la etnia consigue tenencia territorial frente al gobierno peruano.

ÉPOCA DE DISPERSIÓN (1980-2004)

Por una mezcla de factores internos y externos, cuatro grupos residenciales arriba mencionados comenzaron a reubicarse a partir de 1980. Dentro de las causas de migración conocidas, se pueden incluir controversias/ conflictos de parientes, muerte de parientes, conflictos con brasileños, búsqueda de animales, presiones de comerciantes, vigilancia/ control de territorio fronterizo y contacto comercial con foráneos.

Hacia febrero de 1981, un segmento del grupo Yaquerana decidió trasladarse a la parte baja de la margen izquierda de la Quebrada *Cute Nënete*, denominando al nuevo lugar *Cheshempi* (negrito en idioma Matsés), por el color de las aguas de la quebrada. Otro segmento continuó tránsito hacia las cercanías de la Quebrada Chobayacu, denominándolo *Matied Chuca*, donde se levantó otro aeropuerto y más tarde se convirtió en el poblado de Buenas Lomas, y posteriormente en Buenas Lomas Antigua. *Chëshëmpi*, el asentamiento de alta concentración poblacional, sólo permaneció tres años en ese lugar, ya que fue imposible levantar un aeropuerto para el ILV, por lo cual se decidió construir uno en el lugar anteriormente mencionado y a donde se mudaron luego en 1983.

Con el grupo de *Chëshëmpi* se originaron los asentamientos de Buenas Lomas Antigua, Buenas Lomas Nueva, Estirón y Santa Rosa. El grupo de Santa Sofía dio nacimiento a los poblados de Paujil y Nuevo San Juan, mientras que el grupo San José generó a su similar San José de Añushi y Nueva Choba (el cual se trasladó luego al río Ucayali). Conflictos dentro del grupo Remoyacu uno de los que llegó al río Gálvez en 1979, se dio una subdivisión de familias, apareciendo los asentamientos de Siete de Junio—que luego se incorporó a Buen Perú y más tarde a Jorge Chávez— y San Mateo. Como resultado de una separación familiar del asentamiento San José de Añushi con los ex-integrantes del antiguo poblado de Siete de Junio radicados en Buen Perú, apareció el grupo de Jorge Chávez. Todos estos grupos mencionados radican dentro del territorio comunal, a excepción de los asentamientos Las Malvinas y Fray Pedro, situados en el Alto Yavarí.

PATRONES DE DISPERSIÓN

El mapa identifica estos desplazamientos, su secuencia, y rutas geográficas; lo cual permitirá un análisis del efecto que los mismos han tenido sobre la organización social Matsés (Figura 13).

Aunque durante la década de los 70 se realizaron ocho movimientos migratorios, el mapa resalta las olas de migración correspondientes a las tres épocas siguientes: década de los años 80, de los años 90 e inicios de los años 2000. Se ve claramente que de estas tres épocas, la de los 80 fue acompañada de la mayor

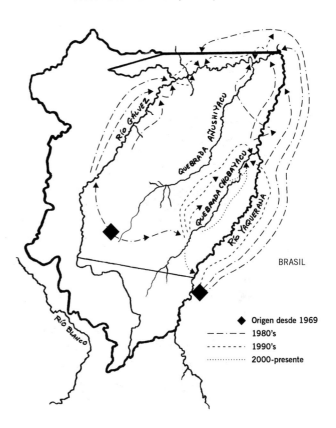

Figura 13. Mapa de desplazamientos de los grupos Matsés desde 1969. Datos recopilados por L. Calixto M.

BRASIL

◆ Origen desde 1969
– – ·– 1980's
– – – – 1990's
· · · · · · 2000-presente

cantidad de movimientos o reubicaciones de grupos Matsés, con 14 movimientos; seguida por nueve movimientos en los años 90 y a inicios del 2000, con tres reubicaciones. En estos patrones de reubicación, se ve que mientras familias Matsés se movilizaban desde el centro de áreas forestadas a las márgenes de los ríos, los asentamientos de las riberas se reubicaban, a su vez, entre márgenes de las riberas. Desde el comienzo de estas reubicaciones a principios de los años 80, se puede decir que la frecuencia en la cual los asentamientos Matsés se han ido moviendo ha disminuido con el pasar de los años. La mayoría de los asentamientos, hoy conocidos como "Anexos" por la creación de un nuevo modelo de gobernación, ha estado en su sitio actual entre siete y 26 años, lo cual es un período mucho más largo en comparación a los patrones de reubicación antes de contacto con el ILV que eran de 3 a 5 años. Es posible que la permanencia de los Anexos esté relacionada con la presencia de las escuelas, las cuales se han construido con material noble, aunque éstas no puedan ser consideraras como único factor de permanencia de población. El caso de Santa Rosa, por ejemplo, destaca la necesidad de tener cuidado con posibles conclusiones de causa y efecto respecto a la construcción de escuelas y tiempo de permanencia. Este Anexo permaneció 15 años en su sitio y, aún teniendo su escuela de material noble, se abandonó el lugar en 2004.

Los patrones de migración a lo largo de los años han contribuido a la protección de los recursos naturales ubicados dentro de la Comunidad Nativa Matsés, particularmente cerca del río Gálvez. La presencia de los Matsés que han ocupado las áreas cercanas al río Gálvez ha constituido desde principios los años 80 una zona de amortiguamiento que ha impedido un impacto negativo sobre los recursos naturales por parte de los mestizos ubicados en pueblos cercanos (Colonia Angamos y Requena). Esta necesidad de proteger sus recursos dentro de la Comunidad Nativa Matsés posiblemente sea otro factor que explique la permanencia de los Anexos en las riberas del río Gálvez.

Otra observación general que se puede hacer respecto a los patrones de reubicación se refiere a la cantidad de asentamientos de grupos Matsés. Previo al año 1980, se conocía entre las cabaceras del Alto Chobayacu y Alto Añushiyacu sólo un grupo Matsés compuesto de varias familias extensas que posiblemente, como hemos mencionado, permanecieron agrupadas de esa manera por la presencia de misioneros. Hoy en día se encuentra una cantidad mayor, 13 Anexos dentro del territorio comunal, incluyendo uno aún sin solicitarlo, y dos grupos flanqueando la capital del distrito, Colonia Angamos. La forma en la cual los Matsés se organizan socialmente ha pasado por cambios que han ocurrido de forma paralela a estas olas de dispersión. La dispersión a partir de los años 80 inició una tendencia posiblemente individualista en el proceso de toma de decisiones respecto a los recursos que luego se ha revertido con la aparición de la administración comunal, conocida como Junta Directiva. A pesar de su dispersión y esta tendencia al aislamiento de los asentamientos, los grupos han seguido siendo fortalecidos mediante alianzas de parentesco que han reforzado las interacciones entre asentamientos a través de los años. De esta manera, el diálogo intergrupal basado en relaciones de parentesco ha pasado a ser muy importante para la resolución de conflictos y toma de decisiones respecto al manejo del territorio y sus recursos.

MOTIVOS PARA TITULACIÓN Y REORGANIZACIÓN DE TERRITORIO

A lo largo de su historia, el estilo de vida de los Matsés ha girado alrededor del uso de recursos de subsistencia a pequena escala. Desde la época antigua en la cual huían de los shiringueros hasta el presente, grupos de Matsés se han estado reubicando en respuesta a presiones políticas, sociales y económicas por foráneos externas.

Desde mediados de los años 90, madereros y comerciantes han intentado entrar a la Comunidad Nativa Matsés con el fin de extraer recursos naturales para la comercialización. Así como estas fuerzas impulsaron los Matsés a titular su anterior reserva en 1973, también han contribuido a la necesidad de crear una estructura de organización social capaz de dar frente a las amenazas.

La Comunidad Nativa Matsés fue titulada en 1993, con apoyo del Centro para el Desarrollo del Indígena Amazónico (CEDIA). A partir de 1995, cuando los Matsés se encontraban ubicados en 12 poblaciones, comenzó una fuerte presión por parte de madereros y comerciantes. Por ejemplo, cuando comuneros Matsés salían a Colonia Angamos, los comerciantes se aprovechaban de su estadía para ofrecerles dinero o mercancías a cambio de permiso para poder entrar a la comunidad y cortar madera. Cuando los jefes o jóvenes volvían y consideraban esas ofertas con los demás Matsés, se iniciaban conflictos de intereses con respecto al uso de los recursos del territorio ya que no todos estaban de acuerdo en que solo algunos tomaran las decisiones.

Ademas de estas presiones externas, también hay presiones internas. Los Matsés también han visto un incremento en el deseo de los jóvenes a salir hacia centros poblados como Requena e Iquitos, donde consideran que pueden mejorar su calidad de vida. Se puede decir, entonces, que en los últimos 20 años, los Matsés han estado aprendiendo a como manejar las fuerzas internas y externas que amenazan la continuidad de su estilo de vida. Los mecanismos a través de los cuales han negociado estas fuerzas en los últimos tres años incluyen la creación de dos organizaciones comunales: la Junta Directiva y la Asociación de Jóvenes (CANIABO). La Junta Directiva fue creada para administrar las relaciones de la comunidad con la sociedad externa. La Asociación se ha creado para reforzar los valores internos y capacitar nuevos líderes jóvenes. Estas dos organizaciones sociales conforman las fortalezas claves de la Comunidad Nativa Matsés en cuanto a sus esfuerzos por negociar sus modos de producción y consumo e identidad frente a fuerzas cambiantes impulsadas por la sociedad externa.

Frente a estas presiones externas, los Matsés dieron cuenta espontáneamente de la necesidad de construir un proceso de toma de decisión que permita la consulta masiva para la administración formal de su territorio. En vista de estas presiones externas, y teniendo a favor el titulo de propiedad y la espontaneidad del dialogo que mantenían los pueblos, CEDIA aportó elementos conceptuales y didácticos para que los Matsés cuenten con herramientas para construir una forma de organización que tome en cuenta sus propios criterios de calidad de vida. Con las herramientas legales, políticas, y económicas, la Comunidad Nativa Matsés se ve encaminada hacia un futuro que garantice el bienestar humano de sus miembros y su estilo de vida (Figuras 11A, D, F, G, I) frente a las presiones externas.

FORTALEZAS SOCIO-CULTURALES DE LA COMUNIDAD NATIVA MATSÉS

Autores/Participantes: Andrea Nogués, Luis Calixto Méndez, Pepe Fasabi Rimachi, Manuel Vela Collantes, Alaka Wali, Patricio Zanabria

Fortalezas y objetos de conservación: Alta capacidad organizativa para administrar una Área Natural Protegida; actividades económicas y métodos de producción de tipo y escala compatible con la conservación; alto valor de conocimientos culturales sobre el medio ambiente, incluyendo los varillales; compromiso para valorar conservación y el uso sostenible de recursos naturales; área fuente de animales y plantas de alta importancia para los Matsés.

INTRODUCCIÓN

En este capítulo, queremos resaltar aquellas características de la Comunidad Nativa Matsés que constituyen las fortalezas que ellos tienen para administrar una Área Natural Protegida (ANP). Consideramos que con una descripción de los valores culturales, modelos de organización socio-política, mecanismos de toma de decisión, y visión del futuro que tienen los Matsés, podremos comprender mejor como la Comunidad administrará su territorio como Reserva Comunal.

ENFOQUE DE USOS Y FORTALEZAS

El equipo del inventario socio-cultural, compuesto por CEDIA, representantes de la Comunidad Nativa Matsés y The Field Museum, tuvo como objetivo principal identificar las fortalezas socio-culturales de la Comunidad Nativa Matsés.

¿Qué son fortalezas socio-culturales?
Las mismas que pueden incluir, entre otros aspectos:

01 Indicadores visibles de la capacidad de la gente para organizarse; por ejemplo la existencia de organizaciones cívicas, formas de gobierno, instituciones (como escuelas, iglesias, etc.);

02 La manera por la cual la población se organiza socialmente; por ejemplo, redes sociales de parentesco, alianzas matrimoniales, amistades, asociados, etc., que existen para las relaciones intra-comunales y también entre la población y la sociedad externa; y

03 Las actitudes y valores que la gente tiene con respecto a los recursos naturales y el uso de esos recursos (Figuras 10C, 11F, I).

Estos tres aspectos de fortalezas socio-culturales están íntimamente relacionados, pero es importante recordar que la identificación de fortalezas es un primer paso en un proceso de cambios culturales y fortalecimiento de relaciones sociales. Simplemente identificar las fortalezas socio-culturales no es suficiente en sí; es importante comprender como funcionan, y para que fines han sido y pueden ser usadas. El enfoque de fortalezas es efectivo cuando se refuerzan aquellos aspectos sociales de la comunidad que son mayormente compatibles con las metas de la comunidad y también con la conservación del medio ambiente. De esta manera, el enfoque es efectivo para ayudar la población a identificar herramientas existentes para lograr sus objetivos mediante el desarrollo y fortalecimiento de sus capacidades de liderazgo, formas de organización social, y vías de comunicación existentes.

MÉTODOS

El inventario socio-cultural de la Comunidad Nativa Matsés se realizo entre el 25 de octubre y el 5 de noviembre en siete de los 13 Anexos (asentamientos humanos dentro de la Comunidad, Figura 11E). Se efectuaron dos *Talleres de Información, Capacitación, y Consulta para el Establecimiento de un Área Natural Protegida (ANP)* y visitas a siete Anexos. Los Talleres fueron realizados los días 25 y 26 de octubre en San José de Añushi, que esta ubicado sobre el río Gálvez; y los días 2 y 3 de noviembre en Buenas Lomas Antigua, ubicada sobre la Quebrada Chobayacu.

Los asistentes de los Talleres fueron comuneros de San José de Añushi y Buenas Lomas Antigua, Jefes y Delegados Comunales de otros Anexos vecinos, Profesores Bilingües, Promotores de Salud, un representante de la Intendencia de ANPs del INRENA, un representante del Gobierno Regional Loreto, y dos representantes de ORAI, organización regional de AIDESEP.

Los talleres se realizaron con los siguientes objetivos:

01 Explicar el proceso del Inventario Biológico Rápido;

02 Proveer información acerca de las diferentes categorías de ANPs; y

03 Fomentar un proceso reflexivo que respete un tiempo necesario para que la Comunidad Nativa Matsés pueda tomar una decisión informada sobre el nivel de protección de ANP más conveniente.

Las visitas a los Anexos se realizaron con el fin de documentar de forma preliminar los usos de recursos naturales por los Matsés e identificar sus fortalezas para administrar un Área Natural Protegida. Los Anexos de San José de Añushi, Paujil, Jorge Chávez, Remoyacu, y Buen Perú se visitaron entre los días 25 a 31 de octubre, y las visitas a Buenas Lomas Antigua y Buenas Lomas Nueva se realizaron entre los días 2 y 5 de noviembre, 2004. Durante estas visitas, el Equipo Social observó sistemáticamente la vida cotidiana, realizó entrevistas estructuradas y conversaciones informales con Jefes y otras personas claves, condujo grupos focales, asistió a Asambleas Comunales, trabajó con los comuneros en el desarrollo de mapas de uso de recursos naturales, y visitó las casas de comuneros y sus chacras. El conjunto de estos esfuerzos proveyó al Equipo Social con un panorama de las fortalezas de la Comunidad Nativa Matsés.

RESULTADOS

Información Demográfica

La Comunidad Nativa Matsés actualmente tiene una población estimada de 1.700 personas distribuida entre 13 Anexos (Apéndice 7; Figura 11E). Los Anexos tienen su origen en los anteriores asentamientos que se formaron en el transcurso de los últimos 26 años y cuyos nombres provienen de su libre elección o de iniciativa foránea. A mediados del año 2001 sólo existían 12 poblados. Hacia el año 2003 un nuevo asentamiento solicitó integrar la Comunidad, el grupo Puerto Alegre.

Los Anexos que fueron visitados comparten algunos patrones de asentamiento generales: casi todos tienen entre 20-50 casas rectangulares elevadas del suelo, construidas completamente con recursos del bosque e incluyen una cocina adentro o afuera; las casas tienden a estar agrupadas, a veces a pocos metros de distancia entre ellas (Figura 11E); además la mayoría de estos Anexos cuenta con veredas y una loza deportiva, de cemento. Otras características físicas de algunos de estos Anexos visitados incluyen canchas de fútbol, escuelas de material noble, puertos para desembarco con escaleras de cemento ubicadas en la ribera del río, balsas hechas de madera y metal, y puentes techados para cruzar quebradas.

Fortalezas socio-culturales de la Comunidad Nativa Matsés

Tal como mencionamos en la definición de "fortalezas", estas consisten en aspectos socio-culturales de la Comunidad que son compatibles con la conservación, tales como capacidad organizativa para administrar una ANP, actitudes, y valores culturales que fomentan el uso sostenible de recursos naturales. Durante nuestro trabajo, identificamos junto con los Matsés cinco principales fortalezas existentes en su Comunidad, incluyendo organización política, bajo impacto sobre recursos naturales, fuerte mantenimiento de relaciones de parentesco, alto conocimiento de sus bosques, y fuerte deseo de mantener su identidad Matsés—la cual sostiene las fortalezas anteriormente mencionadas. En los siguientes párrafos detallamos cada una de estas fortalezas, destacando donde las mismas coinciden con las metas de conservación y uso sostenible en la zona.

1. Organización política

La primera Junta Directiva elegida en el año 2001, concentró su trabajo en resolver conflictos internos y con foráneos, quienes intentaron extraer recursos naturales (madera y crías de paiche y arahuana) de la Comunidad en reiteradas oportunidades. La actual directiva cuenta con un Jefe, Sub-Jefe, Secretario, Tesorero, Primer y Segundo Vocal. Los roles y responsabilidades de los miembros de la Junta Directiva de la Comunidad se rigen por el Estatuto; los de las Juntas de Administración de los Anexos se describen en el Reglamento Interno, conocido por los Matsés como *Nuqui Natequid Nabanaid* (nuestra forma de gobernar). Este Reglamento también define la manera de cómo se eligen nuevas autoridades, las relaciones institucionales entre los Anexos a través de sus Juntas de Administración y las interacciones de éstas con la Junta Directiva de la Comunidad y viceversa. Es importante destacar el gran esfuerzo que han hecho los Matsés en reestructurar su manera de gobernar, ya que este proceso demuestra la capacidad de la Comunidad de hacer frente a circunstancias cambiantes mientras continúan reforzando aquellos valores que sostienen su

forma de vida a través de sus propias normas y costumbres tradicionales.

El proceso de reestructuración política de la organización de los Matsés comenzó en el año 2000 con una iniciativa compartida entre CEDIA y los Matsés en el poblado de Buen Perú. Ya en años anteriores Luis Calixto Méndez, el antropólogo del Proyecto CEDIA, comenzó el proceso capacitando a alumnos de la educación secundaria de varias escuelas del río Gálvez en temas como: dispositivos legales referidos a las Comunidades Nativas; educación ambiental; panorama socio-lingüístico de la Amazonía peruana y promoción comunal; como incluyentes de las áreas: personal social, ciencia y ambiente y comunicación, de la currícula educativa; surgiendo así algunos alumnos más interesados en participar en una segunda etapa de reestructuración. A éstos interesados se les denominó inicialmente "monitores".

Durante la segunda etapa participaron, en un principio, siete jóvenes de diversos pueblos de la ribera del río Gálvez y más adelante se incluyeron otros interesados de la cuenca de la Quebrada Chobayacu. Una vez capacitados en asuntos de gobernación comunal a este personal se le denominó ¨promotores¨ quienes luego con la ayuda de Secretarios elegidos por cada Anexo para ese fin, y apoyados por docentes y el Promotor Social de CEDIA también Matsés, comenzaron a traducir y transmitir el contenido de este modelo de gobernación, con el fin de presentar ideas adecuadas a cada uno de sus Anexos.

Conforme fueron presentados los artículos del Reglamento Interno, estos fueron progresivamente analizados, discutidos y aprobados por los miembros de cada Anexo luego de varias reuniones. Después que los Secretarios tuvieron los borradores aprobados de la propuesta del Reglamento, éstos se reunieron con el consentimiento de los Jefes de cada poblado en la escuela del San José de Añushi donde se redactaron los respectivos textos en los Libros de Actas de Asambleas Locales debidamente legalizados.

Teniéndose el Reglamento Interno aprobado, cada Anexo comenzó a elegir su primera Junta de

Administración y sus delegados—de acuerdo al porcentaje de comuneros calificados habidos en cada Anexo—ante la Asamblea General de Delegados de la Comunidad. Una vez elegidos, los delegados se juntaron durante tres días, en el mes de agosto del 2001 en el Anexo de Remoyacu para discutir y aprobar un proyecto de Estatuto de la Comunidad. Con el Estatuto aprobado se eligieron a los miembros de la primera Junta Directiva. Desde ese momento se han escrito dos "versiones populares" del Reglamento Interno–sin artículos numerados y en idiomas Matsés y castellano y con palabras comúnmente usadas en Matsés—los cuales han sido sometidos a consulta de los miembros de los Anexos.

Con todo lo mencionado se puede apreciar el alto nivel de participación por el cual ha pasado el proceso de reestructuración. Además de ser incluidos todos los miembros de los Anexos en el análisis del contenido de la nueva estructura organizacional, se reconoce la sensibilidad con la cual se han socializado los contenidos de la propuesta del Reglamento Interno y del Estatuto para asegurar que todos puedan comprender los conceptos en el idioma Matsés. Con esta nueva estructura organizacional, la Comunidad ahora cuenta no solo con un modelo de gobernación que funciona al nivel de los Anexos para resolver asuntos que afectan a cada poblado, sino también con otro que funciona al nivel de la Comunidad entera para manejar las interacciones de los Matsés con madereros, comerciantes, y otros grupos de la sociedad regional.

En los Anexos existen dos maneras de tomar acuerdos. La primera es la tradicional en la cual intervienen los niveles de parentesco y la alianza matrimonial para tareas específicas como: cacería de animales, uso de áreas de producción agrícola, y enlaces matrimoniales, entre otras. La segunda involucra la participación de los miembros del Anexo en discusiones y en la toma de acuerdos relacionados al uso y manejo de recursos naturales, construcción de casas familiares y/o comunales, limpieza de caminos y el área de residencia, levantamiento de chacras familiares, control de invasiones foráneas, respeto a sus derechos y cumplimiento de los deberes de los comuneros.

Los líderes de los Anexos, conocidos en la Comunidad como *Chuiquid*, interactúan con la población de sus Anexos no sólo a través de encuentros familiares cotidianos, también lo hacen por lo menos una vez al mes según frecuencia de realización de Asambleas Locales, en donde se tratan temas de trascendencia local.

Aquellos asuntos de importancia al nivel de la Comunidad son discutidos en Asamblea General de Delegados, la cual es convocada por el Jefe Comunal, *Chuiquid tapa*, tres veces al año si se trata de una ordinaria. Durante los tres años iniciales de esta nueva organización Matsés, se han discutido temas de gran importancia como: ampliación territorial, creación de un área natural protegida, organización comunal, dispositivos legales relacionados a las Comunidades Nativas, Manejo de Recursos Naturales (principalmente faunísticos y forestales), Reglamento Interno y Estatuto Comunal, Plan Estratégico de Desarrollo, y documentación personal, entre otros.

Con la reciente creación de esta nueva organización política, la población de la Comunidad Nativa Matsés se está capacitando con las herramientas sociales y legales necesarias para promover sus intereses culturales, políticos, y económicos. Tal es el caso del control de recursos forestales comerciales (la madera cedro y caoba), previo diálogo del Jefe Comunal con los grupos locales y con los comerciantes foráneos que acosan a las autoridades locales y comunales para la extracción ilegal de las especies mencionadas. Aunque no todos conformes por la falta de recursos económicos, los comuneros saben que antes de realizarse una tala de árboles comerciales necesitan conocer el verdadero potencial de su bosque y para ello sería necesario hacer un trabajo participativo para el conocimiento del mismo. Para poder continuar promoviendo sus intereses culturales, políticos, y económicos a futuro, la Comunidad también reconoce la importancia de capacitar jóvenes lideres, y por este motivo han formado una segunda organización para fortalecer capacidades de liderazgo en jóvenes Matsés.

La Comunidad Nativa Matsés está actualmente consolidando una Asociación de Jóvenes, conocida como Asociación CANIABO ("joven" en lengua Matsés). En el Estatuto de la Asociación, se declara que el objetivo fundamental de la misma es la formación de líderes que comprendan y contribuyan al desarrollo de la cultura y sociedad Matsés. Los jóvenes varones y mujeres entre 15-30 años quienes son miembros de la Asociación comparten los siguientes objetivos:

01 Reforzar la formación integral de la juventud,

02 Promover el desarrollo de la persona y la Comunidad Matsés,

03 Difundir valores de la cultura y

04 Contribuir activamente en la formación de identidad indígena.

Si bien la Asociación fue formada en el 2002, su personería jurídica fue reconocida recién en el 2004. Tal como se desarrollaron las normas de la Junta Directiva, la Asociación también ha traducido a una versión popular su Estatuto para difundirlo por los Anexos y reclutar voluntariamente miembros jóvenes que compartan los intereses que se buscan fomentar.

Con estas dos organizaciones—la Junta Directiva y la Asociación de Jóvenes (CANIABO)—la Comunidad Nativa Matsés se ve totalmente encaminada hacia un futuro en el cual los intereses de la Comunidad puedan ser difundidos de manera representativa.

2. Bajo impacto sobre recursos naturales: patrón de dispersión y método de uso

Aunque con el paso del tiempo el patrón de dispersión de la población Matsés se ha modificado, grupos de poca población mantienen aún un bajo nivel de consumo de recursos naturales, lo que constituye una fortaleza socio-cultural. Tal como se explica en la sección Historia Territorial Matsés (p. 109), este grupo étnico mantuvo sus asentamientos en grupos pequeños de entre 30-60 personas por maloca (casa grande separada de otra similar a corta o larga distancia) durante varias generaciones. La existencia de grupos tan pequeños ha sido documentada desde la época de 1969, y existen reportes de épocas anteriores que también hacen referencia a grupos pequeños de Matsés (Bodmer y Puertas 2003).

Un segundo aspecto del patrón de dispersión que se considera una fortaleza se refiere a la frecuencia en la cual cada asentamiento humano se reubica y sus motivos para hacerlo. Las reubicaciones de la población Matsés en los últimos 30 años se pueden ver en Figura 13 (p. 109) en la sección Historia Territorial Matsés. Aunque entre los principales motivos para reubicaciones de poblados está la falta de animales para cazar, el hecho de no quedarse mucho tiempo en un sitio propicia la regeneración del suelo y la repoblación de las especies de caza cerca de los asentamientos. Por lo tanto, si la población de la Comunidad Nativa Matsés se mantiene su estilo de vida tal como lo han hecho en los últimos 30 años, este aspecto de su forma de vida seguirá siendo una gran fortaleza.

Aunque en la actualidad no es posible estimar la duración de permanencia en un mismo lugar de un grupo (Figura 13) es importante indicar que ésta ha variado en comparación a la época antes de 1969. La diferencia en el estimado no radica en la causa—que puede ser similar a épocas anteriores—sino en diversos factores que los grupos toman en cuenta para mudarse lenta o violentamente; por ejemplo, la presencia de servicios básicos como escuelas, postas, locales comunales, lozas deportivas, puentes, antenas parabólicas, iglesias, etc. Para ilustrar las diferencias en los patrones de dispersión de los Matsés, comparamos las reubicaciones del grupo proveniente de Yaquerana y el grupo del Bajo Gálvez.

El grupo de Yaquerana tomó el nombre *Chëshëmpi* (negrito) en 1980 al mudarse a la quebrada de aguas negras, donde sólo se estacionó por 3 años, para nuevamente trasladarse en 1983 a otra zona que en un principio denominaron *Matied Chuca* y luego Buenas Lomas. En 1994, 14 años después, parte de ese grupo se reubica y da origen a los poblados de Buenas Lomas Nueva y Santa Sofía Nueva, y los miembros del grupo original que se quedaron en Buenas Lomas cambian su denominación a Buenas Lomas Antigua. Solo ocho años más tarde, en el 2002, un segmento de Buenas Lomas Antigua se traslada al Alto Yaquerana denominándose Puerto Alegre. Por lo contrario, el grupo de San José de Añushi se mudó en 1979 del Bajo Yaquerana al Bajo Gálvez y aún continúa en el mismo lugar por más de 25 años. ¿A que se debe esta diferencia en la frecuencia de reubicaciones?

El grupo Yaquerana-Chëshëmpi-Buenas Lomas constituía una población grande que tenía de 500 a 600 personas, y de no haberse reubicado, los recursos animales se podrían haber agotado. El grupo San José de Añushi, por otro lado, tiene actualmente sólo 67 personas. La dispersión poblacional de los grupos y el número de casas es explicable porque se han originado de la división de familias extensas, algunas de las cuales se han reubicado en territorios ya antes ocupados, tal es el caso del antiguo Chëshëmpi que originó al poblado Buenas Lomas del cual luego salieron los grupos que más tarde se denominaron Buenas Lomas Nueva, Estirón, Santa Rosa, Puerto Alegre, Buen Perú y Remoyacu, sólo por mencionar un ejemplo.

El crecimiento de población Matsés parece medible en la cantidad de grupos que hoy podemos encontrar en las riberas de los ríos Yaquerana, Gálvez y Alto Yavarí, y la Quebrada Chobayacu. Sin embargo, podría también considerarse que esta expansión de las familias busca solamente recuperar antiguos espacios que le permita satisfacer necesidades vitales y continuar realizando un propio modo de vida. Un futuro estudio de la reconstrucción de las familias extensas daría resultados aseverativos.

En cada Anexo de la Comunidad, los miembros viven en gran parte de la carne de animales del monte y de algunos cultivos de chacras, principalmente maíz, yuca y plátanos. Los Matsés todavía guardan sus conocimientos de caza con arco y flecha, enseñándoles las técnicas a sus niños desde edades muy tempranas. Este método, además de requerir instrumentos que pueden ser producidos con recursos del monte, acompaña un bajo nivel de consumo de animales. La cantidad de flechas que un miembro de la Comunidad Matsés suele llevar cuando sale a cazar es entre 3-5. Siendo un método de caza más silencioso que la escopeta, el uso de arco y flecha no asusta a los animales, permitiendo que los mismos sigan viviendo en las zonas de caza. Vale aclarar también que si bien este beneficio del arco y flecha podría verse como un potencial catalizador de un aumento en la cantidad de animales cazados por ser silencioso, este no es el caso, ya que los Matsés valoran el consumo racional para cubrir sus necesidades de alimentación y venta local/regional.

Se puede ver, con todo lo mencionado, que el tamaño reducido de algunos Anexos y los métodos de caza y pesca mantiene aún un bajo impacto sobre recursos naturales.

3. Fuerte Mantenimiento de las relaciones de parentesco
Las relaciones de parentesco representan dos importantes fortalezas de la Comunidad Nativa Matsés (Figura 1). La primera fortaleza existe al nivel de toda la Comunidad, ya que las relaciones de parentescoentre los diferentes Anexos sirven como vías de comunicación y resolución de conflictos; las relaciones de parentesco fortalecen a la organización social de los Matsés, manteniendo a los Anexos unidos a pesar de su dispersión geográfica (Figura 13, p 109 en Historia Territorial Matsés).

La segunda fortaleza existe en el nivel de cada Anexo, ya que las relaciones de parentesco entre las familias fomentan la redistribución de carne de monte, lo cual implica un consumo sumamente eficiente de recursos naturales y por lo tanto contribuye al bajo impacto sobre el medio ambiente. Por ejemplo, durante nuestra visita a San José de Añushi, la carne de un lagarto alcanzó no sólo para varias familias, pero también para miembros del equipo del inventario socio-cultural. En general, cuando se caza un animal del monte, la carne puede ser compartida con parientes más cercanos. Si los miembros de las familias no compartieran sus recursos, cada familia acumularía estos recursos, los cuales posiblemente serían desperdiciados por falta de capacidad de almacenamiento, y a su vez sus familiares —al no recibir una porción de carne fresca—se verían en la necesidad de cazar más frecuentemente.

Vale reconocer, por último, que a pesar del proceso de sedentarización que la Comunidad Nativa Matsés ha experimentado, de forma que cada asentamiento ahora se mantiene en un lugar entre

7 y 26 años, las relaciones de parentesco siguen siendo importantes vías de comunicación y de redistribución de recursos. Esta permanencia de las fortalezas demuestra la capacidad que tienen los Matsés de mantener sus valores familiares y económicos intactos durante fuertes procesos de importantes cambios culturales.

4. Conocimiento y uso de los bosques

Los Matsés siempre han recorrido su territorio en busca de recursos naturales. Hasta el día de hoy, cada familia extensa camina por sus trochas y acumula de esa manera un conocimiento del estado actual del bosque. Luego de incontables generaciones que han convivido con el bosque de esta manera, los Matsés guardan conocimientos detallados sobre los recursos naturales a lo largo de todo su territorio (Figuras 10C; 11F, I).

Por estar asentados en las márgenes de ríos y quebradas, el manejo de los recursos ha cambiado del entorno hacia aguas arriba o aguas abajo de ríos y quebradas, tanto para buscar animales como para recolectar frutos del bosque y materiales para construcción de sus casas. Animales como sajino o huangana, especies empleadas para la alimentación y comercialización, se encuentran para la mayor parte de los grupos lejos de sus poblados, por lo que la cacería puede hacerse de uno a varios días según sea el motivo que la induce. Cuando los padres de familia desean alimentar a sus hijos, pueden optar por efectuar una cacería de corto tiempo. En caso de una cacería comercial se trasladarán a las colpas de áreas lejanas y demorarán entre 5 a 10 días para obtener carne y pieles. Por este contacto constante que tienen los Matsés con su medio ambiente, y por la transmisión de conocimientos que han acumulado durante generaciones, los miembros de la Comunidad conocen muy bien su territorio. Por ejemplo, cuando el equipo del inventario biológico presentó con entusiasmo los aspectos del territorio que contienen varillales (bosques de arenas blancas) frágiles de alto valor biológico, un hombre mayor de la Comunidad reveló que sus abuelos siempre habían advertido que en las arenas blancas no se debe trabajar por su baja productividad agrícola, y su baja abundancia de fauna

5. Deseo de mantener identidad Matsés y una visión del futuro

Desde que han establecido contacto permanente con la sociedad externa en 1969, los Matsés se han esforzado por tener un sistema de educación bilingüe acorde a su modo de vida, en un inicio con la asesoría del Instituto Lingüístico de Verano, quien formó los primeros docentes que luego fueron reconocidos por el sector educativo. Hoy en día, todas las escuelas que se encuentran dentro y fuera de la Comunidad Nativa Matsés son bilingües, y en todos los Anexos, el idioma Matsés es hablado a diario por los comuneros. En los Anexos más distanciados y con menor interacción con la sociedad externa, como son los grupos que pueblan la Quebrada Chobayacu y el Alto y Bajo Yaquerana, son pocos los que practican el idioma castellano, a diferencia de los pobladores de los ríos Gálvez y Alto Yavarí que están en mayor contacto comercial con la población mestiza de Colonia Angamos.

El idioma por si tiene valor cultural, ya que caracteriza a los Matsés como grupo étnico único (Figuras 11A, D). Pero más allá de sus beneficios de diversidad cultural, el mantenimiento del idioma Matsés es de importancia para la conservación del medioambiente, ya que guarda los conocimientos acumulados por generaciones de comuneros sobre los recursos naturales y sus usos (Shiva 2000).

AMENAZAS, OPORTUNIDADES Y RECOMENDACIONES

Retos y desafíos

Desde los años 90, jóvenes Matsés—curiosos por conocer el mundo externo—han salido de la Comunidad y se han reubicado en centros poblados como Soplín-Curinga, Requena, e Iquitos en busca de empleo. Por otro lado, los profesores que trabajan dentro de la Comunidad Nativa Matsés pasan sus vacaciones fuera de la Comunidad, en la ciudad de Iquitos. Estas experiencias fuera de la Comunidad, por varias razones que veremos, constituyen una gran vulnerabilidad para los Matsés, ya que sus valores compatibles con un futuro sostenible se ven expuestos a presiones de consumismo y ofertas de altos niveles de extracción de recursos naturales. ¿Cómo nacen estas vulnerabilidades?

Cuando un joven Matsés sale de la Comunidad y encuentra un trabajo en un centro poblado, tarda poco en ser identificado por comerciantes y madereros, quienes están continuamente en búsqueda de fuentes de recursos naturales aptos para extracción comercial. Por haber recibido tenencia territorial del Ministerio de Agricultura en 1993, las tierras de la Comunidad Nativa Matsés son conocidas en la región como una gran fuente de madera que no ha sido aprovechada. En reiteradas oportunidades, madereros han intentado entrar a la Comunidad Nativa Matsés para extraer madera comercial—y en cada ocasión, han sido expulsados por los lideres Matsés—quienes no consideran estas ofertas prudentes dado su estilo de vida dependiente de los recursos del monte y el conocimiento de requisitos que solicita el Estado para su explotación y comercialización.

Por este motivo, los Matsés que salen a los centros poblados mestizos se encuentran continuamente presionados por madereros con ofertas de dinero a cambio de un "permiso" informal para extraer madera de la Comunidad. En algunas ocasiones, estas ofertas han avanzado más que otras, pero siempre han podido ser controladas a tiempo, impidiendo que los foráneos extraigan los recursos de la Comunidad de forma ilegal.

Los jóvenes–viendo la realidad difícil de la sociedad externa—suelen volver a la Comunidad con una renovada apreciación del estilo de vida Matsés. Las dificultades con que se encuentran en las ciudades—horarios de trabajo, jerarquías laborales, intensidad de trabajo, costo de comida y techo, falta de lazos sociales y la nueva infraestructura concreta—suelen representar demasiados cambios para los jóvenes, quienes llegan a la conclusión que estarían mejor en la Comunidad. A pesar de esto, los jóvenes, al regresar a la Comunidad, suelen hablar de sus experiencias en el mundo externo de manera sumamente positiva, sin comentar las dificultades con las que se encuentran, lo cual fomenta en otros jóvenes el concepto de que la vida es mejor afuera y nutre así el deseo de salir.

En el futuro, el crecimiento de la población dentro y fuera de la Comunidad hará que la presión por los recursos naturales sea más fuerte, y por lo tanto estas vulnerabilidades más agudas. Con más madereros y comerciantes presionando a los jóvenes para entrar a la comunidad, las probabilidades de que se extraigan los recursos naturales aumentarán. Con un aumento de la población Matsés, existirá un incremento en el impacto sobre los recursos naturales y probablemente habría más jóvenes saliendo a los centros poblados mestizos, aumentando las probabilidades de colaboración con los comerciantes. De esta manera, el crecimiento de la población será un gran desafío para los Matsés, que potencialmente podría revertir sus fortalezas en vulnerabilidades.

De lo contrario, si la población de la Comunidad Nativa Matsés se mantiene relativamente estable tal como lo han hecho en los últimos 30 años y sus miembros continúan reforzando aquellos valores culturales que atribuyen dignidad al bajo consumo de recursos naturales, futuras generaciones Matsés podrán continuar viviendo del monte, asegurando su bienestar humano en base sus propios criterios de calidad de vida.

RECOMENDACIONES

Tomando en cuenta las fortalezas identificadas durante nuestro trabajo de campo, el Equipo del Inventario Socio-cultural recomienda:

01 Apoyar la organización comunal.

Para poder seguir contrarrestando las presiones anteriormente mencionadas, los Matsés necesitarán una fuente de financiamiento para cubrir gastos logísticos y de comunicación de la Junta Directiva y la Asociación de Jóvenes CANIABO. Una posibilidad propia para obtener estos ingresos puede ser la producción de artesanías para ser vendidas en centros poblados mestizos y una reducción en la necesidad de consumir bienes con dinero cuando los mismos pueden ser producidos dentro de la Comunidad.

Varias mujeres han expresado un deseo de revitalizar la producción de artesanías, como una manera explícita de reducir la necesidad de vender comercialmente pieles para sus necesidades de consumo. Este deseo de comercializar artesanías a baja escala para cubrir gastos domésticos evitando la venta de pieles se puede ver como un reflejo del deseo de conservar sus costumbres e identidad, que acompañan una economía de baja escala, y de dar apoyo a la Junta Directiva de la Comunidad Nativa Matsés.

Por lo tanto, recomendamos:

- Continuar fortaleciendo la organización de la Comunidad y sus Anexos.

- Asegurar el financiamiento para sus actividades y logística (inicialmente de financieras internacionales y también mediante el desarrollo de actividades propias, como la artesanía)

02 Asegurar participación de la Comunidad Nativa Matsés en la administración del ANP

- Involucrar integralmente el Jefe y la Junta Directiva de la Comunidad Nativa Matsés en la creación y administración del ANP.

- Incorporar las costumbres de recorrer las zonas en la protección del ANP. Los patrullajes del ANP deben de realizarse teniendo en cuenta la costumbre Matsés de caminar y recorrer su territorio como lo han hecho por generaciones.

- Involucrar a los jóvenes en el manejo del ANP a través de la Asociación de Jóvenes CANIABO

03 Seguir desarrollando programas de educación.

- Incorporar conocimientos del bosque a la currícula educativa.

- Elaborar materiales curriculares en Matsés acerca de los resultados del inventario y sus recursos del bosque.

- Reforzar la educación tanto de profesores como de alumnos con respecto a los conocimientos tradicionales y los intercambios con los miembros mayores de la comunidad para disminuir la división entre la enseñanza escolar y el conocimiento tradicional indígena.

- Fortalecer iniciativas de este tipo que han sido impulsadas por la profesora Noyda Isuiza Guerra, sistematizando su metodología para que se establezca en las escuelas a largo plazo

04 Negociar/amortiguar el impacto de las interacciones con la sociedad externa.

- Establecer una casa Matsés en Iquitos para resguardar los docentes y miembros e la Comunidad a fin de disminuir la presión que ellos sienten por los comerciantes y los madereros y

- Fortalecer a los docentes sobre todo para que puedan apoyar la Junta Directiva

05 Planificar el manejo de recursos naturales.

Desarrollar un plan de manejo de recursos naturales dentro de la Comunidad Nativa Matsés, con el apoyo de WCS y otras instituciones comprometidas, para que sea un uso compatible y sostenible de los recursos del territorio (Figuras 11A, D, F, G, H, I).

Nainquin Dadauaid

Traducido por Manuel Vela Collantes y Pepe Fasabi Rimachi

Nëid tedi uëshë cuëscaic chonuadosh	25 octubre a 6 noviembre 2004
Degion	Podobinsia de Dodeto nidaid opioc yauc ushë choquid napotec perun nidaid cuëshë cutebëd acte icquid yauc. Acte maccuës-maccuësquiacno Chëshë dapa, Actiamë manisac, Chëshë dapa dëbiate yacnoësh bedanec Manisac yauc 3 km tión tanaid iquec. Dëbiatemi nidaid cuëshë utsi bedaid iquec Sierra del Divisor caid. Taëmi yauc Matsesën nidaid opioc yauc ushë choquid napotec yauc 70 km tanaid (tión) Iquitos iquec, aton nidaid tapan dadpen iquec, utsi-utsiec abi uidquiopenquio icquid nëid nidaidën icquid uidtsëqui nidaid adecbidi cutebic adecbidi quec.
Nidaidën icquid isquin naid tres ted shubu iquec	Dadëdaid tres ted iquec, matsesën nidaid meniaid cuësquiacno tedi naden dadëdaid cuënec: DADËDAID ITIA TËBU, Chëshë dapa maccuësquiacno Manisac nëbi icnuc, DADËDAID CHONCO SHUBU Chëshë dapa poctsembo, naimëdequi DADËDAID ACTIAMË dëmiatemi icsho Actiamë quequin cuënec.
Dadëdaidën-dadëdaidënquiec nëid tedi isec chonoadosh	Cueste tedi, Nuëcquid tedi, Cachitabëd icquido tedi, Piushbëd icquido tedi, Podo choquid tedi, Nidaidën capuquid shuma chishquidtedi aid tedi nuacquid-nuacquidquien isbanquin dadauaic
Nëid tedi iquec quequin chiaid	Umbi isboed tedi chuitequidquio icquid istuidombi nidaid utsi yacno nibëdquio icquid, padnuc MASI ushu yacno uidi icquid Adembidi naden aidbidi cuënec, Actiacho dapa icsachoed. Nidaid utsi yacno adquid tedi nibëdec nëmbouidtsëcqui nec utsibo tedi Perú yacno nibëdec nëmbobien nëish podo choquid yec, nidaidën capuquid yec, abuc capuquid yec nuëcquid acten icquido yec quec dadpenquioshë icpec uesenquio icquin dayunuapashun ma abi iquecuidi icpanu.
	Matses utsibo yacno nidaid matses menenu cacno nëmbo padquiopenquio iquec nëmbo padquid utsi nibëdec. Nadquid issumbimbi caindac matses menenu caidën nadpambo iquec Masiuidpambo icquid pete canitiapicpambo icquid yec nidaid chëshë pete caniquidquio yec aidën icquid nëish dadpenquioshë utsi-utsimboec icquid matses menenu caidquio nec. Ma dayunuaquimbi pepanu queshun.
	Cute tedi chiaid: Matses nidaid menenu quequin chiaidën cute abichobimbo utsi-utsimboec icquid nec dadpenquioshë caimbi. Utsi yacno Reserva Comunal caidën nibëdquio yendac padnuc nëmbo uidtsëqui adquio iquec, dada uaquin isboedon nëidted dadauac 1.500ted cute utsi-utsimboen abi cute tantiabicquid dadpenquio icnubi, nëidtedi ictsiash quequin tantiec 3.000tedi adashic 4.000ted yacno cuësquec.

Nëid tedi iquec quequin chiaid

Adembidi 500ted cute dadauaquimbi istuidaid nidaid bëdambo caniquid nec, padnubic Perú yacno nibëdquid istuidosh Perú yacnoshon tantiate chuca yadnuc.

Adembidi istuidosh BIN, QUËCU, MANIDO uitonambo icquid chiuëmpi nibëdquidombo adicsho tantiec matsesën bëdamboen dayunuaic quequin.

Nuëcquid tedi chiaid: Daëdpactsëc 10ted ushtsëcquimbi nëid acte tedishun masi dapa, acte piu, chëshëmpi, antadanchoed, chian ushu, chian chëshë, itia taë quequin chonoadquin nuëcquid istuidosh nëidted 176 nuëcquid utsi-utsiecquid padnubic 300ted nuëcquid isbudtsaidquio 10tedic Perú yacnoshon isacmaid chuca Perú yacnoshon tantiate chuca yadnuc utsibic daëd istuidosh nuëcquid abichobi nidaid tedishun isacmaidquio. Aid Daëdpactsëc ushquimbi naumbi abi ictsiash iuec ushquin istuidtsiambi acten icquid nuëcquid utsi-utsimboec iquendac.

Cachitabëd icquido adequic acte ëquëduc yashic mananuc tabadquido:
Nëid tedi caimbi cachita, uentampas, chëquëd, seta, dadauabededec tabadquidon nëid tedi istuidosh 74tedi utsi-utsimboen adshumbic 35tedi mananuc icquid (19ted uentampas, 12ted Nissi, 2ted cachita, 2ted piush) dadëdaid yacno tabadquin isaid.

Tres ted isacmaid Perú yacnoshon chuitequidquio yanosh omombimboectsëcquidi bëdi-bëdimbo icquid mimbi isec (Figura 6C). Adecbidi utsi iquec nidaid ëquëducuësh cuëdquid nec aidi isquiambo iquec. Chonoadcuededquin dadauaosh nëid tedi 200ted anfibios, 100-120ted anfibios, 25ted lagartijas (cachitabiecquid), 4ted lagartos (cachita), 8ted setabëd icquido, 70ted nisibëd icquido. Aidtedi istuidosh dadëdaidën samëdquin abi nainquin isabi iquec dadpen ictsiash iuec icquin dadauac.

Podo choquido tedi abuc capuquid: 14ted ushquin isaid, uicchun tedi dadauaquidën isaid nëid tedi iquec 406ted adnubic 550ted nidaid Perú yacnoshon isaidquio nec adecbidi taëmi Yavarí cacno isboedbëta tanac ad iquec ad icsho tantiaquin tantiac cuatro ted podo choquid capucuennequidquio nec Perú abi tiombi maniad-maniadec. Abitedi tantiaquin dadëdaid tres ted isboedtedi anisquin tantiac podo choquid dadpenquioshë iquec quequin tantiembi.
Podo choquid isacmaid istuidombi iquec iuec icquin chonoadquin istuidtsiambi. Abi iquec actiachodapan icquid cuembo tantiabi.

Nëish nuacquid aton bacuë shuma chishmequid: Nëmbo matses menenu quequin tantiacno nëish dadpenquioshë iquec quequin tantiacno nec aidtedishunquio aid tantiec nidaid utsin icquidon ma matses abimbo caic quenu queshumpenquio naimbi abimbo chuiquin nad iqueque tantiata: 65ted nëish utsi-utsiec iquec nuacquiduidquio tanaid nec Perú yacno aidi isaid nec 43tedic nëbi chuca uaquin

Nëid tedi iquec quequin chiaid	dadauaid. Nëid dadpen icquidic utsi nidaidën naimëdaid tantiaquin tantiac nëid ted naimëdquid ictsiash: poeshto, chëshuid, senta, adicnubic umbi tantiembi nëmbo cuesambo yacnombo nec quequin, nëish dadpen icsho isquin.
Matses Iccuededacno	Abi ëndenquio icnëdacnobi aton tsusedpan nidaidëmbi matses tabadec. Nadec ëndenquio icpampic, Perú yacno yash, Brasil yacno yash quec ënden mëdimbo icpampic adboedi seta 1993 yanan CEDIAN tantiamepanëdash matsesën nidaid nashunnu quequin tantiapanëdash nadec icnuc: (452.735 ha; Figura 2) matses abitedi tambanac nëid ted iquec 1.700ted adecbidi tsidadash tabadenquio iquec cuësh-cuëshëdash nec nad iquec 13ted Anexo caid iquec adecbidi nëidtedi abi icaid acte cuëmëdec: nëidic Chëshë dapa, nëidic Chëshëmpi, nëidic Actiamë.
Icsamboen Naid Chiaid	Cute tequidon nabanaid chiaid maquinia tractor caidën podqued padpenquio iquec adecbidi tied nitsinquidon naid icsauabudtiadpambo tantiadec ëquëuquimbi caindac Manisac yauc. Adembidi chuiquidtapabon ma cute tenu queshun Manisac yauc meniaidën actenquio icquin matsesën nidaidën tebud niaidënquio icsambo iquec adecbidi actiachodapa masi ushu quequin cuëmboed nibëdquio yantsiash padi caidi tantenquio icquin cute tebudac adicsho issun matsesien nëid nidaid menetiadpa caid Reserva Comunal nec.

Matsesën tantiec adno tied dëdac icsambo iquec pete canienquio ictsiash quequin masin caniesa pete nec adecbidi Iquitos yacno iquec adquid aniactsëcquid acte Nanay quequin cuënaid maccuësquiacno, aid tantiec adecbidi matsesën nidaidën masi ushu icquid nibëdquio yantsiash quequin tantiec. Adno tied dëdtemaid yendac quequin chiaid nec, padnuc matses ushubo uadno icquid choshon istebien yanendac adenuidtsëqui.

Manisac yaucuidtsëcpenquio cute tetebunquid puduedte bunec adecbidi Chëshë dapa dëbiatemi chedobi puduedte bunec adec icnubi matsesën ubi meniaid nidaid cudasebi quiac bëdambo iquendac chiaidi niac-niacquec pueduedesa chotac nec, mimbi padenquio yac cute tequido piduedshun icsauabudendac. |
| **Ëndenquio Icnëdaidi nëbi nabanaid tedi** | Cute tabadacnombobi matsesën shubu icpanëdash ëndenquimbo abi icnëdacnobi ambo matsés iquec aton nidaidëmbi. Mitsipadentsimbi con nidaid dayunuai que CEDIA bëd onquequin tantiabanec. Aton nidaid yacno tantiaquin nabanec seta 11tedi matanec tabadquin matsesën aton nidaid dayunuaic, adembidi nëbi nidaidën icquid isquidon naid bëtabi CEDIAN naid issun matsesën naden naic, matses aton nidaid cuëshë utsi bedec chushi uashun petequid nëid ted tanaid icnuc 391.592,37 ha aton bacuëbo tantiaquin aid ted bedec matsesën, aton nidaid dëuacquimbi. Adembidi nidaid udictsëc bednu quequin chiaid nëid tedi iquec 61.282 ha icaction dëbiatemi sur icacmi. |

Matsés Yacno (Nidaid bedaid)
Matsesën nidaid udictsëc bedtequid (Bednu caid)
Nidaid dayunuacquimbi nëish (Bednu caid)

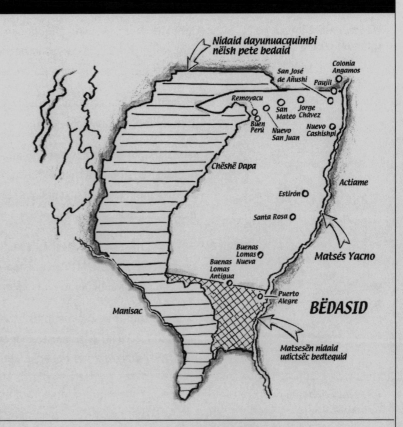

Nidaid shapu yacno masiuidpambo icquid

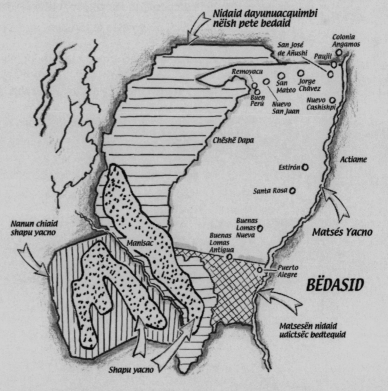

Naden natiad iquec quequin chiaid

01 Tabëcbanquin, nacnembanquin canuna queshun nabanec shupa yacno tantiaquin ¿atótsi shupa yacno natsiash quequin? shupa icquid cute menete nibëdec aton cute pistsëcquio iquec.

02 Dayunuaquin nidaid adquiduidquio icsho issun matsesën nidaidën icquid tedi adquio uidquio iquec.

03 Ismebanquin tantiamebanquin caquin nac bëdambo ictsiash Chëshë dëbiaten adembidi Actiamë dëbiaten tsen tedi dayunuaquin, adembidi cute matsesëna bedtequid nec quequin tantiaquin aid naimëdan atontsin bedash matses ictsiash.

04 Adembidi nëbi nidaid cuëshë bedaid matses chuiquidëmbi nac bëdambo ictsiash, adembidi CANIABO matsesën tsen nabanac bëdambo ictsiash abi daëdshumbi nac bëdambo ictsiash matsesën nidaidën tantiaquin.

05 Aido tedishuntsen chonoadnun nacnembanac bëdambo iquec "Plan de Manejo" caid naic aton matses tedi chonoadte tantiaquin matses chuiquidobëd CANIABO matsesbëtan nabanec aton matses chonoadte.

luecshun nabante tantiabanaid

Nidaid matses menequin tantiaid aid nidaid cuëshën dadpen nëishbëd nidaid utsi-utsiec iquec isacmaido iquec queshun Loreto yacno icquid aid abentsëqui nidaid cuëshë iquec caic matsesën nidaid caquin adquid utsi nidaid nibëdec. Adembidi aton neste tantiaquin, aton cute cuëmëdaid tantiaquin caic tabadec:

01 Aton nidaidën icquid tedi istiadquio iquec aton nidaidën icquid tedi.

02 Uesquin cute tebanambo, abi tabadaidtsen bëdambo iquec.

03 Sedquequid dapan nuambo iquec utsi-utsimboec istequid iquec Amazonía caidën icquid.

04 Dadpenquio nëish iquec umbo nidadenquio dëbidiadanec choquin isac adquiobidi icoaic adecbidi aton nidaid umbo nidacbimboecquidi nëbictsëqui nidadec.

05 Actiamë dëbiate Chëshë dëbiate quec ad iquec.

06 Matsesën nëish tedi ambo iquec.

(Manuel Vela Collantes, Pepe Fasabi Rimachi, Angel Uaquí Dunú Mayá)

Niqui isaid nuambo cute tedi utsi-utsiec tsinac-tsinacaid natequid naid iquec, ma cute daynuanu queshun matsés tabadaucted menied nec, ad icnubi ambi tantiacpadomboen matsesën dayunuaic ambo icquid icquin. Nuqui nate icsho nabanaid Adshumbic 14ted sete matanmequin CEDIA bëtan nabanaid iquec daëdquio natequidquio iquec tsiuec caniquidon nidaid (RCM) adashic utsi masi ushu ambo uidtsëcqui icquid utsi yacno nibëdquid dayunuatequid icuaic.

Umbi chedo naden nabanembi quequin tantiaid iquec nëid daëd nidaid dayunuatequid ambo ictequid yanmembi (RCM) Adshumbic mishtsenquio icquin dayunuate (SN) sedquiedtapa. Aidtedi tsicateshun dayunuaquin Adshumbic nabanquin nuquin bacuëbo tantiaquin, uannoësh cho-choquido cute podo iste bunquido ismequin nabante yanmequin.

Dayunuaquin Adshumbic nabanquin	***Tsiuec Caniquidon Nidaid***

01 **Tsiuec caniquidona ictequid nidaid cuësquiacno nëmbo cuësquec quequin tanec Figura 2.** Nëid nidaid padpiden uesacsho shëctotequid nec. Matsesën nidaidën nëish nuambo iquec aid matsesën ambi quenente padembi natequid nec. Nëid masi ushu uidquiocquid dayunuate nanu caid nec (is masi icquidtedi, tsidion)

02 **Matses chuiquidtapa chiec Nadembien natiad quequin chiec onquec adashic chotac nidaid dayunuaquidobëdtsen (INRENA),ma matsesëna nidaid meniaid abimbo iquec ma quenu nidaid dayunuaquido queshun nabanquintsen matsesën nidaid matsesën nidaid tapa tantiaquin Matsesën Reserva Comunal.** Icquid abimbo iquec aidquio tauamboen bedanquin tsicatequin dayunuaquin caid nec mayu Perú yauc tabadquid tantiaquin. Matses 14ted seta matanmec CEDIA bëd chonuadac aid nidaid dayunuatequid naic. Matsesadon cutetedi tantiaquin ambi tantiaid iquec.

03 **Tsinacquin Comunidadën icquido Adshumbic aid nuntan icquido abitedi dayunuatequido.** Adshumbic matsesën nabantequidotsen adashic matsesën chuiquidobëdtsen, abi tabadacno chuiquid icquidotsen ma aidtedshun onquianequin nanu queshun nëidted tsinaquec:

- **Aton nidaidën tabadquidi matsesën nëited tabëquec; aton nidaid isquido, nashumenquido dada uaquido.**

- **Caniabo abitedi ambi tantiacpadequi bëdamboec ma tabadnu queshun**

- **Yuatedi bëdamboen dayunuaquin abi yacnocquido aton nidaidën tabadquidtedi, nëish nuacquido Adshumbic nuëcquido** aidtedi dayunuaic aton nidaidën tabadquid icsho. Nadembien badedquio nabantiad aid abitedi, matsesën nidaidën icquid isquin matsesën nidaidtedi. Aton quenenënquiobi matsesën nabanec tied nitsinquin Adshumbic matsesën piac nibëdquio yanaidtsen. Nadembien natiadquio icacpec nëishtedi bednun queshun nabantequid naquin Comunidadëna bëdamboen nanuen aden nanuna.

04 **Reserva Comunadën icquidtedi tantiabanquioquin naquin.**

05 **Matsesën nidaidën puduedaidtedi isbanquin,** adshumbic ONG tsen, bëdamboen nasho isquin uidënquio yacbimboen matsesën nabanec matsés aton reserva.

06 **Mapa naquin, tanquin. abitedi isquin nidaid cuësquiacno matsesën pequin o nëish cuesquin cuëscacno isquin.** Ushë budacmida o ushë choacmida, acte dëbiatemi yauctsen Manisac yauc o Iquitos yauc, adashic Angamos yacnoquido chotac.

07 **Tanec ambi nabantequid matsesën.** Matsesën natequid naic aton nidaid capuquin isec adashic natequid utsi abi dadpen iquec.

08 **Aniambo yanmequin icacno tedi dedion yauc icquid tedi acte Actiamë taëmi adshumbic Actiamë napotetan nequin.** Abitedimbo dayunuaquin nëido yacno, nëshunquio bedanquin aniambo dëpuenëmpibo ictsëcquidëmpi bedanquin adshumbic nuambo yacno ënquin adotanquimbic nëido dayunuaquin nuëcquid, canite icquido, canite nibëdquido Adshumbic utsi tedi aidobëd icquid tedi.

09 **Matsesën nidaid shëctoed dëbiatemi yauc.** Matsesën nidaid cuësquiacno Buenas Lomas Antigua napotequiec icboedi nëbi nënantan yacmiac, shëctotiad iquec ma abitedi tabadac tiombimbo icnuc, Adembidi aton dayun icquid tedi shëctoquin.

Masi ushu uidquiocquid

01 **Cute tequido manniacquin masi ushu yacnobi o sedquiedtapa nantan tequido Manisac icquido chotac ushë chuacmi tequido.** Masi ushu Amazónica yacno icquid nidaid bëdaidquio penquio nec adecbidi cutetsen tetiapictsëcquiocquid nec. Nëmbo cute tetiapictsëcquiocquid nec, adnubi bëdaidquio nec dayunuateuidtsëqui.

02 **Nëid dayunuaqtequid yanmiaid sedquequidtapa ambobi ictequid nec cuëma aucbi daëdi yauc Manisac caid cuëman.** Nëmbo uidtsëcqui sedquequidtapa iquec Perú yauc. Nëid masi ushu nuambo iquec Perú yauc. Cute tequin uanno icquidon nëmbo icsauabudac, nëmbo capucuededquidon Isaac tied nianaid iquec adashic adembi nabanaid iquec uesbudquin podquied bushcumbocquid cute tequidon maquinia dapan naid. Cute chiquenquiocquin masi ushu, nëmbo potiacquin puduednuenuidtsëcqui isacno nec. Ubëd chonoadquidon naden chuibedec masi ushu icsauabudec maquinia dapan aid padpidemboec yanenquio

ictsiash yuecquio seta matanmequi ad icsho issun aden natiapimbo icnuc yanmenuna Zona Reservada caid Adshumbic Santuario Nacional caidtsen, nëid icsauabudtiapimbo icmenuen cutempi masi ushun icquid tedi tantiaquin.

03 **Chuiquin icsamboen nainquio icnun Adshumbic simbanquin nëmbo icsamboen natemaid nec quequin.** Nuqui naboed chiquidaidën tantiamebanec. Adshumbic nëid nidaid bëdamboen istequid icnuc adomboembidi nabanec Parque Nacional o Santuario Nacional. Nadembien natiadpa quec onquecuedec Gobierno Regional de Loreto chedobëd, INRENA caidbëd, matsés chuiquido ted chuinuec Adshumbic aidtedishun ai bëdambo iquec cabededec. Masi ushu yacno nëmbo cuësquec cabanquin Nadembien natiadpa quequin bedcaid isbededec cho-choash onquequin chuinuen, isbanaid aniambo icquid tedi R. Stallard chonoadquin isbanaid nec, bedan-bedanacnombo (Figura 2, 12A)

04 **Chuiquin bëdambo icmequin cute dayunuaquido matsés yauc tedi.** Tabëcquin cute aben icquidombi tesho isquido, nëish utsibon bedsho isquido Adshumbic utsi tedi icsamboen nuquin nidaidën nabansho isquido.

Nëish utsi-utsiec yacno	**Naden natiad quequin chiec Comunidad Matsés onquecuededquin bëdamboec yantequid nabantequid tedi naquin.** CEDIA caidbëtan matsés chedon bedancuededosh nidaid tanaid abi yacno icquid tedi nabanaid Región yacnoshon. Nëid tauamboen naid bëdamboec yantequid tedi nëish iccuededacno tantiaid naden tantiaquin ma matsés chedon abi iccuededacpadomboen abitedishunquio nabannu queshun.
Chuibanaid tedi bëyucnatequido	01 **Bedanquin chuibanaid tedi cutena Adshumbic nëish tedi na, utsi yauc tedi isacquin Adshumbic setamëduc uemëduc bedanquin marzo Adshumbic agoston cuëscaquin.** Nidaid nuntan acten icquid nabantequid utsi Chëshë dapan, Manisaquën adashic Actiamë dëbiatemi, adashic chian isaidëmbi matses puduedacmaid abucshun isaid chian, bedanquin. Nuambo sedquiedtapa yacno icquid iquec masi ushubëta naid, adashic cutetedi acte Chëshë dapan icquid.
	02 **Yueshun nabantequido naquin masi ushun icquid cute Manisac yauc tsidadshun isaid nëishtedi dada uaquidon isaid.** Masi ushu icacno icquid utsi yacno iquesa ano uidtsëcqui icquid dadpen seta matanmec icquin nabantequid istuidshun dada uaid udictsëc istuidnuna quequin istuidbanec utsi chedobi cute tedi adshumbic nëish podo choquidotedi. Aid icnubi podo choquid daëd istuidadenquio icnubic masi ushumbocquidi nabanembi, yuecquio icquin nabamboedo utsi—utsiec yacno tsicatiaid iquec Iquitos anuentsëc (Reserva Nacional Allpahuayo—Mishana) cinco ted nëish podo choquid chuca nidaid utsi yacno nibëdquidquio istuidac.

Chuibanaid tedi bëyucnatequido

03 **Ambi isondaid padpidemboen isquin istuidec Región yacno adshumbic abichobishunquio nëid pequin uesaid.** Nëid ted bëshuidquid adshumbic tsanca, aid chuiquin matses tabadauctedi. Tabëcbanten tabëcbanaidquio iquendac ashumbic utsi iccuededacno tsen, adnubi ambo nabanec iccuededquin isambo iccombi iquec quequin tantiaquimbi Nadembien natiadpa matsesbëd ambo nidshun nëmbo nëid nëish iquec, nëmbo utsi nëish iquec, adshumbic nidaid dada uaidën nëmbo nëid iccosh cabanquin matsesën nidaid nuntan.

Nabanaid Isbanaid

01 **Nibënquin istuidquin adshumbic mitsipadec masi ushu chedobëd iquec quequin cute isquin adshumbic cute tedi nëish tedi quequin.** Masi ushu yacno utsi-utsiec iccuededec abi iccuededacnombobi. Adembi tantiashunec abi yacnombobi utsi-utsiec yacno iccuededec, adquidën nuqui nashunec mitsimbo iquec quequin adshumbic mitsipaden nuqui aidtedi nabane quequin.

02 **Isquin naden nibëdquio yanmiaido nëish bedquin adshumbic petequid abitedi utsi tedi chicaid nuqui yacnocquidon Dedion yaucshun.** Nëid nabanaid isbanaid nuamboshë iquec nidaid dada uaid isquin isac (Chuibanaid tedi bëyucnatequido 02 tsiuec), naden nac bëdambo ictsiash dayunuaquin cute tedi adshumbic nëish tedi nuqui icaid tantiaquin adshumbic nuquin matsesado tantiaquin.

03 **Isquin bëdambocquidtedi midaidoted bëdamboen yanmetiad yec quequin.** Utsi-utsiec yacno matsés yacno iccuededec abi yannëdac padquiequi Región yauc. Nëmbo chedo utsi-utsiec tsidadbudniacno bëyuc isbanquin natequido adshumbic dayunuaquin dadpen icquidtedi cute chedo Amazonía yacnocquid, adshumbic adomboembidi dadpen icquid capishtompibo, podo choquid tedi adshumbic utsibo tedi ambo icquidon.

04 **Isquin cuësquenidacnoted, adshumbic anuentsëqui biogeográficas Dedion yauc.** Anuentsëcquid nibëdnubi cuëshëd-cuëshëdec icquid (Acte dapa nuacquid) acte Ucayali caid ushë choauc, utsi-utsimboec iquec podo choquido icquido adashic utsi-utsiecbidi cuësquenidec iquec nëmbo tedi. nëmbo chiaid iquec 24 ted podo choquid isaido amazonas yacnoshon taëmi, dëbiatemi, ushë choauc, adshumbic ushë budauacshuntedi isacno, nëmbo Actiamë taëmi cuëman iccuededec. Nëidën nuqui tantiamec Adembidi nuqui nashuntsiash istuidmequin cuësquiacnotedi nuqui chedo nate, nëidquio cute tedi tantiadquiecnuc chiambo iquec.

05 **Nidaid cuësquiacno midapadopatsiash quequin isaid.** Midatedquio yash icsamboen nabanac uesadbudtsiash quequin Reserva Comunal Matsés adashic Santuario Nacional Los Varillales.

Mëquiacquin/Isquin

01 Istuidquin midambo Matsés icadtanniacno adshumbic nëbi iccuededacno Comunidad Nativa Matsés nuntan (Mapa p 111). Aton quenenëmbi matsés tedi mannëdtednepanëdash, adnëdaidi 30ted seta iquec nuqui chedo mannëdenquio yanac. Comunidad Nativa Matsés nuntan, adpidemboen ictuidaid o dadpenquio yauanaid cuete adashic nëish Reserva Comunal Matsés nuntan, adashic nabantequidtedi nëid tantiaquin anisquin bëdambo iquec catequid ictsiash.

02 Nabanaidtedi naquin nuëcquid chedo tantiaquin adshumbic Cinegéticas, Piush chedo tanquin adshumbic cachita dapa chedo. Nëido tanaid ictsiash ad iquec quequin tantiatequid, dayunuatequido abitedimbo adshumbic abi yacnobi anuentsëc icquido.

03 Natequid adshumbic nabanaid isbanaid utsi yanmetequid utsi-utsien nabanquin adshumbic Reserva Comunal Matsés nabanaid (Anexo tedi adshumbic bëdamboec tabadtequido chiaid, nashumënquido tedi, ONG's nuqui anuentsëc icquido adshumbic nidaid utsin icquido tedi nashumënte bunquido). Perú yauc bëyucquio mayu tedishumbi ambi bëdamboen aton nidaidën icquid nabanac bëdambo ictsiash Perú yauc icquid yec adashic America Latina yauc. Nadembien natiadpa nëido natequid, nëid yanmiaid nabantequid tedi nashunec docomento bëdaidquio adashic nashumënquido tedi mayu tantiec iccuededec.

04 Naden naquidiendac quequin chuibanquin ismebanquin nashunec abitedishun tantiaid bëdamboen naquin. Isbanquin ambi istuidaidtedi tsinac-tsinacshun abitedi ismec matsesëna nëmbombo cuësquecuenec quequin chiec adashic nëish penun cuesquin cuëscacno o matses iccuededaidi.

05 Nidaid nuntan icsa uabudnëdaid isbanquin (cute tenëdaido, chotaquën cute podo nitsimbedednëdaid). Isquin nëmbo matses capuedquio nec adshumbic nëid nidaid nuntan matses capuedquio nec quenun, cuësh-cuëshquin ismebanaid ictsiash SIG, adshumbic abitedi nabanquin matses yacno matses icacpadomboen isec capuquido chedo tedi.

ENGLISH CONTENTS

(for Color Plates, see pages 19-34)

PARTICIPANTS

FIELD TEAM

Jessica Amanzo (*mammals*)
Universidad Peruana Cayetano Heredia
Lima, Peru

Luis Calixto Méndez (*social characterization*)
CEDIA, Lima, Peru

Nállarett Dávila Cardozo (*plants*)
Universidad Nacional de la Amazonía Peruana
Iquitos, Peru

Pepe Fasabi Rimachi (*social characterization*)
Comunidad Nativa Matsés
Anexo San José de Añushi, Río Gálvez, Peru

Paul V. A. Fine (*plants*)
Dept. of Ecology and Evolutionary Biology
University of Michigan, Ann Arbor, MI, USA

Robin B. Foster (*plants*)
Environmental and Conservation Programs
The Field Museum, Chicago, IL, USA

Antonio Garate Pigati (*field logistics*)
Universidad Ricardo Palma
Lima, Peru

Marcelo Gordo (*amphibians and reptiles*)
Universidade Federal do Amazonas
Manaus, Brazil

Max H. Hidalgo (*fishes*)
Museo de Historia Natural
Universidad Nacional Mayor de San Marcos
Lima, Peru

Dario Hurtado (*transport logistics*)
Policía Nacional del Perú, Lima, Peru

Guillermo Knell (*amphibians and reptiles, field logistics*)
Environmental and Conservation Programs
The Field Museum, Chicago, IL, USA

Italo Mesones (*plants*)
Universidad Nacional de la Amazonía Peruana
Iquitos, Peru

Debra K. Moskovits (*coordinator*)
Environmental and Conservation Programs
The Field Museum, Chicago, IL, USA

Andrea Nogués (*social characterization*)
Center for Cultural Understanding and Change
The Field Museum, Chicago, IL, USA

Tatiana Pequeño (*birds*)
CIMA-Cordillera Azul
Lima, Peru

Dani Enrique Rivera González (*field logistics*)
Museo de Historia Natural
Universidad Nacional Mayor de San Marcos
Lima, Peru

Lelis Rivera Chávez (*general logistics, social characterization*)
CEDIA, Lima, Peru

José-Ignacio (Pepe) Rojas Moscoso (*field logistics*)
Rainforest Expeditions
Tambopata, Peru

Robert Stallard (*geology*)
Smithsonian Tropical Research Institute
Panama City, Panama

Douglas Stotz (*birds*)
Environmental and Conservation Programs
The Field Museum, Chicago, IL, USA

Miguel Angel Velásquez (*fishes*)
Museo de Historia Natural
Universidad Nacional Mayor de San Marcos
Lima, Peru

Manuel Vela Collantes (*social characterization*)
Comunidad Nativa Matsés
Anexo Jorge Chávez, Río Gálvez, Peru

Corine Vriesendorp (*plants, coordinator*)
Environmental and Conservation Programs
The Field Museum, Chicago, IL, USA

Alaka Wali (*social characterization*)
Center for Cultural Understanding and Change
The Field Museum, Chicago, IL, USA

Patricio Zanabria (*social characterization*)
CEDIA, Lima, Peru

COLLABORATORS

The *Anexos* of the Comunidad Native Matsés:
Buen Perú, Buenas Lomas Antigua, Buenas Lomas Nueva,
Estirón, Jorge Chávez, Nuevo Cashishipi, Nuevo San Juan,
Paujíl, Puerto Alegre, San José de Añushi, San Mateo,
Santa Rosa, Remoyacu

Junta Directiva of the Matsés

Regional Government (Gobierno Regional) of Loreto
Loreto, Peru

Instituto Nacional de Recursos Naturales (INRENA)
Lima, Peru

United States Geological Survey

University of Colorado

University of Michigan

Asociación para la Conservación de la Cuenca Amazónica (ACCA)

INSTITUTIONAL PROFILES

The Field Museum

The Field Museum is a collections-based research and educational institution devoted to natural and cultural diversity. Combining the fields of Anthropology, Botany, Geology, Zoology, and Conservation Biology, museum scientists research issues in evolution, environmental biology, and cultural anthropology. Environment, Culture, and Conservation (ECCo) is the division of the museum dedicated to translating science into action that creates and supports lasting conservation of biological and cultural diversity. ECCo works closely with local communities to ensure their involvement in conservation through their existing cultural values and organizational strengths. With losses of natural diversity accelerating worldwide, ECCo's mission is to direct the museum's resources—scientific expertise, worldwide collections, innovative education programs—to the immediate needs of conservation at local, national, and international levels.

The Field Museum
1400 South Lake Shore Drive
Chicago, Illinois 60605-2496 U.S.A.
312.922.9410 tel
www.fieldmuseum.org

Comunidad Nativa Matsés

The Comunidad Nativa (CN) Matsés is an indigenous territory legally registered in Loreto, and includes the majority of Matsés indigenous peoples in Peru. The Matsés territory was legally titled in 1993, and covers 452,735 ha in the Yaquerana district, Requena province, Loreto. The CN Matsés consists of 13 settlements, or *Anexos* situated along the banks of the Río Yaquerana, Río Gálvez, and the Quebrada Chobayacu. The Matsés, hunter-gatherers and farmers by tradition, are in the process of becoming more sedentary. Their organization is based on familial relationships and matrimonial alliances. The *Juntas de Administración* and the *Asamblea General de Delegados* govern formal institutional relationships between the *Anexos*, and the *Junta Directiva* legally represents the CN Matsés. The CN Matsés is autonomous and is not affiliated with any indigenous federation.

Comunidad Nativa Matsés
Calle Las Camelias No. 162
Urb. San Juan Bautista
Iquitos, Peru
51.065.261235 tel/fax

Centro para el Desarrollo del Indígena Amazónico (CEDIA)

CEDIA is a non-governmental organization that has supported Amazonian indigenous peoples for more than 20 years, principally through land titling, seeking legal rights for indigenous groups, and community-based resource management. They have titled more than 350 indigenous communities, legally protecting almost four million ha for 11,500 indigenous families. With an integral vision of long-term territorial and resource management, CEDIA supports organizational strengthening of indigenous groups seeking to defend their territories and effectively manage their natural resources and biodiversity. They work with several indigenous groups including Machiguenga, Yine Yami, Ashaninka, Kakinte, Nanti, Nahua, Harakmbut, Urarina, Iquito, and Matsés in the Alto and Bajo Urubamba, Apurímac, Alto Madre de Dios, Chambira, Nanay, Gálvez and Yaquerana watersheds.

Centro para el Desarrollo del Indígena Amazónico-CEDIA
Pasaje Bonifacio 166, Urb. Los Rosales de Santa Rosa
La Perla-Callao, Lima, Peru
51.1.420.4340 tel
51.1.457.5761 tel/fax
cedia+@amauta.rcp.net.pe

Herbario Amazonense de la Universidad Nacional de la Amazonía Peruana

The Herbario Amazonense (AMAZ) is situated in Iquitos, Peru, and forms part of the Universidad Nacional de la Amazonía Peruana (UNAP). It was founded in 1972 as an educational and research institution focused on the flora of the Peruvian Amazon. It houses collections from several countries, but the bulk of the collections showcase representative specimens of the Amazonian flora of Peru, one of the most diverse floras on the planet. The collections serve as a valuable resource for understanding the classification, distribution, phenology, and habitat preferences of plants in the Pteridophyta, Gymnospermae, and Angiospermae. Local and international students, professors, and researchers use the collections to teach, study, identify, and research the flora. Through its research, education, and plant identification the Herbario Amazonense contributes to the conservation of the diverse Amazonian flora.

Herbarium Amazonense (AMAZ)
Universidad Nacional de la Amazonía Peruana
Esquina Pevas con Nanay s/n
Iquitos, Peru
51.65.222649 tel
herbarium@dnet.com

Museo de Historia Natural de la Universidad Nacional Mayor de San Marcos

Founded in 1918, the Museum of Natural History is the principal source of information on the Peruvian flora and fauna. Its permanent exhibits are visited each year by 50,000 students, while its scientific collections—housing a million and a half plant, bird, mammal, fish, amphibian, reptile, fossil, and mineral specimens—are an invaluable resource for hundreds of Peruvian and foreign researchers. The museum's mission is to be a center of conservation, education and research on Peru's biodiversity, highlighting the fact that Peru is one of the most biologically diverse countries on the planet, and that its economic progress depends on the conservation and sustainable use of its natural riches. The museum is part of the Universidad Nacional Mayor de San Marcos, founded in 1551.

Museo de Historia Natural de la
   Universidad Nacional Mayor de San Marcos
Avenida Arenales 1256
Lince, Lima 11, Peru
51.1.471.0117 tel
www.unmsm.edu.pe/hnatural.htm

Centro de Conservación, Investigación y Manejo de Áreas Naturales (CIMA-Cordillera Azul)

CIMA-Cordillera Azul is a private, non-profit Peruvian organization that works on behalf of the conservation of biological diversity. Our work includes directing and monitoring the management of protected areas, promoting economic alternatives that are compatible with biodiversity protection, carrying out and communicating the results of scientific and social research, building the strategic alliances and capacity necessary for private and local participation in the management of protected areas, and assuring the long-term funding of areas under direct management.

CIMA-Cordillera Azul
San Fernando 537
Miraflores, Lima, Peru
51.1.444.3441, 242.7458 tel
51.1.445.4616 fax
www.cima-cordilleraazul.org.pe

ACKNOWLEDGMENTS

The success of our rapid inventories depends largely—if not entirely—on an enormous network of collaborations on the ground: from the hospitality and ingenuity of local residents, to the excitement and collaborations of our scientist colleagues, to the invaluable support of large government agencies. This inventory was no exception. We sincerely thank each and every individual who helped make this work possible, although we are able to highlight only a small subset below.

We could not have surveyed the spectacular lowland forests surrounding the Comunidad Nativa Matsés without the integral involvement of our Matsés guides and counterparts. They participated in every aspect of the inventory: preparing camps and trails as part of the advance team; surveying plants, fishes, frogs, snakes, birds, and mammals as part of the biological team; identifying traditional assets as part of the social team. We cannot thank the Matsés leaders and our field companions enough for inviting us to inventory the forests neighboring their lands, welcoming us into their communities, and sharing their vision for the future with us.

Guillermo Knell once again handled the logistics masterfully, coordinating the advance preparations for the inventory and putting together a formidable, multi-talented team: José-Ignacio (Pepe) Rojas, Antonio Garate, and Dani Rivera. The advance team led the construction of heliports, campsites, and trails. In addition, Dani formed part of the herpetological team at Itia Tëbu, while Pepe contributed greatly to the bird inventory at Actiamë.

We received excellent support from every settlement within the Comunidad Nativa Matsés. In Choncó, Pepe Rojas was joined by Robinson Reyna from Jorge Chávez; Pepe Rodriguez, Antonio Reyna and Hernan Manuyana from Buen Perú; Pepe Vela, Benito Vela, and Andres Fasabi from San Jose de Añushi; and Jorge Waki, Samuel Coya, and Daniel Teka from San Juan. Dani Rivera and Antonio Garate established Itia Tëbu with Cesar Sanchez from Jorge Chavez; Eliseo Silvano and Oscar Lopez from Remoyacu; Mariano Manuyama, Ramon Jimenez, Glen Manuyama from Buen Perú, Noe Silvano from Paujíl; German Rodriguez and Gidebrando Tumi from San Mateo; and Juan Tumi from San Jose de Añushi. Guillermo Knell led the team at Actiamë that included Douglas Dunu and Daniel Nacua from Puerto Alegre; Mario Binches, Julio Tumi, and Leonardo Dunu from Buenas Lomas Nueva; Tomas Necca and Jaime Teca from Buenas Lomas

Antigua; Douglas Tumi and Luis Jimenez from Estirón; and Eliseo Tumi from Santa Rosa. Our cook, Eliza Vela Collantes, ensured that we were well fed.

Commander Dario Hurtado, of the Peruvian National Police Aviation Unit, once again brilliantly coordinated our impossibly complicated transportation logistics, inspiring calm even amidst the tensest moments through his unfailing leadership and rapid problem-solving capacity. We are grateful for the continued support and assistance from the Peruvian National Police and extend our special thanks to Captain Jhonny Aguirre and to Carlos Espinoza, of Requena. We also thank Carlos Gonzales and Copters-Peru for their support in the field.

The ornithologists thank Tom Schulenberg for his helpful review of the bird chapter and José (Pepe) Álvarez for his careful assessment of the *Hemitriccus* tape-recording from the white-sand forests. The ichthyological team thanks Hernan Ortega for providing valuable comments on the fish chapter, and the herpetologists thank Lily Rodriguez and Victor Morales for helping out with troublesome amphibian identifications.

The botanical team is deeply grateful to the Herbario Amazonense for providing space to dry and organize plant specimens. We extend a special thanks to the director, Meri Nancy Arevalo, who enabled and coordinated all of our work in the herbarium, and who also liberated one of us when the herbarium was unexpectedly locked during a city-wide strike in Iquitos. Several experts helped us to identify plant specimens and photographs; we thank W. Anderson, N. Hensold, M.L. Kawasaki, J. Kuijt, J. Kullunki, D. Neill, R. Ortiz-Gentry, C. Taylor, and A. Vicentini.

The social inventory team thanks Eddy Mejía, Patricio Zanabria, Manuel Vela Collantes, Ángel Uaquí Dunú Mayá, and Santos Chuncún Baí Bëso for sharing results from their preliminary fieldwork in the Blanco and Tapiche rivers. This information contributed greatly to the section on the History of the Region and its Peoples. Most importantly, we express deep gratitude to all residents of the Matsés settlements along the Río Yaquerana, Río Gálvez, and Quebrada Chobayacu, who received us in their homes, shared their friendship, and supported us in every way during our stay in the field.

The CEDIA offices in Lima and Iquitos supported us with many details; we especially thank Jorge Rivera for making

ACKNOWLEDGMENTS

invaluable maps and Ronald Rodriguez for coordinating the administrative and financial details of the inventory in Peru. We thank the Hotel Sadicita in Requena and the Hotel Doral Inn in Iquitos for tolerating the mud and occasional chaos.

As always, in Chicago we had the constant support of our winning team: Tyana Wachter and Rob McMillan. They helped out in every aspect, making sure that the inventory ran smoothly from the advance preparations to our time in the field to the writing, proofing, and dissemination of our reports. Dan Brinkmeier and Kevin Havener produced wonderful hand-drawn maps, and Sergio Rabiela provided invaluable technical assistance with satellite imagery. We were fortunate to work with a talented group of translators, proofreaders, and copyeditors, and extend our sincere gratitude to Patricia Álvarez, Andrea Nogués, Roosevelt García, Guillermo Knell, Tatiana Pequeño, Laura Schreeg, Doug Stotz, and Tyana Wachter.

Jim Costello and his team at Costello Communications continue to give of themselves to make the design of each report convey the essence of the place. We thank them deeply.

We are extremely grateful to the administration at The Field Museum for its continued support and to the Gordon and Betty Moore Foundation for their grant supporting this inventory. Finally, we thank the Regional Government of Loreto and INRENA for continuing to invite us to participate in the conservation of Peru's exceptional wild lands.

The goal of rapid biological and social inventories is to catalyze effective action for conservation in threatened regions of high biological diversity and uniqueness.

Approach

In rapid biological inventories, scientific teams focus primarily on groups of organisms that indicate habitat type and condition and that can be surveyed quickly and accurately. These inventories do not attempt to produce an exhaustive list of species or higher taxa. Rather, the rapid surveys 1) identify the important biological communities in the site or region of interest, and 2) determine whether these communities are of outstanding quality and significance in a regional or global context.

During social asset inventories, scientists and local communities collaborate to identify patterns of social organization and opportunities for capacity building. The teams use participant observation and semi-structured interviews to evaluate the assets of these communities that can serve as points of engagement for long-term participation in conservation.

In-country scientists are central to the field teams. The experience of local experts is crucial for understanding areas with little or no history of scientific exploration. After the inventories, protection of natural communities and engagement of social networks rely on initiatives from host-country scientists and conservationists.

Once these rapid inventories have been completed (typically within a month), the teams relay the survey information to local and international decision-makers who set priorities and guide conservation action in the host country.

Dates of fieldwork	25 October–6 November 2004
Region	Loreto province, northeastern region of the Peruvian Amazon, in the interfluvium between the Blanco, Gálvez, and Yaquerana rivers. The area is bordered on the west by the headwaters of the Río Gálvez, a mere 3 km from the Río Blanco. In the south, the area borders the proposed Zona Reservada Sierra del Divisor; in the east, it borders the Comunidad Nativa Matsés, and to the north, the area is 150 km from the city of Iquitos (Figure 2). This vast extension of lowland forests harbors an exceptional variety of soils and forest types.
Sites surveyed	Three sites in the Amazonian lowlands that border the Comunidad Nativa Matsés: Choncó, in the middle part of the Río Gálvez basin; Itia Tëbu, in the headwaters of the Río Gálvez, close to the Río Blanco; and Actiamë, along the banks of the main channel of the Río Yaquerana (Figures 3A, E, I).
Organisms surveyed	Vascular plants, fishes, reptiles and amphibians, birds, and large mammals
Highlights of results	Our most surprising and spectacular result was finding a large archipelago of white-sand forests, known locally as *varillales*, in the headwaters of the Río Gálvez. These extensive patches of white-sand forest—unknown to scientists until this inventory—contain floral and faunal endemics and represent a rare habitat in Peru and the rest of the Amazon. Because of the great edaphic variation across the proposed Reserva Comunal Matsés, from the poor white-sand soils to extremely rich soils, the area harbors a near complete sample of the extraordinary diversity of plants and animals living in *terra firme* forests of the Peruvian Amazon.

Plants: The forests in the proposed Reserva Comunal Matsés are tremendously heterogeneous and diverse, and appear to shelter a higher diversity of plants than any other reserve in lowland Peru. The botanists registered ~1,500 species of plants in the field, and estimate a regional flora between 3,000-4,000 species. Of the more than 500 fertile species collected during the inventory, several of the locally common species are potentially new records for Peru and/or new to science. The forests here are notably intact.

Fishes: During two weeks of sampling the rivers, lagoons, and blackwater, clearwater, and whitewater streams of the area, the ichthyological team recorded 177 species of the more than 300 species they estimate for the region. Ten of these species are new records for Peru, and up to eight species could be new to science. Much of the fish diversity is concentrated in forest streams, with a great richness of ornamental species (cichlids, pencil fish). The larger rivers support healthy populations of species consumed by humans, including *paiche, tucunaré, doncella* and *arahuana*. |

Reptiles and Amphibians: The herpetological team registered 74 species of amphibians and 35 species of reptiles (18 lizards, 13 snakes, 2 caimans, 2 turtles) during the inventory. Three of the amphibian species are potentially new to science, including one species that appears to be restricted to white-sand habitats (a *Dendrobates* with golden legs, Figure 6C). The herpetologists recorded a new genus for Peru, *Synapturanus* (Figure 7C), when they heard the call of this subterranean species coming from under the mud. The team estimates more than 200 species of amphibians and reptiles for the region, including 100-120 species of amphibians, 25 lizards, 4 caimans, 8 turtles, and 70 snakes.

Birds: In the 14 day-inventory, the ornithological team recorded 416 of the 550 species of birds they estimate to live in the region. Several of their records represent substantial range extensions, and four of the recorded species are locally distributed in Peru, with fewer than 10 previous records. The three inventory sites were markedly different in community composition (diversity and abundance of species) reflecting the habitat differences between sites. The team found two white-sand habitat specialists during the inventory, one of which may be new to science. With additional inventories, we would expect to find more habitat specialists in the vast white-sand archipelago in the Matsés region.

Mammals: Western Amazonia is one of the areas with highest mammal diversity in the world. The proposed Reserva Comunal Matsés is no exception, with 65 large mammal species estimated for the region, and 43 species recorded during the inventory. The area supports healthy populations of many species threatened at the global level, including a high density of large primates (woolly and spider monkeys, Figure 9A). Two rare and endangered monkey species, *Cacajao calvus* and *Callimico goeldii*, are known from this area, although they were not seen during the inventory. The mammal community within the Matsés region does not bear signs of hunting impacts and appears remarkably intact.

Human Communities

The Matsés people have lived in this region for generations, on both sides of the border between Peru and Brazil. In 1993 the Peruvian Matsés, with the assistance of CEDIA, obtained legal title to their lands, an area now known as the Comunidad Nativa Matsés (CNM: 452,735 ha). Some 1,700 Matsés people live within the CNM, dispersed among 13 human settlements, or *Anexos*, along the Quebrada Chobayacu, and the Yaquerana and Gálvez rivers.

Main threats

Timber extraction and related impacts (tractor trails [Figure 10D], access points for colonists), presents one of the most serious threats to the region. On the west side of the Río Blanco, an area slated for timber concessions overlaps with a large expanse of white-sand forest. These forests—with their extremely short and thin

Main threats (continued)	trees—exhibit such low levels of productivity that generations of Matsés consider them unproductive both for hunting and for farming. The destruction observed in other white-sand forests (e.g., forests close to Iquitos in the Nanay river basin) demonstrates clearly that not only would timber extraction in white-sand areas be unproductive and an economic loss, it would devastate the singular biological communities that live there. Resource extraction is a threat to areas outside of the Río Blanco as well. Within the Río Gálvez watershed, the Matsés experience strong pressures from loggers and other commercial traders interested in harvesting the natural resources found within the Comunidad Nativa Matsés.
Antecedents and Current Status	For generations, the forests in and around the Comunidad Nativa Matsés have supported the traditional lifestyles of the Matsés people. Together with CEDIA, the Matsés have been proposing formal, legal protection for the proposed Reserva Comunal for 14 years. With the results of this inventory and the previous work of CEDIA in the region, the Comunidad Nativa Matsés proposes the protection of 391,592 ha to establish the Reserva Comunal Matsés in the diverse lowland forests bordering their titled lands. They also propose to extend their native community (CNM) farther south to include an additional 61,282 ha.
Principal protection and management recommendations	01 Establish the Reserva Comunal Matsés (391,592 ha, Figure 2, Map 1) to protect a nearly complete gradient of terra firme habitats that border the Comunidad Nativa Matsés. 02 Secure the highest level of protection for the extensive white-sand forests (Map 2) that offer minimal potential for resource use—commercial or subsistence—and are extremely fragile and harbor endemic species. 03 Provide adequate protection for the headwaters of the Gálvez and Yaquerana rivers, and their source areas of animal and plant populations that are important for the Matsés. 04 Ensure that the *Jefe*, the *Junta Directiva*, and the *Asociación de Jóvenes* of the Comunidad Nativa Matsés are an integral and central part of the administration of the proposed protected area, the Reserva Comunal Matsés. 05 With the Matsés community elaborate management plans for the use of natural resources within the Comunidad Nativa Matsés.

Map 1

**Proposed areas bordering the
Comunidad Nativa Matsés**

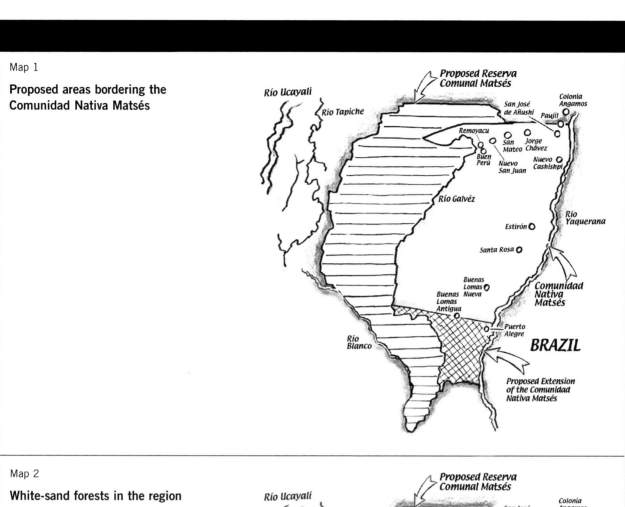

Map 2

White-sand forests in the region

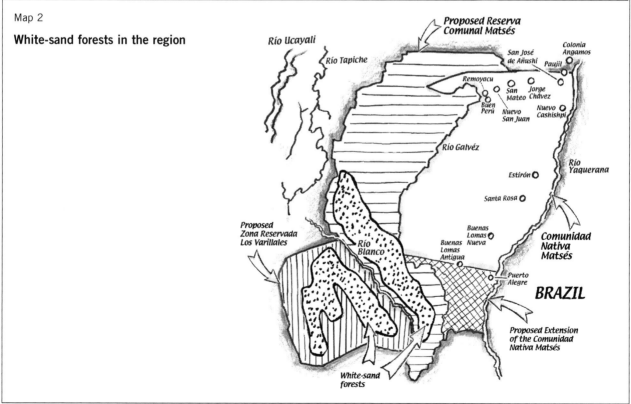

Long-term conservation benefits

The conservation area we are proposing for the Matsés region represents an **opportunity to protect the impressive array of habitats and microhabitats within the region**, which encompass a very high proportion of Loreto's world famous biodiversity. The forests within the proposed Reserva Comunal Matsés also harbor great cultural diversity, providing refuge for **the Matsés and the natural resource knowledge** they have accumulated over generations. The creation of this new conservation area will protect:

01 an area of high cultural and biological value

02 the extensive white-sand forests, rare and poorly understood habitats, with high plant and animal endemism

03 a nearly complete gradient of the principal terra firme habitats in Amazonia

04 the headwaters of the Gálvez and Yaquerana rivers

05 the important source areas of plants and animals for the Matsés

06 the commitment of the Matsés to manage their natural resources

Why Matsés?

At first glance, the Matsés region appears to be typical lowland Amazonian forest—wet, hyperdiverse, and teeming with wildlife. Hills, both gentle and more sloped, dominate the region, and rivers and streams course through its intact forests. From space, satellite images reveal a rich collage of green hues that reflect the underlying plant diversity, punctuated by the occasional deep purple of a swamp forest, or the harsh blue of a regenerating forest or clearing (Figure 2). But a closer look reveals broad swathes of forest on either side of the Río Blanco that reflect a shade of lilac; these unexpected hues were our first hint that the Matsés region is extraordinary.

The lilac areas were a mystery to us. In initial overflights we saw extensive populations of short *Mauritia* and *Euterpe* palms, leading us to speculate that our inventory in these areas would land us in an oddly stunted swamp forest. However, once on the ground we realized that these palms were not the *Mauritia flexuosa* or *Euterpe precatoria* palms typical of Amazonian swamp forests, but instead were their white-sand cousins, *Mauritia carana* (Figure 3G) and *Euterpe catinga* (Figure 4J). The lilac-colored areas represent an enormous complex of white-sand forests previously unvisited by scientists and larger than any of the known white-sand forests in Peru (Figure 12A).

The Matsés—the region's long-term inhabitants—have a deep knowledge of the natural resources within their territories. They have known about these white-sand forests for ages and consider them to be fragile and sacred areas. Over generations, they learned that these areas are unproductive for agriculture because of their nutrient-poor soils and are unsuitable for hunting because of their scarce game species.

But it was not just the white-sand forests that impressed us during the inventory. In a single day, we could walk through floodplains, lush upland forests, wet bottomlands and swamps, all underlain by a vast patchwork of different soils. This wilderness shelters an almost complete representation of the forest and river types in lowland Amazonia. The habitat mosaic, with its soil fertility and hydrological gradients, is a crucial laboratory of evolution. Preserving the proposed Reserva Comunal Matsés and the adjacent white-sand forest, with deep involvement from the Matsés, will protect this rich and unusual natural tapestry for this and future generations.

Why protect white-sand forests?

Forests growing on white-sand soils are some of the least species diverse of all Amazonian forest communities. Typically, the trees are slender and short, and animals are scarce. Why should we work to conserve these odd, low-diversity communities?

Although white-sand forests are barely one-fifth as diverse as the richest Amazonian *terra firme* forests, the species that occur there are largely endemics. In the last ten years, biologists working in white-sand forests near Iquitos have discovered more than two dozen species new to science, including five birds, and numerous plants and insects. These species have not been registered outside of white-sand forests and many occur only in Peru.

White-sand forest communities are rare throughout the landscape. In the entire Amazon basin, they represent ~3% of lowland forests and these mostly occur within the Río Negro basin in Venezuela and Brazil. In Peru, white-sand habitats are even less common. There are eight known patches of white-sand forest in Peru, representing less than 1% of lowland Peruvian rainforest (Figure 12A). Currently, only one of these areas is protected, the Reserva Nacional Allpahuayo-Mishana (58,069 ha), and only some 20% of this reserve is white-sand forest.

The eight white-sand patches are isolated from one another and from similar habitats in Colombia, Venezuela, and Brazil. This scattered distribution likely reinforces not only the endemism but also the vulnerability of Peru's white-sand flora and fauna. For example, a new species of gnatcatcher (*Polyoptila clementsi*) was described in 2005. Fewer than 25 individuals are known in the world, and all occur in two white-sand forest patches in and near the Reserva Nacional Allpahuayo-Mishana.

White-sand forests are extremely fragile. These soils have some of the lowest nutrient availabilities recorded anywhere. Mineral nutrients reside within living organisms, and roots and fungi quickly capture any decomposing nutrients. If the trees are cleared in a white-sand forest, nutrients leach rapidly through the sand, and the soil degrades. Using these forests for extractive or agricultural activity is counterproductive economically, because more resources are expended in clearing the forests than could ever be recuperated from agricultural or logging enterprises.

Because white-sand forests are rare, fragile habitats that shelter vulnerable and endemic species, the proposed Zona Reservada Los Varillales (195,365 ha; Figures 2, 12A) represents a terrifically important conservation opportunity. Along the Río Blanco there are scattered small human settlements; however, the great majority of the area is uninhabited and intact forest. In only three days at this site, scientists found species never previously recorded in Peru, and some new to science. This area represents the largest known white-sand forest in Peru. Since larger populations are more resistant to extinction, the Zona Reservada Los Varillales will safeguard rare and endemic species that otherwise will disappear forever.

Overview of Results

LANDSCAPE AND SITES VISITED

For two weeks in October-November 2005, the rapid biological inventory team surveyed *terra firme* forests, floodplains, swamps, streams, and lakes in the proposed Reserva Comunal (RC) Matsés (391,592 ha; Figure 2). We focused on three uninhabited sites to the north, west, and south of the native territories of the Matsés people, the Comunidad Nativa Matsés. Concurrently, the social team visited seven Matsés settlements, and met with Matsés leaders to identify local assets and initiatives that can play an important role in conserving their lands and those that border their community. Although this area of Peru is intimately known to the Matsés, nearly the entire region was unknown to biologists before our inventory.

Our closest point of comparison was a rapid inventory of four sites along the Río Yavarí (Pitman et al. 2003). Since the Matsés region forms part of the Yavarí basin, we suspected the two areas would be biologically very similar. However, on the contrary, results for all the organisms surveyed—plants, fishes, amphibians, reptiles, birds, and mammals—indicated that the Matsés region harbors many unique species. Moreover, several habitats surveyed in the Matsés region were not explored during the Yavarí expedition, nor are these habitats apparent on satellite images of the Yavarí region. Below we give a more detailed overview of our results, placing them in a regional and global context wherever possible, and highlighting the unique features of the Matsés landscape.

GEOLOGY, HYDROLOGY, SOILS

Several techniques were used to assess the geology, hydrology, and soils of the Matsés region, ranging from large-scale examinations of satellite images to smaller-scale measures of topographical features, soil profiles, and water properties. These preliminary measures reveal a landscape with great heterogeneity in soil fertility and soil composition within and among sites.

Two large geological features underlie this heterogeneous landscape: the Iquitos Arch and the Bata-Cruzeiro fault. The Iquitos Arch is an uplifted formation that runs more or less along an east-west axis and is bisected by the Bata-Cruzeiro fault near the Río Blanco (Figure 2). Evidence of faulting in the Amazon basin is less obvious than in mountainous areas such as the Andes, but a careful look at the satellite image reveals numerous, almost linear, streams running perfectly parallel to the Río Blanco along the fault lines. In addition, the Río Blanco valley is the lowest point (<100 m above sea level) in the surrounding landscape, suggesting that this area dropped downward during the faulting process.

Across the region, typically only 100-120 m separates the lowest and the highest points on the landscape, and the highest point we surveyed was ~220 m above sea level. Topography ranges from the steeply incised hills at Actiamë, to the gentler and broader hills at Choncó, and the flat-topped summits at Itia Tëbu (Appendix 1F, Figure II).

Over distances as short as tens of kilometers, one can encounter an almost complete gradient of soil types and habitats of lowland Amazonia, from poor white sands to rich clays and the array of sand-clay mixtures in between these extremes. White sands are rare soil types within the Amazon, and their origins are unknown. They may represent old alluvial sands, or they could reflect the weathering of texturally complex sediments. Seen via satellite, these nutrient-poor white sands occur on either side of the Río Blanco, and represent the largest expanse of white-sand soils known in Peru.

Within the region, surficial soils vary on large and small scales. Soils in the north are principally from the Pevas Formation (remnants of a large lake system formed 18 million years ago), and southern soils are more likely to be fluvial sediments. Despite this general tendency, both of these types of soil deposits can occur anywhere in the region. Rivers and streams frequently change course, cutting new channels through older and often much finer materials, exposing new soil layers. This dynamism results in a patchwork of soils that varies laterally and vertically over scales as small as tens of centimeters.

Not only do rivers and streams actively shape the landscape by changing course, their water chemistry provides information about the soil fertility and nutrient dynamics in the surrounding forests. We found that the inventory sites range from low conductivities in Itia Tëbu with rather low concentrations of dissolved materials and nutrients, to intermediate conductivities at Choncó, and higher conductivities at Actiamë with more solutes, and higher nutrient concentrations.

VEGETATION AND FLORA

Loreto is renowned as a center of tropical plant diversity, and the Matsés region appears to be one of the brightest hotspots. Our two weeks of collecting, photographing, and identifying plants in the field resulted in a preliminary list of ~1,500 plant species, a little less than half of the plant species we suspect occur within the region. Other rapid inventories in Loreto, including along the nearby Río Yavarí (Pitman et al. 2003), and farther north along the Ampiyacu, Apayacu, and Yaguas rivers (Vriesendorp et al. 2004) estimate a regional flora between 2,500-3,500 species. We believe that the proposed RC Matsés likely supports additional species associated with more specialized habitats (e.g., white-sand forests), and may harbor greater plant diversity than any existing protected area in lowland Peru.

Our three inventory sites covered almost the entire range of forested habitats of lowland Amazonia: swamp forests, floodplain forests, and terra firme forests on rich, intermediate and extremely poor soils. At any given site in the proposed RC Matsés, local plant species richness ranges from some of the richest in Amazonia (upland areas of intermediate to relatively-rich soil fertility) to some of the most depauperate (white-sand forest areas).

Because of their low diversity and relatively simple structure, the white-sand forests are the easiest to characterize floristically. At Itia Tëbu the white-sand forests are dominated by an emergent palm, *Mauritia carana*; a canopy tree in the Rubiaceae (*Platycarpum orinocense*, a tree collected only three times previously in Peru); and four smaller trees—*Pachira brevipes* (Bombacaceae), *Euterpe catinga* (Arecaceae), *Protium heptaphyllum* subsp. *heptaphyllum* (Burseraceae) and *Byrsonima* cf. *laevigata* (Malpighiaceae). Before this inventory, *Mauritia carana* was thought to be an exceedingly rare palm, yet in the white-sand areas in the Matsés region the population numbers in the tens of thousands.

Upland forests in the Matsés region, similar to other lowland Amazonian forests, are overwhelmingly diverse. The scope of the plant diversity is so great that most species are rare. As an example, botanists surveyed plants over 10 cm in diameter in a 100-m survey at Actiamë, and recorded 47 species in 50 stems.

Focusing on a single family can make it easier to place this high diversity within a broader context. During the two-week inventory, we found 41 different species of Burseraceae trees in the three inventory sites, an unofficial record for this family in Peru. For comparison, it has taken more than four years to collect 40 species across a broad range of terra firme habitats in the Reserva Nacional Allpahuayo-Mishana.

Most of the plant specimens from our inventory remain unidentified; nevertheless, we estimate that a dozen or more of our 500 fertile specimens are likely to be new species.

FISHES

The ichthyological team surveyed a great variety of aquatic habitats, sampling 16 rivers and streams, two small pools alongside streams, two lagoons, one flooded forest known as a *bajial*, and a *Mauritia* palm swamp known as an *aguajal*. Of these 24 sites, 15 were blackwater, five were clearwater, and four were whitewater environments.

These surveys revealed that the aquatic environments of the Matsés region support a highly diverse community of fishes. In 12 days of fieldwork, including interviews with Matsés fishermen, ichthyologists generated a preliminary list of 177 fish species that represent 113 genera, 29 families, and 9 orders. Several habitats were not surveyed during this study, including large rivers such as the Gálvez, Blanco, and Yaquerana, and the numerous whitewater and blackwater lagoons seen during overflights of the area. With additional sampling of these habitats, the team estimates that ~350 fish species inhabit the Matsés region.

The region supports a great variety of clearwater, blackwater, and whitewater environments, and all support heterogeneous fish communities, some abundant in fish biomass (oxbow lakes and the main rivers), and others which are species-rich but only support moderate to low densities of fishes (clearwater and blackwater streams). Overall, the greatest fish diversity was found in headwaters of the Río Gálvez and in the streams that feed the Yaquerana, where we registered 125 species (70% of all fish species registered in the inventory).

At least five Characidae species represent new records for Peru. In addition, during the inventory of the Gálvez headwaters, ichthyologists registered *Ammocryptocharax* (Crenuchidae)—the first time this genus has been recorded in the country. One of the *Ammocryptocharax* species appears to be new to science, and in total, this inventory registered 8-10 potentially new species, including several in the genera *Pariolius*, *Tatia* and *Corydoras*.

Compared to other recently inventoried areas in Loreto, the proposed RC Matsés harbors one of the richest fish communities in forested aquatic environments in Peru, with 45-50% of the species unique to the Matsés region. Of the 177 species registered during the Matsés inventory, 89 (50%) were also present in Yavarí (Ortega et al. 2003a) and 98 (55%) were registered in the inventory of the Ampiyacu, Apayacu, and Yaguas rivers (Hidalgo and Olivera 2004). The Matsés region merits protection as a source of biologically, culturally, and economically important fish species, and as an important regional center of fish diversity.

AMPHIBIANS AND REPTILES

This inventory was conducted during October and November, some of the drier months of the year, and typically these drier conditions are less favorable for finding amphibians and reptiles. Nonetheless, herpetologists recorded a very diverse herpetofauna in the Matsés region including 74 species of amphibians and 35 species of reptiles represented by 18 lizards, 13 snakes, 2 turtles and 2 caimans. In only 12 days, the team registered more than 60% of the expected amphibian species known from the Iquitos area (~115 spp), and more than 50% of the lizard species of the Amazon basin.

Three species new to science were recorded during the inventory, including two, a *Bufo* in the *margaritifer* group ("pinocchio") and a *Hyalinobatrachium* (Centrolenidae), already confirmed as species new to science during the rapid inventory of Río Yavarí (Rodríguez and Knell 2003). In the white-sand forests in Itia Tëbu the team found a rare poison dart frog, *Dendrobates* in the *quinquevittatus* group, with a black body, pale stripes descending below the mouth, and golden limbs. This species is almost certainly new to science, and appears to be restricted to white-sand habitats.

Herpetologists uncovered a rare fossorial frog, *Synapturanus rabus*, when they heard an individual calling under several centimeters of mud. This represents the first record of this genus in Peru, and represents a range expansion of at least 500 km for the species. Another rare and little known species was found when Matsés collaborators working with the advance trail-cutting team discovered the pitviper *Bothrops brazili*.

The Matsés were excited to find the arboreal frog *Phyllomedusa bicolor* at Actiamë, along the Río Yaquerana. Known to the Matsés as *kampô* or *dauqued*, this species is culturally important to numerous indigenous groups in the Amazon. Both men and women apply secretions from the frog's dorsal glands to self-inflicted burns in their own skin, to give themselves strength and courage.

Other rapid inventories in the Yavarí (Rodríguez and Knell 2003) and Ampiyacu, Apayacu, Yaguas (AAY) watershed (Rodríguez and Knell 2004) provide a regional context for the herpetological diversity found during the Matsés inventory. Although we sampled at least five fewer days, we recorded nearly equivalent numbers of amphibians in Matsés (74 species) as in Yavarí (77), and more species than in AAY (64). In the Matsés region, we recorded 26 amphibian and 11 reptile species not found in AAY and 20 amphibian and 10 reptile species not recorded in Yavarí.

BIRDS

Ornithologists recorded 416 species of birds during the rapid inventory of the proposed Reserva Comunal Matsés, an unofficial record for rapid biological inventories in Loreto. With more complete surveys we estimate that ~550 species would be found in the region.

We spent three days exploring the white-sand forests in the Matsés region, documenting the low-density and low-diversity bird community typical of these habitats. During this time, we managed to tape-record a *Hemitriccus* tody-tyrant that differs from recordings of Zimmer's Tody-Tyrant (*Hemitriccus minimus*), and may represent an undescribed species. Only one other white-sand habitat specialist was observed, Yellow-throated Flycatcher (*Conopias parva*), although more than 20 birds are known to associate with white-sand and other extremely poor soils. In the last decade, five bird species new to science have been discovered in white-sand habitats in Peru, typically after years of intensive surveys. Our findings underscore the importance of additional surveys in white-sand areas in the Matsés region, to search for habitat specialists and species potentially new to science.

Outside of the white-sand habitats, we encountered the high diversity characteristic of lowland Amazonian bird communities. For example, our four-day survey of one of the richer soil terra firme habitats registered 322 species. A handful of our observations represent substantial range extensions, the most notable being a single Northern Waterthrush, *Seiurus novaboracensis,* seen along a stream at Actiamë. This North American migrant is known in Peru from only two records, one south of Lima on the Pacific slope, and the other at the Río Curaray (T. Schulenberg, pers. com.). Our survey during late October-early November represents the height of migration, and we registered 19 species of migrants from North America during the inventory, mainly land birds.

To understand the singularity of the Matsés avifauna, we compare our results to two other rapid inventories in Loreto. The Yavarí inventory (Lane et al. 2003) sampled four sites within the Yavarí drainage, downriver from the Matsés inventory. The Ampiyacu, Apayacu, and Yaguas inventory (Stotz and Pequeño 2004) sampled three sites north of the Río Amazonas, within the Amazonas and Putumayo drainages. Although many species are shared between these three inventories, at least a third of the avifauna is unique to each.

MAMMALS

Previous inventories in nearby areas, including the Reserva Comunal Tamshiyacu-Tahuayo and sites along the Gálvez and Yavarí rivers, indicate that 65 species of medium and large mammals likely occur in the proposed RC Matsés. During our two-week inventory, we registered 43 of these species and the Matsés recognize at least 60 as ones they encounter in their lands. The Matsés region is among a select group of Peruvian sites (e.g., Yavari; Ampiyacu, Apayacu, and Yaguas; Parque Nacional del Manu; Reserva Comunal Tamshiyacu-Tahuayo) that rank among the areas of highest mammal diversity in the world.

Large primates and ungulates, often favored by hunters, were remarkably abundant in the region (Figures 9A, B). Except for the area along the Río Blanco (Figures 8A, 10A), we found little or no evidence of hunting in our inventory sites. We did find fewer mammals in white-sand forests than elsewhere in the region; however, this almost certainly reflects the reduced productivity of these habitats.

Several rarities were sighted during the inventory. We observed jaguars and their tracks (*Panthera onca*) on several occasions, and a bush dog (*Speothos venaticus*) was seen at Choncó. A female pink river dolphin (*Inia geoffrensis*) was observed nursing her young at the mouth of a small tributary to the Río Yaquerana.

Two rare species were notably absent during the inventory. We hoped to find two globally threatened monkeys, Goeldi's marmoset (*Callimico goeldii*) and the red uakari (*Cacajao calvus*). The Matsés recognize both species, although only a few have seen Goeldi's marmoset, a species that is rare across its range. Many recognized the red uakari, a species that typically is found in *Mauritia* palm swamps, and can range over 150 km^2 areas. Neither of these species is protected within the Peruvian park system (SINANPE).

HUMAN COMMUNITIES

The proposed Reserva Comunal Matsés is bordered along its eastern edge by the Comunidad Nativa (CN) Matsés, the largest titled indigenous land within Peru. Some 1,700 Matsés live within the 452,735 ha of the CN Matsés, distributed among 13 settlements known as *Anexos* (Appendix 7). The Matsés are an autonomous ethnic group that represent themselves, and are not affiliated with any indigenous federations. For the last 26 years, the anthropologist Luis Calixto has lived and worked with the Matsés, studying their social organization and participating in their daily lives. His work, along with technical assistance from the Centro para el Desarrollo del Indígena Amazónico (CEDIA) to the Matsés community beginning in 1991, provided the social context for this inventory.

In 1997, the Matsés people proposed a conservation area to the west, south, and north of their community, in lands where they have hunted and fished for generations. Their vision for this conservation area is a Reserva Comunal within the Peruvian park system (SINANPE), a category that provides long-term protection and permits sustainable use of natural resources. Currently, the Matsés are the unofficial stewards of these lands. A Reserva Comunal would formally recognize the importance of their role and ensure more effective and long-term conservation of this area.

The Matsés are uniquely positioned to take on a greater and more official conservation role. Previous social research in the region and data from the asset mapping of the rapid social inventory demonstrate that the Matsés society is highly organized with explicit decision-making mechanisms within and among settlements. Traditional resource use and a strong sense of ethnic identity form the core of the Matsés community, and are reinforced in younger generations by bilingual schooling in Spanish and Matsés. A newly formed youth association, known as CANIABO (caniabo is youth in Matsés), provides leadership opportunities and training to younger Matsés. These organizational and cultural strengths, coupled with small-scale resource use and subsistence hunting, are strong indications that the Matsés would serve as responsible on-the-ground administrators of these lands.

In addition to the Comunidad Nativa Matsés, there are several other human settlements in the region. On the western side of the proposed protected area there are scattered communities along the Río Ucayali, as well as along its tributary, the Río Blanco. Requena, a small city along the Río Ucayali, is a three-day walk for the Matsés, and they sometimes trade, sell, and buy goods there. To the north of the CN Matsés, Colonia Angamos is the nearest and largest settlement, with an airstrip that receives flights to and from the city of Iquitos.

There are no known human settlements within the proposed Reserva Comunal. However, according to reports from the Matsés, uncontacted and/or voluntarily isolated Matsés people do inhabit those lands, as well as areas within the Comunidad Nativa.

THREATS

The gravest threats to the area are the timber concessions west of the Río Blanco, adjacent to the proposed RC Matsés. These concessions overlap directly with the largest patch of white-sand habitat in Peru, and represent an imminent threat to these fragile habitats. Plants grow exceedingly slowly in these nutrient-poor areas, resulting in trees that are stunted, slender, and decidedly unsuitable for timber. Only a specialized group of plants and animals can survive in these extreme soils. Not only would timber extraction in white-sand areas be unproductive, it would completely devastate the singular biological communities that live there.

Two additional activities are potential threats to the area: unmanaged hunting and illegal drug processing in temporary camps. Currently, both appear to have had minimal impacts in the region; however, if unchecked, each could produce more severe effects in the long-term. In much of Amazonia, hunting poses the greatest threat to animal communities, especially when hunting efforts are intense and large-scale. Illegal drug processing camps, because of their lawlessness, represent a danger both to human and biological communities.

Our inventory provides a preliminary assessment of these two threats, and their impacts. We found scattered evidence of past hunting (shotgun shells, a peccary skull in an old hunting camp), yet we also observed substantial and healthy populations of species typically favored by hunters (e.g., guans, curassows, agoutis, large monkeys). Near the Peru-Brazil border we found an abandoned drug processing camp, a small trail network, and a large oil drum. We suspect the abandoned airstrip on the Brazilian side of the river was part of the same operation. Although such temporary camps can have negative impacts on fauna, the abundant animal populations at this one suggest that drug runners at this camp may not have hunted game. However, the direct impact of this temporary camp on human populations, on either side of the Peru-Brazil border, remains unknown.

Our evidence of past hunting expeditions comes from Itia Tëbu near the Río Blanco, and the site abandoned by drug processors was found at Actiamë along the Río Yaquerana. Not surprisingly, both occur on major rivers. Because they provide access to otherwise remote areas, rivers represent the most vulnerable entry points for the region.

Given the timber interests, the potential for unregulated hunting, and the illegal drug processing camp, perhaps the most overarching threat for the biological and human communities of the area is the lack of formal protection. The proposed RC Matsés is one of the jewels of the Peruvian lowlands— encapsulating such a broad range of soil types that establishing a conservation area here would protect much of the floral and faunal diversity of the Peruvian Amazon. The headwater streams of the Yavarí, one of the principal tributaries of the Amazon, originate in this region, and the drainage network in the area harbors economically important fishes as well as new records, rare species, and species new to science. The Matsés region represents an enormous opportunity to protect a spectacular diversity of lowland terrestrial and aquatic habitats while they still remain intact.

CONSERVATION TARGETS

The following species, communities, and ecosystems are of particular concern in the region because they are (i) especially diverse or unique to this area; (ii) rare, threatened, vulnerable, or declining here and/or elsewhere in Peru or the Amazon; (iii) key to ecosystem function; or (iv) important to the local economy. Some of these conservation targets may meet more than one of the criteria above.

ORGANISM GROUP	CONSERVATION TARGETS
Biological Communities	Major terra firme habitats in the Peruvian lowlands, from nutrient-rich clay soils to sandy loam hills with intermediate fertility to impoverished white-sand soils
	Extensive white-sand forests, a habitat representing less than 1% of the Peruvian Amazon (Figure 12A), with many endemic species
	Extremely acidic forest streams draining white-sand areas (Figure 3D)
	Swamp hummock complexes near the Río Gálvez headwaters
	Heterogeneous aquatic ecosystems found in the Río Gálvez headwaters and the Río Yaquerana watershed (including blackwater, clearwater, and whitewater)
	Headwaters of the Río Yaquerana and Río Gálvez rivers, critical to ensuring the integrity of the Yavarí watershed
	Upland forest communities, including flooded lowlands, palm swamps (*aguajales*) and white-sand forests with high amphibian and reptile diversity
	Intact and heterogeneous habitats that serve as a source of game species, especially in the headwaters of the Río Yaquerana and the Río Gálvez
Vascular Plants	Plants endemic to white-sand forests, including large populations of *Mauritia carana* (Arecaceae, Figure 3G), *Platycarpum orinocense* (Rubiaceae, Figures 4A, C), and *Byrsonima* cf. *laevigata* (Malpighiaceae)
	Populations of commercial timber species heavily exploited elsewhere in Loreto, including Spanish cedar (*Cedrela odorata*, Meliaceae), kapok or *lupuna* (*Ceiba pentandra*, Bombacaceae) and *palisangre* (*Brosimum utile*, Moraceae)
Fish	Biologically, culturally, and economically important species in the region such as *Osteoglossum bicirrhosum* (*arahuana*), and *Cichla monoculus* (*tucunaré*)
	Large catfish such as *Pseudoplatystoma tigrinum* (*tigre zúngaro*), which are exploited intensely in other parts of Amazonia

Fish (continued)	Rare species and those with restricted distributions such as *Myoglanis koepckei* (Figure 5F)
	Valuable ornamental species like *Paracheirodon innesi* (*tetra neón*), *Monocirrhus polyacanthus* (*pez hoja*), *Boehlkea fredcochui* (*tetra azul*)
	A diverse group of species in the *Apistogramma* genus (*bujurqui*), common in clearwater and blackwater within the heterogeneous forests in the Matsés region
Reptiles and Amphibians	Communities with many (up to 10) species of coexisting Dendrobatidae
	Amphibian species associated with white-sand forests and surrounding areas, such as the frogs *Osteocephalus planiceps* and a potentially new species of *Dendrobates* in the *quinquevittatus* group (Figure 6C)
	Populations of *Synapturanus* (Microhylidae, Figure 7C), a new genus for Peru
	Species with commercial value, such as turtles (*Podocnemis unifilis, Geochelone denticulata*) and caiman (*Caiman crocodilus*)
Birds	Birds of white-sand forest habitats, including potential habitat specialists and species new to science
	Diverse avifauna of terra firme forests
	Game birds threatened in other parts of their range, including Razor-billed Curassow (*Crax tuberosum*) and White-winged Trumpeter (*Psophia leucoptera*)
Mammals	An extremely diverse primate community (14 species) with abundant, large species such as *Lagothrix lagothricha, Ateles paniscus* (Figure 9A) and *Alouatta seniculus*
	Populations of giant armadillo (*Priodontes maximus*), listed as endangered on the World Conservation Union's (the IUCN) Red List (2004)
	Habitat specialists such as *Callimico goeldii* and *Cacajao calvus*, both of which are listed as vulnerable on the IUCN's Red List (2004)
	Large mammals that have suffered local extinctions in parts of their range because of habitat loss or overhunting
Human Communities (Matsés)	High organizational capacity for managing a natural protected area
	Economic activities and production methods of a type and scale compatible with conservation (Figures 11F, I)

CONSERVATION TARGETS

Human Communities (Matsés)
(continued)

In-depth cultural knowledge of the environment, including white-sand forests (*varillales*)

Commitment to conservation and to sustainable use of natural resources

Our shared long-term vision with the Matsés for their landscape is a mosaic of land-use areas that conserve the region's diverse and intact forests and the traditional practices and lifestyles of the Matsés communities living in them. Two priorities emerged from the integrated results of the rapid inventory and CEDIA's 14 years of work with the Comunidad Nativa Matsés: (1) conservation of the diverse landscape bordering the Matsés territories through the creation and consolidation of the Reserva Comunal Matsés and (2) conservation of the singular biology of white-sand forests through the creation of a dedicated protected area. Below we offer our recommendations for establishing these two protected areas—the Reserva Comunal Matsés and the Zona Reservada Los Varillales—including our suggestions for protection and management, zoning, future inventories, research, and monitoring and surveillance.

Protection and management

Reserva Comunal Matsés

01 **Establish the Reserva Comunal Matsés (391,592 ha) inside the boundaries outlined in Figure 2.** This area merits immediate protection based on its large and intact expanses of forests, its extraordinary biological richness, and its cultural importance for the Matsés. The area is directly adjacent to the proposed white-sand protected area (see White-sand Forests, below).

02 **Negotiate a process between the Junta Directiva Matsés and the Peruvian park service, INRENA, to ensure the integral involvement of the Matsés in the long-term conservation and administration of the Reserva Comunal Matsés.** There are compelling and practical reasons for the Reserva Comunal Matsés to be an indigenous-administered protected area. For 14 years the Matsés have worked with CEDIA to protect this area. They have an intimate knowledge of these forests, and are experienced in addressing invasion, encroachment, and resource extraction threats. Most importantly, the egalitarian decision-making process of the Matsés—which relies on building consensus—provides a strong foundation for administering and managing a protected area (see p. 218, Socio-cultural assets of the Comunidad Nativa Matsés).

03 **Involve members from all of the Matsés settlements, or *Anexos*, in the protection and management of the Matsés wilderness.** Work directly with Matsés officials (*Junta Directiva* and the *Juntas de Administración*) to promote local participation in protection efforts including:

- **Involving members of local communities as park guards, managers, and educators.**

- **Involving young Matsés in the conservation efforts, via the CANIABO Association** (*caniabo* means youth in Matsés).

- **Managing harvest of game birds, mammals, and fish by members of the Matsés communities.** We recommend immediate participatory research

Protection and management
(continued)

(see Research 03, below) on the use of the landscape by native communities, their traditional management of game harvests, and the impact of hunting on more vulnerable species. We recommend implementing a management plan—designed by the community and based on the research results—to ensure sustainable hunting, including establishing strictly protected areas where hunting is prohibited to serve as source areas and sites for recovery of game populations.

04 **Secure sustainable funding for the implementation of the Reserva Comunal.**

05 **Provide technical and financial assistance** to the Comunidad Nativa Matsés and appropriate NGOs to improve the effectiveness and long-term viability of their efforts as they administer and protect the Reserva Comunal Matsés.

06 **Map, mark, and make known the boundaries of the Matsés protected area.** Most vulnerable are the boundaries near the western and northern limits of the reserve, susceptible to incursions by people from farther upriver, along the Río Blanco, or Iquitos, and people from Angamos.

07 **Train Matsés park guards.** Establish protocols with the Matsés, including routes for patrolling and procedures to stop illegal activities (e.g., logging).

08 **Minimize impacts to headwaters within the region to protect the entire drainage network of the Yavarí and Yaquerana rivers.** Conserving the entire drainage, from the small forested streams of the headwaters, to the principal waterways like the Río Yavarí, is critical for protection of the watershed and of the communities of fishes, invertebrates, and vertebrates, as well as humans, who depend on the integrity of the watershed.

09 **Expand the Comunidad Nativa Matsés to the south,** within the boundaries as outlined in Figure 2. The current southern boundary of the CN Matsés bisects a Matsés settlement (Buenas Lomas Antigua). The boundary should be expanded to the south to include the entire settlement, as well as the settlement at Puerto Alegre and the surrounding area. The extension is 61,282 ha.

White-sand Forests

01 **Create the Zona Reservada Los Varillales (195,365 ha, Figure 2), to protect the biological uniqueness of the white-sand forests (*varillales*) on either side of the Río Blanco (see maps p. 145).** This area presents the largest expanse of white-sand forests in Peru. Logging and colonist incursions threaten this area; during the rapid inventory we observed several abandoned agricultural plots and a network of persistent and destructive trails cut by logging tractors. Timber is not

being extracted from the white-sand areas; these areas are razed for access to timber further inland. Our best estimates suggest that the white-sand vegetation destroyed by these tractor trails will take several hundred years, if not more, to recover. We recommend creating a Zona Reservada, and ultimately a Santuario Nacional (see below), to ensure immediate protection for the fragile white-sand forests.

02 **Relocate logging concessions planned for the white-sand forests on the western side of the Río Blanco.** White sands are the poorest soils in the Amazon basin and the trees they support are short and thin. These low-productivity areas are decidedly unsuitable for timber extraction, yet they are rich in endemic species and extremely valuable for conservation.

03 **Determine the category and elaborate boundaries for the white-sand protected area.** Our rapid inventory results support the strictest level of protection for this area, either as a national park or as a national sanctuary. We recommend joint discussions with the Regional Government of Loreto, INRENA, and Matsés officials to determine the final category. To elaborate the boundaries for the white-sand protected area, we recommend inviting experts in satellite imagery analysis to participate in the discussions: preliminary analyses by R. Stallard are a useful starting point (Figure 2, 12A).

04 **Institute patrols for park guards to prevent logging, poaching, and other incursions.**

Zoning	**Engage the CN Matsés in participatory workshops to develop a zoning plan.** In conjunction with CEDIA, the Matsés have begun to develop maps of their current use of resources in the region. These should serve as a first step towards developing a zoning plan that protects the valuable biological communities in the area, and at the same time allows the Matsés to continue their traditional use of the forest, but under a plan for sustainable management.
Further inventory	01 **Continue basic plant and animal inventories, focusing on other sites and other seasons, especially March-August.** Priority aquatic areas for inventories include the Gálvez, Blanco, and Yaquerana rivers, and the unexplored lagoons, or *cochas*, observed during the overflights. The highest priority terrestrial habitats are the white-sand forests (see 02 below) and the forests along the blackwaters of the Río Gálvez and its tributaries.
02 **Conduct long-term surveys of the white-sand forests in the Río Blanco area with biologists experienced in similar habitats in Amazonia.** White-sand forests

RECOMMENDATIONS

Further Inventory
(continued)

harbor a great number of endemics and we suspect longer-term surveys will register additional rarely collected or new species, especially of plants and birds. Although we found only two birds specializing on white-sand habitats during this inventory, long-term inventories of smaller patches of white-sand forests near Iquitos (Reserva Nacional Allpahuayo-Mishana) have uncovered five species of birds new to science.

03 **Confirm reports of two globally endangered primates in the region.** The red uakari monkey, *Cacajao calvus*, and Goeldi's marmoset, *Callimico goeldii*, have been reported in the region by the Matsés and others, but were not seen during our inventory. We recommend an expedition with the Matsés to confirm the presence of these monkeys, and to map their distribution within the area.

Research

01 **Investigate the genetic structure and population connectivity of populations of white-sand specialists, compared to populations in other white-sand areas.** Species restricted to white-sand forests occupy a naturally patchy habitat. Understanding whether populations in one patch maintain gene flow with other patches will assist in understanding the evolution of these habitat specialists and in managing their populations.

02 **Evaluate the ecological impact of subsistence hunting and gathering on biological communities in the region.** This research is the logical extension of the resource-use maps (see Zoning above), and should be directed towards preserving fauna and flora while maintaining the quality of life of subsistence hunter-gatherers and their families.

03 **Evaluate the importance of habitat gradients in driving evolution.** The mosaic of habitats in the Matsés region constitutes a natural laboratory of evolution. These juxtaposed habitats represent an important resource for future investigations into the origin and maintenance of Amazonian plant diversity, as well as the diversity of insects, birds, and many other organisms.

04 **Evaluate species range limits and biogeograpic barriers in the region.** Although there are no obvious barriers to dispersal (e.g., broad rivers) east of the Río Ucayali, several bird species replace one another and/or species reach the edge of their range in this area. This includes 24 species of birds common in the Amazon and known from areas to the north, south, east, and west, but seemingly absent from the Yavarí drainage (see p. 203, Birds). Understanding these distributions will help set boundaries for management areas, especially for forest-based species that may not be restricted to watersheds.

	05	**Measure the efficacy of boundary signs and patrols in reducing illegal incursions and encroachment** into the newly protected areas of Reserva Comunal Matsés and the Santuario Nacional Los Varillales.
Monitoring/Surveillance	01	**Track movements and demographics of Matsés settlements within the Comunidad Nativa Matsés** (Figure 13, p. 217). Traditionally, Matsés settlements moved every 3-5 years. In the last 30 years the settlements have become more sedentary. Because the CN Matsés borders the reserve, the relocation or change in population size of Matsés settlements (*Anexos*) may influence the distribution of fauna and flora within the Reserva Comunal Matsés, and management plans should be revised accordingly.
	02	**Survey fish and game populations, including turtles and caimans.** These data will be important for determining population baselines, setting conservation goals, and establishing zoning boundaries.
	03	**Design and conduct social research on the challenges and opportunities experienced by different stakeholders (indigenous communities and organizations, government agencies, relevant local/international NGOs) involved in the protection and management of the Reserva Comunal Matsés.** As one of the few indigenous-administered protected area in Peru, the RC Matsés would serve as a model for other areas in Peru and Latin America. We recommend an evaluation of the workings of this process, with a goal of making policy recommendations to support the creation of political and legal frameworks capable of ensuring effective co-management of protected areas by indigenous peoples.
	04	**Develop a practical monitoring program that evaluates progress towards site-specific management goals.** Combine results of research and inventories with the storehouse of Matsés traditional knowledge to establish baselines and targets for vulnerable species or populations.
	05	**Track threats to the area** (including logging, colonization, and ephemeral drug processing stations). To identify and target the most vulnerable areas of the reserve, monitoring methods should include a combination of GIS, remote-sensing and traditional patrols of the area by Matsés, including Matsés park guards.

Technical Report

OVERVIEW OF INVENTORY SITES

(Corine Vriesendorp, Robert Stallard)

The proposed Reserva Comunal (RC) Matsés is a 391,592-ha area of lowland forest in the Peruvian Amazon, ~150 km from the city of Iquitos at its northernmost edge and ~250 km from Pucallpa at its southernmost edge. The area traces a rough crescent shape as it arches around the western and southern borders of the titled indigenous lands of the Comunidad Nativa Matsés (Figure 2).

Situated between the Yaquerana, Gálvez, and Blanco rivers, the proposed RC Matsés forms part of the middle Yavarí River basin, between the Sierra del Divisor to the south, and the confluence of the Yavarí and the Amazonas to the north. Small hills dominate the region: lower and wider ones in the northern portion of the proposed protected area, and steeper and narrower ones to the south.

These forests are underlain by a great variety of soils, from nutrient poor white-sand soils to fertile floodplains. Annual rainfall ranges between 2,500 mm in the south and 3,000 mm in the north, with a weakly defined drier season from June through August (Marengo 1998). Average temperatures are ~26°C.

During the rapid biological and social inventory of the proposed Reserva Comunal Matsés from 25 October to 6 November 2004, the social team surveyed seven communities within titled Matsés lands, while the biological team focused on three uninhabited sites to the north, west, and south of the native communities (Figure 2). In this section we give a brief description of the sites visited by both teams.

SITES VISITED BY THE BIOLOGICAL TEAM

In November 2003, representatives from the Matsés communities, The Field Museum, CEDIA, and INRENA flew in a small plane over the proposed RC Matsés and the Matsés native community. Combining observations from the overflight with our review of regional satellite images, we selected three sites that span a gradient from the smallest waterways to the largest, from the small headwater streams of the Río Gálvez (Itia Tëbu), to a mid-basin area within the Gálvez watershed (Choncó), to the broad main channel of the Río Yaquerana (Actiamë; Figures 3A, E, I).

Once sites were selected, an advance field team flew to each by helicopter to establish a temporary campsite, a small heliport, and ~15 km of trails. Members of every Matsés settlement (known as *Anexos* in Spanish) participated in preparing campsites and trails, and at each site, several Matsés formed part of the inventory team (Figures 11B, D). Site names, which are in the Matsés language and were chosen by the Matsés team members, represent a biologically or culturally important feature of the landscape (Figures 3C, G, L).

Below we describe these sites broadly, emphasizing the wide range of variation in soil fertility, drainage patterns, and forest types that characterize this region. Technical descriptions of these landscapes can be found in Landscape Processes: Geology, Hydrology, and Soils (p. 168).

Chon.có (05°33'23"S 73°36'22"W, ~90-200 m elev., 25-28 Oct 2004)

Our first inventory site was the farthest north of the three sites we surveyed, mid-basin within the Río Gálvez watershed. For four days we explored the low, gently sloping hills in the area—entirely different from the flat-topped ridges so abundant at Itia Tëbu (see below)—with 100 to 200 m typically separating one hilltop from the next.

Soils varied from place to place on these hills, with yellow-brown sandy clay loams on hilltops and sandy clay on the slopes, all of them covered by a 5- to 10-cm thick root mat. We found a single patch of white-sand forest, on a flat hilltop not otherwise distinguishable from other nearby hilltops. The white-sand hilltop was not the highest part of the surrounding landscape, unlike the white-sand areas in the headwaters. Several of the dominant white-sand plants in this small area were not seen elsewhere, underscoring the patchy distributions of these habitats on the landscape. Draining this white-sand area was the only blackwater stream we encountered.

A large network of clearwater streams flows through the clay bottomlands at this site (Figure 3D). The valley bottoms are flat and probably flood. Most of the small streams have 0.5- to 1.5-m incised banks

and all have relatively simple, straight channels with the exception of the stream nearest camp, which was tightly meandering. In a 2-km walk along a single trail at this site one could cross all of the major stream types here: meandering streams with steeply-incised banks, rapidly rushing streams, temporal streams and a stream-fed swamp.

We camped on a bluff overlooking the largest stream (~10 m wide) in the area, and one of our trails explored its broad floodplain. Fauna was plentiful at this site; we awakened every morning to *Callicebus* monkeys. Treefalls, landslides, and major disturbances were rare with one exception. On one hillside we encountered a large regenerating forest, or *purma*, one of several such patches visible on the satellite image. A sharp and forceful downburst of air creates these large-scale treefalls, an infrequent and unpredictable event across Amazonia.

The Matsés sometimes hike from their settlements to Requena, a large town on the Ucayali river, to trade and purchase goods. On one of these three-day hikes in the past some of our Matsés guides had walked through the area near this inventory site. We found evidence (an abandoned temporary shelter, small patch of secondary forest) of a small settlement in the area, unknown to the Matsés. They estimate it was abandoned ~5-10 years ago.

The Matsés named the site for the *chonó* palm (*Pholidostachys synanthera*; Figure 3C) they use for roof thatching. Locally depleted near their settlements, this palm was remarkably abundant at this inventory site. Palms in general were a dominant part of the landscape here, and overall palm diversity was remarkable, numbering over 30 species (Figure 4G). We did not observe any extensive *Mauritia flexuosa* palm swamps, known as *aguajales*, though we did find several lone individuals, and some scattered patches of a dozen stems.

Itia Tëbu (05°51'30"S 73°45'37"W, ~100-180 m elev., 29 Oct-2 Nov 2004)

This was the second site we visited during the rapid biological inventory, along the westernmost edge of the proposed RC Matsés. For three days, we explored more than 15 km of trails through a complex of short, flat-topped hills and broad valley bottoms. We camped along one of the many streams in the area, part of an extensive blackwater network of streams, isolated pools, and larger, interconnected ponds.

Although only 3 km from the Río Blanco, extensive geological faulting in the area causes streams in this area to drain in the opposite direction, towards the Río Gálvez, and ultimately, to the distant Río Yavarí. Major rains on 28 October flooded a substantial part of the trail system, encouraging several frogs to breed explosively for the next several nights. Satellite images show this flooded area to be the western edge of a small lake that drains via a network of tributaries to the Río Gálvez.

Most soils at this site were sandy, ranging from nutrient-poor sandy loams in the valley bottoms to extremely impoverished white sands on the hilltops—the poorest soil type in Amazonia (Figure 3C). A porous root mat, 10 to 40 cm thick, covers the forest floor.

Paradoxically, the lowest vegetation grows on the highest points in the landscape. Spindly stems, rarely reaching more than 15 m in height, grow on the flat ridge tops; these white-sand forests are known locally as *varillal*. A more extreme version of *varillal*, known as *chamizal*, grows on the purest white sands and exhibits an even shorter canopy, typically 3-5 m tall (Figure 3E). Both the *varillal* and *chamizal* are species-poor habitats, dominated by a handful of species, most of them endemic to this habitat (see pp. 176-77, Flora and Vegetation). The white-sand forests in this area represent the greatest extent of this habitat anywhere in Peru (Figure 12A).

The Matsés guides accompanying us had not visited this site previously, but they were familiar with white-sand forests because small patches occur near their settlements. They christened this site Itia Tëbu, for the *Mauritia carana* palm that dominates the white-sand forest (Figure 3G).

In addition to the mosaic of white-sand ridges and valleys, we were able to survey the Río Blanco, a tributary of the Ucayali. From camp we followed a wide, old logging trail (Figure 10D) for 3 km through several large patches of secondary forests recovering from agriculture and logging tractors, traversing three valleys parallel to the Blanco before reaching the river. These valleys are presumably associated with the faulting along the length of the Blanco (see Landscape Processes: Geology, Hydrology, Soils, p. 168). The Blanco (Figure 8A) is a whitewater river, ~50 m wide, and meanders actively. We surveyed the narrow floodplain along its eastern bank, as well as a large, blackwater, floodplain lagoon.

Along the Río Blanco we found the greatest evidence of human impacts of the three sites we visited, including an agricultural plot recently burned for manioc, some temporary shelters, and various shotgun shells (Figure 10A). The *ribereño* village Frontera (~15 families) is only an hour's canoe paddle upstream from here.

Actiamë (06°19'03"S 73°09'28"W, ~80-190 m elev., 2-7 Nov 2004)

This was our southernmost site, and our only campsite along a large river, the Río Yaquerana (known to the Matsés as Actiamë, Figure 3L). We camped on a levee within the extensive Yaquerana floodplain, a fairly flat area with a limited herb layer. Sediment deposits in fallen logs suggest that this area floods completely at times. Four trails radiated from camp and traversed a range of habitats, including a complex of hills and valleys, the Yaquerana floodplain, a small *Mauritia* palm swamp, and a floodplain lake, or *cocha*.

During our four days here we explored some of the steepest terrain we encountered during the inventory, with one trail repeatedly ascending high hills only to descend quickly again into narrow valleys. These climbs illustrated some remarkable soil transitions. Initially, soils were a yellow-brown sandy clay loam, typical of terrace deposits, while higher up on the slopes, we encountered a reddish, dense, and sticky clay. Farther from the river, the trails continued to climb gradually, giving way to a tierra firme upland with flat-topped summits and fairly sandy soils, sometimes with a series of terraces as one ascended from the stream valleys.

One stream valley was unlike any of the others that we observed during the inventory. The stream exhibited especially high conductivity, and was walled with hard sedimentary deposits that included dense blue mudstones and gravels of much harder rocks. All these characteristics indicate that the sediments are from the Pevas Formation, deposits typically found farther north, closer to the Amazon (see Landscape Processes: Geology, Hydrology, and Soils, below).

Another trail explored the floodplain, following the Yaquerana downriver until reaching and crossing one of its large tributaries. In this tributary, we occasionally observed river dolphins, including one nursing its young (see Mammals, p. 209). Most of the streams crossing the floodplain and entering the major tributary were backed up by flooding a few days before, causing extensive muddy backwater deposits in the stream channels.

Although ichthyologists were unable to explore the Río Yaquerana itself because of high waters, they surveyed a large floodplain lake ~500 m inland, and found plentiful fishes there. This was the only site we visited with a significant *Mauritia* palm swamp, although it was small by Amazonian standards and is barely visible on the satellite image.

Fauna, especially large monkeys, were abundant at this site, presumably drawn to the high density of fruiting trees, the greatest that we observed during the inventory (Figure 3K). Although the animal communities here appeared intact, we did find scattered evidence of previous human visits to the area. A trail network, some temporary settlements, and a gas drum (Figure 10B) suggest this area was previously used as a cocaine trafficking/processing camp, perhaps five years ago. In addition, our Matsés guides report that Matsés do hunt in this area occasionally. During our stay we observed one canoe descending the river with tapir and peccary meat (Figure 10C).

COMMUNITIES VISITED BY THE SOCIAL TEAM

While the biological team was in the field, the social team surveyed seven of the 13 native communities within the Matsés territory (Figures 2, 11E). Along the Río Galvéz we worked in five communities: San José de Añushi, Buen Perú, Remoyacu, Paujíl, and Jorge Chávez. To the southeast, along the Quebrada Chobayacu, we visited two communities: Buenas Lomas Nueva and Buenas Lomas Antigua. All of these communities, as well as the six others in the region that the social group did not visit, are discussed in more detail in Territorial History of the Matsés (p. 215).

LANDSCAPE PROCESSES: GEOLOGY, HYDROLOGY, AND SOILS

Author: Robert F. Stallard

Conservation targets: Exceptional soil diversity; ancient patches of white-sand soils with distinctive vegetation, a defining feature of the Loreto landscape insufficiently protected by the Peruvian protected areas system (SINANPE); extremely acidic forest streams draining white-sand areas; swamp hummock complexes

INTRODUCTION

The Peruvian side of the middle Río Yavarí basin is a tierra firme upland that became elevated between three and five million years ago. The sediments at the ground surface tend to be the Pevas Formation in the north and fluvial sediments to the south. Both of these types of deposits exhibit marked lateral variations in texture and composition (Linna 1993). The Pevas Formation tends to have blue clays, lignites, silts, and sands. Some lithologies contain easily weathered minerals such as calcite ($CaCO_3$), gypsum ($CaSO_4$), pyrite (FeS), and apatite ($Ca_5(PO4)_3(F,Cl,OH)$). Soils produced by weathering can range from rich to poor depending on the substrate lithology and the duration of weathering (Kauffman et al. 1998). All fluvial sediments in the region have been pre-weathered in a previous cycle of erosion. Subsequent weathering produces rich soils on young fluvial deposits, but strongly leached soils on older fluvial deposits (Klammer 1984; Irion 1984a,b; Johnsson and Meade 1990; Stallard et al. 1990; Kauffman et al. 1998; Paredes Arce et al. 1998). In the Iquitos region, as well as in the area visited during the rapid biological inventory, this leaching of fluvial sediments has produced white, quartz-sand soils (Kauffman et al. 1998).

There are few published studies of the geology or the soils of the middle Yavarí region. An overview of these studies, as well as a broader look at the region's geology and landscape, is given in Appendix 1A. In this chapter I review the most obvious features of the sites visited during the rapid biological inventory.

METHODS

Soils, topography, and disturbance

Along every trail at each camp, I assessed soil color visually, with Munsell soil color charts (Munsell Color Company 1954), and soil texture by touch, with the help of charts developed in English and Spanish by the Smithsonian Center for Tropical Forest Science (Appendix 1B, 1C). Because the soil was generally covered by leaf litter and often a root mat, I used a small soil auger to retrieve samples. Along the trails I also noted activities of bioturbating organisms (such as cicadas, earthworms, leaf-cutting ants, and mammals), frequency of treefalls involving roots, presence of landslides, the importance of overland-flow indicators (rills, vegetation wrapped around stems indicating surface flow), and evidence for flooding (sediment deposited on fallen tree trunks, extensive gley soils).

In addition to looking at soils, I also made an attempt qualitatively to describe hillslopes and large-scale disturbances. In the case of hillslopes, this included 1) an estimate of topographic relief, 2) spacing of hills, 3) flatness of summits, 4) presence of terraces, and 5) evidence of bedrock control. The major types of natural disturbance expected for western lowland Amazonia are extensive blow-downs (Etter and Botero 1990, Duivenvoorden 1996, Foster and Terborgh 1998), small landslides (Etter and Botero 1990, Duivenvoorden 1996), channel migrations by alluvial rivers (Kalliola and Puhakka 1993), and rapid tectonic uplift or subsidence that changes hydrology (Dumont 1993).

Rivers and streams

I assessed all bodies of water along the trail systems visually and via measurements of acidity and conductivity. Visual characterization of streams included 1) water type (white, clear, black), 2) approximate width, 3) approximate flow volume, 4) channel type (straight, meandering, swamp, braided), 5) height of banks, 6) evidence for overbank flow, 7) presence of terraces, and 8) evidence of bedrock control of the channel morphology.

To measure pH, I used an ISFET-ORION Model 610 Portable System with a solid-state Orion pHuture pH/Temperature Systems electrode. For conductivity, I used an Amber Science Model 2052 digital conductivity meter with a platinum conductivity dip cell. The use of pH and conductivity to classify surface waters in a systematic way is uncommon, in part because conductivity is an aggregate measurement of a wide variety of dissolved ions. However, graphs of pH vs. conductivity (see Winkler, 1980) are a useful way to classify water samples taken across a region into associations that provide insights about surface geology (Stallard and Edmond 1983, 1987; Stallard 1985, 1988; Stallard et al. 1990).

RESULTS

Stream chemistry

The primary result of the water chemistry analyses is that streams from a given site tend to group together (Figure I in Appendix 1F). Río Gálvez headwater streams around Itia Tëbu tend to be blackwater streams. The stream near that campsite had the most acid natural surface water (pH=3.76) that I have ever sampled in the tropics. By contrast, Río Gálvez mid-basin streams around Chonocó tend to have clear waters, with minor blackwater streams (Figure 3D). These waters have low conductivities, indicating rather low concentrations of dissolved material and therefore low nutrients. The conductivity and pH of the water in the Río Gálvez near Remoyacu-Buen Perú is largely derived from clearwater streams similar to the streams at the mid-basin site.

The streams near the Río Yaquerana (Actiamë, Figure 3L) are also clear-water streams, but the higher conductivities indicate considerably more solutes. The stream with the highest conductivity (210 :S, micro Siemens per cm) drains the Pevas Formation. Conductivities of this level indicate that soluble minerals are contributing to the solute mix. In the Pevas Formation, the most likely contributors are calcite ($CaCO_3$), gypsum ($CaSO_4$), and pyrite ($FeS2$).

Site descriptions

In presenting the results of this study, I begin with the headwaters (Itia Tëbu), proceed downriver to mid-basin (Choncó), then to the main channel on the lower Río Yaquerana (Actiamë), and finally to the main channel of the Río Gálvez (Remoyacu-Buen Perú). Stream sampling locations and analyses are in Appendix 1D, 1E.

Headwaters of the Río Gálvez: Itia Tëbu

This region appears to be a recently formed headwaters of the Río Gálvez, created when the previously more extensive headwaters region was cross-cut by the Río Blanco, presumably on a fault system that connects to the Bata Cruzeiro Inverse Fault. The numerous small streams that parallel the main trend of the Río Blanco valley indicate that the faulting is both active and probably recent, and suggests that the Río Blanco has only recently captured the former headwaters of the Río Gálvez. Accordingly, it is reasonable to expect landscape features seen in this study to continue across the Río Blanco fault.

The landscape around the camp appears to be formed on ancient floodplain deposits from an earlier alluvial plain of the ancestral Río Amazonas/Río Ucayali system. The textural variation of sediment composition in such deposits is complex, varying from coarse gravels (channel bottoms) to fine clays (floodplain lakes). This variation is both lateral and vertical, because channels shift their courses frequently, cutting new courses through older, often much finer, material. In the field, one seldom sees much consistency from site to site without more detailed mapping than can be done here (Linna 1993).

Soils and topography: The *varillal* forests here grow on quartzose white-sand soils on flat-topped hills and ridges (Figure IIA in Appendix 1F). These flat summits likely represent remnants of the former fluvial landscape. The quartz sands could have been alluvial sands, or they could have been derived from texturally complex sediments by weathering. The white-sand soils in the flattest areas are covered by a dense, peaty root mat about 10 cm thick. Below this is sand with an organic matrix, and finally a clean sand at 20 cm. In the deepest soil core, roots were found to 35 cm, and at 40 cm, the sand was saturated. The presence of a root mat, which has a major role in nutrient retention, is indicative of extremely nutrient-poor soils (Stark and Holley 1975, Stark and Jordan 1978).

Almost all slopes had yellow-brown sandy clay loam to yellow-brown loamy sand soils. These yellow-brown soils are covered with a root mat about 10 cm thick, which is more porous and less dense and peaty than that in the *varillales*. There were a few ridge and summit areas that had similar yellow-brown sandy clay loam to yellow-brown loamy sand, but these were subordinate in the landscape and tended to be lower in elevation than the flat hilltops.

The terrain around camp was on yellow-brown sandy loam covered with a dense and almost unbroken root mat. The small nearby stream was tea-colored, very acidic (pH = 3.76) black water draining one of the *varillales*. Most of the other streams in the area are also blackwater, reflecting the abundance of *varillales*.

Hummock swamps: The broader valley bottoms and extensive lowlands were filled with hummock swamps of palms, large and small trees, and many shrubs. Between these hummocks are pools and interconnected networks of blackwater. Everything that is not a pool or flowing water is covered with a porous root mat, 10 to 40 cm thick.

When entering one of these swamps, one first comes across scattered, isolated pools. As one advances, the pools become larger and start to connect. These areas transition into areas where there is a network of connected pools interfingering with connected mounds and then to areas where the mounds form islands in one large body of water. Finally, one reaches a broad flooded area with the occasional hummock. Many of the hummock swamps end with a stream flowing against a steep rise up to *terra firme* forest (which, in turn, sometimes slowly transitions into another swamp or into varillal). Some hummock swamps are perched, such that many of the steeper upslopes have terra firme forest, but a short distance after topping the crest, either a hummock swamp or white-sand forest begins.

The root mat may have a role in developing this typical transition in hummock swamp topography. The hummocks are not simple mounds of organic materials, but have cores of mineral soil—often white sand, but sometimes yellow-brown loamy sand to yellow-brown sandy clay loam. The largest mounds (10-50 m diameter) had yellow-brown sandy clay loam and more terra firme-like trees. The pool bottoms between hummocks have no root mat, just leaf litter over mineral soil. The slightly raised mineral soils that form the cores of the hummocks indicate that the low areas are low because something has depressed the mineral soil there relative to the hummocks.

One possible explanation is that low areas are pits left from old treefalls. A few pools and mounds clearly have this origin. However, most pools are too large for treefalls to be a satisfactory explanation, and the predictable transition from scattered pools to scattered hummocks suggests that the causative factor is not entirely random. A second explanation is that the hummock topography is erosional. Simple physical erosion through a channel network would not work because of the lack of connectivity to channels in the second (flat terrain with pools) and third (interfingered hummocks/pools) types of hummocky terrain. Possibly the pools and water channels are the equivalent to solution pits, where the clays have been dissolving out of the sands under the thick root mat and the sand is collapsing into the pools. Possibly, the initial pits are just treefalls, but the excavated material is partially lost through dissolution, leaving a hole. The water in the hole is both acid and full of complexing agents that can dissolve the clays and the iron and aluminum sesquioxide minerals that form the fine-textured components of soil. Perhaps this reactive water eventually expands the pools into connected networks.

Varillal extent: The characteristic appearance of varillal/chamizal vegetation in satellite imagery led Räsänen et al. (1993) to infer correctly that there were white-sand soils in this region. I used a photo editing program to map regions that, based on field observations, are likely to be *varillales* and chamizales. The exercise indicates that the region occupied by white quartz-sand soils is probably quite large (Figures 12A, B). Given the slowness of the leaching process that produces these soils, involving subtle interactions between soil texture, soil-water chemistry, and plant colonization, and considering the general rareness of varillal vegetation in northern Peru, the soils of this region deserve maximum protection.

Mid-basin of the Río Gálvez: Choncó

The landscape around the Choncó seems to have developed on older fluvial deposits much like those in the headwaters. The landscape consists of low convexo-concave hills, often ridge-like in nature, perhaps partially guided by the early floodplain topography or vertical and lateral changes in sedimentary-deposit type (Figure IIB in Appendix 1F). The stream network is largely dendritic, and many streams, including the larger stream near camp, cross-cut these ridges. This area did not have any of the flat-topped hills and ridges found in such abundance near the headwater camp. This would be consistent with the deeper erosion often encountered in river-basin interiors. GPS elevations on the highest topography mid-basin (about 180 m) were greater than the highest topography near the divide (about 160 m). The lower headwater elevation may be a GPS problem or it may reflect the possibility, discussed in Appendix 1A, that the present headwaters may be near the old main channel of the Río Gálvez.

We encountered just one area of white quartz-sand soils, on a flat hilltop not otherwise distinguishable from the other hilltops on the trail. Moreover, the hilltop was not the highest part of the surrounding landscape, as were the white quartz-sand areas in the headwaters. Thus, this white quartz-sand soil probably is not an erosion remnant of a landscape that once resembled the headwater area. Instead, it seems likely that the soil is forming in place. The stream that drained this sand was the only blackwater steam encountered at this site.

Except for bank failures along the stream and the rare blow-down (a few of which are evident on the satellite photo) there seems to be little major disturbance on this landscape. Treefalls were rare along the trails, and the gentle topography did not appear to generate landslides.

Main channel of the Río Yaquerana: Actiamë
The landscape adjacent to the Río Yaquerana is a strong contrast to that of the headwater and mid-basin sites in the Río Gálvez. This camp provided access to the floodplains of the Yaquerana, the floodplains of a major tributary, a lake (*cocha*), an *aguajal*, and a hilly upland.

The camp was built on the floodplain of the Yaquerana near a drainage swale that cuts through the levee deposit. The modern floodplain was 3-4 m above the (somewhat oscillating) stage of the Yaquerana at the time we occupied the site. The levee deposit is a mound of higher ground that is nearest the river on the terrace. Between the levee and a higher terrace, about 4 m above the modern floodplain, is a complex of swale drainage features that includes well-developed *aguajales*.

Soils in the higher terrace at this campsite vary from sandy soils to dense, sticky clays. One valley here has near-vertical walls composed of much older sediments than the fluvial sediments that underlie headwater and mid-basin sites in the Río Gálvez. The tougher layers, dense blue to green mudrock typical of the Pevas Formation, form several small cascades in the streambed. This streambed has softer clay gravel from the dense mudrock as well as harder gravel eroded out of the softer layers of the older sedimentary deposits. The harder gravel includes quartz, feldspar, and very hard fine-grained sediments. The very hard fine-grained

sediments indicate either an Andean or shield origin for the gravel, probably Andean. The gravel and rocks were enough of a novelty for the Matsés workers that they collected samples to take home to show others.

Above this stream was perhaps the highest and definitely the steepest ridge in the trail system. It had clay soils from top to bottom, including its summit. On the other side of this ridge was a second stream that, while smaller than the previous one, had similar features. One other stream in the area also had similar gravel in its bed.

Many of the other hills, especially those with flat tops, had sandy soils on top. On some of the flat-topped hills, this cream-colored sandy layer lies above a redder, more clay-rich soil horizon. The creamy color indicates some leaching, perhaps in the direction of quartz-sand-soil formation.

Throughout the trail system, the slopes of many hills are interrupted by a terrace about 3 m above the valley bottom. This is matched by the similar terraces on the Río Yaquerana, mentioned earlier, and on the large tributary river. Thus, we have at least three major terrain levels in this landscape: 1) the flat hilltops, 2) the various older terraces on the main rivers and many of the stream valleys, and 3) the modern floodplain (Figure IIC in Appendix 1F). There may be two older terrace levels, but without precise topographic measurements this is hard to confirm. With these observations, we can hypothesize five steps of erosional history. The first step is an erosional plain from which the flat-topped hills are derived. Second, this surface was eroded and the drainage network that we see today formed; erosion continued until many of the steam valleys became flat bottomed. Third, a change in base level promoted the incision of these valleys, leaving the remnants of the old valley bottoms as terraces. Fourth, new flat valley bottoms formed. Finally, streams are now being incised in some of the modern flat valley bottoms. This may indicate a new adjustment or it may be part of the natural progression of valley widening.

Stream conductivity data indicate far higher levels of dissolved ions in the streams of the Río

Yaquerana and its tributary than those in the upper and middle Río Gálvez. Most streams and the tributary were 30 to 40 :S. The Yaquerana was 50 :S, while the stream draining the older formation was 210 :S. The last value is quite high for rivers draining exclusively silicate rocks and suggests influence from carbonates or perhaps pyrite. The higher conductivity in the Yaquerana indicates that there may be similar high-conductivity streams upriver.

Main channel of the Río Gálvez (Remoyacu-Buen Perú)
Although our short visit to Remoyacu-Buen Perú was not an official sampling camp, it afforded an opportunity to extend the characterization of the Río Gálvez basin. The topography of the area was quite similar to that of the mid-basin site. Hills were a very simple undulating form with occasional broad flat valleys (Figure IID in Appendix 1F). The town of Remoyacu may be on a terrace and the field behind the town, on which the helicopter landed, may be a lower terrace.

Bedrock exposed along the river is generally a dense red and yellow mud, sticky when wet and with a popcorn texture when dry, typical of montmorillonite-rich deposits. Near the river were abundant calcareous nodules and fossil shell fragments, consistent with upper units of the Pevas Formation. The Río Gálvez is a dilute clearwater stream with low conductivity and intermediate pH. This would indicate very little interaction with sediments such as those described above, which tend to produce streams with high conductivities and high pH. The presence of Pevas Formation in Remoyacu-Buen Perú and its absence from the site in the middle Río Gálvez to the south is consistent with a tilting of the sedimentary deposits to the south as envisioned by Räsänen et al. (1998).

DISCUSSION

The southward dipping of sedimentary formations, which exposes the Pevas Formation in the north and along Río Yaquerana and younger, more weathered formations to the south has created an extensive region of deeply weathered soils, including quartz-sand soils in much of the southern Río Gálvez basin. Based on

conductivity, this includes most of the basin south of Remoyacu-Buen Perú. These soils are covered with a root mat and would be susceptible to severe nutrient depletion from deforestation or extensive agriculture. Areas of Pevas Formation within the region have rich soils. The result is a complex landscape with many soils and water types: the foundation of a biodiversity engine. Soils and geology were not explicitly examined in the Yavarí and Ampiyacu, Apayacu, and Yaguas surveys (Pitman et al. 2003, 2004). The Pevas Formation type locality is at the mouth of the Río Ampiyacu, and the southward tilt of the sedimentary formations would argue for a greater abundance of Pevas Formation sediments in those two regions and therefore richer soils.

THREATS, OPPORTUNITIES, AND RECOMMENDATIONS

The Peruvian sector of the middle part of the basin of the Río Yavarí, which encompasses the basins of the Río Gálvez and the lower Río Yaquerana, has an exceptional variety of soils and forests. The most notable landscape feature is the presence of extensive areas of white quartz-sand soils that are especially common along the divide between the Río Gálvez and the Río Blanco. These soils and their varillal vegetation appear to have developed *in situ* over millions of years through the weathering of older fluvial soils in a process involving the dissolution of clays and aluminum/iron sesquioxides by organic acids and complexing agents. The enormous time that it takes white quartz sand soils to form in place, and their extreme sensitivity to the hydrologic changes and the erosion caused by roads and even trails (Figure 10D), makes complete protection essential. If the soils are damaged both they and the associated varillal vegetation will not recover for thousands of years, if ever. These quartz-sand soils should receive maximum protection.

RESEARCH, EDUCATION, AND PARTICIPATORY WORK

With the purchase of soil charts and an inexpensive coring tool, soils and underlying material exposed in stream channels can be easily mapped in a way that is sufficient to characterize much of this landscape. The soil texture tables in the appendices of this report are also required (Appendix 1B). The mapping would involve extracting a soil plug and recording location, presence and thickness of root mat, color and texture of core top, color and texture of texture of core bottom, stream type, channel shape, and description of bank material (Pevas/not Pevas). The only instrumentation required is a GPS for measuring location in regions without suitable maps.

FLORA AND VEGETATION

Authors/Participants: Paul Fine, Nállarett Dávila, Robin Foster, Italo Mesones, Corine Vriesendorp

Conservation targets: Extensive white-sand forests, a habitat representing less than 1% of the Peruvian Amazon, with many endemic species; plants endemic to white-sand forests, including impressively large populations of *Mauritia carana* (Arecaceae, Figure 3B), *Platycarpum orinocense* (Rubiaceae; Figures 4A, C), and *Byrsonima* cf. *laevigata* (Malpighiaceae); populations of commercial timber species heavily exploited elsewhere in Loreto, including Spanish cedar (*Cedrela odorata*, Meliaceae), kapok or *lupuna* (*Ceiba pentandra*, Bombacaceae) and *palisangre* (*Brosimum utile*, Moraceae); all the major *terra firme* habitats in the Peruvian lowlands, spanning a complete gradient from nutrient-rich clay soils to sandy loam hills with intermediate fertility to extremely impoverished white-sand soils

INTRODUCTION

Loreto, the largest department in the Peruvian Amazon, is one of the world's plant diversity hotspots (Gentry 1986, 1989; Vásquez Martínez 1997; Ruokolainen and Tuomisto 1997, 1998; Vásquez Martínez and Phillips 2000). The extraordinary species richness documented near Iquitos derives from the variety of forest types and the remarkably heterogeneous soils in the area, putting these forests in marked contrast to edaphically and floristically more uniform western Amazonian forests such as Yasuní National Park in Ecuador and Manu National Park in southern Peru.

Due to the unique geology and ecology of the Iquitos area, it is difficult to extrapolate its diversity patterns to other parts of Loreto, especially unsurveyed areas, such as the proposed Reserva Comunal (RC) Matsés. In forests farther away from Iquitos, the botanical diversity remains relatively unknown, with the exception of Jenaro Herrera (Spichiger et al. 1989, 1990), inventories in northern Loreto (Grández et al. 2001), data from scattered collecting trips (e.g., Encarnación 1985, Fine 2004, N. Pitman et al. unpublished data) and two rapid botanical inventories (Pitman et al. 2003, Vriesendorp et al. 2004). The forests in and around the Comunidad Nativa Matsés are a several-day journey by boat from Iquitos, and very few scientists have traveled to these forests. One notable exception is the work of Fleck and Harder (2000) that describes 47 distinctive habitat types recognized by the Matsés. However, their study site along the Río Gálvez was >25 km from the areas visited and their study did not document the area's botanical diversity, apart from listing all the palm species. Our rapid inventory almost certainly represents the first visit to this area by non-Matsés botanists.

METHODS

We used a variety of methods to characterize the flora and vegetation at the three sites (Figure 4D). Much of our time was occupied by slowly walking the trails searching for plants that were in flower or in fruit, making notes on all observed plants, and comparing forest composition in different habitats. R. Foster took more than 1,190 pictures of common and interesting plants, many to be used as part of a field guide of the plants of the proposed RC Matsés. We conducted quantitative sampling at each site using 0.1 ha plots and variable area transects. By keeping track of the largest tree diameters and species diversity, we characterized the forest structure in different habitats at each site. Two of us (P. Fine and I. Mesones) recorded and identified all Burseraceae individuals that we encountered, and took detailed notes on their habitat type (Appendix 2B). We collected 600 different species, including more than 500 represented by fertile collections that we deposited at the Herbarium Amazonense in Iquitos, the Museum of

Natural History in Lima, and the Field Museum of Natural History in Chicago.

FLORISTIC RICHNESS, COMPOSITION AND ENDEMISM

Our three inventory sites covered almost the entire range of flooded and terra firme habitats of lowland Amazonia: swamp forests, floodplain forests, and terra firme forests on rich, intermediate and extremely poor soils. Since the majority of Western Amazonian plant species are associated with only one or two of these soil types (Fine 2004, Fine et al. 2005), we suspect that the proposed Reserva Comunal Matsés may contain greater plant diversity than any existing protected area in lowland Peru.

We generated a preliminary list of ~1,500 plant species for the proposed RC Matsés (Appendix 2A). It includes all plants that were collected, photographed, and/or observed and identified in the field, and represents perhaps one third to one half of the flora of the proposed RC Matsés. Flora estimates for other rapid inventories in Loreto (Yavarí, Pitman et al. 2003; Ampiyacu, Apayacu, and Yaguas (AAY), Pitman et al. 2004) ranged from 2,500-3,500 species, and we believe that the proposed RC Matsés likely supports equivalent numbers. This region probably harbors additional species because of its greater edaphic and habitat diversity; for example, we encountered 100-200 species from more specialized habitats in the proposed RC Matsés that were not observed or collected in the other two inventories.

At any given site in the proposed RC Matsés, plant species richness ranges from some of the most depauperate in Amazonia (the white-sand forest areas, Figure 3H) to some of the richest (all of the upland areas of intermediate to relatively-rich soil fertility; Figures 3B, J). The species diversity patterns of the different habitats have less to do with the local ecological processes, and relate more to the relative sizes and histories of sand and clay habitats in the Amazon basin. For example, white-sand forests in the western Amazon generally are small habitat islands surrounded by a sea of forests atop more nutrient-rich soil types.

In the proposed RC Matsés, even though white-sand forests cover a larger area than any other white-sand habitat in Peru, they still cover only a small percentage of the total region. In the Río Blanco area where they are most extensive, they appear as an archipelago of habitat islands, even though some are many square kilometers in size. Like all islands, these habitats are characterized by low species diversity and local dominance of species that have either dispersed from other white-sand areas or evolved *in situ*.

In contrast, fertile clay soils and the sandy clay loam soils of intermediate fertility have been present for at least 8 million years and cover a vast area of the western Amazon (Hoorn 1993). Therefore, it is not surprising that a hectare of white-sand forest sites at Itia Tëbu typically contains ca. 50 species of trees >5 cm in diameter, while a hectare of clay forest at Actiamë or the sandy loam sites at Choncó probably contains at least six times that number.

Family and genus level composition of forests in the Matsés appear to be typical of the Amazonian lowlands (Gentry 1988). Many of the families that were common in other Loreto inventories are also common in the RC Matsés: the Fabaceae, Arecaceae, Moraceae, Rubiaceae, Annonaceae, Sapotaceae and Sapindaceae. Burseraceae appeared to be especially species rich in the region, with 20% more species found in the proposed RC Matsés than in the two other Loreto inventories. Other groups that seemed especially diverse compared to the other inventories were *Bactris* (Arecaceae, 11 species), *Tachigali* (Fabaceae, 11 species), and *Dendropanax* (Araliaceae, 4 species). Some taxa were not as common or as diverse as one would expect in lowland Amazonia, including the families Lauraceae, Myristicaceae, and the genera *Licania* (Chrysobalanaceae) and *Heliconia* (Heliconiaceae).

It is difficult to estimate levels of endemism within the proposed RC Matsés. Because much of its forests grow on sandy loam and clay soils that are common throughout Amazonia, it is unlikely that there are more than a few endemic plants occurring in these habitat types. In contrast, the substantial white-sand forests along the Río Blanco, probably the most extensive in the western Amazon, are very likely to contain endemic plants. In this inventory we collected numerous odd plants from white-sand forests that we suspect, with review by specialists and further study, will prove to be new species or varieties, incipient species, or substantial range extensions of species known from the Guianan Shield (Figures 4E, I).

VEGETATION TYPES AND HABITAT DIVERSITY

The proposed RC Matsés varies less than 100 m in elevation but encompasses an impressively wide range of soil diversity—from impoverished white-sand quartz to sandy clay loam terraces of intermediate fertility to sticky, nutrient-rich Pevas Formation clays. In addition to the diversity of soil types, the topography of the landscape and the flooding patterns of the local larger rivers, as in many other parts of Amazonia, create habitats that are flooded for months at a time. These long bouts of inundation also strongly influence the appearance and species composition of the forest. For example, at camp Chonc, we found twice the density of large trees (diameters >60 cm) in non-flooded sites compared with flooded sites (Table 1), with no overlap in species composition.

In addition to topography, the relative amounts of clay and sand in the soils appear to influence both the nutrient availability and drainage patterns that in turn drive forest structure and species composition.

At Actiamë, our site with the greatest soil fertility, large trees were five times more abundant than at Itia Tëbu, the camp with the lowest soil fertility (Table 1). And of the 100 species of large trees that we encountered at the two camps, only six species were shared between both sites.

The three sites lie along a marked gradient of soil fertility, although all were punctuated with flooded and unflooded habitats. Here we describe the main forest types at each site, starting with the nutrient-poor white-sand forest and sandy flooded and unflooded terraces at Itia Tëbu and Chonc, and continuing to the fertile clay ridges and floodplains of Actiamë.

White-sand forests (Chonc and Itia Tëbu)

The most exciting part of the expedition was encountering the vast areas of white-sand forest around the Río Blanco (Figures 12 A, B). Based on satellite imagery, Räsänen et al. (1993) speculated about the possible existence of these white-sand forests; however, our visit to the area was the first opportunity to confirm their existence on the ground. Within the proposed Reserva Comunal Matsés, these forests represent ~5-10% of the area, and are concentrated in the headwaters of the Río Gálvez. Moreover, these forests cover a larger area than any of the known white sand patches in Peru, including the famous white-sand forests of the Iquitos area in the Nanay Basin that harbor many rare and endemic species of plants and animals (Alvarez et al. 2003; Figure 12A).

Table 1. Richness and abundance of large trees (dbh > 60 cm) in the three inventory sites (N. Dávila).

Site	Habitat	Km of trail	Trees > 60 dbh	Trees per km	Number of species	Species per individual
Chonc	Sandy loam	4	52	13	27	0.52
Chonc	Inundated clay	1.5	11	7	6	0.55
Itia Tëbu	White-sand	1	0	0	0	0
Itia Tëbu	Sandy loam	10	51	5	20	0.39
Itia Tëbu	Inundated clay	2	10	5	8	0.8
Actiamë	Clay and sandy clay	1.1	90	82	20	0.22
Actiamë	Floodplain	3	90	30	20	0.22

In both Choncó and Itia Tëbu, white-sand forests grew on flat hilltops flanked by gradual slopes of brown sands and sandy loams that supported substantially taller trees. This odd juxtaposition of stunted forests growing on the highest points in the landscape surrounded by lower areas with taller canopies creates a false impression from the air that the white-sand forests grow in valleys.

White-sand soils like the ones we visited at Choncó and Itia Tëbu have an extremely low nutrient availability. These forests develop a short stunted canopy of thin boles, so that much more light reaches the understory than in typical Amazonian forests (Figure 3E). Lianas and epiphytes are much rarer in white-sand forests, and perhaps due to the smaller canopy, treefalls are much less frequent than in forests on nutrient-rich soils. Large gaps are never seen. The plants develop a thick root mat that efficiently traps nutrients decomposing from the often very thick layer of accumulated leaf litter.

The species composition of white-sand forests is distinct from forests that grow on more fertile soils, almost certainly because species must have specific adaptations to survive in a nutrient-stressed environment. Local dominance by a few species that account for more than half of all individuals is a common phenomenon in these forests (Fine 2004).

We conducted an inventory of woody stems >5 cm dbh in 50 x 20 m plots in both a low-canopy white-sand forest (canopy ~8-10 m) at Itia Tëbu, and a high-canopy white-sand forest at Choncó (canopy ~30 m). The plot at Itia Tëbu was located near the center of the lightest patch on the satellite map, and likely was representative of all the nearby low-canopy white-sand forest. We visited a similar forest patch ~5 km distant and found the same composition of dominant species. The white-sand forests surveyed at Itia Tëbu were dominated by an emergent palm, *Mauritia carana* (Figure 3G); a canopy tree in the Rubiaceae (*Platycarpum orinocense*, a tree collected only three times previously in Peru; Figures 4A,C); and four smaller trees—*Pachira brevipes* (Bombacaceae, Figure 4E), *Euterpe catinga*

(Arecaceae, Figure 4J), *Protium heptaphyllum* subsp. *heptaphyllum* (Burseraceae) and *Byrsonima* cf. *laevigata* (Malphigiaceae). The understory was composed mostly of juvenile trees of the most common overstory species, but also common were two Rubiaceae shrubs in the genus *Retiniphyllum*, and small trees of *Neea* spp. (Nyctaginaceae) and *Dendropanax* sp. At Itia Tëbu we found 35 species in 346 stems, while at Choncó we found 49 species in 138 stems.

In contrast to the extensive archipelago of white sand forests near the Río Blanco in Itia Tëbu, we encountered a single small (~0.5 ha) patch of white-sand forest at Choncó. Similar small patches may be scattered throughout the entire Gálvez basin, within a matrix of forests growing on sandy clay loam soils. The plot we surveyed in this patch was dominated by Fabaceae, Euphorbiaceae, Annonaceae, and Lauraceae, which together accounted for 59% of all stems. The common species included *Adiscanthus fusciflorus* (Rutaceae); *Pachira brevipes* (Bombacaceae), *Hevea guianensis*, *Micrandra spruceana* and *Mabea subsessilis* (Euphorbiaceae); *Macrolobium limbatum* subsp. *propinquum* and *Parkia panurensis* (Fabaceae); and *Jacaranda macrocarpa* (Bignoniaceae); these have all been collected in other white-sand forests in Loreto. The understory was dominated by shrubby trees of *Neoptychocarpus killipii* (Flacourtiaceae), *Calyptranthes bipennis* (Myrtaceae), and *Geonoma macrostachys* (Arecaceae).

Other White-sand Forests in Loreto

Counting both high- and low-canopy white-sand forest, we registered ~90 species of trees in Matsés white-sand forests (Appendix 2A). About 50 of these have been collected before in other white-sand forests of Loreto (Fine 2004). The remaining 40 are possibly new, although many of them still need to be compared to herbarium specimens and sent out to specialists. About 20 of these species were collected with flowers or fruits, and represent an enormous value in characterizing the flora of Peruvian white-sand forests. For example, we collected the fruits of a rare lowland *Ilex* (Aquifoliaceae) that has been collected previously in other white-sand forests in Peru, but almost never fertile. Previous collections of this taxon have been provisionally identified as *I. andarensis*, native to higher elevation forests in the Andes, or *I. nayana*, a rarely collected lowland tree. We suspect that several of our fertile collections will lead to the description of new species of endemic white-sand specialists (e.g., García-Villacorta and Hammel 2004).

Another fascinating finding was the enormous population of the palm *Mauritia carana* (Figures 3G, 12B). This palm is a Río Negro basin species, known from Peru only from the white-sand forests of Iquitos (where <100 individuals are known) and Jeberos, 500 km west of Iquitos (where the known population is even smaller). In the proposed RC Matsés, this palm dominates the canopy of all the low-canopy white-sand forest that we walked through and saw from the air, and its population undoubtedly numbers in the tens of thousands (Figure 12B).

The diversity of the white-sand plots that we inventoried at Choncó and Itia Tëbu falls within the average range for white-sand forests in Loreto. A similar low-canopy white-sand forest in Allpahuayo-Mishana exhibits 34 species in 343 stems, compared to Itia Tëbu's 35 species in 340 stems. A high-canopy white-sand forest in Allpahuayo-Mishana had 36 species in 96 stems, comparable to Choncó's 49 species in 138 stems (Fine 2004).

Although many of the common species from other white-sand forests in Loreto are present in the Matsés white-sand forests, we did not find many species that are common and dominant in Allpahuayo-Mishana. For example, we never registered *Dicymbe uiaparaensis* (Fabaceae), a characteristic multi-stemmed tree found in the white-sand forests of Allpahuayo-Mishana, the upper Nanay river, and Jenaro Herrera. Indeed, of the 17 dominants reported for six Loreto white-sand forests by Fine (2004), only 11 were found at Matsés, and three of these were observed only once. It is important to note, however, that white-sand dominants are often found in large, clumped populations and that we only sampled

two small areas (quite close together) from the large white-sand area near the Río Blanco. Another intriguing possibility that could explain the absence of some of the dominant white-sand species from other parts of Peru is that white-sand forests in the Matsés region have a more recent origin, and that species are still dispersing into the area (or becoming specialists *in situ*). Comparing the Matsés white-sand forests with other white-sand forests in Peru and other Amazonian countries is an exciting avenue of future research.

Sandy clay loam forests in terra firme
(Choncó and Itia Tëbu)

The sandy clay loam soils of intermediate fertility surveyed at Choncó and Itia Tëbu cover the low hills that dominate the Matsés region. Coarsely, we estimate that this forest type covers ~70-80% of the Río Gálvez basin, and ~40% of the Río Yaquerana basin. Where unflooded, the forest reaches a canopy of 40-50 m with emergents up to 50 m, with a well-developed understory sub-canopy, many lianas and at Itia Tëbu, very abundant epiphytes. The largest trees had diameters in the range of 70-80 cm, with one *Caryocar* cf. *amygdaliforme* (Caryocaraceae) exceeding 100 cm. Due to the high sand content of the soil, most trees do not have large buttresses and spreading roots. This leads to the formation of fewer large gaps, because when trees die and fall over, their roots do not cover such a large area, and thus fewer neighboring trees are affected.

In these forests, diversity of canopy species is high with some overlap in species between both the high-canopy white-sand forests and the sandy clay *terra firme* forests of Actiamë. Representative emergent trees included *Cedrelinga cateniformis* and *Parkia nitida* (Fabaceae), and *Cariniana decandra* (Lecythidaceae). The understory was dominated in many parts by the palm *Lepidocaryum tenue*, known locally as *irapay*. Common small trees included many species from the families Annonaceae and Lauraceae, many species from the genera *Miconia* (Melastomataceae), *Mouriri* (Memecylaceae), *Guarea* (Meliaceae), *Protium* (Burseraceae), and *Tachigali* (Fabaceae), and an impressive variety (30+ species) and abundance of small and medium-sized palm species.

The tall herb *Ischnosiphon lasiocoleus* (Marantaceae) is conspicuously common in the understory.

Although we did not have time to conduct a quantitative inventory of this habitat type for trees greater than 10 cm in diameter, N. Dávila and M. Ríos inventoried a 1-ha plot in similar soils in the Reserva Comunal Tamshiyacu-Tahuayo. In that plot, they registered ~217 species out of ~500 individuals (N. Dávila and M. Ríos, unpub. data). Although average when compared with the astonishingly diverse tree plots in other parts of Loreto (Pitman et al. 2003, Vriesendorp et al. 2004), this plot is quite diverse by Amazonian standards. We expect a similar diversity of trees per hectare in the sandy clay loam forests that occur in the proposed RC Matsés.

Periodically flooded forests of intermediate fertility (Choncó and Itia Tëbu)

Adjacent to the unflooded sandy clay loam soils of intermediate fertility in Choncó and Itia Tëbu were silty lower-elevation areas with a high clay content, although these areas probably exhibit similar levels of nutrient availability (see Hummock swamps, Landscape Processes: Geology, Hydrology, and Soils, p. 170-71). At the landscape-scale, periodically flooded forests cover 10-20% of the Río Gálvez basin, and 5% or less of the Río Yaquerana basin. These forests appear to be flooded intermittently after heavy rains, and may be flooded seasonally for three or more months of the year. The canopy is lower than the unflooded areas, with the largest trees reaching a diameter of 50 cm, with many fewer gigantic trees (Table 1), but with many large gaps and many more lianas and epiphytes, especially Araceae.

Flooding is a distinct stress on plants, and requires specific adaptations to survive anaerobic conditions. Thus, although the nutrient availability in flooded sites is likely very similar (see Landscape Processes: Geology, Hydrology, and Soils, p. 168) to that of upland sites, the plant species composition was markedly different, with almost no species overlap between habitats. Species richness in flooded habitats appeared to be substantially lower than in upland forest,

and we noticed the same common species occurring again and again whenever the trail dropped below the floodline. The dominant large canopy trees belonged to the families Fabaceae (*Dialium guianense*, *Tachigali macbridei*) and Lecythidaceae (*Eschweilera* cf. *itayensis*). Smaller trees that we frequently encountered were *Socratea exorrhiza* (Areceaceae), *Rinorea racemosa* (Violaceae), *Sorocea* sp. (Moraceae), and *Calliandra* sp. (Fabaceae). Understory plants included the palms *Bactris maraja* and *Iriartella stenocarpa*, and *Clidemia* spp. (Melastomataceae), *Neea* sp. (Nyctaginaceae), *Psychotria* spp. (Rubiaceae) and *Palicourea* spp. (Rubiaceae).

Large-scale tree blowdowns, or purmas (Choncó)
(C. Vriesendorp)

Catastrophic tree blowdowns occur patchily throughout the lowland Amazon, and are the consequences of a strong, directed downburst of wind (Nelson et al. 1994). Often these areas are obvious on satellite images as bright patches within the forested landscape, similar in appearance to secondary forests near rivers or human settlements. At Choncó, using the satellite image as a guide, we cut a trail to one of these areas, and found a regenerating secondary forest, known as a *purma* in Peru. Using the size of the largest trees as a guide, we estimate that the blowdown occurred 10-15 years ago.

We found similar blowdowns in the Ampiyacu, Apayacu, and Yaguas inventory; there, however, the giant herb *Phenakospermum guyannense* (Strelitziaceae) was one of the dominants (Vriesendorp et al. 2004). At Choncó it was absent. The Choncó purma was dominated by 15-35 cm diameter *Cecropia sciadophylla* (Cecropiaceae) trees, with a species-poor understory of Melastomataceae shrubs, a *Psychotria* sp., a *Drymonia* sp. (Gesneriaceae), and juvenile palms of *Oenocarpus bataua* (Arecaceae).

Floodplain Forests (Actiamë)

At Actiamë, we found several distinctive habitats not encountered at Choncó and Itia Tëbu, including extensive areas of floodplain forest growing on relatively rich soils of a high clay content. Floodplain areas are essentially absent from the Río Gálvez, and cover 5% or less of the area within the Río Yaquerana basin. These floodplain areas showed no evidence of protracted annual flooding, and the largest trees were gigantic emergents with diameters exceeding 150 cm and with heights of ~50 m or more. Below the emergents grows an even canopy of trees taller than 40 m, a well-defined subcanopy, and an abundance of lianas and epiphytes. Large treefall gaps were common, and we observed a well-developed community of pioneer and secondary forest species.

Species composition of these forests did not overlap substantially with any of the previously mentioned habitats. However, there was some overlap between the plants in the floodplain and the upland clay forests at Actiamë, especially in the areas where the two habitats converged. The emergent trees were represented principally by *Ceiba pentandra* and *Matisia cordata* (Bombacaceae), *Spondias venosa* (Anacardiaceae) and a diverse assemblage of *Ficus* spp. including many individuals of *Ficus insipida* (Moraceae). Common smaller trees and shrubs included *Otoba parviflora* (Myristicaceae), *Quararibea wittii* (Bombacaceae), the palms *Attalea* spp. and *Astrocaryum* sp., *Rinorea viridifolia* (Violaceae), *Oxandra* "mediocris," (Annonaceae) and *Calyptranthes* spp. (Myrtaceae). Common climbers were noted from the family Menispermaceae and the aroid epiphytes *Anthurium clavigerum*, *Rhodospatha* sp., and *Philodendron ernestii* were frequently spotted. While the plant diversity of this habitat is not particularly high when compared to the (non-white-sand) terra firme forests, many of the species found here were not encountered in any other of the habitats we surveyed. Thus, the floodplain forests add an important component to the overall diversity of the region. The floodplain flora has much in common with most of the whitewater floodplains of the upper Amazon, such as the Río Manu in Madre de Dios.

Clay and Sandy Clay Terra Firme Forests (Actiamë)

Steep ridges rise about 30 m above the floodplain, in some parts covered in extremely fertile clays from the Pevas Formation (see Landscape Processes: Geology, Hydrology, and Soils, p. 168). The clay and sandy-clay forests on these ridges were structurally similar to the floodplain forests, with large gaps often forming from treefalls and landslides. These forests appear to be relatively rare (<5%) within the Río Gálvez basin, and fairly common (~50%) within the Río Yaquerana basin.

Enormous trees with diameters greater than 60 cm were more common in this habitat than any of the others visited, and these giants were frequently found growing on the hillsides between the ridges (Figure 3J). These forests harbored the highest diversity of any of the habitats that we surveyed. The canopy appeared to be dominated by the families Fabaceae (like most sites), Bombacaceae, and Moraceae (unlike the other two sites; Figure 4F). Some common species included *Pterygota amazonica* (Sterculiaceae), *Eriotheca globosa* (Bombacaceae), *Parkia nitida*, *Dussia tessmannii* (Fabaceae), *Cariniana decandra* (Lecythidaceae) *Clarisia racemosa* and *Pseudolmedia laevis* (Moraceae). In a ~100 m transect, we surveyed 50 trees >10 cm diameter and found 47 species! In the same transect we also surveyed 100 stems in the 1-10 cm size class and found 82 species. Lumping the 150 individuals together hardly increased the number of repeats–125 species out of 150 individuals. These diversity totals are very similar to the terra firme forests reported in Yavarí and AAY (Pitman et al. 2003, Vriesendorp et al. 2004). Extrapolating to a 1-ha plot we would estimate more than 300 species per ha in the Matsés clay terra firme forests. This is almost certainly an overly high estimate, but even samples with 10% fewer species would place these forests among the most diverse in the world.

One group that deserves special mention at Actiamë is the Moraceae (Figure 4F). Out of the 150 trees in the transect, 20 of these individuals belonged to 14 species of Moraceae in the genera *Sorocea*, *Naucleopsis*, *Ficus*, *Brosimum*, *Perebea*, and *Pseudolmedia*. Other common genera encountered were *Guarea* and *Trichilia* from the Meliaceae, *Compsoneura*, *Otoba*, *Iryanthera*, and *Virola* (Figure 3K) from the Myristicaceae, *Inga* (Fabaceae) and *Protium* (Burseraceae).

Swamp Forests (Actiamë)

On the Yaquerana floodplain at Actiamë was a small swamp forest with standing water dominated by the canopy palm *Mauritia flexuosa*, known as *aguaje* in Peru. From the air, we observed more extensive palm swamps in the Matsés region, but overall this habitat is rare, covering less than 1% of the Río Gálvez basin, and less than 5% of the Río Yaquerana basin. Since the *aguaje* palm does not have a very large canopy, these forests have an open appearance to them. Lianas are practically absent, and epiphytes are rare.

Species composition is distinct from the adjacent floodplain forest because of the permanent flooded environment. Common understory species noted were an *Ischnosiphon* (Marantaceae) not found in other habitats, *Sorocea, Croton* (Euphorbiaceae), and Lauraceae treelets, and a third species of *Rinorea*.

BURSERACEAE

(P. Fine and I. Mesones)

Comparing the species composition and evaluating species overlap from one habitat to another is especially difficult in sites like this with such extraordinary plant diversity. As a surrogate for overall diversity, researchers can focus on certain guilds (e.g., understory herbs, emergent trees) or taxonomic groups (e.g., palms, particular plant families) and examine turnover in species composition among habitats (Higgins and Ruokolainen 2004). With the goal of gaining a preliminary understanding of species distributions across soil types in the proposed RC Matsés, we took detailed notes on all Burseraceae species at the three inventory sites. Matching notes on the soil types and topography with the satellite image and the field data collected by R. Stallard (see Landscape Processes: Geology, Hydrology, and Soils, p. 168) allowed us to characterize the habitats with respect to their nutrient availability and flooding regime.

The family Burseraceae is an important component of the Amazonian flora (Daly 1987, Gentry 1988, Oliveira and Mori 1999). The genus *Protium* (Figure 4B) often ranks as the most abundant in Amazonian forests as widely spaced as Manu and Yasuní (Pitman 2000), Iquitos (Vásquez Martínez and Phillips 2000), Manaus (Oliveira and Mori 1999), and Belem (Daly 1987). Burseraceae species are found in all *terra firme* forests in the western Amazon and its species are generally restricted to one or two soil types (Fine et al. 2005).

During the two-week inventory, we found 41 different species of Burseraceae trees in the three inventory sites, an unofficial record for this family in Peru. For comparison, it has taken us more than four years to collect 40 species in a range of terra firme habitats in the Reserva Nacional Allpahuayo-Mishana. Comparing Burseraceae collections in the RC Matsés (Appendix 2A, 2B) to other hyper-diverse regions in the western Amazon, Yavarí had 27-33 species, AAY had 25-29 species. Forests at Yasuní have 12 species, and Manu has ~8 (N. Pitman, unpub. data).

Of all the species collected at our other field sites in Loreto, only *Protium divaricatum* subsp. *krukovii* and *Crepidospermum pranceii* were not encountered in the Matsés inventory. Three species of *Protium* never before found by us were collected in the proposed RC Matsés, one in flower and one in fruit; at least one appears to be new to science (Figure 4B).

Almost all of the Burseraceae species that we encountered were found in only one or two of the five major habitat types (Appendix 2B). While the majority of the Burseraceae were found in the most widespread habitats of Loreto (fertile clay and intermediate sandy clay loam), eight species were found only in white-sand forests or floodplain (Appendix 2B). A similar pattern is seen among the 56+ species of palms (Arecaceae) in the Matsés area: the vast majority on the fertile clay and intermediate sandy clay loam, a smaller subset only on the floodplain, and only two on the white sand.

NEW SPECIES, RARITIES, AND RANGE EXTENSIONS

Most of the plant specimens from our inventory remain unidentified at the time of this publication. Nevertheless, we estimate that a dozen or more of our

500 fertile specimens are likely to be new species. As more species are identified, or additional new species are confirmed, we will update our plant list at http://www.fieldmuseum.org/rbi/. In Appendix 2A we include collection numbers for each potential new species or range extension, as a reference to collections housed at the Herbarium Amazonense, the Museum of Natural History in Lima, and the Field Museum of Natural History in Chicago.

Several new species likely occur within the unidentified fertile collections from our white-sand forest inventories. A species of *Byrsonima* (Malpighiaceae) with red persistent sepals and green fruits, one of the dominant trees in white-sand forests at Itia Tëbu, looks very similar to *B. laevigata*, a species that is currently known from the Guianas and nearby Brazil. This collection will likely prove to be either an enormous range extension or a new species. Similar possibilities exist for fertile collections of *Retiniphyllum* (Rubiaceae), *Ilex*, *Pleurisanthes* (Icacinaceae; Figure 4H), and a *Pagamea* (Rubiaceae), among others.

We encountered unusual and potentially new species outside of the white-sand forests as well. For example, in the Matsés town of Remoyacu, a species of *Dicorynia* (Fabaceae, Figure 4I) was collected with flowers. This genus is not known from Peru (Pennington et al. 2004), and the genus is typical of the Guianan Shield. We collected three unknown Burseraceae, two of which were fertile and are strongly suspected to be new species (Figure 4B). One of them is a close relative of *Protium hebetatum* but was found on the floodplain, while *P. hebetatum* was encountered only at Actiamë on the upland slopes. The putative new species has glossy green fruits (like *P. hebetatum*), but has smaller leaves, distinctive secondary venation, and a glabrous leaf underside, unlike the hairy *P. hebetatum*. A second potential new species is in the *Protium* Pepeanthos group (Daly, *in press*), one of several *Protium* species with milky white latex. This suspected new species has white flowers and very small leaflets with no hint of a pulvinulus, a combination of characters not known from any currently named *Protium* in the Pepeanthos group.

Several collections in the proposed RC Matsés extend the known ranges of species hundreds of kilometers south and/or west. Many of these are white-sand specialists, like *Mauritia carana* and *Platycarpum orinocense*, previously known from the Iquitos area and nowhere farther south in the Peruvian Amazon. *Couma* sp. (Apocynaceae) may be a new species for Peru. Many of the white-sand specialists that we found are known from just a few previous records (*Ilex* sp., *Remijia pacimonica* (Rubiaceae), *Protium laxiflorum*, *P. calanense*).

THREATS, OPPORTUNITIES, AND RECOMMENDATIONS

The gravest threats to the region are the timber concessions west of the Río Blanco, adjacent to the proposed RC Matsés. These concessions include large swaths of white-sand forest habitat. Even though there are few (or no) valuable timber species in the white-sand forest of the RC Matsés, the small stems of the white-sand forests provide little resistance to tractors, and could be seriously damaged by roadbuilding to access populations of valuable timber trees growing in soils adjacent to the white-sand forests.

At Itia Tëbu we found a tractor trail (Figure 10D) cut through white-sand forest, presumably towards a large *tornillo* (*Cedrelinga cateniformis*). This trail illustrates the extremely fragile nature of white-sand forests. Because trees grow so slowly in these poor soils, regeneration of white-sand forest takes much longer than in other forests. If completely cleared (or worse, burned), the forests will not grow back for many human lifetimes (see the Iquitos-Nauta road for examples of white-sand wastelands, Maki et al. 2001). As impractical as it would be to begin large-scale timber operations there, a very real danger is that timber companies will clear the white-sand forests to gain access to the valuable trees growing at slightly lower elevations, on the intermediate fertility sandy clay loam soils that border all of the Río Blanco white-sand areas. This would precipitate an ecological disaster for the entire Río Blanco basin, creating white-sand wastelands that would be useless for people, wildlife and plants.

A second threat is opportunistic commercial logging of Spanish cedar trees (*Cedrela odorata*) in the floodplain and richer soil forests that we found at Actiamë. This species has become increasingly rare in the Peruvian Amazon, and very few reproductive individuals are left. Since *C. odorata* is often found near rivers, they are easily harvested and transported to market, and as a consequence, have been locally extirpated from most of its broad geographic distribution.

A lesser threat is intensive use of certain forest resources by the Matsés people. Robinson, our Matsés counterpart at Choncó, observed that the *Pholidostachys* palm (*choncó*, Figure 3C) most preferred by the Matsés for roof thatching was very common at Choncó (and Itia Tëbu) but was absent in the forests near most Matsés communities. Other large commercially important species such as *tornillo* (*Cedrelinga cateniformis*) and *palisangre* (*Brosimum utile*) were common and represent healthy reproductive populations that can replenish more heavily used adjacent areas.

Recommendations

Protection and Management

01 We recommend strict protection of the white-sand forests on both sides of the Río Blanco, shielding these fragile areas from timber extraction, clearing for agriculture and/or tractor trails.

02 We recommend giving strict protection to large areas of the other, more productive terra firme habitats not only to protect the diverse flora, but also as a major source of fruit resources for animal populations. The fertile soil and floodplain forests likely represent a refuge for animal populations that potentially disperse to adjacent areas within the hunting grounds of the Matsés. Actiamë appeared to be a site of continual fruit production for the abundant animal species in the area. These habitats serve as an important source of food for animals and seeds of economically important plant species

for the Matsés people and will be an important investment for future Matsés generations.

Research/future inventories

03 We recommend long-term surveys of the white-sand forests in the Río Blanco area by biologists with experience in similar habitats in Amazonia. The many white-sand experts working at IIAP (Instituto de Investigaciones de la Amazonía Peruana) in Iquitos are an obvious choice, as they could reach the area in a three-day boat ride on the Río Blanco, and could provide direct comparisons to the better-known white-sand forests in Peru, such as Allpahuayo-Mishana and Jenaro Herrera. Since white-sand forests harbor a great number of endemics, we suspect longer-term surveys will uncover many more rarely collected or potentially new species.

04 We recommend research in the white-sand forests along with the more fertile forest types that border them. Strong ecological gradients have been shown to be an important driver of evolution (Smith et al. 1997, Fine et al. 2005), and preserving these sharp boundaries between habitat types ultimately preserves the processes that are germane to population structuring, adaptation, and ultimately speciation. The mosaic of habitats in the Matsés constitutes a natural laboratory of evolution, and represents a fabulous resource for future investigation into the origin and maintenance of Amazonian plant diversity, as well as the diversity of insects, birds, and many other organisms.

FISHES

Participants/Authors: Max H. Hidalgo and Miguel Velásquez

Conservation targets: Highly diverse fish communities inhabiting different aquatic environments in the Matsés region; heterogeneous aquatic ecosystems found in the Río Gálvez headwaters and the Río Yaquerana watershed (including blackwater, clearwater, and whitewater); biologically, culturally, and economically important species in the region such as *Osteoglossum bicirrhosum* (*arahuana*), *Cichla monoculus* (*tucunaré*); large catfish such as *Pseudoplatystoma tigrinum* (*tigre zúngaro*), which are intensely exploited in other parts of Amazonia; rare species and those with restricted distributions such as *Myoglanis koepckei* (Figure 5F); numerous valuable ornamental species like *Paracheirodon innesi* (*tetra neón*), *Monocirrhus polyacanthus* (*pez hoja*), *Boehlkea fredcochui* (*tetra azul*); and a diversity of species in the genus *Apistogramma* (*bujurqui*), common in clearwaters and blackwaters within the heterogeneous forests in the Matsés region

INTRODUCTION

Ichthyologic inventories in the Peruvian Amazon have been increasing in recent years. Surveys have been conducted around the Río Ampiyacu, in an area between the Amazonas and Medio Putumayo rivers (Hidalgo and Olivera 2004); in Sierra del Divisor, within the Sierra de Contamana and Río Abujao watershed (Proyecto Abujao 2001); and in the Río Yavarí watershed (Ortega et al. 2003). In addition, there is one study underway in Jenaro Herrera, in the Río Ucayali watershed (H. Ortega, pers. com.).

The proposed Reserva Comunal (RC) Matses is situated between the Río Ucayali and Río Yaquerana, and includes the Río Gálvez headwaters and part of the Río Yaquerana watershed, which come together to form the Río Yavarí. A rapid inventory along the Río Yavarí registered extremely high fish diversity; nonetheless, fishes remain unstudied in a large part of this watershed, especially the headwaters.

Our primary objective was to study the composition and current state of fish communities inhabiting different aquatic environments in two sites within the Río Gálvez watershed and one site within the Río Yaquerana watershed, and to use the results of our rapid inventory to evaluate the proposal to create a protected area here.

METHODS

Fieldwork

During 12 days of fieldwork, we studied as many aquatic environments as possible and worked closely with a Matsés collaborator (Figure 5A). In the Río Yaquerana, we used a small canoe. In total, we sampled 24 locations, between 6 to 10 sampling locations per inventory site. We noted the coordinates for each sampling location and described the basic characteristics of the aquatic environment (Appendix 3A).

Of the 24 sampled sites, 16 were lotic rivers and streams. Six were lentic and these included two still water pools located along the course of streams with slow moving currents, two extensive lowland areas called *bajiales* (one a flooded forest and the other a palm swamp known as an *aguajal*), and two lagoons. Fifteen were blackwater, five were clearwater, and four were whitewater environments.

In the large rivers, we were able to sample from the banks only on one occasion since the water levels were too high. We were able to sample more extensively in streams and sampled up to three locations within the largest streams. The Río Blanco (Figure 8A) and Río Yaquerana (Figure 3L) were the least studied because of the high water levels. We did not sample the Río Gálvez; this is an important site for future inventories.

Collection and analysis of biological material

We collected fish using 10 x 1.8 m and 5 x 1.2 m fine-meshed dragnets (5 mm and 2 mm, respectively). This gear was used to repeatedly sweep towards the bank, in the stream's principal channel, in order to sample fish associated with submerged vegetation (fallen branches and leaves). We also used the nets as traps, after removing the sand, mud, clay, branches and leaves.

Our other fishing gear included a hand net, known as a *calcal*, that we used to explore shallow areas, mostly along the banks of small streams, and in the *bajiales* between roots and submerged trunks, and in deep holes along the stream channels. We used hook and line only in the rivers and large streams. We made direct observations from the water's surface in clearwater and blackwater environments to identify additional species not captured with the nets.

To preserve the collections, we used a 10% formaldehyde solution for 24 hours and then transferred the specimens to 70% alcohol. Preliminary identification was done in the field. Certain species were not readily recognized, and we provisionally sorted these to morphospecies. Some of these species could represent first records for Peru and some are undoubtedly new to science (Figures 5B, E). This same methodology has been used in other rapid inventories in Yavarí and Apayacu, Ampiyacu, Yaguas (Ortega et al. 2003, Hidalgo and Olivera 2004). All specimens have been deposited in the Museo de Historia Natural in Lima, Peru.

DESCRIPTION OF INVENTORY SITES

Itia Tëbu

This campsite is southwest of the Río Gálvez headwaters, on the left margin of the watershed, and very close to the Río Blanco sub-watershed, which forms part of the Río Ucayali drainage system. Almost all of the aquatic environments in this camp are blackwater (except for the Río Blanco), acidic (< 4.5 pH), and have low conductivity (< 20 µs/cm) (see Landscape Processes: Geology, Hydrology, and Soils, p. 168; Appendix 1D, 1E). Most of the streams were small, less than 4 m wide on average; shallow, less than 50 cm depth; slow-moving; had narrow banks; were influenced by the soils and surrounding vegetation; and their waters were typically tea-colored with white sand streambeds.

The streams, in addition to being numerous, had a lot of vegetative material in their beds, mostly fallen leaves, branches, and trunks. Their channels were winding, and several neighboring streams joined during a heavy rain while we were here and flooded a forested area > 1 km wide. Flooded forests, such as these far from the Río Gálvez, can grant fish species access to new refuge sites and a greater diversity of forest resources.

At this site, we evaluated several streams and *bajiales* within the Río Gálvez watershed. In the Río Blanco watershed we sampled a blackwater lagoon and the Río Blanco itself. The Río Blanco (Figure 8A)

is a whitewater river with cream-colored waters. It is ~70 m wide, and we did not observe any riverside beaches during our sampling. Its flow is moderate, and we estimate a maximum depth of 5 m. The blackwater lagoon in the Río Blanco watershed appears to have formed from a meander; it is close to the river (< 20m) and shaped like a "U". This lagoon is ~35 m wide and more than 100 m long. Oddly, despite its proximity to the whitewaters of the Río Blanco, the lagoon contained blackwater. We observed this same pattern during overflights of the region, with blackwater lagoons along both sides of the Río Yaquerana, another whitewater river.

Choncó

This campsite is situated along the mid-southwest portion of the Río Gálvez watershed, and it represents our northernmost inventory site. All of the aquatic environments sampled here were streams and their associated waters (temporary pools, unconnected and partially connected to the streams). Unlike the aquatic environments in Itia Tëbu, most of the streams were clearwater and only a few were blackwater (Figure 3D). In addition, some of the streams were intermediate between clear and black, with a dark tea color typical of blackwater, but with clearwater physicochemical properties. Water types and their characteristics are detailed in Landscape Processes: Geology, Hydrology, and Soils (p. 168); and Appendix 1D, 1E.

Generally, the streams were 1-12 m wide. The largest and deepest stream was a clearwater stream with depths up to 2 m. The streambeds varied between sand, mud, and clay. In some forested areas close to the largest streams, it was possible to find medium-sized pools (up to 8 m wide).

Actiamë

This campsite was located in the mid-upper region of the Río Yaquerana watershed, on the left margin (on the Peruvian side). The Río Yaquerana (Figure 3L) is a whitewater, meandering river with a large quantity of suspended solids. The Río Yaquerana has relatively high conductivity when compared with the blackwater and clearwater of the other two inventory sites and the Río Yavarí (see Landscape Processes: Geology, Hydrology, and Soils; Appendix 1D, 1E). In this campsite, most of the aquatic environments were clearwater sites, except for the large lagoon, the Río Yaquerana, and the largest stream sampled during this rapid inventory. The blackwater environments were found mostly in *aguajales* (palm swamps) and in some small streams, but their waters were not as black as those found in the white-sand habitats between the Río Blanco and Río Gálvez.

The Río Yaquerana is ~70 m wide and ~5 m deep, with a muddy-clay riverbed and moderately sloped (~40°) banks. During our inventory, the water level was high and we were unable to find beaches or banks where we could sample. This drastically reduced our survey work, as we were limited to environments lateral to the Río Yaquerana such as lagoons, major streams that flow into the river, and upland streams with > 50% vegetative cover.

The streams were 2-15 m wide. We sampled both clearwater and blackwater streams and one whitewater stream. Most of their beds were sand and mud, but one streambed was hard rock with small quartz particles (like gravel) and other minerals. This type of streambed is common in streams in the Andean foothills (e.g., Cordillera Azul). The only lagoon we sampled was of fluvial origin, whitewater, and close to Yaquerana, with a muddy substratum and small trees hanging up to 4 m over the water. We did not observe floating plants in this habitat. During an overflight of this site, we observed many blackwater lagoons on both sides of the Río Yaquerana that we were unable to sample. These would be interesting sites for future inventories.

RESULTS

Species diversity and community structure

Based on our collections (~2,500 fishes) and information from conversations with community members who helped us during our inventory, we generated a preliminary list of 177 fish species that represent 113 genera, 29 families, and 9 orders (Appendix 3B). Taking into account the aquatic environments not included in this study, such as the main channel of the Río Gálvez and related habitats (like flooded areas and lagoons), the large number of whitewater and blackwater lagoons in Yaquerana's watershed, and part of the Blanco watershed seen during overflights, we estimate that the number of fish inhabiting the proposed RC Matsés region is ~350 species.

The most diverse group of fishes were in the Order Characiformes (fish with scales, without fin bones) with 95 species, and the Order Siluriformes (catfish) with 56 species. Together, these orders represent 85% of the total diversity registered in the inventory. Of the nine other orders, the Perciformes (fish with bones in odd-numbered fins, like *pez hoja* and cichlids), and the Gymnotiformes (electric fish) represent 12% (21 species) of the ichthyofauna registered in the proposed RC Matsés, and the remaining five orders were represented by one species each.

At the family level, the Characidae family had the greatest species richness (63 species), much more than any other family registered in this inventory. The Characidae are the most diverse neotropical fish group, accounting for more than one fifth of species known to date (Reis et al. 2003). In the proposed RC Matsés area, small fish in the genera *Moenkhausia, Hemigrammus* and *Hyphessobrycon* were best represented, and it is likely that several are new to science. Other well-represented families with lower species richness were Loricariidae (19), Cichlidae (13), Crenuchidae (11), and Callichthyidae (10).

In terms of species richness and relative abundance, communities of small- to medium-sized fish (adults on average >12 cm long) were most diverse and abundant. These smaller-sized species represent more than 65% of the diversity registered during our study. Approximately 20% of the species were medium-sized, between 12 and 20 cm, and the remaining 15% were large-sized, greater than 20 cm. Examples of these larger species include *Mylossoma (palometa), Serrasalmus (piraña,* Figure 5D), *Triportheus (sardina), Liposarcus (carachama),* and *Pseudoplatystoma tigrinum (tigre zúngaro). The tigre zungaro* we observed were ~1 m long and represent an important protein source for the Matsés. Other large game species include *Osteoglossum bicirrhosum (arahuana), Cichla monoculus (tucunaré), Calophysus macropterus (mota),* and the *Electrophorus electricus (anguila eléctrica).* Eels are not part of the everyday diet of the Matsés people but were present in the Río Yaquerana and can reach 2 m, like the individual observed further downriver in the Río Yavarí inventory.

Site and habitat diversity

Actiamë was the most diverse site (103 species), with species from lagoons, large streams, and the main channel of the Río Yaquerana. In Choncó, we registered 85 species and in Itia Tëbu, 50 species. The number of species per sampling location varied between 5 and 35, from the low diversity area in the *aguajal* in Actiamë to the highly diverse main stream in Chonó.

Among the distinct habitat and water types, the streams were the most diverse with 120 species recorded there. We registered lower species richness in other habitats such as temporary forest pools (47 species), lagoons (41), rivers (37), and flooded areas (11). This is not unexpected since streams were the dominant habitat type in all camps and our sampling effort was greatest there (15 of 24 sampling locations were streams). If we had sampled from more lagoons and from more points along the large rivers we would have recorded additional species. Clearwater environments had the greatest species richness (114), then whitewater (76), followed by blackwater environments (51).

Fish communities inhabiting streams are mostly medium to small-sized fishes, principally in the Characiformes, such as *Hemigrammus, Hyphessobrycon, Moenkhausia, Characidium, Bryconella, Astyanax,* and *Knodus,* and Siluriformes, such as *Corydoras, Ancistrus,* and *Tatia.* Cichlids were also frequent in this habitat, such as *Apistogramma* and *Aequidens,* especially in blackwater streams. The largest stream species were *Hoplias malabaricus, Leporinus* sp. and various Heptapteridae catfish like *Pimelodella* and *Rhamdia.* The rare or scarce catfish *Myoglanis* and *Cetopsorhamdia*

were only present in the streams and were not registered in any other habitat type.

Interesting records

The results of our inventory, when compared to other studies in more thoroughly explored portions of the Peruvian Amazon and recent inventories in Loreto, indicate that the proposed RC Matsés contains among the greatest variety of fish inhabiting forested aquatic environments in Peru (see Discussion). We found high fish diversity in headwaters of the Río Gálvez and in the Yaquerana streams, where we registered 125 species (70% of all those registered in the inventory) living in small- to medium-sized streams and associated microhabitats (flooded zones and temporary pools).

Another interesting finding is the large number of lagoons, which were not thoroughly explored during this inventory but appear to support a great abundance of fish (Figure 5C). These lagoons are important for the Matsés. They appear to harbor many species for human consumption, such as *arahuana* and *tucunaré,* and several Matsés mentioned that they fished there. During the inventory, we found a large variety and abundance of fish in the sampled lagoons. Frequent dolphin sightings in the Río Yaquerana are also related to this fish abundance.

In the proposed RC Matsés, there is a great diversity and moderate abundance of commercially important ornamental fish, such as *Paracheirodon innesi (tetra neón), Monocirrhus polyacanthus (pez hoja), Boehlkea fredcochui (tetra azul), Apistogramma* spp. *(bujurquis), Hemigrammus* spp., and *Hyphessobrycon* spp. *(tetras)* among others. The ornamental pet trade is economically important in Loreto, suggesting that the proposed RC Matsés could serve as an important source of these fishes and potentially provide benefits to the Matsés community and the Loreto region.

We found the genus *Ammocryptocharax* (Crenuchidae) in the small streams in the headwaters of Gálvez; this is a new generic record for Peru (Figure 5E). Moreover, one of the species found within the genus appears to be new to science. Other notable findings included several small catfish in the Heptapteridae family, such as *Myoglanis koepckei*. Originally, Chang (1999) described this species based on three individuals (holotype and paratype) found in the Nanay watershed. Our finding represents a southeast expansion of this species' range and also increases the number of individuals in scientific collections.

Another species, *Pariolius* sp. (Heptapteridae; Figure 5B), appears new to science, and is apparently the same unknown species we found in Ampiyacu, Apayacu, and Yaguas (similar to *Myoglanis koepckei*; Figure 5F) in clearwater and blackwater streams with sandy beds. We suspect that at least another five Characidae species will be new records for Peru. These species might be new to science as well, given predictions made about the number of undescribed species for this group (Reis et al. 2003). *Tatia* and *Corydoras* are two additional genera likely to contain new species.

Another interesting finding is the variety of clearwater, blackwater, and whitewater aquatic environments in small areas and forested areas flooded by streams, all with high fish diversity. Variation in the underlying geology and vegetation can create microhabitats and different aquatic environments with particular physicochemical characteristics that favor the presence of heterogeneous fish communities, some of which are abundant in biomass (like in the oxbow lakes and principal rivers of medium to high conductivity), or rich in species but of moderate to poor densities (like in the clearwater and blackwater streams).

DISCUSSION

The Matsés region is home to a very diverse ichthyofauna, which makes it among the richest areas in Peru compared with other known high diversity areas in Loreto (Ampiyacu, Yavarí, Cordillera Azul) and the Peruvian Amazon. In contrast to previous rapid biological inventories, we spent fewer days in the field this time because we thought fish communities would be similar to those reported from Yavarí because these regions share headwaters. This expected similarity was not borne out by our results. Instead, our findings suggest that the differences and peculiarities of the Matsés ichthyofauna compared to the Yavarí and other watersheds in Peru are substantial enough to support creating a new protected area.

Overall, the proposed RC Matsés harbors a unique ichthyofauna associated with blackwater and clearwater aquatic environments of terra firma forests and flooded areas of the Yaquerana watershed. There are some similarities with other lowland areas in the Peruvian Amazon, especially Yavarí, and with the ichthyofauna of the middle Ucayali (between Contamana and Pucallpa). Certain fish groups (*Creagrutus, Characidium fasciatum* group, *Ancistrus tamboensis*) that were abundant in clearwater streams with hard or rocky bottoms in Matsés, closely resemble fish communities and conditions observed in Andean piedmont areas, like in the Alto Pisqui watershed in Cordillera Azul, in the Pachitea, and in the Bajo Urubamba. On the other hand, brightly-colored fish (considered ornamental) such as *Paracheirodon innesi* (*tetra neón*), and *Apistogramma* spp. (*bujurquis*) were present in environments with sandy bottoms, mostly in blackwater, that are found in the lowlands and are less similar to Andean environments.

The principal rivers such as the Yaquerana, the Gálvez, and the Blanco probably sustain a larger ichthyofauna than we documented, including larger species and greater densities of fishes. Some notable examples we encountered include large catfish (*Pseudoplatystoma tigrinum, Pinirampus pinirampus, Goslinia platynema*), large schools of fish commonly fished by humans including species of *lisas, palometas*, and other valuable species like *tucunaré, arahuana*, and *paiche*. Most of these species are relatively common in Loreto and throughout the Peruvian Amazon (although *arahuana* has not been registered in Madre de Dios and *paiche* has been introduced), and differences in their relative abundances might be seen more clearly at the watershed and sub-watershed levels. Many of these species benefit from flooded forests; not only do they act as nurseries for juvenile fishes during periods of high water when they provide resources, but many species find shelter from predators that inhabit main waterways and cannot access these temporary habitats.

During our study, we observed that the divide between the Río Blanco and the headwaters of the Río Gálvez does not provide a complete barrier for the ichthyofauna. Low altitude hills separating the watersheds, and their proximity to the Río Blanco (which is part of the Ucayali watershed) allow certain species to cross from one watershed to another, especially during the rainy season when waters are high. This would, in part, explain the similarities found for some fish groups. More importantly, this situation allows species to move between two large watersheds (Ucayali and Yavarí).

Comparison with other studies in the Peruvian Amazon

When compared with the ichthyofauna reported in other inventories in Peru, the inventory for the proposed RC Matsés reveals high fish diversity (177 species). More fish were registered in RC Matsés than in various other sites throughout Loreto, including Cordillera Azul (93 species, Rham et al. 2001); Jenaro Herrera (streams of lowland hill forests), close to Requena (102 species, H. Ortega, pers. comm.) and Sierra del Divisor (86 species, Proyecto Abujao 2001). In addition, diversity in the proposed RC Matsés is greater than that of the Río Pachitea between Huánuco and Pasco (158 species, Ortega et al. 2003a), of the Río Heath watershed in Madre de Dios (105 species, Ortega and Chang 1992), and recent samples in the Los Amiguillos watershed in Madre de Dios (~125 species, Goulding et al. unpub. data). The collection effort (in days) employed in the majority of these studies was much greater than the number of collection days during this inventory.

Other regions within Loreto where fish diversity is greater than in RC Matsés include the Ampiyacu, Apayacu and Yaguas watersheds with 207 species (Hidalgo and Olivera 2004), the Río Yavarí with 240 species (Ortega et al. 2003), and Reserva Nacional Pacaya Samiria with 240 species (J. Albert, pers. comm.). In the Pastaza watershed, although a WWF report

(2002) reported 165 species, actual species diversity is greater, with 315 species (Willink et al. 2005).

Comparison with previous inventories (Yavarí and Ampiyacu, Apayacu, and Yaguas)

Our study increased the number of known species inhabiting the Yavarí watershed from 240 to 315 species (considering only those registered in Ortega et al. 2003). That is, 43% of the species in Matsés (excluding 13 that were registered during a very rapid exploration in the Río Blanco) were additional registries for the Yavarí watershed. Considering combined collection effort for both inventories, 27 days, the Yavarí watershed's diversity is very high, especially considering that it is a medium-sized river when compared to the Ucayali or Marañón rivers. In the context of conservation, these results support the idea that entire watersheds need protection.

In the lower Yavarí watershed, a greater extension of forests flood for a greater period of time than in the headwaters, which allow fish to use a greater diversity of resources for food and reproduction. The situation in the headwaters of the Matsés region, those of the Río Gálvez and Río Yaquerana watersheds, is different. Their influence helps maintain the hydrological regime throughout the Yavarí, especially in the lower parts. According to our results, the ichthyofauna of these terra firma forests in the headwaters differs from the ichthyofauna of the lower part of the watershed. Almost all bodies of water contribute to fish diversity and abundance from the small headwater tributaries to the flooded areas; this is even more evident in the lagoons that maintain connections with the main river channels, especially in terms of fish abundance.

During the analysis of our results, we had expected to find more compositional similarities with Yavarí watershed than with Ampiyacu, Apayacu and Yaguas (AAY) watershed, considering that the Matsés region makes up part of the Yavarí watershed. We were surprised to find that the results were opposite of what we expected.

Of the 177 species registered in Matsés, 89 (50%) were also present in Yavarí, and 98 (55%) were registered in AAY. More terra firme streams were studied in AAY (as in Matsés) than in Yavarí, where there was access to more oxbow lakes and large streams directly influenced by the Yavarí's flood regime. Barthem et al. (2003), in a study conducted in Madre de Dios, found that the ichthyofauna of the rivers and the flooded zone (in Matsés, lagoons along the Yaquerana and Gálvez rivers would be included) is similar in both richness and composition, while the ichthyofauna of the streams located in high terrace forests is more distinct and varied. This could help explain why there are more similarities between Matsés and AAY. Nonetheless, although the similarities between Matsés and AAY or Yavarí is close to 50%, the remaining 50% of ichthyofauna found during this inventory is different, and should be conserved.

THREATS, OPPORTUNITIES AND RECOMMENDATIONS

Threats

The main threats in this region are related to collateral effects of potential deforestation in the proposed RC Matsés area. Changes in forest structure directly affect the aquatic trophic network in the short term. Unlike other organisms, especially terrestrial vertebrates, aquatic communities react almost immediately to any change in water quality. One of the primary effects of the deforestation of riparian vegetation is a change in water chemistry. Once vegetation is removed and soil exposed, erosion increases and thereby increases the amount of suspended solids in the water. Unstable soil can also produce landslides that sometimes result in immediate, massive fish kills because of gill obstruction. Over the medium term, landslides change the composition of streambeds and lead to decreased organism diversity because of microhabitat loss or changes.

For the proposed RC Matsés, this threat is more serious considering that the blackwater streams, in addition to high diversity, have lower fish densities than whitewater environments. The ichthyofauna of the proposed RC Matsés is particularly interesting in aquatic environments associated with *varillales* and forest streams far from principal rivers—we encountered new records, rare species, and species new to science in these environments. These habitats are threatened by the ever-expanding search for timber—loggers must penetrate deeper and deeper into the forest as valuable timber species are no longer found along main waterways. In addition, during the rainy season when water levels are high, loggers use these tributary streams to float logs to the main rivers. Loggers have additional impacts because they dump garbage, motor oils, and gasoline into the water. They occasionally fish using toxic substances while they are in the forest.

Although there were very few Matsés communities located near our inventory sites, use of substances like *barbasco* (a plant in the Solanaceae family whose roots produce a toxin used to kill fish) is still a common threat to aquatic organisms, especially in areas where subsistence fishing is common. Lagoons with abundant fishes, such as those we found along the Río Yaquerana, could be seriously affected if toxins are used. It is of the utmost importance to work with the communities so that over time this fishing method is phased out. This will help maintain healthy fish populations in these habitats.

Recommendations

Protection and management

During this study, we observed that the Matsés region (the headwaters of the Yavarí watershed) harbors a species-rich ichthyofauna. Its aquatic habitats in upland forests harbor communities with unique species that differ from those inhabiting the principal river and its floodplain. In conservation terms, this means that it is important to protect the entire watershed, which is further supported by the idea that the best way to conserve and adequately manage aquatic environments is by protecting the entire drainage network. By conserving the entire network, from the headwaters (where small streams are covered by the forest canopy), to the extensive areas of the principal rivers and floodplains, like the Río Yavarí, protection of fish communities and other vertebrates dependent on these aquatic systems is guaranteed.

The geographic location of the Matsés region is important in SINANPE's protected area mosaic since it would connect Yavarí and Sierra del Divisor. At the same time, this connection is biologically essential to maintain flow of species from the Gálvez-Yaquerana headwaters to the Río Blanco (Figure 2). Therefore, we recommend including the Río Blanco watershed in the proposed Reserva Comunal Matsés.

Research

The presence of new species, rare species, probable endemics, and highly valuable ornamental species makes the Matsés ichthyofauna very important. In addition, it is an indispensable source of protein for local people (Figure 11F). Because these fish communities are varied and associated with every type of Amazonian aquatic environment, there are many different species, which represents an excellent opportunity for conservation and scientific research.

Additional inventories are needed in the Gálvez, Blanco and Yaquerana rivers. Lagoons were the least explored habitat during this inventory, and because their fish populations are important for human consumption, these habitats deserve special attention and should be priority research sites. An analysis of fish stocks in the Matsés communities is necessary if management measures are to be proposed. In Parque Nacional Cordillera Azul, after participative workshops with communities settled in the park's buffer zone, low-impact use measures are being promoted, including reducing *barbasco* use (CIMA 2004). While implementing management actions is important and necessary for medium- and long-term conservation, research is a prerequisite step in order to ascertain which species are present, which areas are used for fishing, and other basic information.

Monitoring

Commercially important species flourishing in the lagoons, such as *arahuana, tucunaré,* and large schools of Cypriniformes (Curimatidae, Prochilodontidae), should be monitored. Basic studies are needed to characterize and identify aquatic resource use, of both the Matsés communities and other fishing boats in the proposed RC Matsés region. By using such diagnostics and monitoring fishing in the region, species could be identified, catch sizes documented, and fishing zones identified in order to evaluate the state of the fishing resources and to determine whether overfishing is occurring, like it is in Iquitos (De Jesús and Kohler 2004).

AMPHIBIANS AND REPTILES

Participants/Authors: Marcelo Gordo, Guillermo Knell and Dani E. Rivera Gonzáles

Conservation Targets: Upland forest communities with high amphibian and reptile diversity, including flooded lowlands, palm swamps (*aguajales*) and white-sand forests (known as *varillales* in Peru and *campinas* or *campinaranas* in Brazil); 10 species of sympatric Dendrobatidae; amphibian species associated with white-sand forests and surrounding areas, such as the frogs *Osteocephalus planiceps* and a potentially new species of *Dendrobates* (*quinquevittatus* group, Figure 6C); *Synapturanus* (Microhylidae, Figure 7C), a new genus for Peru; species with commercial value, such as turtles (*Podocnemis unifilis, Geochelone denticulata*) and caimans (*Caiman crocodilus*)

INTRODUCTION

The biodiversity of large expanses of Amazonia remain unknown; the proposed Reserva Comunal (RC) Matsés is one such site. Preliminary work in areas in western Amazonía indicates high amphibian and reptile species richness in the area, including sites near the Río Amazonas (Dixon and Soini 1986), adjacent to the Río Napo (Rodríguez and Duellman 1994), in the Ecuadorean Amazon (Duellman 1978), surrounding Iquitos, Loreto (Lamar 1998), in Sierra do Divisor in Brazil (Souza 2003), and within the Río Ampiyacu, Río Apayacu and Río Yaguas (Rodríguez and Knell 2004). The closest reported inventory to the proposed RC Matsés is the rapid inventory of the Río Yavarí (Rodríguez and Knell 2003) undertaken only a dozen kilometers north of our inventory sites, and reported extraordinary amphibian and reptile diversity (109 species).

METHODS

Between 25 October and 6 November 2004, we sampled three sites, two between the Río Blanco and Río Gálvez (Choncó, Itia Tëbu) and one between the Río Blanco and Río Yaquerana (Actiamë; Figures 2; 3A, E, I). Over 12 days, we recorded all the amphibians and reptiles found during diurnal and nocturnal surveys of trails that traversed a variety of microhabitats. Our sampling effort was similar among the three sites, and in total we recorded 134 person-hours of active searching. We include opportunistic observations and collections made by other investigators of the inventory team and the advance trail-cutting team.

Most of the specimens were photographed alive and then released. For species we could not identify in the field, we collected voucher specimens (77 examples of 38 species) to compare to museum specimens and species descriptions. Our collections have been deposited in the Museo de Historia Natural de San Marcos in Lima. In addition, we made recordings of vocalizations of 23 species of anurans.

Sampled habitats

The three sites inventoried represent a large range of habitats and microhabitats, and differed in the quantity and quality of resources for amphibians. Small palm swamps (*aguajales*) and temporal ponds were the microhabitats with the largest concentration of amphibian species (34), followed by leaf litter (27) and vegetation (7). Few amphibian species were exclusively found in vegetation near streams (4) or in more particular microhabitats, such as the soil between roots (*Synapturanus* cf. *rabus*, Figure 7C) and in tree holes in the forest canopy (*Trachycephalus resinifictrix*, Figure 7B). Many species were found in more than one microhabitat, such as *Osteocephalus taurinus*, which was observed near ponds and in forest vegetation, and

Bufo dapsilis, which was found reproducing in small ponds, as well as in leaf litter along trails.

In Choncó we sampled vegetation in dense upland forests, in addition to a few areas of vegetation on sandy soils that were more open and along the largest stream where the forest was periodically flooded. All the trails had an abundance of streams and ponds near them.

Itia Tëbu was a mixture of tall, relatively open forest in hilly areas and short open forest (*varillales*) in high flat areas. Both forest types were on sandy soils and had an abundance of temporary ponds and some small streams.

Actiamë supported a dense forest, very diverse clay soils, hilly terrain and extensive palm swamps. Large parts of the forest flooded periodically with clearwater; it appeared, however, that flooding was very brief. Ponds, pools and a lagoon were found here, along with abundant streams of various sizes draining into the Río Yaquerana (Figure 3L).

RESULTS AND DISCUSSION

Herpetological diversity

We recorded 74 species of amphibians (6 families, 26 genera) and 35 species of reptiles (Appendix 4). Of the reptiles, 18 species were lizards (7 families, 11 genera), 13 were snakes, 2 were turtles and 2 were caiman. These numbers are a strong indication that this region has a very diverse herpetofauna. In only 12 days, we recorded more than 60% of the amphibian species expected in the northern regions of Iquitos (~115 spp.; Rodríguez and Duellman 1994; Rodríguez and Knell 2004) and in the southern region of Sierra del Divisor (120 spp., Souza 2003). In addition, we recorded more than 50% of the expected lizard species in Amazonía (Figure 6A). In general, reptiles are more difficult to observe during a rapid inventory because they are more cryptic, do not vocalize, and generally occur at low densities.

New species and other records of special interest

In this inventory, we encountered three potentially new species. We recorded two species, a *Bufo* in the *margaritifer* group ("pinocchio") and a

Hyalinobatrachium (Centrolenidae), already confirmed as species new to science during the rapid inventory of Río Yavarí (Rodríguez and Knell 2003). In addition, we collected a Dendrobates of the quinquevittatus group in the white-sand forests (varillales) of Itia Tëbu that appears to be new to science (V. Morales, pers. com., Figure 6C). This Dendrobates has a coloration pattern that has not been described for this group (Frost 2004, Caldwell and Myers 1990). The body is black with longitudinal white stripes below the mouth, which have either a yellow or blue pattern. The chin area is yellowish and the limbs are golden. A similar species was registered in 2003 during another inventory in the Yavarí zone by the Wildlife Conservation Society (M. Bowler, pers. comm.), but that species did not have continuous stripes nor did it have yellow under the mouth.

Another interesting record was the fossorial frog of the genus Synapturanus, which is known from Brazil, Colombia and Ecuador. Currently, there are three known species in the genus. The species we found in the white-sand forests (varillales) in Itia Tëbu appears to be S. rabus (Figure 7C), according to the original description for this species. However, our observation represents a range expansion of at least 500 km for the genus and species, as well as a new generic record for Peru.

Our records of Colostethus trilineatus and C. melanolaemus expand the known geographical distributions of both of these species. This is especially true for C. melanolaemus, which is known only from two sites north of Río Amazonas, near the Río Napo and Río Ampiyacu. C. trilineatus has recently been collected in more central regions in Amazonía (Grant and Rodríguez 2001, Rodríguez and Knell 2003).

Among the most important snakes collected was Bothrops brazili (Figure 7E), an extremely rare and little known species (Cunha and Nascimento 1993).

Notes on the sampled sites

Choncó

Field work at this site lasted four days. The most abundant amphibian species were the arboreal frog Osteocephalus taurinus, the toad Bufo margaritifer and the small frog Phyllonastes myrmecoides. Other species, such as Hypsiboas granosa, Dendropsophus brevifrons, D. leali, D. miyatai and Osteocephalus buckleyi, were very abundant but with localized distributions and were found only in one pool, one stream or one small part of a pond. Among the lizards, we most frequently observed Anolis nitens tandai and Kentropyx pelviceps.

Some of the frogs we observed had very interesting biologies and behaviors. The hylid Trachycephalus resinifictrix (Figure 7B) lives in the highest branches in the forest and utilizes large tree trunk cavities, which accumulate water, to deposit its eggs and develop its tadpoles. Osteocephalus deridens is another hylid that lives in trees but reproduces in water that accumulates in epiphytic bromeliads. Hypsiboas boans is the largest tree frog in South America. This hylid deposits its eggs in small holes that it constructs in stream banks. By the time the streamwater overflows these miniature pools, the tadpoles are relatively well developed and have a better chance of escaping aquatic predators. The small frog Synapturanus cf. rabus is exclusively fossorial, living in spaces between roots in the soil. Its reproduction involves depositing gelatin-wrapped eggs in underground chambers, where the eggs remain until they hatch.

Itia Tëbu

Work in this white-sand forests (varillales) complex lasted three days. The most abundant species here were the new species of Dendrobates with golden legs (sp. nov., quinquevittatus group, Figure 6C), and the arboreal frog Osteocephalus planiceps. These two species appear to be strongly associated with the white-sand forest vegetation. The Dendrobates, which has diurnal habits, was observed as often on the forest floor as it was climbing trunks in the white-sand forest, and was commonly observed investigating the terrestrial bromeliads that are abundant in this type of forest. Individuals were observed also on the spongy forest floor in small gaps. The Osteocephalus was recorded almost every night and was observed in the white-sand forest area as often as in flooded ponds and small patches of palm swamp (*aguajal*), in large vocalizing groups. The palm swamps were the only place where we observed this species reproducing, and a similar pattern was found in the white-sand forests in Parque Nacional do Jaú (Neckel-Oliveira and Gordo 2004).

Other common species included *Leptodactylus rhodomystax* and *L. leptodactyloides*, as well as several hylids such as *Dendropsophus parviceps*, *Scinax* sp. and the microhylid *Chiasmocleis ventrimaculatus*. Although the terrestrial frog *Hemiphractus scutatus* (Figure 7D) is considered a rare species, it was recorded three times at this site. Reptiles were not common, but the species observed most often were *Anolis nitens tandai* and *Kentropyx pelviceps*; the same species were common in Choncó.

Snakes were rare but the few observations we did make were interesting, especially our record of *Bothrops brazili* (Figure 7E). This species has a wide distribution in Amazonia, but always occurs in low densities and, due to its size and coloration, it is often confused with *Lachesis muta* (Cunha and Nascimento 1993).

Actiamë

We visited this site for five days and recorded the highest species diversity in this study, perhaps because of the great variation in habitat, vegetation and topography found in this site. The most common amphibian species were *Epipedobates hahneli*, *Colostethus* sp. 2 *marchesianus* group (cream stripes), *Hypsiboas granosus* and *H. lanciformis*.

Other species were observed in large groups, but these groups were not frequently observed in the forest, pools, streams or ponds. These more localized species included *Dendropsophus parviceps*, *Colostethus melanolaemus*, *Chiasmocleis bassleri*, *Eleutherodactylus* sp. (orange legs) and *Hamptophryne boliviana*.

The genus *Phyllomedusa* was very diverse here and found only at this site during the inventory. Three species, *Phyllomedusa vaillanti*, *Phyllomedusa tomopterna* and *Phyllomedusa bicolor* (Figure 6B; see The Matsés and the frog *Phyllomedusa bicolor*, below), were recorded.

Phyllomedusa displays an interesting form of reproduction. Frogs in this genus wrap their eggs in leaves of plants overhanging ponds and streams. After ~11 days, the tadpoles begin to fall into the water and can swim immediately. In this manner, the eggs can escape the dangers that exist in the water, such as predatory fish and insects. However, the eggs are still not safe from aerial predators, such as wasps and flies, or terrestrial predators, like ants, and snakes such as *Leptodeira annulata*.

In a pond of ~40 m², we found various species including *Hamptophryne boliviana*, *Ctenophryne geayi*, *Dendropsophus parviceps* and *Scinax funereus*. The *Scinax* were explosively reproducing, and vocalized day and night. Millions of eggs formed a gelatin-like film across the entire surface of the pond.

Lizards were more common and diverse (11 species) here than at the other sites. This was especially true for the genus *Anolis* with three species. Two of the species, *Anolis fuscoauratus* and *Anolis nitens tandai*, live on the forest floor. The other, *Anolis punctatus*, prefers middle to high strata in the forest canopy and descends only occasionally. *Gonatodes humeralis* was the most abundant species of gecko. In Actiamë, we also recorded larger-sized reptiles, including a white caiman (*Caiman crocodilus*) in one of the lagoons and two turtles (*Podocnemis unifilis*) in the Río Yaquerana. These species form an important part of the diet for people throughout Amazonía.

In general, snakes were very rare during the expedition, but in Actiamë we observed five species of the family Colubridae. The majority of these species were observed while walking during the day. Species found in this manner include two species of *Chironius* sp. and *Spilotes pullatus*, which are predominately terrestrial species found in the leaf litter, and *Xenoxybelis argenteus*, found in shrubby vegetation.

Community structure and composition

The differences between community structure and composition between the three sites we visited suggest that the landscape heterogeneity plays an important role in the regional species pool. Some species are restricted to or are much more abundant in particular habitats or microhabitats. Others have patchy distributions and unpredictable abundances in the different forest types of the region.

Some species were very common, such as *Bufo margaritifer*, *Epipedobates hahneli*, *Osteocephalus planiceps* and *Kentropyx pelviceps*, while other species were restricted to certain microhabitats and sites, like *Phyllomedusa* spp., *Dendrobates* sp. nov. of the *quinquevittatus* group (Figure 6C), *Synapturanus* cf. *rabus* (Figure 7C) and *Osteocephalus* cf. *deridens*. Others were very uncommon, such as *Adenomera andreae*, *Leptodactylus knudseni*, *L. rhodonotus*, *Cruziohyla craspedopus* (Figure 7A), *Bufo glaberrimus*, *B. marinus* and two species of *Dendrobates* of the *quinquevittatus* group. It is difficult to confidently state relative species abundances, especially as we sampled these communities for a short period of time in a single season of the year. This is compounded by the cryptic behavior of some species and some microhabitats that we were unable to sample.

Among amphibians, the most diverse group was Dendrobatidae, with 10 species, including 4 of the genus *Colostethus*. Such diversity surpasses that found in the region of Iquitos (Rodríguez and Duellman, 1994), which is known as one of the regions with the most sympatric species in the Dendrobatidae family. For reptiles, the lizards in the genus *Anolis* were relatively common and diverse, with five species.

It should be noted that although we observed several blackwater lagoons near Actiamë during flights between camps, these lagoons could not be inventoried because they were too far from camp. We suspect that these bodies of water and their typical floating vegetation could support some hylid species not recorded during the inventory such as *Hypsiboas punctata*, *H. raniceps*, *Dendropsophus walfordi*, *Scinax* of the *rostratus* group and species of *Sphaenorhynchus*.

Comparisons with previous inventories

Because of their proximity, similar habitats, and similar methodology, we can compare this inventory with those in the watersheds of the Río Ampiyacu (Rodríguez and Knell 2004) and the Río Yavarí (Rodríguez and Knell 2003) to sketch a preliminary portait of the distribution and diversity of the herpetofauna in the region. One important factor in this comparison is seasonality, as amphibian abundances change seasonally and seasonality differences between samples can influence sampling success during the inventories. Our inventory in RC Matsés did not take place during the most favorable season for amphibians, which is between December and March and corresponds with the reproductive "boom" associated with the rainy season. Despite this, in less time and during a less favorable season, we recorded almost the same quantity of amphibian species as in the Yavarí inventory (77 Yavarí, 73 Matsés). In comparison to the Ampiyacu, Apayacu, and Yaguas inventory (64 spp. of amphibians), in our inventory we found more species in less time, but the Ampiyacu, Apayacu, and Yaguas inventory took place during the dry season. The region of RC Matsés appears to house various unique species. We recorded 26 amphibian and 11 reptile species that were not found in Ampiyacu, Apayacu, and Yaguas and 20 amphibian and 10 reptile species that were not recorded in Yavarí. However, the entire Amazon forest region in the Loreto area appears to have high herpetofauna diversity.

THE MATSÉS AND THE FROG *PHYLLOMEDUSA BICOLOR*

Although the arboreal frog *Phyllomedusa bicolor* (Figure 6B) occurs throughout Amazonía, it is especially important in the region of the Matsés and the eastern Brazilian Amazon (the valleys of the Río Yavarí and Río Juruá), where various ethnic groups, including the Matsés, use the secretion produced by the dorsal glands of the frog. During the height of the reproductive season, the frogs, known as *kampô* or *dauqued* in Matsés, are captured in the vegetation near the ponds where they reproduce. Their four feet are bound with string and the animal is stretched over a small fire. This stresses the animal into producing a skin secretion that can be collected with a small stick. Once the secretion is collected, the animals are returned to the forest.

Using the tips of lianas or the aerial roots of plants in the Araceae family, small areas are burned on the arm or shoulder of the men and the belly of the women. Over these burns, with skin delicately pulled back, a little of the secretion is applied after it has been moistened with water.

Physiological alterations rapidly follow, with increases and decreases in blood pressure, sweating, nausea and intestinal pain, which can last for 20-30 min. After this, the Matsés feel that their senses are sharpened, and they feel more courageous for the next one or two days. During these days, the Matsés hunt and gather and feel that the secretion applications help them to better perform these tasks. Among the Matsés, applying the skin secretions can occur once every 8-10 months. However, in other ethnic groups, the use is often more frequent and the application area for women is changed to the leg. Others non-indigenous inhabitants in the Brazilian Amazon have adopted this custom, calling it the "vacina do sapo", and its use has spread throughout Brazil. The people believe that this ritual purifies the blood, eliminating numerous diseases. In reality, this medicinal power has not been proven, though investigators do believe that the secretion has antimicrobial properties (C. Bloch, pers. comm.).

THREATS, OPPORTUNITIES, AND RECOMMENDATIONS

Alteration of the vegetation or destruction of reproductive microhabitats (in the case of amphibians) can negatively impact herpetofauna, leading in some cases to local extinctions and/or invasions by species adapted to open or altered environments. Agriculture, cattle and logging are major threats in many parts of Amazonía. In the Matsés region, timber concessions are currently the principal threat, especially in the white-sand forests (*varillales*) and surrounding areas. Because these forests are located on sandy, nutrient poor soils,

any sort of damage to the vegetation or the ground will cause irreversible damage, as these forests grow at such slow rates (Figure 10D). This damage would threaten the reproductive sites for amphibian populations restricted to these forests, such as the dendrobatid *Dendrobates* sp. nov. gr. *quinquevittatus* (Figure 6C) and the hylid *Osteocepalus planiceps*.

Nothing is known about the structure and dynamics of the caiman or turtle (aquatic and terrestrial) populations that are hunted in this region. In many parts of Amazonía, hunting and egg gathering have dramatically reduced turtle populations (*Podocnemis expansa* and *Geochelone* spp.) and black caiman populations (*Melanosuchus niger*). In periodically flooded forests with highly complex microhabitats, some species (e.g. *Melanosuchus niger*) find refuge because these habitats are difficult for people to reach. In the Matsés region and along the upper Yavarí and its tributaries we did not notice large flooded or inaccessible areas that would provide such a refuge. Hunting and egg gathering on river beaches, without an adequate management plan, could endanger these populations.

To protect amphibian and reptiles we recommend that the most fragile habitats, such as the white-sand forests (*varillales*, Figure 3D) and surrounding areas, including large forested areas with high diversity of habitats and microhabitats, be completely protected to ensure a source of colonizing animals for exploited areas. This includes game animals, along with animals used in different rituals, like the *kampô* or *dauqued* (*Phyllomedusa bicolor*, Figure 6B).

For caiman and turtles, research is needed on their distribution and reproductive sites, along with information on their biology, behavior, population dynamics and the effects of hunting. Moreover, we recommend exploring ways to implement management plans with support and input from the local human populations, as participatory mechanisms are critical to providing a chance for conservation actions to succeed.

BIRDS

Participants/Authors: Douglas F. Stotz, Tatiana Pequeño

Conservation targets: Birds of white-sand forest habitats, including potential habitat specialists and species new to science; diverse avifauna of *terra firme* forests; game birds threatened in other parts of their range, including Razor-billed Curassow (*Crax tuberosum*) and White-winged Trumpeter (*Psophia leucoptera*)

INTRODUCTION

The area of the proposed Reserva Comunal (RC) Matsés represents the Peruvian portion of the upper Río Yavarí drainage. Ornithologists have conducted surveys in the lower part of the Yavarí, including limited collections by Castelnau and Deville in 1846, H. Bates in 1857-1858, J. Hidasi in 1959-1961 and C. Kalinowski in 1957 (see Lane et al. 2003 for details). Only C. Kalinowski surveyed sites farther south of the mouth of the Río Yavarí, collecting a few specimens from the confluence of the Yaquerana and Gálvez rivers near the northeastern limit of the proposed RC Matsés in August 1957 (Stephens and Traylor 1983). However, the most relevant comparison to our rapid inventory of the proposed RC Matsés is the rapid biological inventory of three sites along the Río Yavarí during March-April 2003 (Lane et al. 2003).

Otherwise, there has been little ornithological work in this part of northern Peru. A. Begazo surveyed birds in the Reserva Comunal Tamshiyacu-Tahuayo, along east bank tributaries of the Río Ucayali, immediately west of the Río Yavarí Mirín drainage (Lane et al. 2003). Farther south, the most significant collections come from the Río Ucayali basin, near Contamana (J. Schunke in 1947, P. Hocking in 1960-80), and from a 1987 Louisiana State University expedition to the Río Shesha. These sites are 165 km and 200 km southwest of our southernmost camp at Actiamë.

In addition to the limited ornithological information from Peru, some surveys exist from far western Brazil. Sites on the Brazilian side of the lower Río Yavarí at tourist lodges, especially Palmari Lodge, have been surveyed by several ornithologists (A. Whittaker, B. Whitney, K. Zimmer; see Lane et al. 2003). Sites in the Río Jurua drainage in the Serra do Divisor, ~135 km southeast of Actiamë, were surveyed by teams from the Emílio Goeldi Museum, Belem, Brazil. Most of these results are unpublished, although a new species, *Thamnophilus divisorius*, was described from the Serra do Divisor survey (Whitney et al. 2004).

METHODS

Our protocol consisted of walking trails, looking and listening for birds. Stotz and Pequeño conducted their surveys separately to increase the amount of independent observer effort. Typically, we departed camp before first light, remaining in the field until mid-afternoon, returning to camp for a 1-2 hour break, and going back to the field until sunset. Occasionally, we remained in the field through the day and returned to camp after dark. We tried to cover all habitats within an area, although total distance walked at each camp varied with trail length, habitat, and density of birds. At Itia Tëbu, each observer typically covered 12-20 km a day, while at the other two sites walking distances were 5-12 km.

Both observers carried a tape recorder and microphone to document species presence and to confirm identification using playback. We kept daily records of species abundances, and compiled these records during a round-table meeting each evening. Our observations were supplemented by those of other members of the inventory team, especially Debby Moskovits at all three sites, and José Rojas at Actiamë.

We spent four full days at Choncó and Actiamë, and three at Itia Tëbu. Stotz and Pequeño spent ~92 hours observing birds at Choncó, ~62 hours at Itia Tëbu, and ~87 hours at Actiamë. In addition, Pequeño and Stotz spent ~10 hours visiting the Río Blanco (Figure 8A), a tributary of the Río Tapiche that flows into the Río Ucayali, a mere 3-km walk from Itia Tëbu. Stotz made observations for ~8 hr between 6-8 November near the village of Remoyacu on the Río Gálvez. We report birds recorded at Río Blanco and Remoyacu separately in Appendix 5.

In Appendix 5, we estimate relative abundances using our daily records of the number of birds we observed. Because our visits to each of these sites were short, our estimates are necessarily crude, and may not reflect bird abundance or presence during other seasons. For the three main inventory sites, we used four abundance classes. Common indicates birds observed daily in substantial numbers (averaging ten or more birds); fairly common indicates that a species was seen daily, but represented by fewer than ten individuals per day. Uncommon birds were encountered more than two times, and rare birds were observed only once or twice as single individuals or pairs. For Río Blanco and Remoyacu, we modified this scheme because our visits to these sites were shorter. For these sites we use common for species with ten or more individuals during at least one of the days at the site, uncommon for species seen more than once but fewer than ten times at the site, and rare for birds seen only once at the site.

RESULTS

We recorded 416 species of birds during the rapid inventory of the proposed Reserva Comunal Matsés. Of these, 376 were found in the three inventory sites, while 39 other species were observed in brief visits to the Río Blanco in the Río Ucayali drainage basin or at the Remoyacu along the Río Gálvez within the Comunidad Nativa Matsés. One species, *Butorides striatus*, was seen only by the anthropological team during their visit to communities along the Quebrada Añushiyacu.

Avifaunas at surveyed sites

Bird species richness followed the soil fertility gradient, with the highest richness recorded on the richest soils at Actiamë (323 species in four days), intermediate richness registered at Chonkó (260 species in four days), and the lowest richness recorded on the poor soils at Itia Tëbu (187 species in three days). The three sites we surveyed differed substantially in soil types as well as the type and number of river-influenced habitats. Below, we report our major findings at each site, with a brief description of the habitats we surveyed, starting with the poorest soils at Itia Tëbu, and loosely following an increasing soil fertility gradient. We also discuss our observations along the Río Blanco (Figure 8A) and our brief visit to the Matsés community, Remoyacu.

Itia Tëbu

White-sand soils dominate the forests at Itia Tëbu, and even areas without white sand are still sandier than most of the soils at the other two camps. Low areas, sometimes filled with water, surrounded the sandy hills. We encountered few well-defined flowing streams, and many swampy areas without discernible water flow.

We found that the white-sand forests supported a low species richness of birds (187 species), with richness decreasing with forest stature within these white-sand areas. The bird community was essentially a depauperate terra firme avifauna, although we did find a small number of species that are associated with open or short-statured habitats in Amazonia. These included White-chinned Sapphire (*Hylocharis cyanus*, Figure 8C), Fuscous Flycatcher (*Cnemotriccus fuscatus*), White-lined Tanager (*Tachyphonus rufus*), Blackish Nightjar (*Caprimulgus nigrescens*, Figure 8D), and a *Hemitriccus* sp. The *Tachyphonus* has very restricted distribution in Peru, with populations limited to drier habitats in the Río Mayo, Río Maranon, Río Ene and Río Urubamba.

Our most interesting record was a *Hemitriccus* tody-tyrant that we managed to tape-record, but could not identify to species. Zimmer's Tody-Tyrant (*Hemitriccus minimus*) typically occurs in white-sand areas, even small ones. However, our recording, while similar in pattern to *H. minimus*, differs in tone and may represent an undescribed species according to J. Álvarez, who has extensively studied birds in white-sand forests in northern Peru.

There is a well-defined set of species associated with forests on white sands in the Iquitos area (Álvarez and Whitney 2003), including at least five recently described species restricted to these forests in northeastern Peru. Of the 21 species listed by Álvarez and Whitney (2003) as associated with white-sand and other extremely poor soils, we registered only Yellow-throated Flycatcher (*Conopias parva*) at Itia Tëbu.

In our experience, this species is not strongly specialized on white-sand or even extremely poor soils, as we found *C. parva* fairly commonly in tierra firme forests on relatively rich soils along the Río Ampiyacu, north of the Río Amazonas (Stotz and Pequeño 2004). However, in the forests inventoried within the proposed RC Matsés, this species did show a strong predilection for poor soils, especially white sand. It was the most common bird in the short-statured white-sand forests at Itia Tëbu, and was common elsewhere at this site. In the poor soils without white sand at Chonco, the species was less common, but still widespread in the terra firme forest. In forests on richer clayey soils at Actiamë, we recorded *C. parva* only once in hilly terra firme forest, at a site far from the richest soils near the Río Yaquerana. *C. parva* was also found on the Yavarí RBI, but was recorded only once at Quebrada Buenavista (Lane et al. 2003).

Our only record of Ruddy Spinetail, *Synallaxis rutilans*, was in the largest patch of short-statured white-sand forest at Itia Tëbu. This represents one of the few records of this species in Peru from east of the Río Ucayali.

Chonco

At Chonco the soils were nutrient-poor, with deep leaf litter in most areas. Although we found a small patch of white-sand forest, we did not see any white-sand specialist birds in the area. Most of this site was hilly terra firme forest, and terra firme species dominated the avifauna, although we did find some species more typical of low-lying forest along a large stream that ran by the camp.

We recorded 260 species at Chonco during our four-day survey, a reasonable number for an Amazonian site that is almost entirely terra firme forest. The species richness is similar to the 241 species we recorded in five days at Maronal, a terra firme site north of the Amazon on the Ampiyacu, Apayacu, and Yaguas inventory (Stotz and Pequeño 2004).

The numbers of parrots, especially macaws, was low at this camp. Only four species (*Ara ararauna, Brotogeris cyanoptera, Pionus mentruus* and *Amazona farinosa*) were observed daily, and typically only in small numbers. On the other hand, other large frugivorous species (pigeons, toucans, trogons, and guans) were abundant.

Mixed-species flocks were more common and larger than at the other sites we surveyed on this inventory, but nevertheless were small and few in number by Amazonian standards. This was particularly true of understory flocks, where none contained all the expected species of *Myrmotherula*, and the majority contained only one of the two species of *Thamnomanes* antshrikes, although each of these species was fairly common. In 18 flocks surveyed by Stotz, the average number of species in understory flocks was less than seven in Chonco, compared to averages ranging from 10 to 19 species elsewhere in Amazonian terra firme forest (Stotz 1993, pers. obs.).

Actiamë

This camp was situated along the Río Yaquerana, which joins the Río Gálvez 80 km to the north to form the Río Yavarí. In the area we surveyed, relatively high banks border the Yaquerana, leaving essentially no beaches exposed. Forest immediately along the river edge did not appear to be regularly underwater for extensive periods, though we did find small areas of inundated forest along two of its major tributaries.

Despite this, the avifauna included a number of riverine species that were absent from our other main camps. Some of these were directly associated with the river itself (herons, shorebirds, swallows), but most were found in the forest along the river bluff. These riverine species contributed substantially to the avifauna at this site, and combined with a diverse terra firme bird community resulted in the highest species richness of the three inventory sites, with 323 species recorded in our four days at Actiamë.

We did not find Gray Wren (*Thryothorus griseus*), a species known from the Río Yavarí on the

Brazilian side but unrecorded from Peru. It was not found during the Yavarí inventory either (Lane et al. 2003). It may not occur this far south in the Yavarí drainage, since it seems unlikely that the narrow Río Yaquerana would act as a barrier.

Río Blanco

We surveyed the Río Blanco (Figure 8A) during three brief excursions to the site from Itia Tëbu. The habitat around the Río Blanco is disturbed, and dominated by a large agricultural clearing and planted fruit trees. In our brief survey, we were able to survey some river-edge vegetation, and this is where we found most of the interesting species at this site. In ~10 hours of observation during two days, we recorded 124 species, including 13 not seen elsewhere during the inventory.

This is the only area we surveyed within the Río Ucayali drainage; all other sites were in the Río Yavarí basin. A number of species that are known to occur along the Río Ucayali well south of the area we surveyed are not known from the Yavarí drainage. In our brief survey, we recorded three such species, *Sakesphorus canadensis* (Figure 8B), *Capsiempis flaveola* and *Megarynchus pitangua,* and suspect that further surveys of the Río Blanco would likely uncover others.

Sakesphorus canadensis (Figure 8B) is locally distributed in Peru along the Río Ucayali and Río Amazonas, especially near blackwater lakes. *Capsiempis flaveola* was only recently found in Peru (Servat 1993). Currently, there are three disjunct populations known from Amazonian Peru (Schulenberg et al. in prep), and although the two southern populations are associated with bamboo patches, the northern Peruvian population is not. Our record on the Río Blanco is the southern-most record of *C. flaveola* in northern Peru.

Remoyacu

The areas surveyed at Remoyacu in a day and a half were dominated by open habitats around the village and disturbed forests along the Río Gálvez. Because we were working on presentations and reports, we did not survey the area intensively. Nonetheless, we observed

144 species, including 19 species not recorded elsewhere during the rapid inventory. The majority of the species not observed elsewhere were associated with the secondary habitats around the village. However, we observed a few forest species here, like Pied Puffbird (*Notharchus tectus*) and Solitary Cacique (*Cacicus solitarius*), that we did not encounter elsewhere.

Other significant records

A handful of our observations represent substantial range extensions. The most notable was a single Northern Waterthrush, *Seiurus novaboracensis*, seen by Stotz along a stream at Actiamë. This North American migrant is known in Peru from only two records, one south of Lima on the Pacific slope, and the other at the Río Curaray (T. Schulenberg, pers. com.). There are only a few records from Amazonia in Ecuador (Ridgely and Greenfield 2001), and one from eastern Amazonian Brazil (Sick 1993). Besides these scattered records, typically the southernmost wintering records are in northern South America (Paynter 1995).

We observed single males of the poorly-known White-bellied Dacnis, *Dacnis albiventris*, in a mixed tanager flock at Choncó at the edge of the heliport, and singing in second-growth forest at Remoyacu. The species is known only from scattered localities in western Amazonia, and its distribution and preferred habitat remain unclear.

Pequeño observed an Emerald Toucanet, *Aulacorhynchus prasinus*, in a fruiting tree in floodplain forest at Actiamë. This species occurs mainly on lower montane slopes in Peru, although in southeastern Peru it regularly occurs farther from the Andes. Our record is the northernmost Peruvian record this far from the Andes. Moreover, the bird was observed across the river from Brazil, where the species has been recorded only a few times (Whittaker and Oren 1999). Despite the paucity of records, we suspect that this species may be regular in southwestern Amazonian Brazil.

Pequeño observed a single Zigzag Heron, *Zebrilus undulatus*, at a small pool in floodplain forest at Actiamë. The advance trail-building team at Actiamë also reported seeing a *Zebrilus* in the same area while they worked on the camp (G. Knell, pers. comm.) This small heron is known from only a handful of sites in Peru, and is generally rare throughout its range.

Gray-chested Greenlet, *Hylophilus semicinereus*, was common at the Río Blanco, where several pairs were present and tape-recorded. Stotz also observed one at Choncó along a small stream in dense, tangled vegetation. This greenlet was only recently found in Peru for the first time (Begazo and Valqui 1998). It is currently known in Peru from a few sites south of the Río Amazonas west to Pacaya-Samiria. Our records are the southernmost in Peru.

Migrants

We found 19 species of migrants from North America. We saw only one species of austral migrant, Lined Seedeater (*Sporophila lineola*) Most of the migrants were associated with open habitats or were shorebirds at the edge of rivers. However, several species were regularly encountered within forested habitats, including Eastern Wood Pewee (*Contopus virens*), Red-eyed Vireo (*Vireo olivaceus*), Yellow-green Vireo (*V. flavoviridis*), Swainson's Thrush (*Catharus ustulatus*), Gray-cheeked Thrush (*C. minimus*), and Scarlet Tanager (*Piranga olivacea*). During our inventory, high water levels may have lowered the abundance and diversity of migrant shorebirds in Actiamë and Remoyacu.

Reproduction

We observed little breeding activity during the inventory. Some insectivorous passerines were accompanied by older juveniles, and overall levels of singing were low, suggesting that the main breeding season had ended fairly recently. However, we did observe a few younger chicks, including dependent young of Starred Wood-Quail (*Odontophorus stellatus*), Black-fronted Nunbird (*Monasa nigrifrons*), White fronted Nunbird (*Monasa morphoeus*), and Plain-brown Woodcreeper (*Dendrocincla fuliginosa*). A handful of species were actively nesting. We found a Double-toothed Kite (*Harpagus bidentatus*) nest with large chicks at Actiamë. We found one nest each of Great Tinamou

(*Tinamus major*) and Blackish Nightjar (*Caprimulgus nigrescens*, Figure 8D) with eggs being incubated, at Itia Tëbu. A Fork-tailed Woodnymph (*Thalurania furcata*) was building a nest at Actiamë. We observed several parrots investigating nest holes at Actiamë, including Blue-and-yellow Macaw (*Ara ararauna*), Red-and-green Macaw (*Ara chloroptera*), Chestnut-fronted Macaw (*Ara severa*), Painted Parakeet (Pyrrhura picta), and White-bellied Parrot (*Pionites leucogaster*).

Biogeographic patterns

The proposed RC Matsés is relatively distant from major rivers or other barriers that could represent range boundaries for most Amazonian species. However, there are a handful of cases where allospecies replace one another within the region east of the Río Ucayali in Peru. For the most part, we found the more northerly of these species during our inventory. The allospecies included the following species pairs (more northerly species listed first and the species found during the Matsés inventory marked with an asterix): *Malacoptila rufa/semicincta**, *Galbalcyrhynchus leucotis/purusianus**, *Phaethornis bourcieri/philippii**, *Nonnula rubecula*/sclateri*, *Thamnomanes saturninus*/ardesiacus*, *Machaeropterus regulus*/pyrocephalus*, *Pipra filicauda*/fasciicauda*.

Surprisingly, at least 24 common, widespread Amazonian species were not recorded during either the Matsés or the Yavarí rapid inventory. All of these birds occur both east and west of the Yavarí drainage south of the Amazon, and are recorded both north and south of the Yavarí, so their gross distributional patterns suggest they should occur in the Yavarí drainage. This list includes Swallow-tailed Kite (*Elanoides forficatus*), Yellow-headed Caracara (*Milvago chimachima*), Pale-vented Pigeon (*Patagioenas cayennensis*), Blue Ground-Dove (*Claravis pretiosa*), Tui Parakeet (*Brotogeris sanctithomae*), Striped Cuckoo (*Tapera naevia*), Crested Owl (*Lophostrix cristatus*), Rufous-breasted Piculet (*Picumnus rufiventris*), Little Woodpecker (*Veniliornis passerinus*), Spot-throated Woodcreeper, (*Deconychura stictolaema*), Red-billed Scythebill (*Campylorhamphus trochilirostris*), Dark-breasted Spinetail (*Synallaxis albigularis*), Short-billed Leaftosser (*Sclerurus rufigularis*), Sulphury Flycatcher (*Tyrannopsis sulphurea*), Boat-billed Flycatcher (*Megarynchus pitangua*), Pink-throated Becard (*Pachyramphus minor*), Spangled Cotinga (*Cotinga cayana*), Black-capped Mocking-thrush (*Donacobius atricapilla*), Hooded Tanager (*Nemosia pileata*), Orange-headed Tanager (*Thlypopsis sordida*), Masked Tanager (*Tangara nigrocincta*), Blue-black Grassquit (*Volatinia jacarina*), Red-rumped Cacique (*Cacicus haemorrhous*), and Oriole Blackbird (*Gymnomystax mexicanus*). Undoubtedly, some of these species will be recorded with further surveys along the Río Yavarí drainage in Peru. However, it is odd that a month of fieldwork by experienced ornithologists at six sites scattered within the Río Yavarí drainage did not uncover these species. If they are present, it is difficult to imagine that these species are as common in the Yavarí drainage as they are elsewhere in Amazonia.

At least some of these species are associated with human-disturbed habitats and this habitat type may be too scarce in the region, or they may not have dispersed to the relatively limited areas with appropriate habitat. Similarly, some of the species associated with rivers and associated habitats may be absent because of limited suitable habitat. But the absence of other species, such as *Elanoides forficatus, Lophostrix cristatus, Campylorhamphus trochilirostris, Pachyramphus minor* and *Cotinga cayana*, remains puzzling, and is not obviously related to habitat availability.

DISCUSSION

We estimate that ~550 species would be found in the region with more complete surveys, especially of the riverine habitats. Several riverine species found on the Yavarí inventory (Lane et al. 2003) probably occur within the proposed Reserva Comunal Matsés or the Comunidad Nativa Matsés. The white-sand forests near the boundary of the Río Gálvez basin and the Río Blanco basin that we surveyed at Itia Tëbu, if more completely surveyed, could uncover additional species, including potentially

undescribed ones. However, as this habitat is generally depauperate of birds, we would expect only a modest number of additional species to be found there.

Birds of white-sand forests *(varillal)*

White-sand forests are distributed patchily throughout Amazonia, with major areas in north-central Amazonian Brazil and northeastern Peru. The eastern complex of white-sand habitats has been studied by ornithologists since early ornithological surveys in Amazonia in the 1800s, and Oren (1981) has conducted the most recent comprehensive surveys. The white-sand areas west of Iquitos were ornithologically unknown until J. Álvarez began working there in the 1990s. Since that time, five species of birds new to science have been described from white-sand forests in Peru. Additionally, eight other species not previously known from Peru have been documented in these white-sand areas, as well as other species that appear to be associated primarily with these habitats (Álvarez 2002, Álvarez and Whitney 2003).

During this inventory, we did not find any of the species restricted to white-sand habitats elsewhere in Amazonia. Despite our failure to find any definite white-sand specialists, it is hard to imagine that there are none, given the wide expanse of white-sand forests in the region. The great distance separating the Río Ucayali and Río Amazonas suggests that the restricted range species discovered in the Iquitos area probably will not be found in the Matsés region. Wider-ranging specialists, like Barred Tinamou (*Crypturellus casiquiare*), Gray-legged Tinamou (*C. duidae*), and Saffron-crested Tyrant-Manakin (*Neopelma chrysocephalum*), which are found only north of the Río Amazonas, may also be unlikely. Instead, the white-sand forests near Itia Tëbu may harbor their own set of restricted-range species awaiting discovery. Most of the newly described species near Iquitos, and many of the more specialized widespread species, were only found after years of study on much smaller patches of white-sand forest (J. Álvarez, pers. comm.).

Comparison among sites

The three main camps shared 151 species. Actiamë was easily the most diverse camp, with 322 species, in large part because of its proximity to a large river. Actiamë also had the greatest number of unique species: 93. Of these, we recorded 38 (mainly riverine) species during our brief surveys of the Río Blanco and Remoyacu, making the number of unique species at Actiamë 55 if all five sites are considered. At Chonco we observed 30 species not seen at Actiamë or Itia Tëbu, while Itia Tëbu had 12 species restricted to that site, mostly species restricted to the white-sand forests. A substantial number of typically common and widespread forest species were not recorded at Itia Tëbu, including 67 common forest interior species that we observed at both Chonco and Actiamë.

Comparison with other rapid inventories in Loreto

In this section, we compare our observations in the Matsés region with those from two other rapid biological inventories recently conducted in terra firme forests in Loreto. The Yavarí inventory (Lane et al. 2003) sampled four sites within the Yavarí drainage, downriver from the Matsés inventory. The Ampiyacu, Apayacu, and Yaguas inventory (Stotz and Pequeño 2004) sampled three sites north of the Río Amazonas, within the Amazonas and Putumayo drainages. Many species are shared between these three inventories, but at least a third of the avifauna is unique to each.

Yavarí

The rapid biological inventory of Yavarí registered 400 species of birds (Lane et al. 2003) during April 2003, while we recorded 416 species in Matsés during October-November 2004. Species and abundance differences between sites principally reflect seasonal and habitat differences. Both inventories visited several unique habitats, and overall we were able to visit sites with greater habitat variation in the Matsés inventory than in Yavarí, as all the sites during the Yavarí inventory were along the main river channel. However, the Yavarí inventory did survey oxbow lakes, large

Mauritia palm swamps, and extensive *varzea*—all habitats that we did not visit in the Matsés region. With the exception of the white-sand forests, we suspect that the two regions overlap substantially in habitat types.

We registered 78 species in the Matsés inventory that were not found in Yavarí, and 60 species in the Yavarí inventory were not found in the Matsés region. Most of the species unique to Yavarí were associated with riverine habitats (29 species) or are migrants (13 species: eight austral and five boreal). We registered a diverse group of boreal migrants (19 species). Eleven of these species were not registered in Yavarí. We observed only one species of austral migrant. By the end of October, austral migrants should have returned to their breeding grounds, which likely explains their absence from this inventory. The differences in migrant composition between these two inventories almost certainly reflect seasonal differences rather than actual composition differences. Most of the migrants, both austral and boreal, probably occur in both areas at the appropriate season.

The riverine species observed uniquely during the Yavarí inventory, ranging from herons that use shallow waters to forage, to Amazonian Umbrellabirds (*Cephalopterus ornatus*) that live in tall *varzea* forests along the edges of major Amazonian rivers, reflect several unique riverine habitats sampled in Yavarí. Similarly, we registered 18 species in riverine habitats on the Matsés inventory (and three additional species in the Ucayali drainage at Río Blanco) that were not registered during the Yavarí inventory.

Two times we recorded a species in the Matsés inventory that geographically replaces a congeneric species recorded at Yavarí. These species replacements included Semicollared Puffbird (*Malacoptila semicincta*) instead of Rufous-necked Puffbird (*M. rufa*) and Chestnut-belted Gnateater (*Conopophaga aurita*) instead of Ash-throated Gnateater (*C. peruviana*). The puffbirds replace each other not only between our two inventories, but also along stretches of the Yavarí sampled during that inventory. The distribution of the two *Conopophaga* species is complex east of the Río Ucayali, and is not well understood.

Beyond differences in the species lists between the Yavarí and Matsés inventories, there were noticeable abundance differences in the avifauna. Obviously, the Yavarí inventory documented a richer riverine avifauna. However, even the riverine species that we did document at Actiamë were relatively uncommon compared to the Yavarí inventory. Similarly, the richer terra firme avifauna documented during the Matsés inventory reflected not only a greater number of terra firme species but also greater abundances of those species.

Ampiyacu, Apayacu, and Yaguas

In 2003, we participated in a rapid inventory in the Ampiyacu, Apayacu, and Yaguas region (AAY, Stotz and Pequeño 2004), an area north of the Río Amazonas. There, as in the Matsés inventory, terra firme species dominated the avifauna. Since the two regions are separated by the Río Amazonas, there are substantial compositional differences in their avifaunas. During the AAY inventory, we found 42 unique species, including 26 known not to cross south of the Río Amazonas or east of the Río Ucayali in Peru. Forty-five species of terra firme birds were recorded only in the Matsés region, including 33 only found south of the Amazonas in Peru. In 17 cases, related species replace each other on either side of the Río Amazonas. The differences between these two inventories in terra firme species, while substantial, are smaller than the differences between the AAY and Yavarí inventories (Stotz and Pequeño 2004).

Again, we sampled different habitats in the two inventories, and several of the compositional differences reflect these habitat differences. Overall, the Matsés inventory sites showcased much greater habitat diversity than our AAY inventory sites. Accordingly, the three inventory sites in the AAY inventory shared many more species and displayed a smaller range in diversity among sites (AAY: 242-302 species, Matsés: 187-323). The most important differences between these inventory sites, aside from their position on opposite sides of the Amazonas, are the white sands in the Matsés region and the high riverine habitat diversity sampled at Actiamë.

THREATS, OPPORTUNITIES, AND RECOMMENDATIONS

The principal threat for birds in the Matsés region is habitat destruction, especially deforestation, given the largely forest-based avifauna of the region. We observed evidence of logging activity near the Río Blanco, with several obvious tractor trails still evident within the white-sand forests. The riverine area there was quite disturbed. Most birds in this habitat are relatively tolerant of disturbance, but for some species including perhaps *Sakesphorus canadensis*, we need to ensure that relatively extensive areas of intact riverine habitats remain.

Given the high densities of game birds and the presence of some of the most sensitive species to hunting (*Crax* and *Psophia*), the introduction of significant hunting into the region could have noticeable impacts on the populations of these species. Continued subsistence-level hunting in the lands used by the native communities should not negatively impact the populations of these birds in the area we surveyed. We would expect that the greatest potential for negative impacts would be along the river courses that provide relatively easy access to parts of the region.

Recommendations

Protection and management

Currently, the area suggested for the Reserva Comunal Matsés extends west to the divide between the Río Yavarí drainage and the Río Ucayali drainage (Figure 2). It is clear that patches of the white-sand forest we surveyed near Itia Tëbu extend west into the Río Ucayali drainage. Extending the limit of the proposed Reserva Comunal west to the east bank of the Río Blanco (Figure 2) would protect more of this unique community. It would provide the area with a more clearly defined and easily protected boundary, and ensure the protection of some riverine habitats within the Río Ucayali drainage. This drainage has little area protected above its lower reaches. In general, the riverine areas within the region are most under pressure from human activity. We recommend protecting sections of some of the major rivers in the areas, especially areas that currently have little or no human activity. This will provide protection to habitats and the fauna within them that are under pressure throughout the Amazon basin.

Inventories and Monitoring

The greatest priority for additional bird surveys are the white-sand forests that we briefly surveyed near Itia Tëbu. These forests, although likely poor in overall species richness (Figure 8E), could harbor undescribed species, since surveys in smaller areas of white-sand habitats near Iquitos have uncovered at least five species new to science. In addition, areas with large cochas within the Matsés region remain unsurveyed, and should be considered a priority. Finally, surveys of areas that are used heavily by the native community should be undertaken to understand how their resource use impacts the bird community. Such information could help in managing these areas for sustainable use by the human populations in the area. This would be a necessary precursor to long-term monitoring of the game birds that are exploited by the Matsés. These game birds should be monitored in areas that are actively hunted by the Matsés and in areas that are more isolated for comparison to direct management of this important forest resource.

Research

In the area east of the Ucayali, a number of allospecies replace one another, or species occur at the edges of their range, despite the lack of obvious barriers like broad rivers. Understanding these distribution patterns might help set natural boundaries for management areas, especially for forest-based species that may not be restricted to watersheds. Whether the extensive areas of white-sand forests together with associated agaujales and other low-lying wet areas limit movements of more typical forest species, and are acting as a geographic barrier, is worth investigating.

Investigating the genetic distinctiveness of populations of white-sand inhabiting species in the area, compared to other areas of white sands, would help in managing the populations of these specialized birds.

They occupy a naturally patchy environment, but it is one that has been relatively stable across long periods of time. Comparing their genetic structure to species in patchy environments that are ephemeral could help in understanding their evolution.

MEDIUM AND LARGE MAMMALS

Author/Participant: Jessica Amanzo

Conservation targets: One of the most diverse areas for mammals in Amazonia; extremely diverse primate community (14 species) with abundant, large species such as *Lagothrix lagothricha*, *Ateles paniscus* (Figure 9A) and *Alouatta seniculus*; presence of the giant armadillo (*Priodontes maximus*) listed as an endangered species (EN) on the World Conservation Union's (the IUCN) Red List; habitat specialists such as *Callimico goeldii* and *Cacajao calvus*, both of which are listed as Near Threatened (NT) on the IUCN Red List; abundance of large mammals that have suffered local extinctions in many parts of their natural distribution because of habitat loss or overhunting; intact, heterogeneous habitats that serve as a source of game species, especially in the headwaters of the Río Yaquerana and Río Gálvez

INTRODUCTION

The proposed Reserva Comunal Matsés is situated in the western Amazon, an area with an exceptional diversity of mammals, perhaps the greatest in the world (Emmons 1984, Voss and Emmons 1996, Valqui 2001). Several research studies of mammalian diversity have been carried out in and around the Matsés territory. Toward the north, Salovaara et al. (2003) registered 39 species in three sites in the upper Río Yavarí, and 49 species in Río Yavarí Mirín. Fleck and Harder (2000) conducted an intense study in the Río Gálvez watershed, within the Matsés territory, with the help of local inhabitants and registered 84 mammal species, 61 of which were medium and large mammals. Valqui (2001) registered 82 mammal species in the western portion of Reserva Comunal Tamshiyacu-Tahuayo, 44 of which were medium and large species.

In this rapid biological inventory, we evaluated the diversity of medium and large mammals in three sites characterized by different edaphic conditions and habitats types, within the proposed Reserva Comunal

Matsés. In this chapter we present our results, detail the diversity differences between the three evaluated sites (Figures 2; 3A, E, I), compare diversity of the three sites with other areas in Amazonia, highlight species of importance, and discuss management and conservation opportunities.

METHODS

We focused on medium and large mammal species (weighing more than 0.5 kg). We did not include small mammals because sampling methods (setting traps and nets) require more time than the rapid inventory allowed.

We sampled the trails established by the advance trail-cutting team, which varied between 1.2 and 11.1 km and covered most of the habitats present in the region. To register both diurnal and nocturnal species, we sampled the trails between 7:30 AM and 5:30 PM and again between 7:30 and 10:30 PM. We walked the trails at a velocity of ~1-1.5 km/h scanning the ground, the subcanopy, and the canopy to register terrestrial species as well as arboreal species. Every so often, we stopped to observe movements or listen to vocalizations. During most of the inventory, we worked with a local Matsés assistant.

We recorded large and medium-sized mammals using visual sightings as well as secondary clues such as tracks, vocalizations, food remains, scat, and watering holes. For each observation, we noted species information, number of individuals, sex (when possible), and distance from the trail. We also included mammal sightings by other members of the research team (D. Moskovits, C. Vriesendorp, T. Pequeño, D. Stotz, G. Knell, M. Gordo, J. Rojas, M. Hidalgo, I. Mesones and N. Dávila) and the Matsés assistants.

We interviewed members of the local Matsés communities that assisted us during our inventory and participants in the presentation of our preliminary rapid inventory results in Remoyacu/Buen Perú. We interviewed adult males since they are the primary hunters in the communities. In these interviews we used the plates in Emmons and Feer (1997) to identify species.

RESULTS

Using information from previous inventories and evaluations in areas close to the Matsés territory (Valqui 2001, Fleck and Harder 2000, Salovaara et al. 2003), we prepared a list of 65 expected medium and large mammal species (Appendix 6). During our inventory, we registered 43 species in the three inventory sites corresponding to 9 orders, 23 families, and 35 genera, and representing 66% of the expected species. After interviewing the Matsés, the number of species increased to 60, which represents 92% of the expected species. The final percentage demonstrates that the Matsés people are extremely knowledgeable about the mammal species present in their territory.

Similarities and differences among inventory sites

The number of registered species in Choncó, in the Río Gálvez watershed, and Actiamë, in the Río Yaquerana, was similar. We registered 35 species in each site, 29 of which (83%) were found in both sites. We found 25 mammal species in the white-sand forests of Itia Tëbu. The following paragraphs summarize our results at each inventory site.

Actiamë

Actiamë had the greatest number of edible fruits (Figure 3K) and the greatest abundance of the following species (which are also game species): *Agouti paca, Dasypus* spp., *Mazama gouazoubira, Priodontes maximus, Tapirus terrestris, Alouatta seniculus, Ateles paniscus* (Figure 9A), *Lagothrix lagothricha* and *Saimiri sciureus* (Table 2). This site had highly productive and heterogeneous soils and we frequently observed large primates and birds feeding in Moraceae and Sapotaceae trees and palms. We also observed different primate groups of the same species (primarily *Lagothrix lagothricha* and *Alouatta seniculus*) using areas very close to one another. In a small *aguajal* (palm swamp) we found many animal tracks, including tapir (*Tapirus terrestris*) and paca (*Agouti paca*) that had been feeding on *Mauritia flexuosa* fruits. These fruits are also an important resource for small mammals such as *Proechimys* spp. and *Oryzomys* spp. We also observed many armadillo (*Priodontes maximus* and *Dasypus* spp.) holes in a terrace next to the aguajal. Along some streams, we observed *Cabassous unicinctus* dens. In addition, this was the only sampled site where we registered the pink river dolphin (*Inia geoffrensis*) and the capybara (*Hydrochaeris hydrochaeris*) because it was the only area inventoried with easy access to a large river.

Choncó

Large mammal diversity and abundance was also great in Choncó. Here we observed 12 monkey species; in Actiamë we observed 11 species and in Itia Tëbu only eight. The pygmy marmoset (*Cebuella pygmaea*) was registered only in this site. With respect to the carnivores, we registered

six species from four families, two more species than in Actiamë and Itia Tëbu. Among the carnivores, the bush dog (*Speothos venaticus*), a very rare Amazonian canine, stands out. The most abundant species were *Myrmecophaga tridactila*, *Panthera onca*, *Pecari tajacu* and *Callicebus cupreus*. The collared peccary (*Pecari tajacu*) was much more abundant here than in the other two sites, but as was the case in Actiamë, abundance of the white-lipped peccary (*Tayassu pecari*) was very low.

Itia Tëbu

White sands dominate Itia Tëbu, and because of their extremely low productivity, we found fewer species here than at the other two sites. Of the 25 species registered,

Table 2. Relative abundance of encounters (signs and observation) of large mammals in the three inventory sites.

Species	Common name	Relative abundance (Number of observations/km)		
		Itia Tëbu	Choncó	Actiamë
Agouti paca	paca	0.106	0.162	0.379
Dasyprocta fuliginosa	black agouti	–	0.054	–
Dasypus spp.	armadillos	0.372	0.324	0.506
Choloepus sp.	two-toed sloth	0.053	0.027	0.032
Mazama americana	red brocket deer	–	0.297	0.253
Mazama gouazoubira	grey brocket deer	0.106	0.027	0.032
Myrmecophaga tridactyla	giant anteater	–	0.054	0.032
Panthera onca	jaguar	–	0.108	0.095
Pecari tajacu	collared peccary	0.106	0.811	0.632
Priodontes maximus	giant armadillo	0.213	0.162	0.316
Tapirus terrestris	lowland tapir	0.159	0.351	0.442
Alouatta seniculus	red howler monkey	–	–	0.081
Ateles paniscus	spider monkey	–	0.054	0.063
Callicebus cupreus	dusky titi monkey	0.053	0.081	0.063
Cebus albifrons	white-fronted capuchin monkey	–	0.054	–
Lagothrix lagothricha	common woolly monkey	–	0.081	0.284
Pithecia monachus	monk saki monkey	0.159	0.162	0.032
Saguinus mystax	black-chested mustached tamarin	0.213	–	0.032
Saguinus fuscicollis	saddleback tamarin	0.053	–	–
Saimiri sciureus	squirrel monkey	–	–	0.032
Number of all mammal encounters/km		**1.593**	**2.809**	**3.306**

many were also found in the other two sampled sites: 21 species found here were also found in Choncó (88%), and 23 species were also found in Actiamë (96%). Itia Tëbu's most abundant species include armadillos (*Dasypus* spp. and *Priodontes maximus*), the gray brocket deer (*Mazama gouazoubira*) and two species of tamarin monkeys (*Saguinus* spp.). While this site had lower abundance and richness overall, it is important to note that we did register both large felines here, the jaguar (*Panthera onca*) and puma (*Puma concolor*).

Species records

Most of the species registered are typical of the Amazon and are broadly distributed. All of the expected orders, except for Sirenia (river manatee), were represented in the inventory. The best-represented orders in the three sites were Xenarthrans, the primates, and the ungulates with 89%, 86%, and 100% of the expected species. The Amazonian manatee (*Trichechus inunguis*) was not registered in any of the sample sites and it was not recognized by any of the locals. In previous studies it has been considered as probable for the area. During overflights of the area, we observed many oxbow lakes close to the Gálvez and Yaquerana rivers (Figure 3L), therefore we continue to consider this species as potentially present.

We observed 12 of 14 expected primate species, and after including information gathered from interviews, recorded all 14 expected species. This is a high number of primates for a rapid inventory, and high for the Amazon in general. Goeldi's marmoset, (*Callimico goeldii*), and the red uakari monkey (*Cacajao calvus*), were not recorded in any of the three inventoried sites, but the Matsés recognized both of them during our interviews. The Matsés report that Goeldi's marmoset (*Callimico goeldii*) is rare.

We registered six ungulate species. The collared peccary (*Pecari tajacu*) was abundant in Chonció and common in Actiamë. We did not register evidence of large groups of white-lipped peccary (*Tayassu pecari*) in any site. The tapir (*Tapirus terrestris*) was present in each site; however, it was most abundant in Actiamë.

Armadillos were relatively common in Actiamë, and less common in Chonció and Itia Tëbu. The giant anteater (*Myrmecophaga tridactyla*) was abundant in Chonció and the southern tamandua (*Tamandua tetradactyla*) was abundant in Actiamë.

We registered a total of eight carnivore species (50% of the expected) representing all of the families of the order. The jaguar (*Panthera onca*) was the most abundantly recorded feline species. Based on tracks found along a stream in Actiamë we also registered an ocelot (*Leopardus pardalis*), but only once. During interviews, the local inhabitants identified all of the members of the feline family, and all but one—the greater grison (*Galictis vittata*)—of the expected species from the Carnivore order. The neotropical river otter (*Lontra longicaudis*) was observed only in Actiamë. It is likely that the giant otter (*Pteronura brasiliensis*) is present in Actiamë as well, because the Río Yaquerana is extensive, there are a large number of oxbow lakes, and fish resources are abundant (see Fishes, p. 184). In general, aquatic mammals were not well represented in this inventory because we only had access to one large river and one oxbow lake; however, local inhabitants confirmed that these mammals are indeed common and found throughout their territory.

We registered the pink river dolphin (*Inia geoffrensis*) in the Yaquerana (Figure 3L) in Actiamë. The gray dolphin (*Sotalia fluviatilis*) was registered after interviews with local inhabitants, who mentioned that this species is common in the majority of the area's rivers.

We inventoried 58% of the expected rodents and 33% of the expected marsupial species. The rodents belonged mostly to the Sciuridae, Agoutidae and Dasyproctidae families. The largest number of signs corresponded to the paca (*Agouti paca*). The pacarana (*Dinomys branickii*), uncommon in neotropical forests (Emmons and Feer 1997), was mentioned during interviews. In order to register more species from these orders, traps must be used.

During the nocturnal census, we also observed some small terrestrial mammals including a marsupial (*Marmosops* sp.) feeding on a cockroach, and the rodents *Proechimys* spp. (probably more than one species) and *Oryzomys* spp. We observed two individuals of the genus *Proechimys* and one *Oryzomys* consuming aguaje (*Mauritia flexuosa*) fruit pulp in Actiamë.

Notable records

There was very little to no anthropogenic impact in the inventory sites, and as a result these areas support large mammal communities, notably large primates and ungulates most evident at Actiamë. Generally, hunters in tropical forests focus on primate and ungulate species because they provide more meat and hunters prefer the taste of these meats (Pacheco and Amanzo 2003). However, the large primates we observed did not flee in our presence, indicating that there is no or minimal hunting impact in these areas.

As mentioned above, we registered jaguars (*Panthera onca*) often, a species notable for occupying the highest trophic level. A jaguar was seen in the Choncó and Actiamë campsites. In Actiamë, one individual was observed by the Matsés assistants as it vocalized and roamed around the tents. In disturbed areas, jaguars are much more cautious and do not generally approach humans. In addition, in areas with hunting, there are fewer prey species for jaguars.

The monk saki (*Pithecia monachus*), common in the three sites, was observed in association with tamarins (*Saguinus mystax* and *S. fuscicollis*) in Itia Tëbu. *Pithecia monachus* feeds mostly on fruits, seeds, and leaves. Curiously enough, this species was seen with the two *Saguinus* species in the upper part of a tree that was being invaded by a swarm of raiding army ants. We assume that it was waiting for insects and small vertebrates that were climbing the tree to escape the ants.

G. Knell observed a female pink river dolphin (*Inia geoffrensis*) and her young for ~15 minutes at the mouth of a small tributary to the Río Yaquerana, and on two separate occasions (at night) one individual was seen in the Río Yaquerana itself. *Inia geoffrensis* is mostly a solitary species. They give birth during high water season (May and June) when more food is available

(Culik 2000). However, very little is known about its reproductive biology in Peru. Fish abundance in Río Yaquerana and adjacent oxbow lakes could provide many resources to the aquatic and semiaquatic mammal species.

Varillales and the transition zones between this habitat and high forests dominated Itia Tëbu. In the *varillales*, we observed that tips of the white-sand palm (*Euterpe catinga*, Figure 4J), a dominant species in this habitat, were being eaten by a rodent. We were unable to identify the species because of the short sample time and because we did not have the necessary traps to capture it. However, because the white-sand habitat is extensive, we suspect that it could be a species that has adapted to take advantage of these abundant palms. Identifying the species will require additional inventories.

Conservation targets

The Matsés territory supports diverse, intact communities of medium and large mammals. We registered a large number of species categorized as threatened by national and international institutions (Appendix 6). Of the 65 expected species, 21 are categorized as threatened on the IUCN's Red List (2004), 13 are categorized as threatened on INRENA's national list of threatened, and 36 are protected by the Convention on International Trade in Endangered Species of Wild Flora and Fauna (CITES, 2004).

Goeldi's marmoset (*Callimico goeldii*, Figure 9A) and the red uakari monkey (*Cacajao calvus*) are listed as Near Threatened (NT) by the IUCN, and Vulnerable according to INRENA (2004). *Callimico goeldii* is very rare throughout its distribution (Aquino and Encarnación 1994) and depends on bamboo habitats (Pook and Pook 1981, Aquino and Encarnación 1994). Most likely, it was not observed during this inventory because there were no bamboo habitats in the sites we evaluated. During the interviews, only a few Matsés people recognized the species.

C. calvus typically ranges over 150 km² areas (Emmons and Feer 1997) and it is threatened across its range. This species has disappeared altogether from many northeastern watersheds and in other areas, its populations are diminishing progressively because of hunting and habitat destruction (Aquino and Encarnación 1994). Nonetheless, it is not protected in Peru.

Large monkey species like *Ateles paniscus* and *Lagothrix lagothricha* are considered as Vulnerable and Near Threatened respectively by INRENA (2004) and the tapir (*Tapirus terrestris*) is considered Vulnerable (VU) by both the IUCN (2004) and INRENA (2004). Tapir populations have been seriously reduced and have even suffered local extinctions because the species has a low reproductive rate, slow growth rate, and a long period of parental care, in addition to being a preferred game species, and suffering from reduced habitat (Bodmer et al. 1997).

It is important to stress that the Blanco and Tapiche rivers mark the distribution limits of the primates *Saimiri boliviensis peruviensis* and the subspecies of *Saguinus fuscicollis (S. f. nigrifrons, S. f. fuscicollis* and *S. f. illigeri;* Soini 1990, Aquino and Encarnación 1994), which could indicate that area is a speciation site for these groups and deserves strict protection.

The giant armadillo (*Priodontes maximus*) is widely distributed throughout the Amazon, listed as Endangered by the IUCN (2004), and very threatened by hunting. Its hollows, characteristic of its activity, were observed in all of the inventory sites. The giant anteater, uncommon in Amazonian forests, was observed twice during the inventory. Both the IUCN and INRENA (2004) list it as Vulnerable (VU).

Large carnivores are also affected by habitat loss and hunting, as well as overhunting of their prey species. Despite the short period of time for this inventory, we registered the Near Threatened (NT) jaguar (*Panthera onca*) and puma (*Puma concolor*) species, and the Vulnerable (VU) bush dog (*Speothos venaticus*; the IUCN 2004). During interviews, Matsés locals identified 15 of 16 expected carnivore species, including the giant otter (*Pteronura brasiliensis*) listed as Endangered by the IUCN (2004). Many of these species are protected in national parks in southern Peru, yet these species lack strict protection in the northern Amazon, an area that differs in both its ecology and mammal communities.

DISCUSSION

The three inventory sites displayed heterogeneous soils, and varied in productivity, flora, and availability of resources for mammals (see Landscape Processes: Geology, Hydrology, and Soils, p. 168; Flora and Vegetation, p. 174). Large mammals were most abundant in Actiamë; Choncó followed in abundance, and Itia Tëbu had the least abundance (Table 2). This abundance is related to the abundance of plants with edible fruits that provide food resources for herbivores (mostly primates, ungulates, and rodents), which are in turn an important source of protein for the Matsés communities.

Mammals in the *varillales* (white-sand forests)

The *varillales*, or white-sand forests, grow on poor soils with low productivity. As a result, mammal diversity and abundance were low in these habitats, since there are few food resources and little structural complexity (Janzen 1974, Emmons 1984, Hice 2003). Presence of varillal habitat specialists from other groups, such as plants, birds, and amphibians, has been documented (Janzen 1974, Alvarez 2002), but no mammal specialists are known for this habitat in Peru.

White-sand forests were dominated by a rare species of aguaje palm (*Mauritia carana*, Figures 3G, 12B); however, we did not observe any evidence of mammal consumption of their fruits (such as teeth marks in fruit and tracks near the plant). The paca (*Agouti paca*) was the only species observed within the *varillales*. All the others species were registered in the transition between varillal and taller forests, or in the taller forests.

Comparison with other Amazonian sites

The Matsés territory supports extremely high mammalian diversity. The 84 species registered by Fleck and Harder (2000) represent one of the highest diversity values in the entire Amazon. In Peru, this is the only region were 14 coexisting primate species have been reported. Within the Amazon, the most primate species are found between the Ucayali and Purús rivers, and depending on the site, there are between 9 and 14

Table 3. Number of medium and large mammal species registered in seven Peruvian Amazon sites and the proposed Reserva Comunal Matsés compared to richness in the entire northeastern Peruvian Amazon. Data are arranged by taxonomic order and the highest values are in bold.

Localiity	Order									
	Marsupialia	Xenarthra	Primates	Carnivora	Cetacea	Sirenia	Perissodactyla	Artiodactyla	Rodentia	Lagomorpha
Cusco Amazónico (Pacheco et al. 1993)	**6**	7	13	**17**	0	0	1	**6**	12	1
Sierra del Divisor (Amanzo y Paredes 2001)	3	7	13	11	0	0	1	4	8	1
Ampiyacu, Apayacu, and Yaguas (Montenegro y Escobedo 2004)	3	5	10	7	2	1	1	4	6	0
Río Yavarí (Salovaara et al. 2003)	0	3	13	8	2	0	1	4	6	0
Río Yavarí Mirín (Salovaara et al. 2003)	0	8	13	13	2	1	1	4	7	0
Reserva Comunal Tamshiyacu-Tahuayo (Valqui 2001)	5	**9**	13	14	2	1	1	4	10	0
Río Gálvez (Fleck and Harder 2000)	4	**9**	**14**	16	2	0	1	4	11	0
Matsés (this study) expected	5	**9**	**14**	15	2	1	1	4	9	0
Matsés (this study) registered	2	8	12	8	1	0	1	4	7	0
Amazon forest, northeastern Peru	**6**	**9**	**14**	**17**	2	1	1	**6**	12	1

species recorded (Voss and Emmons 1996). Habitat diversity within the Matsés territory is great, and appears to determine the local distribution of mammals. Typically, regions with greater habitat heterogeneity are likely to have greater mammalian species diversity (Valqui 2001).

Mammalian species diversity is greatest in the western Amazon (Emmons 1984, Voss and Emmons 1996). In a comparison of mammal species richness in several Amazonian sites close to Matsés (Table 3), we find that our inventory of the proposed RC Matsés registered among the highest richness values for the orders Xenarthra and Primates. Other orders are also represented by many species in the RC Matsés, but not as many as in some other nearby sites.

Game species

It is important to highlight that some of these mammals are an important source of protein for the Matsés communities (Figure 10C). In interviews I conducted, as well as those conducted by the social inventory team, Matsés people mentioned that they preferred certain species over others. Larger, better tasting animals were favored, such as armadillos (*Dasypus* spp. and *Cabassous unicinctus*), large monkeys (*Lagothrix lagothricha, Ateles paniscus*), peccaries (*Tayassu pecari* and *Pecari tajacu*), sloths (*Choloepus* sp. and *Bradypus variegatus*), tapir (*Tapirus terrestris*) and deer (*Mazama* spp.). Other important, but less favorable species are medium and large rodents including capybara (*Hydrochaeris hydrochaeris*), paca (*Agouti paca*) and black agouti (*Dasyprocta fuliginosa*). Of these, the last two are more abundant and therefore form an important part of the Matsés' diet.

Bows and arrows and shotguns are used for hunting. Young people are abandoning bows and arrows, but do not always have money for shotgun shells. Overall, the Matsés promote hunting with bow and arrow. Most of the hunting is for subsistence and to maintain family bonds since the meat is shared with family members. On rare occasions, bush meat is sold in the town of Requena, which is three days from the Matsés communities on foot. During the inventory, we heard of one case in which a Matsés native was hired to hunt for someone else, for commercial purposes.

Preferred species are becoming less abundant in some of the small villages, while in others they remain common. Mammals sensitive to hunting, like the tapir (*Tapirus terrestris*) and large primates (*Lagothrix* and *Ateles*), have characteristics that cause rapid population declines and slow recoveries, including long gestation periods, slow development and growth, and sensitivity to disturbances (Mittermeier 1987, Collins 1999, Alverson et al. 2000, Pacheco and Amanzo 2003). As a result, these are usually the first species to disappear from areas near human populations.

Peccaries are extremely important to local communities. The collared peccary (*Pecari tajacu*) was much more abundant in Chonco than in the other study sites. Tracks and small natural salt licks were frequent. However, white-lipped peccary (*Tayassu pecari*) was only recorded as uncommon, and was absent from some sites. According to local inhabitants, the white-lipped peccary used to be abundant around the communities over five years ago, but today they must venture farther into the forest to find large groups. Since this species travels within a large territory, we suspect that we would find large groups in a longer inventory that covers more ground. Another possible explanation for the near absence of white-lipped peccaries may reflect the natural cycles of abundance and extinction within the distribution range of this species (Fragoso 1997).

We did not observe great abundances of small primates in the evaluated sites. In disturbed areas where large primates have been extirpated by hunting, greater abundance of small primates can occur (Freese 1982). Because neotropical hunters prefer larger, better tasting game, generally these species are overhunted and populations decline. Then hunters are forced to go after less preferred species, which tend to be smaller (Robinson et al. 1997).

THREATS, OPPORTUNITIES, AND RECOMMENDATIONS

Principal threats

Within the Matsés territory, hunting is one of the greatest threats to medium and large mammal

populations near local communities. Actiamë and Chonco do not appear to be currently threatened by hunting, and are perhaps only visited by the occasional hunter. There was some evidence of hunting impact in Itia Tëbu, such as a farm plot, patches of secondary forests, and a collared peccary skull found next to the Río Blanco. *Mestizo* communities settled along this river may visit and hunt in these forests (Figure 10A).

Hunting, habitat loss and habitat deterioration will primarily affect large primates, the tapir, and the giant armadillo. Carnivores that require large ranges and compete with man for prey are also very vulnerable. However, within our inventory sites, all of these species were abundant and indicated minimal or no anthropogenic impact.

Because Matsés communities frequently relocate (Figure 13, p. 217), habitat within the Matsés region has remained almost entirely intact. Any habitat loss and deterioration would almost certainly most strongly impact habitat specialists, such as Goeldi's marmoset (*Callimico goeldii*) and the red uakari monkey (*Cacajao calvus*) whose populations are already vulnerable to extinction.

Conservation opportunities

This region supports one of the most diverse communities of mammals in the Amazon, probably a function of the great soil and habitat heterogeneity. The Matsés people are extremely knowledgeable about this diversity and their territory's resources. They identify with their forests; this is an advantage when it comes to working with local inhabitants on flora and fauna management.

The isolation of the Matsés territories, and the long travel distances from large cities and towns has greatly diminished the threat of commercialization of bush meat. Currently, almost all of the meat is used for subsistence consumption (Figure 10C). Given the great abundance of hunted mammal species in the region, it will be important to protect and zone certain areas to create a mosaic of sink and source populations.

Recommendations

Protection and Management

We recommend designing and implementing a faunal management plan in which agreements are made with the community for implementing sustainable hunting, monitoring, and collecting biological data on hunted species (productivity, density, habitat preference). In addition, we recommend establishing a strictly protected area where hunting is prohibited; this would help areas adjacent to hunting areas recuperate their game populations.

Research

Further research is recommended to determine the area's alpha and beta diversity, and the potential presence of small, endemic mammals in the varillal habitat. As was previously mentioned, the Tapiche and Blanco rivers represent the northern distribution limit of some primate taxa, which could indicate that it is an important speciation area.

Cacajao calvus and *Callimico goeldii* appear to occur in the Matsés territory, but were not observed during our inventory. It will be important to conduct longer, more elaborate inventories to understand their distributions within the area, and patterns of habitat use.

History of the Region and Its Peoples

TERRITORIAL HISTORY OF THE MATSÉS

Authors/Participants: Andrea Nogués, Luis Calixto Méndez, Manuel Vela Collantes, Alaka Wali, Patricio Zanabria, Ángel Uaquí Dunú Mayá, Wilmer Rodríguez López, Pepe Fasabi Rimachi

INTRODUCTION

The Comunidad Nativa Matsés possesses important assets that will facilitate their management of a protected area. In this chapter, we will focus on the territorial history of the Matsés and discuss how these assets have developed and evolved in the last 30 years. We will reveal how their past history of population resettlement and social organization relates to the management of natural resources, and influences their present political organization.

In 1970, anthropologist Luis Calixto began his long-term stay with the Comunidad Nativa Matsés in Peru. Since then, he has produced several documents that describe the modes of production and consumption, geographic resettlement, kinship ties, and political organization of the Matsés in the last 34 years. Although most of the information provided in this chapter reflects the social inventory team's direct observations of the present situation and conversations with members of the community, much of the context is provided by the ongoing work of Luis Calixto.

BEFORE CONTACT

Responding to pressures from the *shiringueros* (rubber tappers), many Matsés resettled in various sites within Amazonia, until they reached the Río Yaquerana around 1905. During this time, the groups likely settled along riversides to harvest resources found near the water, such as the *taricayas*, or river turtles. Using birth dates and abandoned *purmas* (fallow lands), we can estimate that since 1905, the Matsés have relocated every three to five years to start a new *chacra* (plot of cultivated land) and find new hunting grounds when medium-size animals became scarce. More sudden relocations occurred when an important relative died or other people, including other Matsés groups, threatened the Matsés.

PERIOD FROM 1969-1979

From August 1969 to August 1970, extended families of Peruvian Matsés lived in two general areas: one where contact was made in 1969, downriver from the present settlement of Puerto Alegre along the Río Yaquerana; another close to the right bank, upriver along the Quebrada Añushicayu (Figure 13).

On August 30, 1969, two representatives of the *Instituto Lingüístico de Verano* (ILV, Summer Institute of Linguistics) made their first contact with the Matsés on the Río Yaquerana and later (1970) on the left riverbank of the *Acte Dada* (big stream in Matsés), near the right bank of the Quebrada Añushiyacu. This settlement was known as "Yaquerana". The ILV built an airplane runway by the Río Yaquerana, where they decided to settle. After the construction of the runway, several large Matsés families who had previously lived farther away began to concentrate near the ILV, staying there longer than the norm for those times. In 1973, the Ministry of Agriculture of Peru reserved 344,687 ha of land for the Matsés—the first time the group was granted land rights by the Peruvian government.

The Yaquerana group remained near the ILV site for almost 11 years, drawn to the Institute's gospel and educational projects. During those years, a Major Chief—known as *Chuiquid tapa*—served as the link among the various individual family chiefs. The *Chuiquid tapa* determined the activities that affected the whole group. Since then, Luis Calixto has documented how the Matsés adjust their social organization in response to interactions with the external society.

By the end of the 1970s, this group consisted of around 500 to 600 people, divided into about 22 large families, each with its own family chief and large house or *maloca*. Before the end of the decade, some of these families started to move to other places: southeast, to the Quebrada Santa Sofía, a tributary of the Yaquerana Medio; while others, known as the Dunú group, went northwest, to the Río Gálvez, establishing the settlements of Buen Perú and Remoyacu.

The groups of large families who settled along the Quebrada Santa Sofía and others who appeared in the Bajo Yaquerana (San José) by the end of the 70s made contact with a second missionary group known as *El Faro*. At that time, the Ministry of Education helped *El Faro* hire *mestizo* evangelical teachers to encourage educating the Matsés only in Spanish. Due to the influence of these evangelical teachers, the three settlements were named Santa Sofía, San Juan and San José.

PERIOD FROM 1980-2004

Due to several internal as well as external factors, the four above-mentioned residential groups began to relocate in 1980. These are the Yaquerana group, Dunú group, Santa Sofía and San José, some of whom settled along the Quebrada Chobayacu, and others on both sides of the Río Gálvez. Some common causes for their migration include conflicts with relatives, death of relatives, conflicts with Brazilian communities, search for game animals, pressures by traders, surveillance/control along the border with Brazil and commercial dealings with foreigners.

In February 1981, part of the Yaquerana group decided to move to the lowest part of the left side of the Quebrada *Cute Nënete*, naming the new place *Chëshëmpi* (meaning "black" in the Matsés language) for its black waters. *Chëshëmpi*, a settlement with high population density, remained in that location for only three years, possibly because it proved impossible to build an airport for the ILV. During that same year, another part of the Yaquerana group settled in the neighboring Quebrada Chobayacu, naming the place *Matied Chuca*. After another airport was built at that location, the settlement became known as Buenas Lomas, and then Buenas Lomas Antigua.

The *Chëshëmpi* group founded the settlements of Buenas Lomas Antigua, Buenas Lomas Nueva, Estirón, and Santa Rosa; the Santa Sofía group founded the villages of Paujil and Nuevo San Juan; and the San José group founded San José de Añushi and Nueva Choba (the latter eventually moved to the Río Ucayali). Conflicts within the Remoyacu group, one of the groups that reached the Río Gálvez in 1979, motivated a subset of families to colonize settlements in Siete de Junio.

These groups were later incorporated into the Buen Perú group and eventually into Jorge Chávez and San Mateo. The Jorge Chávez group was formed as a result of a familiar split in the settlement of San José de Añushi between the former members of the old village of Siete de Junio who had settled in Buen Perú. All the groups mentioned are settled within the communal territory, except for the settlements of Las Malvinas and Fray Pedro, which are located along the upper Yavarí river.

RESETTLEMENT PATTERNS

The map below identifies the movements, sequence, and geographic routes of the known Matsés resettlements (Figure 13). These resettlement patterns are important as a context for how the Matsés currently organize themselves.

Although in the 70s there were eight migration movements, the map highlights the migration waves that correspond to three periods: the 80s, the 90s and the

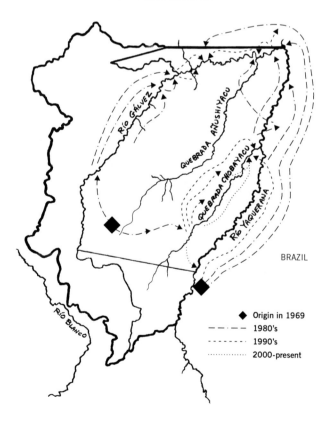

Figure 13. Map of movements of Matsés groups since 1969. Data compiled by L. Calixto M.

♦ Origin in 1969
— · — · — 1980's
– – – – – 1990's
· · · · · · · · 2000-present

early years of 2000. The 80s were the years with the most movement and resettlement of the Matsés groups —with 14 different relocations, followed by seven relocations in the 90s and only three between 2000 and 2004. As the Matsés families moved from central forested areas to the riverside, groups in riverside settlements in turn relocated to areas between the riverbanks. The frequency of Matsés resettlement has steadily decreased. Most settlements, known currently as *Anexos* within the new Matsés governance structure, have remained at their present location for at least seven and up to 26 years, which is a much longer period than the 3-5 year resettlement frequency common before contact with the ILV. The permanence of the *Anexos* may be related to the construction of more permanent school buildings built with cement, although this is likely not the only factor underlying their greater permanence in a single location. For example, in Santa Rosa, although the *Anexo* remained in a single location for 15 years, they abandoned the site in 2004 following the death of several family members, despite the construction of permanent school structures.

Matsés migration patterns have contributed to the protection of natural resources within the Comunidad Nativa Matsés, particularly near the Río Gálvez. Since the early 80s, the Matsés presence near the Río Gálvez has formed a protective barrier against negative impacts on natural resources by *mestizos* from the nearby villages of Colonia Angamos and Requena. The need for the Matsés to safeguard their resources within the Comunidad Nativa may be another factor underlying the permanence of the *Anexos*, particularly on the riverbanks of the Río Gálvez.

Over time, the number of Matsés settlements has increased. Before 1980, only two Matsés groups were known. They were composed of several large families that, as we have mentioned, may have remained together because of the presence of missionaries. Today, there are 13 *Anexos* within the communal territory, a fourteenth one applying for *Anexo* status, and two additional groups, Las Malvinas and Fray Pedro, close to the district capital, Colonia Angamos.

Changes in the community's social organization have accompanied the resettlement patterns described above. The resettlement patterns of the 80s, for example, may have initiated a trend of individualism in the decision-making processes about resource use. This trend was later reversed with the formation of the communal administration, known as the *Junta Directiva*. Despite numerous resettlements and the potential for isolation of the settlements, the groups have remained connected by strong kinship ties. The inter-group dialogue, forged on these kinship relationships, has played and continues to play an important role in resolving conflicts and making decisions about territory and resource management.

GROUNDS FOR ENTITLEMENT AND REORGANIZATION OF THE TERRITORY

Throughout their history, the Matsés lifestyle has revolved around small-scale subsistence resource use. Since the times when the Matsés and other indigenous groups were pushed deep into the Amazon forest by the *shiringueros* and other groups, the Matsés have relocated their communities in response to political, social, and economic pressures by outsiders.

Since the mid 1990s, timber dealers and traders have attempted to extract timber resources for commercial purposes within the Comunidad Nativa Matsés. In the same way that external forces motivated the Matsés to seek title to their land in 1973, these same forces have promoted efforts to create a social organization to confront these threats.

The Comunidad Nativa Matsés was granted legal title to its lands in 1993, with support from the Centro para el Desarrollo del Indígena Amazónico (CEDIA). In 1995, strong pressure by timber dealers and traders began to affect the community. For example, when the Matsés community members traveled to Colonia Angamos, the traders would take advantage of the opportunity to offer money or merchandise in exchange for permission from those Matsés individuals to enter the community and extract timber. When those individuals returned to their settlements to consider those offers together with the rest of the Matsés, conflicts of interests arose regarding the use of the territory resources, especially as many felt decisions should not be made by only a few people.

In addition to outside pressures, there are internal pressures as well. Younger Matsés are increasingly interested in leaving the community to move to more populated centers such as Requena and Iquitos, in the hopes of improving their quality of life there. In the last 20 years, the Matsés have been learning how to manage internal and external forces that challenge their current lifestyle. In the last three years, they have formed the *Junta Directiva* and the CANIABO Youth Association to address these issues.

The *Junta Directiva* was created to administer community relations with outsiders and the CANIABO Youth Association was created to reinforce Matsés values and to train future leaders. These two social organizations form key assets in the communal decision-making processes and formal administration of the Matsés territory. With these legal, political, and social tools, the Comunidad Nativa Matsés faces the future with a solid aim towards ensuring the well-being of its members and its lifestyle (Figures 11A, D, F, G, I).

SOCIO-CULTURAL ASSETS OF THE COMUNIDAD NATIVA MATSÉS

Authors/Participants: Andrea Nogués, Luis Calixto Méndez, Pepe Fasabi Rimachi, Manuel Vela Collantes, Alaka Wali, Patricio Zanabria

Assets and Conservation Targets: High organizational capacity for managing a protected area; economic activities and production methods of the type and scale that are compatible with conservation; in-depth cultural knowledge of the environment, including *varillales* (white-sand forests); commitment to value conservation and sustainably use natural resources; source areas of plants and animals highly important to the Matsés

INTRODUCTION

In this chapter, we would like to highlight those characteristics of the Comunidad Nativa Matsés that constitute the assets they have to manage a protected area (PA). By describing the cultural values, socio-political organization, decision-making mechanisms, and vision for the future of the Matsés, we will be able to understand better how the community will manage its territory as a Reserva Comunal.

ASSET-MAPPING APPROACH

The principal objective of the socio-cultural inventory team, which included CEDIA, representatives of the Comunidad Nativa Matsés, and The Field Museum, was to identify the socio-cultural assets of the Comunidad Nativa Matsés.

What are socio-cultural assets? These can include, among other aspects:

01 Tangible indicators of people's capacity to organize; for example, the existence of civic organizations, modes of governance, and institutions such as schools, churches, etc.;

02 How the population organizes itself socially; for example, social kinship ties, marriage ties, friendships, and associations that exist not only within communities, but also between the community and outsiders; and

03 Attitudes and values that people have regarding natural resources and the use of those resources (Figures 10C; 11F, I).

These three aspects of the socio-cultural assets are intimately related, but it is important to remember that identifying assets is only the first step in a longer process of cultural changes and strengthening social relations. Simply identifying the socio-cultural assets is not enough in itself; it is important to understand how they function, and for what ends they have been— and can be—used. The assets approach is powerful when used to identify and strengthen the community's capacity to work toward conservation and sustainable use of its natural resources. An asset-based approach can identify existing tools with which a community can reach their objectives by further developing and strengthening their existing leadership capacity, social organization, and channels of communication.

METHODS

The socio-cultural inventory of the Comunidad Nativa Matsés was carried out between October 25 and November 5 in seven of the 13 *Anexos* (human settlements inside the Comunidad Nativa; Figure 11E). The team conducted *Talleres de Información, Capacitación, y Consulta para el Establecimiento de un Área Natural Protegida* (Workshops focusing on Information, Training, and Consultation about the Creation of a Protected Area) in two of the seven *Anexos* that were visited. The workshops were carried out October 25-26 in San José de Añushi, situated along the Río Gálvez; and November 2-3 in Buenas Lomas Antigua, situated along the Quebrada Chobayacu.

The workshops were attended by community members from San José de Añushi and Buenas Lomas Antigua, community leaders and delegates from neighboring communities, bilingual professors, health practitioners, a representative from INRENA, a representative of the Regional Government of Loreto, and two representatives of ORAI, the regional AIDESEP organization.

The workshops were carried out with the following objectives:

01 Explain the Rapid Biological Inventory process;

02 Provide information regarding the different categories of natural protected areas; and

03 Foment a reflective process that respects the time necessary for the Comunidad Nativa Matsés to make an informed decision regarding the most appropriate level of protection for the protected area.

The *Anexos* of San José de Añushi, Paujil, Jorge Chávez, Remoyacu, and Buen Perú were visited between October 25-31, and visits to Buenas Lomas Antigua and Buenas Lomas Nueva took place between November 2-5. During these visits, the team systematically observed the daily life of the community, conducted structured interviews and informal conversations with community leaders and other key people, organized focal group meetings, attended community meetings, worked with community members in developing resource use maps, and visited community members' homes and *chacras* (agricultural plots). As a whole, these efforts sketched a preliminary portrait of the socio-economic assets of the Comunidad Nativa Matsés.

RESULTS

Demographic information

The Comunidad Nativa Matsés has an estimated population of 1,700 people distributed among 13 *Anexos* (Appendix 7; Figure 11E). These *Anexos* originated from previous settlements formed in the course of the last 30 years. In 2001, 12 settlements existed, and by 2003, a new settlement, Puerto Alegre, was created.

The *Anexos* we visited share several general settlement patterns—almost all have 20-50 rectangular houses that are elevated above the ground and built completely from forest resources, and include an indoor or outdoor kitchen. The homes tend to be clustered, sometimes with only a few meters between them (Figure 11E). The majority of the *Anexos* have cement sidewalks and a cement sports field. Other shared physical characteristics of the *Anexos* include soccer fields; cement schools, ports, and landing docks along the rivers; rafts made of part wood and part metal; and covered bridges.

Socio-cultural assets of the Matsés native community

Assets consist of the socio-cultural characteristics of a community that are compatible with conservation and sustainable use of natural resources, such as the organizational capacity to manage a natural protected area, and particular attitudes and cultural values that encourage sustainable use of natural resources. During our inventory, we identified—together with members of the Matsés community—five principal assets, including: political organization, low impact of

production activities on natural resources, strong kinship ties, substantial traditional knowledge of the forest, and a strong desire to maintain their Matsés identity. In the following paragraphs, we highlight each asset and explain how they coincide with conservation and sustainable use objectives.

1. Political organization

The Comunidad Nativa Matsés has invested tremendous efforts in recent years towards constructing a new governance structure, one that is best suited to meet the needs of each *Anexo* as well as those of the represent the community as a whole. The result has been the creation of three key organizations: i) the *Junta Directiva* (Board of Directors); ii) the *Juntas de Administración* (Administrative Boards), and iii) the CANIABO Association.

The first *Junta Directiva*, elected in 2001, was created to represent the community as a whole, including all of its *Anexos*, or settlements. In its first four years, the *Junta Directiva* has concentrated its efforts not only in addressing issues internal to the community, but also to addressing external conflicts pertaining to the commercialization of natural resources (such as timber, and the fishes *paiche* and *arahuana*) from within the Comunidad Nativa Matsés by outsiders. The current *Junta Directiva* has a Chief, Sub-Chief, Secretary, Treasurer, and two assistants, and its *Estatutos*, or Statutes, define the roles and responsibilities of the *Junta Directiva* members.

The Juntas de Administración were created to represent each individual *Anexo*, and the roles of each *Jefe de Anexo*, or settlement Chief, are described in the *Reglamento Interno*, known to the Matsés as *Nuqui Natequid Nabanaid* (our way of governing). This Reglamento defines the way new authorities are chosen, the institutional relations between *Anexos* via their Juntas de Administración, and their interactions with the *Junta Directiva* of the community and vice versa.

It is important to recognize the tremendous effort that the Matsés have put towards re-structuring their governance system; the process itself, described below, demonstrates the community's capacity to face changing circumstances while continuing to transmit the values that sustain their lifestyle through their own norms and traditional customs.

The political re-structuring process started in 2000 with a joint initiative by the Matsés and CEDIA. In previous years, Luis Calixto Méndez, an anthropologist with CEDIA, had started the process of training secondary school students from various Río Gálvez schools on issues such as legal frameworks applicable to native communities, environmental education, Amazonian socio-linguistics panorama for Peru; and community building. These trainings incorporated social and physical sciences within the environmental curriculum. During these training sessions, the most interested students were recruited to participate in the second phase of the political re-structuring. These committed students initially became known in the community as *monitores*.

Once trained in community governance issues, the seven young men assumed the role of *promotores* during the second phase, and with subsequent help from each settlement's school teachers and the CEDIA social promotor (a Matsés), they translated and transmitted the contents of the new governance model—the Reglamento Interno—with the goal of presenting preliminary draft proposals to each *Anexo*. During meetings held at each *Anexo*, the articles of the Reglamento Interno were presented, and members of each *Anexo* analyzed and discussed the contents before approving the wording. After the school teachers and promotores obtained approved drafts of the proposed Reglamento from each *Anexo*, they met with all community leaders in San José de Añushi, where they confirmed each *Anexo's* approved texts in the *Libros de Actas de Asambleas Locales*.

Once the Reglamento Interno was approved, each *Anexo* began to elect their first Junta de Administración as well as its delegates—according to the percentage of qualified community members in each *Anexo*—before the *Asamblea General de Delegados* of the community. Once elected, the delegates gathered in Remoyacu during three days in August 2001 to discuss and subsequently approve a draft *Estatuto de la Comunidad*. With the Estatuto approved, members of the first *Junta Directiva* were elected. From that moment on, two "popular versions" of the Reglamento Interno were written, without numbered articles and using commonly used Spanish and Matsés terminology. Only after this final analysis and revision was the Reglamento Interno approved.

Our description of the political re-structuring process highlights the participatory mechanisms that were respected at each phase. Not only were all members of each settlement consulted regarding the new organizational structure, but the local communication norms were respected to ensure a thorough understanding of the Reglamento Interno and Estatuto by all Matsés. With the new organizational structure, the community can now rely not only on a governance model that functions at the level of each *Anexo* to resolve issues that affect each settlement, but also rely on a macro structure that functions at the community-level to manage interactions between the Matsés and loggers, traders, and other groups.

There are two decision-making mechanisms that function at the level of each *Anexo*. The first is traditional, in which kinship and marriage ties come into play when deciding to carry out specific activities such as hunting and use of agricultural areas. The second involves the participation of all the members of a given *Anexo* through discussions that lead to consensus regarding use and management of natural resources, construction of homes and community buildings, the cleaning/clearing of paths in residential areas, opening of family agricultural plots, immigration control, and community rights and responsibilities. The leaders of the *Anexos*, known throughout the community as *Chuiquid*, interact with the population of their *Anexo* not only through daily family gatherings, but also at least once per month for scheduled assemblies.

Issues that are of importance to the entire community are discussed in a general assembly of delegates, which is convened by the community chief, *Chuiquid tapa*, three times per year. During the first three years of this organization, issues of great importance have been discussed in these gatherings. For example, the delegates have addressed issues of expansion of their territory, creation of a natural protected area, community organization, legal instruments regarding indigenous communities, natural resource management (particularly fauna and forest resources), *Reglamento Interno* (community rules and regulations), community statutes, strategic development plan, and personal identification documents.

With the recent creation of this new political organization, the Comunidad Nativa Matsés is becoming familiar with the social and legal tools necessary to promote their cultural, political, and economic interests. Such is the case with control over commercial forest resources (such as the timber trees *cedro* and *caoba*). For example, in order to respond to local groups and foreign traders that harass local authorities with the aim of fostering illegal extraction of forest resources, the *Chuiquid tapa* have organized to meet with each other to develop a strategy, instead of each one responding separately. In addition, they meet to discuss other issues that affect many or all *Anexos*. Community members know that a participatory process needs to be undertaken in order to gain knowledge about the potential of their forest before extracting forest resources. The community is also conscious that young Matsés have to be trained as leaders, in order to preserve cultural, political and economic values.

The third newly created organization in the Comunidad Nativa Matsés is the youth association known as CANIABO ("young people" in Matsés). According to its statutes, the main objective of this association is the training and capacity building of young people so that they can comprehend and contribute to the cultural and social development of the Matsés. The association's members, normally youth aged between 15-30 years, share the following objectives:

01 Build leadership and organizational capacity of youth,

02 Promote the development of the individual and the Matsés community,

03 Teach and reinforce the Matsés cultural values, and

04 Actively contribute to the formation of the indigenous identity.

Although the Association was formed in 2002, its judicial recognition was not approved until 2004. In developing a set of statutes for the Association, the founding youth translated the statues into a popular language, as was the case with the development of the *Junta Directiva* norms, with the aim of reaching out and gaining new members that share the goals.

With these three new organizations—the *Junta Directiva*, the Juntas de Administración, and the Youth Association (CANIABO)—the Comunidad Nativa Matsés is prepared to not only manage a protected area, but also ensure the participation of all members in their decision-making processes.

2. Low impact on natural resources: settlement pattern and modes of use

Although settlement patterns for the Matsés have changed over the years, small groups still maintain a low impact on the natural resources of the region, and this constitutes an important socio-cultural asset. As was explained in the section *Territorial History of the Matsés* (see p. 213), the Matsés maintained small settlements of 30-60 people per *maloca* (large houses separated from one another by varying distances) for many generations. The existence of small group sizes has been documented since 1969 by Luis Calixto and corroborated by other reports (Bodmer and Puertas 2003).

A second aspect of the settlement pattern that constitutes an asset pertains to the frequency with which each human settlement relocates, and their reasons for doing so. The relocations of the Matsés populations in the last 30 years can be seen in Figure 13 (p. 217). Although the principal motives for the relocation of the settlements has not been a lack of animals to hunt, it should be noted that the fact that they have not remained in one place very long has contributed to the regeneration of soil and repopulation of the wildlife species hunted in the region. Therefore, if the Matsés population is able to remain stable as it has during the last 30 years, this aspect of their lifestyle will continue to be a great asset.

Although at present it is not possible to estimate the future duration of each settlement (Figure 13), it is important to note that the period of settlement that occurs today does differ from the pre-1969 period. The difference in this estimate is not based on the causes of relocations—which may remain similar to previous times—but rather to various factors that groups take into consideration when deciding to move slowly or abruptly. For example, the presence of basic services such as schools, clinics, community buildings, sports fields, bridges, radio antennas, churches, etc., may affect these decisions. To illustrate the variations of Matsés resettlement patterns, we may compare the relocations of the group that came from the Yaquerana with the resettlement of the group that came from the Río Gálvez.

The Yaquerana group took on the name *Chëshëmpi* (meaning black) in 1980 upon moving to the stream that contained blackwater, where they remained for only three years; the Yaquerana relocated in 1983 to another zone that they called *Matied Chuca*, and subsequently Buenas Lomas. In 1994, 14 years later, part of that group relocated and gave rise to the settlements of Buenas Lomas Nueva and Santa Sofía Nueva, and members of the original group that remained in Buenas Lomas changed their settlement's name to Buenas Lomas Antigua. Only eight years later, in 2002, a second segment of Buenas Lomas Antigua relocated again to the Yaquerana, referring to their settlement as Puerto Alegre. In this example, we can note the high frequency with which the group has relocated for various reasons in the past three decades. In contrast, the group from San José de Añushi relocated in 1979 from the Yaquerana to the Gálvez, and still continues to live there after 25 years. What might these differences in resettlement patterns be attributed to?

The first group mentioned above, which claimed (at different times) the names of Yaquerana-Chëshëmpi-Buenas Lomas, constituted a large population of over 500 people, and had they not resettled as frequently as they did, the wildlife resources may have been overused. The group from San José de Añushi, on the other hand, has only 67 people at present. The population dispersion of the groups and the number of houses is understandable because they have originated from the division of extended families, some of which have resettled to previously-settled areas, as was the case with the old Chëshëmpi that gave birth to the settlement of Buenas Lomas, and subsequently Buenas Lomas Nueva, Estirón, Santa Rosa, Puerto Alegre, Buen Perú and Remoyacu.

The population growth in these groups may be estimated by the amount of group names that can today be found along the Yaquerana, Gálvez and Yavarí rivers, as well as the Quebrada Chobayacu. However, it could also be considered that this expansion of families seeks only to recuperate historic sites that allow them to satisfy vital needs and continue to practice their subsistence lifestyle. A future study of the reconstruction of extended families and how frequently they return to previously populated areas may confirm this hypothesis. Beyond the frequency of their resettlements, it is also important to recognize that their methods of natural resource extraction are compatible with sustaining those resources.

In each *Anexo* of the community, members live to a large extent on meats from forest animals and some agricultural products, such as corn, manioc, and plantains. The Matsés still maintain their traditional knowledge of hunting with bow and arrow, and teach their children how to hunt beginning at two years of age. This method, apart from being beneficial to them because of relying solely on forest resources as opposed to monetary resources for the purchase of bullets and rifles, tends to accompany a low scale of resource consumption. When a member of the Matsés community goes hunting with a bow and arrow, he tends to take only 3-5 arrows. In addition, since the method is very silent, particularly when compared to the sound of a rifle, the use of bows and arrows does not scare the remaining wildlife away, thereby allowing them to continue having animals living in close proximity to each *Anexo*. It is important to mention that although this benefit of using a bow and arrow could be interpreted by some as accompanying higher scales of consumption due to the silence and convenience of the method, this is not the case with the Matsés because they value a more rational use of their natural resources as a means to satisfy their hunting needs for subsistence consumption or local market trade. It is clear, therefore, that the reduced size of some of the *Anexos* as well as the hunting methods help to maintain a low impact of the human Matsés community on the natural resources of the region.

3. *Strong maintenance of kinship relations*

Kinship ties represent two important assets of the Comunidad Nativa Matsés (Figure 1). The first exists at the community-wide level, as the ties between the different *Anexos* serve as channels of communication and conflict resolution; kinship ties strengthen the Matsés' new social organization, maintaining the *Anexos* connected in spite of their geographic distribution (Figure 13, p. 217 in Territorial History of the Matsés).

The second asset exists at the level of each *Anexo*, as kinship ties between families facilitate the redistribution of wildlife meat, which implies an effective and efficient use of the resource and therefore contributes to the low impact over the natural resources. For example, during our visit to San José de Añushi, the meat from a caiman fed not only a few families, but also members of the social inventory team. In general, when an animal is hunted, the meat can be shared with the closest relatives. If family members did not share meat in this way, it is likely that wildlife resources would not be used as efficiently due to lack of storage capacity. In addition, other family members who didn't receive a share of the meat supply would face the need to hunt more frequently.

In closing, it is important to recognize that in spite of the sedentarization process that the Matsés have experienced, with settlements now remaining in one place for longer periods of time (7-26 years) than before contact by missionaries (3-5 years), kinship ties continue to be important channels of communication and redistribution of resources. The permanence of these assets illustrates some of the capacities and resilience that the Matsés have of maintaining family and economic values even during times of important cultural changes.

4. *Knowledge and use of the forest*

The Matsés have always traveled across their territory in search of natural resources. Even today, every large family walks along its paths to gather resources and in this way obtains information about the present state of the forest. After countless generations of living with the forest, the Matsés have developed a detailed knowledge of the natural resources located within the boundaries of their territory (Figures 10C; 11F, I).

Since the Matsés have settled down on the banks of rivers and streams, their use and management of resources has guided their itinerary upstream or downstream as they have searched for animal and plant resources in the forest. Animals like the collared peccary, or *sajino*, and the white-lipped peccary, or *huangana*, which are species used for food and local trade, tend to be far from the villages for most groups, and in those cases the hunting can take from one to several days, depending on the prey. When parents wish to feed their children they can choose to go hunting for a short period, but in the case of commercial hunting, they move to *colpas* (clay licks) that are far away and it can take them five to ten days to obtain meat.

It is clear that, due to the permanent contact of the Matsés with the environment and the accumulated knowledge that has been handed down from one generation to the other, current members of the community know their territory very well. Indeed, when the team of the biological inventory presented with enthusiasm the features of the territory, like the fragile *varillales* (white sand forests) of a high biological value, a community elder present at that presentation revealed that his grandparents had always warned not to work in the "white sands" because productivity and fauna abundance were low. This example highlights ways in which scientific and indigenous knowledge can complement each other well, contributing to an in-depth understanding of the natural resources of a given area.

5. Desire to keep the Matsés identity and a vision of the future

Since the Matsés began their permanent contact with the external society in 1969, they have struggled to maintain the use of their language in the face of pressures to speak Spanish. They were advised by the *Instituto Lingüístico de Verano* (ILV), which trained the first teachers that were then acknowledged by the educational sector, to establish a bilingual educational system. Today, all the schools within the community are bilingual and the Matsés language is spoken more than Spanish in all the *Anexos*. In more isolated *Anexos* that have less interaction with external society, like the groups living in the Quebrada Chobayacu and the Alto and Bajo Yaquerana, only a few speak Spanish; unlike the settlers of Gálvez and Alto Yavarí rivers that use this language in their commercial dealings with the mestizo population of Colonia Angamos.

The language itself has cultural value since it features the Matsés as a unique ethnic group (Figures 11A, D). However, the importance of the language beyond the benefits of cultural diversity pertains to the above-mentioned environmental knowledge that is encapsulated in Matsés words. For this reason, the Matsés language is a matter of importance for the protection of the environment as it contains the knowledge of generations of community members regarding the natural resources and their use (Shiva 2000). The demonstrated interest by the Matsés in maintaining their language can therefore be recognized as highly valuable for the sustainability of their environmental resources.

THREATS, OPPORTUNITIES, AND RECOMMENDATIONS

Threats and challenges

Since the 90s, the Matsés youth—anxious to know more about the external world—have left the community in search of jobs to live in populated centers such as Soplín-Curinga, Requena, and Iquitos. In addition, the professors that work in the Comunidad Nativa Matsés spend their vacations in those populated centers, particularly in the city of Iquitos. These experiences that take place out of the community constitute a high degree of vulnerability to the Matsés, since their values that are compatible with a sustainable future are exposed to the pressures of material consumption and offers of important levels of extraction of their natural resources. Where does this vulnerability come from?

When the Matsés young people leave the community and find a job in a more populated center, traders and timber dealers who are continually seeking sources of suitable natural resources for their commercial extraction easily identify them. Since 1993, when the Ministry of Agriculture granted the possession of the territory to the Comunidad Nativa Matsés, these lands have been known in the region as a major source of wood to be exploited. Commercial loggers have tried in numerous occasions to enter the Comunidad Nativa Matsés to extract timber resources, and each time they have been expelled by the Matsés leaders who consider that these offers are not prudent; the Matsés lifestyle depends on forest resources, as well as their knowledge of the requirements imposed by the Peruvian government for its exploitation and commercialization.

In this way, timber dealers who offer them money in exchange for an informal "permit" to extract the community's timber resources constantly tempt the Matsés who go to the mestizo centers of population. Some of these offers have advanced more than others, but they have always been intercepted in time to prevent foreigners from exploiting the community resources illegally.

When young people, who see the difficult reality of the external society, return to the community, they begin to appreciate the Matsés lifestyle in new ways. The difficulties they have to go through in the cities—working schedules, job hierarchies, increasing workload, food and housing expenses, lack of social ties and the sterile urban landscape—usually represent an important change for youth who reach the conclusion that they would be better in the community. However, upon returning, they usually refer to their experiences in the external world in an absolutely positive way, without commenting on the difficulties they had to overcome. This one-sided reflection of a complex experience leads other young people to think that life is better outside, nurturing in this way their aspirations to leave in search of something more.

In the future, population growth into and out of the community will aggravate pressure for natural resources and will deepen their vulnerability. With more commercial loggers pressing young people for permission to enter the community for illegal timber extraction, the extraction of natural resources is likely to increase. Matsés population growth will intensify the impact on natural resources, which may mean that more young people will be going to the mestizo centers of population, thus increasing the probabilities of collaborating with commercial loggers. For these reasons, controlling population growth will represent an important challenge for the Matsés. However, if the population of the Comunidad Nativa Matsés remains relatively stable, as it has been for the last 30 years, and their members continue reinforcing the cultural values that confer dignity to the low consumption of natural resources, future Matsés generations will be able to continue living off of the forest resources and ensuring their well-being according to their own quality of life standards.

Recommendations

Taking into account the strengths identified in our fieldwork, the socio-cultural inventory team recommends:

Support to the communal organizations

In order to counterbalance the pressures that we have already mentioned, the Matsés will need financing for the logistic and communication expenses incurred by the Junta Directiva and the CANIABO Association. It might be possible to obtain an income from the sale of handmade items in the mestizo centers. Another possibility could be to reduce the need of buying goods when they could be produced in the community.

Several women have expressed their wish to revitalize the production of handmade crafts as an explicit way of reducing the trade of wildlife hides in order to cover their consumption needs. This desire can be seen as a wish to keep their customs and identity, together with a small scale economy, giving at the same time support to the *Junta Directiva* of the Comunidad Nativa Matsés.

Therefore, we recommend

- Continue strengthening the organization of the community and its *Anexos*.
- Ensure financing for their activities and logistics (at first from international funding sources and by the development of their own activities, such as handmade crafts).

Ensure that the Matsés administrate the protected area

- Involve the Jefe and the *Junta Directiva* of the Comunidad Nativa Matsés in the creation and management of the protected area.
- Incorporate the tradition of walking their forests as a means of protecting the protected area, so that they continue walking their territory in the same way they have been doing for generations.
- Involve youth in the management of the protected area through the CANIABO Association.

To continue the development of educational programs

- Incorporate knowledge of the forest to the educational materials used in the Matsés *Anexos*
- Prepare educational materials in Matsés about the results of the inventory and their forest resources.
- Reinforce the education of both teachers and students regarding traditional knowledge, and exchange with elders in order to reduce the division between formal school education and informal indigenous knowledge.
- Strengthen similar initiatives to the ones encouraged by professor Noyda Isuiza Guerra, by systematizing her methodology to be established in schools in the long term.

*To monitor and reduce the impact of pressures
by external society*

- Establish a Matsés house in Iquitos for teachers
  and members of the community to stay in to reduce
  the pressure they feel from commercial loggers
  and traders during their visits to the city, and

- Train teachers so that they can give support to the
  Junta Directiva

*To strategically plan the management of
natural resources*

Develop a natural resource management plan in the
Comunidad Nativa Matsés with the support of the
WCS and other committed institutions, so that the use
of their resources and the Matsés subsistence lifestyle
are sustained (Figures 11A, D, F, G, H, I).

Apéndices/Appendices

Apéndice/Appendix 1A

**Historia Geológica de la Región
Media del Yavarí y Edad de la
Tierra Firme**

HISTORIA GEOLÓGICA

Autor: Robert F. Stallard

PANORAMA GENERAL

Hay muy pocos estudios publicados acerca de la geología de los suelos de la región media del Yavarí. Los primeros estudios fueron realizados por el Proyecto Amazonía de la Universidad de Turku (Finlandia), enfocándose en las áreas alrededor de Iquitos, justo al oeste del área de estudio. Estos estudios proveen descripciones del paisaje (Räsänen et al. 1993), geología (Hoorn 1993, Linna 1993, Räsänen 1993, Räsänen et al. 1998), y suelos (Kauffman et al. 1998, Paredes Arce et al. 1998). Adicionalmente, investigadores de ORSTOM han trabajado en la caracterización morfotécnica del paisaje de la Amazonía peruana (recientemente Dumont y Garcia 1991, Dumont et al. 1991; Dumont 1993, 1996). Para la cuenca del Yavarí en el lado de Brasil, en lo restante del este peruano y el este colombiano, no se han publicado muchos estudios geológicos (Stewart 1971; James 1978; Kronberg et al. 1989; Hoorn 1994a,b, 1996; Hoorn et al. 1995; Mertes et al. 1996; Latrubesse y Rancy 2000; Campbell et al. 2001; Vonhof et al. 1998, 2003).

Antes de profundizar en datos regionales, debemos enfatizar que las técnicas clásicas geológicas para la determinación de la edad geológica, tales como estratigrafía de fósiles y determinación de edad por métodos radioisotópicos han sido imposibles de aplicar en los sedimentos menores a 8 millones de años—la edad de numerosos depósitos en los cuales se ha desarrollado la tierra firme. Adicionalmente carecemos de la información adecuada acerca de la edad del paisaje de tierra firme, necesario para especular acerca de las escalas de tiempo para la formación del suelo y diversificación de la flora y fauna de la región. Sin embargo, síntesis recientes de la historia de las placas tectónicas del Perú central y sus efectos en los cambios del nivel del mar en el ámbito de todo Sudamérica, nos dan una referencia de la edad de las características del paisaje en la cuenca del Yavarí en el Perú.

Los Andes han estado creciendo activamente como una cadena de montañas por más de 20 millones de años (Hoorn et al. 1995, Räsänen et al. 1998, Coltorti y Ollier 2000, Gregory-Wodzicki 2000, McNulty y Farber 2002, Rousse et al. 2003), con un levantamiento debido a la subducción de la Placa de Nazca localizada debajo de la Placa de Sudamérica. La mayor parte de este levantamiento ha sido en los últimos 10 millones de años (Coltorti y Ollier 2000, Gregory-Wodzicki 2000). La Fosa peruana marca la zona de convergencia, y los Andes han sido formados como resultado de las fuerzas de compresión y la flotación térmica causada por el calentamiento a lo largo de la zona de rozamiento de estas dos placas. Por una gran parte de la historia de los Andes, la Placa de Nazca formó una corteza que se sumergió profundamente (unos 30 grados) debajo de los Andes, hacia el Escudo brasilero, 600 a 800 km al noreste en dirección del movimiento de las placas (Sacks 1983, Gutscher et al. 2000, McNulty y Farber 2002, Husson y Ricard 2004). Durante este tiempo hubo actividad de vulcanismo calcárea-alcalina, típica de cortezas incrustadas verticalmente. Mientras tanto, entre el levantamiento de los Andes y el Escudo brasilero, se formó una cuenca subsidente, debido en parte al empuje por parte de los sedimentos depositados por las montañas y en parte por la compresión de la convergencia de las placas tectónicas.

Aproximadamente hace 11 millones de años la Placa de Nazca, una placa sísmica asociada con la Isla de Pascua-Islas Juan Fernández centro importante, comenzaron a ser

Apéndice/Appendix 1A

**Historia Geológica de la Región
Media del Yavarí y Edad de la
Tierra Firme**

subducidas hacia la Fosa peruana (Sacks 1983, Gutscher et al. 2000, McNulty y Farber 2002, Husson y Ricard 2004). La subducción de este filón volcánico, relativamente joven, cambió dramáticamente la dinámica de la corteza penetrante, aparentemente causando un incremento en la flotación, un adelgazamiento (erosión tectónica) de la corteza, desde abajo, donde pasó por debajo de los Andes, y la propagación de la corteza de incrustación superficial hacia el noreste. La Placa de Nazca ha estado incrustándose en la Fosa peruana en un ángulo oblicuo causando que el filón se propague del noroeste al sudeste. Actualmente la placa subducida se encuentra en el paso de Fitzgarraldo, entre el río Ucayali y el río Madre de Dios. Uno de los efectos asociados con la creación de la placa fue el cese de actividades volcánicas de origen calcáreo-alcalino, la cual requiere de la corteza de penetración profunda. Por ejemplo, el vulcanismo calcáreo-alcalino finalizó debajo de la Cordillera Blanca en los Andes centrales peruanos hace unos 5 millones de años (McNulty y Farber 2002). Este hecho ocurrió más o menos al mismo tiempo en que la Placa de Nazca habría de haber empezado su influencia en la región del Yavarí perteneciente al Perú, tal vez haciendo que la corteza sea más flotante. Los efectos se propagaron al sudeste, un ejemplo aislado de actividades volcánicas de origen calcáreo-alcalino en la parte oriental peruana, cerca de Contamana, que finalizó hace unos 4.3 millones de años. (Stewart 1971, James 1978).

La columna estratigráfica para el este peruano ha sido caracterizada usando un conjunto de estudios de geología de superficie y de pozos profundos y perfiles sísmicos desarrollados por la industria petrolera. El desarrollo de la cuenca andina esta asociado con la deposición de sedimentos de los grandes lagos de agua dulce, desarrollados con el levantamiento de los Andes, que empezó hace unos 18 millones de años hasta hace unos 11-12 millones de años (Oligoceno tardío y el temprano Mioceno medio). Esta es la Formación Pevas basal en el este peruano (Hoorn 1993a, 1994a,b; Räsänen 1993, Räsänen et al. 1998, Vonhof et al. 1998, 2003). Esa misma formación (también la Formación Solimões de Brasil) se extiende desde Bolivia, a lo largo del Perú, hasta por lo menos Colombia. Por esta época, los ríos drenaron hacia el norte, hacia el sistema paleo-Orinoco, drenando lo que es ahora el Caribe, llegando casi al Lago Maracaibo (Hoorn et al. 1995, Räsänen et al. 1998). Los sedimentos se derivan tanto como del levantamiento de los Andes hacia el oeste y de los escudos hacia el este. La formación Pevas tiende a tener arcillas azules, lignitas, limos y areniscas. Algunas litologías fácilmente contienen minerales meteorizados tales como calcita ($CaCO_3$), yeso ($CaSO_4$), pirita (FeS), y apatita ($Ca_5(PO_4)_3(F,Cl,OH)$). Los suelos producidos por meteorización pueden variar de ricos a pobres dependiendo de la litología del sustrato y la duración de la meteorización (Kauffman et al. 1998). Hace 11-12 millones de años (Mioceno medio temprano), la tasa de formación de montañas se incrementó debido a la reorganización de las placas tectónicas. Los sedimentos se derivaron mayormente de los Andes hacia el oeste. El ambiente fue mayormente lacustre, pero ocasionalmente incursiones marinas de lo que ahora se conoce como el Caribe, generaron capas de sedimentos provenientes de aguas salinas. (Hoorn 1993a, Hoorn et al. 1995, Räsänen et al. 1998, Vonhof et al. 1998, 2003). Se debe de mencionar que la distribución de los peces raya de la Amazonía es consistente con esta historia geológica (Lovejoy et al. 1998).

Aproximadamente hace 8-9 millones de años (Mioceno tardío), la deposición Pevas terminó, y la sedimentación cambió de salina y lacustre a una predominantemente fluvial, el estilo de sedimentación visto hoy en día (Hoorn et al. 1995, Räsänen et al. 1998), con el Amazonas convirtiéndose en un sistema ribereño trans-continental (Damuth y Kumar 1975,

Apéndice/Appendix 1A

**Historia Geológica de la Región
Media del Yavarí y Edad de la
Tierra Firme**

HISTORIA GEOLÓGICA

Dobson et al. 2001). Un modelo razonable para este paisaje debería ser la enorme llanura aluvial de los llanos del oeste de Colombia y Venezuela en la región surcada por el río Meta, el río Apure, y otros tributarios de la margen izquierda del río Orinoco hacia el sur y este. El actual río Orinoco abraza el límite entre esta llanura aluvial y la corteza antigua del escudo de Guayana (Stallard et al. 1990). Lejos, hacia el este de Brasil, este período de tiempo parece estar asociado con la formación o deposición de sedimentos de arcilla Belterra (Klammer 1984), la cual usualmente se confunde con sedimentos lacustres, pero en realidad es suelo de material parental (Irion 1984a,b). Todos los sedimentos fluviales han sido pre-meteorizados en un ciclo previo de erosión. Subsecuente meteorización produce suelos ricos en depósitos fluviales jóvenes, pero los depósitos fluviales más antiguos tienden a tener suelos muy lavados (Klammer 1984, Irion 1984a, Johnsson et al. 1988, Johnsson y Meade 1990, Stallard et al. 1990, Kauffman et al. 1998, Paredes Arce et al. 1998). En la región de Iquitos, este lavado de los sedimentos fluviales ha producido suelos blancos con arenas de cuarzo (Kauffman et al. 1998).

La región entera de la región de Yavarí es sólo un terreno ligeramente levantado conocido como el Arco de Iquitos. El arco ha sido una fundación profunda por lo menos desde el Mesozoico, y junto con otros arcos han afectado la sedimentación que ocurre a lo largo del valle Amazónico (Mertes et al. 1996), pero fue relativamente bajo en el tiempo de Pevas (Dumont 1993). El levantamiento de la región de Yavarí es relativamente reciente, debido a que incluye los depósitos sedimentarios Pevas así como los depósitos fluviales antiguos subyacentes. El levantamiento del Arco de Iquitos limita el curso de estos grandes ríos más cerca al levantamiento Andino.

El período de este levantamiento probablemente define la escala de tiempo evolutiva de los bosques que vemos en esta región. Datos de polen nos sugieren que los bosques de tierras bajas, con los géneros modernos existentes fueron establecidos hacia el final del Mioceno (Colinvaux y De Oliveira 2001). La edad de 5 millones de años, basada en la propagación de la Falla de Nazca, sería un estimado razonable para la edad más antigua de la tierra firme en la región media del Yavarí. Esto hubiera sido la época aproximada para cuando los sedimentos aluviales de la cuenca subsidente hubieran sido levantados y atravesados por ríos pequeños. Una edad más joven proviene de los efectos del cambio global del nivel del mar en Sur América. Un período de un nivel de mar estable, seguido de una disminución del nivel de las aguas en todo el continente hace más de 2 millones de años, probablemente causó el desarrollo inicial de capas de hielo en la Antártica y en Groenlandia, promoviendo la formación de una terraza alta de tierra firme/terraza baja a lo largo de la costa Atlántica de Sur América, los Escudos de Guayana y de Brasil, y la parte baja de la Amazonía (King 1956, McConnell 1968, Krook 1979, Aleva 1984, Klammer 1984, Stallard 1988). La elevación de esta terraza es de 160-200 metros sobre el nivel del mar, más o menos la misma elevación que las colinas de tierra firme en la región media del Yavarí.

Muy pocos sedimentos permanecen del período de deposición fluvial Post-Pevas en el área de Iquitos, aparte de los depósitos sedimentarios de los cuales se han desarrollado los suelos arenosos de cuarzo blanco (Räsänen 1993, Räsänen et al. 1998), y tenemos pocos datos de la parte media de la cuenca del río Yavarí hacia el Este. Räsänen et al. (1998) presenta la mayoría de la información geológica más detallada para la región, incluyendo un corte geológico propuesto de Norte a Sur que muestra los sedimentos más antiguos de la Formación Pevas, incrustándose en sedimentos fluviales más jóvenes. Si este corte transversal se proyecta a lo largo del río Amazonas en nuestra área de estudio, se esperaría la existencia de sedimentos fluviales superficiales en la parte sur y los superficiales de la Formación Pevas en el norte.

A pesar de que la región este del Perú es casi plana, hay evidencia considerable de que hay un neotectonismo activo en la región (Dumont y García 1991, Dumont et al. 1991, Räsänen 1993, Dumont 1993; Räsänen et al. 1998). Por ejemplo, el área conocida como el Lago de Punga a lo largo del río Tapiche ha comenzado a subsidir más o menos en 1927, convirtiéndose en un lago en 1940 (Dumont y Garcia 1991, Dumont 1993). Un lago con actividad parecida de subsidencia y localizado a lo largo del río Ucayali es el Lago Puinahua.

Datos espaciales nos dan detalles adicionales de los neotectonismos de las cuencas del río Gálvez y el río Yaquerana. Las fuentes usadas aquí son reconstrucciones topográficas del Space Shuttle Synthetic Aperture Radar Topographic Mapping Mission (SRTM) e imágenes Landsat. Las imágenes SRTM son especialmente útiles en el examen de la topografía debido a que han sido derivadas de datos originales de 30-m a datos de 90-m con una precisión vertical de un metro proyectado sobre el cuadrado de 90-m. La versión consultada es parte de un mapa grande de Sur América (NASA JPL 2004) para la cual los datos de 90-m fueron proyectados a 30 arc-segundos (cerca de 1 km) y convertidos a un mapa de relieve sombreado, y codificado con colores para clasificar la altitud.

Los datos espaciales indican que el Arco de Iquitos está atravesado por el valle del río Blanco a lo largo de lo que parece ser una falla. Primero, las elevaciones de la parte inferior del valle del río Blanco son particularmente bajas, menos de 100 metros sobre el nivel del mar. Además, numerosos arroyos casi lineares cerca de la parte inferior del río Blanco son paralelos a la tendencia general del valle, y están más alineados a lo largo de una proyección recta del valle del río Blanco hacia el sureste. Sin embargo, uno de los mayores tributarios (sin nombre) del río Gálvez parece proyectarse a través del valle del río Blanco en lo que ahora es un tributario del río Blanco, mientras que el río Gálvez se proyecta en lo que actualmente es la parte superior del río Blanco, y su valle es muy ancho para su estatus de cercanía a cabecera de río. Estas características indican que un sistema de fallas normales ha bajado por el lado sur del río Blanco relativo a lado norte. La falla tiende, definido por ríos lineares y pequeñas áreas escarpadas, a curvarse hacia el sur, continuando hacia el filón inferior que empieza al este de la Sierra del Divisor. El trabajo de campo realizado por Latrubesse y Rancy (2000) muestra que este filón es parte de la Falla Inversa de Bata Cruzeiro. Dumont (1996) incluyó al valle del río Blanco como una de las numerosas fallas paralelas en esta región, pero no conectó estas fallas a la Falla Inversa de Bata Cruzeiro. Este sistema de fallas es paralela a un sistema de fallas mucho más grande—la Falla de Tapiche (Dumont 1993/falla inversa Moa-Jaquirana (Latrubesse y Rancy 2000)—que define las cabeceras tanto del río Yavarí como del río Blanco.

Apéndice/Appendix 1A

**Geologic History of the Middle
Yavarí Region and the Age of the
Tierra Firme**

GEOLOGIC HISTORY

Author: Robert F. Stallard

OVERVIEW

There are few published studies of the geology or the soils of the middle Yavarí region.
Studies originating with the University of Turku (Finland) Amazon Project focused on the
area around Iquitos, just to the west of the study area. These studies provide descriptions
of the landscape (Räsänen et al. 1993), geology (Hoorn 1993, Linna 1993, Räsänen 1993,
Räsänen et al. 1998), and soils (Kauffman et al. 1998, Paredes Arce et al. 1998). In
addition, ORSTOM researchers have worked on a morphotectonic characterization of the
landscape of the Peruvian Amazon (most recently, Dumont and Garcia 1991, Dumont et al.
1991; Dumont 1993, 1996). For the Brazilian side of the Yavarí basin, elsewhere in eastern
Peru, and in eastern Colombia few additional geologic studies have been published (Stewart
1971; James 1978; Kronberg et al. 1989; Hoorn 1994a,b, 1996; Hoorn et al. 1995; Mertes
et al. 1996; Latrubesse and Rancy 2000; Campbell et al. 2001; Vonhof et al. 1998, 2003).

Before reviewing these regional data, it should be noted that classical techniques of
geologic age dating, such as fossil stratigraphy and radioisotopic age dating have been all
but impossible to apply to sediments younger than about eight million years old—the age
of many of the deposits upon which tierra firme is developed. Thus, we lack adequate
information about the age of the tierra firme landscape needed to speculate about the time
scales for soil development and the diversification of flora and fauna of the region. Recent
syntheses of the plate tectonic history in central Peru and the effects of sea-level change for
all of South America, however, provide guidance as to the age of landscapes features in the
peruvian Yavarí basin.

The Andes have been actively growing as a mountain belt for more than 20 million
years (Hoorn et al. 1995, Räsänen et al. 1998, Coltorti and Ollier 2000, Gregory-Wodzicki
2000, McNulty and Farber 2002, Rousse et al. 2003), with their uplift being caused by the
subduction of the Nazca Plate under the South American Plate. The greatest part of this
uplift has been in the last 10 million years (Coltorti and Ollier 2000, Gregory-Wodzicki
2000). The Peru Trench marks the zone of convergence, and the Andes have been formed as
a result of the compressional forces and thermal buoyancy cause by heating along the shear
between the two plates. For much of the history of the Andes, the Nazca Plate formed a slab
that dipped steeply (at about 30 degrees) under the Andes towards the Brazilian Shield,
600 to 800 km to the northeast in the direction of plate motion (Sacks 1983, Gutscher et
al. 2000, McNulty and Farber 2002, Husson and Ricard 2004). During this time calc-alkalic
magmatic activity, typical of steeply dipping slabs, occurred. Meanwhile, between the rising
Andes and the Brazilian shield, a foreland basin formed, in part pushed down by the
sediments being shed from the mountains and in part by the compression of the tectonic
plate convergence.

At about 11 million years ago the Nazca Ridge, an aseismic ridge associated with
the Easter Island-Juan Fernández Islands Hotspot, started to be subducted into the Peru
Trench (Sacks 1983, Gutscher et al. 2000, McNulty and Farber 2002, Husson and Ricard
2004). The subduction of this young volcanic ridge dramatically changed the dynamics of
the down-going slab, apparently causing increased buoyancy, a thinning (tectonic erosion)

Apéndice/Appendix 1A

**Geologic History of the Middle
Yavarí Region and the Age of the
Tierra Firme**

of the crust, from underneath, where it passed under the Andes, and the propagation of the
shallow-dipping slab to the northeast. The Nazca Ridge has been entering the Peru Trench
at an oblique angle causing the effects of the ridge to propagate from the northwest to the
southeast. Presently the subducted ridge is under the Fitzcarraldo Divide between the
Río Ucayali and the Río Madre de Dios. One of the effects associated with the passage of
the ridge was the cessation of calc-alkalic volcanism, which requires a deep-dipping slab.
For example, calc-alkalic volcanism ended under the Cordillera Blanca in the central
Peruvian Andes about five million years ago (McNulty and Farber 2002). This is also about
the time that the Nazca Ridge would have begun to influence the Peruvian Yavarí region,
presumably by making the crust more buoyant. The effects propagated to the southeast, an
isolated example of calc-alkalic volcanism in eastern Peru, near Contamana, ended about
4.3 million years ago (Stewart 1971, James 1978).

The stratigraphic column for eastern Peru has been characterized using a combination
of studies of surficial geology and of deep wells and seismic profiles by the oil industry. The
development of the Andean foreland basin is associated with the deposition of extensive
freshwater lake sediment, ultimately derived from the rising Andes, starting about 18 million
years ago and lasting until about 11-12 million years ago (late Oligocene to early middle
Miocene). This is the basal Pevas Formation in eastern Peru (Hoorn 1993a, 1994a,b;
Räsänen 1993, Räsänen et al. 1998, Vonhof et al. 1998, 2003). This same formation (also
the Solimões Formation in Brazil) extends from Bolivia, through Peru, to at least Colombia.
At this time, rivers drained to the north, towards a paleo-Orinoco system draining into what is
now the Caribbean at roughly Lake Maracaibo (Hoorn et al. 1995, Räsänen et al. 1998).
Sediments were derived both from the rising Andes to the west and the shields to the east.
The Pevas Formation tends to have blue clays, lignites, silts and sands. Some lithologies
contain easily weathered minerals such as calcite ($CaCO_3$), gypsum ($CaSO_4$), pyrite (FeS), and
apatite ($Ca_5(PO4)_3(F,Cl,OH)$). Soils produced by weathering can range from rich to poor
depending on the substrate lithology and the duration of weathering (Kauffman et al. 1998).
At 11-12 million years ago (early middle Miocene), rates of mountain building increased due
to plate-tectonic reorganizations. Sediment was derived largely from the Andes to the west.
The environment was mostly lacustrine, but occasional marine incursions from what is now the
Caribbean generated layers of brackish-water sediments (Hoorn 1993a, Hoorn et al. 1995,
Räsänen et al. 1998, Vonhof et al. 1998, 2003). It should be noted that the distribution of
Amazonian ray fishes is consistent with this geologic history (Lovejoy et al. 1998).

At approximately 8-9 million years ago (late Miocene), Pevas deposition ended, and
sedimentation switched from brackish and lacustrine to largely fluvial, the style of
sedimentation seen today (Hoorn et al. 1995, Räsänen et al. 1998), with the Amazon
becoming a trans-continental river system (Damuth and Kumar 1975, Dobson et al. 2001).
A reasonable model for this landscape might be the enormous alluvial plain of the western
llanos of Colombia and Venezuela in the region crossed by the Río Meta, the Río Apure, and
other left-bank tributaries of the Río Orinoco to the south and east. Note that the
contemporary Río Orinoco hugs the boundary between this alluvial plain and the ancient
crust of the Guyana Shield (Stallard et al. 1990). Far to the east in Brazil, this time period
appears to be associated with the formation or deposition of the Belterra Clay (Klammer
1984), which has often been interpreted as lacustrine sediment, but is alternatively soil
formed in place (Irion 1984a,b). All fluvial sediments have been pre-weathered in a previous

GEOLOGIC HISTORY

cycle of erosion. Subsequent weathering produces rich soils on young fluvial deposits, but all older fluvial deposits tend to have strongly leached soils (Klammer 1984, Irion 1984a, Johnsson et al. 1988, Johnsson and Meade 1990, Stallard et al. 1990, Kauffman et al. 1998, Paredes Arce et al. 1998). In the Iquitos region, this leaching of the fluvial sediments has produced white, quartz-sand soils (Kauffman et al. 1998).

The entire western Yavarí region is on a gently uplifted terrain known as the Iquitos Arch. The arch has been a deep basement high at least since the Mesozoic, and along with several other arches has affected sedimentation along the Amazon valley (Mertes et al. 1996), but it was relatively low in Pevas time (Dumont 1993). The uplift of the Yavarí region is comparatively recent, because it involves the Pevas sedimentary deposits as well as overlying ancient fluvial deposits. The uplift of the Iquitos Arch confined the course of these larger rivers closer to the Andean uplift.

The timing of this uplift probably defines the evolutionary timescale for the forest that we see in the region today. Pollen data suggests that lowland forests, with many modern genera present, were established by the end of the Miocene (Colinvaux and De Oliveira 2001). The age of five million years, based on the propagation of the Nazca Ridge, would be a reasonable oldest age for tierra firme in the middle Yavarí region. This would have been the time when the alluvial sediments of the foreland basin would have been first uplifted and dissected by smaller rivers. A reasonable youngest age comes from the effects of global sea-level change on South America. A period of stable sea level, followed by a continent-wide drop in sea level about two million years ago, likely caused by the initial development of full ice caps in Antarctica and Greenland, promoted the formation of an upper tierra firme terrace/lowest shield terrace throughout the Atlantic coast of South America, the Guyana and Brazilian Shields, and the Amazon Trough (King 1956, McConnell 1968, Krook 1979, Aleva 1984, Klammer 1984, Stallard 1988). The elevation of this terrace is 160-200 m above sea level, about the same elevation as tierra-firme hilltops in the middle Yavarí region.

Very little remains from the post-Pevas fluvial depositional period in the Iquitos area, apart from the sedimentary deposits from which white-quartz sand soils have developed (Räsänen 1993, Räsänen et al. 1998), and we have little data for the middle part of the basin of the Río Yavarí to the east. Räsänen et al. (1998) present the most detailed geologic information for the region to the immediate west, including a proposed North-South geologic cross section that shows older Pevas Formation sediments dipping under younger fluvial sediments. If this cross section is projected across the Río Amazonas into our study area, the expectation would be surficial fluvial sediments in the south and surficial Pevas Formation in the north.

Despite the overall flatness of the eastern Peru region, there is considerable evidence for active neotectonism in the region (Dumont and Garcia 1991, Dumont et al. 1991; Räsänen 1993, Dumont 1993a, b; Räsänen et al. 1998). For example, the area known as the Punga Lake along the Río Tapiche started to subside about 1927, becoming a lake in about 1940 (Dumont and Garcia 1991, Dumont 1993). A similar lake with active subsidence along the Río Ucayali is the Puinahua Lake.

Space-based data provide additional details regarding the neotectonics of the Río Gálvez and Río Yaquerana river basins. Sources used here are topographic reconstructions from the Space Shuttle Synthetic Aperture Radar Topographic Mapping Mission (SRTM) and Landsat images. The SRTM images are especially useful in the examination of topography, because they are derived from raw 30-m data smoothed to 90-m, with a vertical accuracy of a meter averaged over the 90-m square. The version consulted is part of a larger map of South America (NASA JPL 2004) for which the 90-m data were averaged to 30 arc-seconds (about 1 km) and converted to a shaded relief map, color-coded for altitude.

The space-based data indicate that the Iquitos Arch is crosscut by the valley of the Río Blanco along what appears to be a fault. First, the elevations of the lower Río Blanco valley are especially low, less than 100 m above sea level. Moreover, numerous small almost linear streams near the lower Río Blanco parallel the general trend of the valley, and more are aligned along a straight projection of the lower Río Blanco valley towards the southeast. One of the major (unnamed) tributaries of the Río Gálvez appears to project across the Río Blanco valley into what is now a tributary of the Río Blanco, while the Río Gálvez itself projects into the current upper Río Blanco, and its valley is too wide for its near-headwater status. These features indicate a system of normal faults has dropped on the south side of the Río Blanco relative to the north side. The fault trend, defined by linear rivers and small escarpments, curves towards the south, continuing towards a low ridge that starts to the east of the Sierra del Divisor. Fieldwork by Latrubesse and Rancy (2000) show that this ridge is part of the Bata Cruzeiro Inverse Fault. Dumont (1996) includes the Río Blanco valley as one of several parallel faults in this region, but did not connect these faults to the Bata Cruzeiro Inverse Fault. This fault system parallels an even larger fault—the Tapiche Fault (Dumont 1993)/Moa-Jaquirana Inverse Fault (Latrubesse and Rancy 2000)—which defines the headwaters of both the Río Yavarí and the Río Blanco.

Clasificación de suelo por textura   Una guía de campo elaborada por R. Stallard para clasificar suelo usundo su textura.

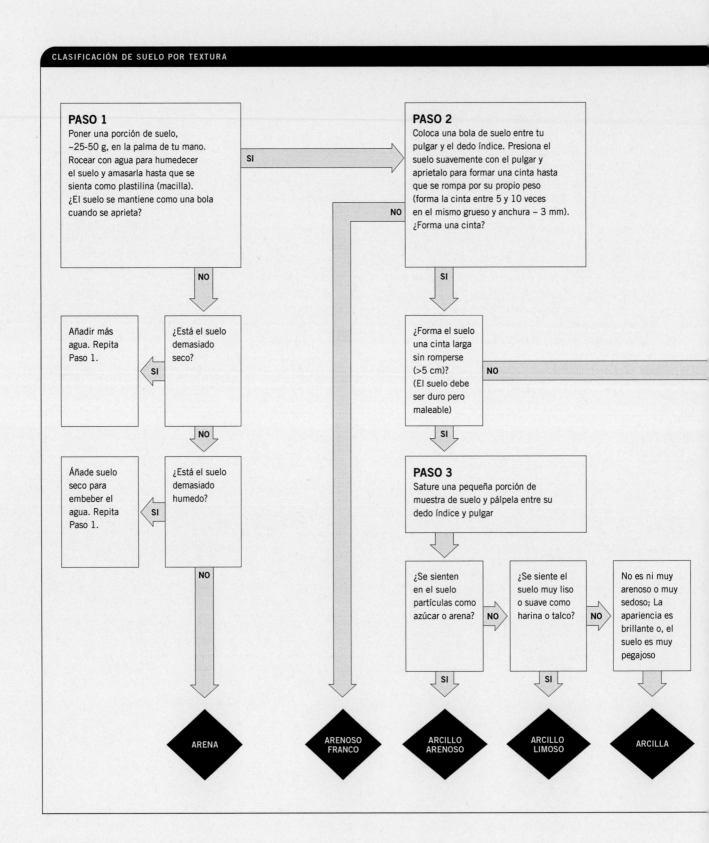

CLASIFICACIÓN DE SUELO POR TEXTURA

PASO 1
Poner una porción de suelo, ~25-50 g, en la palma de tu mano. Rocear con agua para humedecer el suelo y amasarla hasta que se sienta como plastilina (macilla). ¿El suelo se mantiene como una bola cuando se aprieta?

PASO 2
Coloca una bola de suelo entre tu pulgar y el dedo índice. Presiona el suelo suavemente con el pulgar y aprietalo para formar una cinta hasta que se rompa por su propio peso (forma la cinta entre 5 y 10 veces en el mismo grueso y anchura ~ 3 mm). ¿Forma una cinta?

SI

NO

NO

SI

Añadir más agua. Repita Paso 1.

¿Está el suelo demasiado seco?

SI

NO

¿Forma el suelo una cinta larga sin romperse (>5 cm)? (El suelo debe ser duro pero maleable)

NO

SI

Áñade suelo seco para embeber el agua. Repita Paso 1.

¿Está el suelo demasiado humedo?

SI

NO

PASO 3
Sature una pequeña porción de muestra de suelo y pálpela entre su dedo índice y pulgar

¿Se sienten en el suelo partículas como azúcar o arena?

NO

¿Se siente el suelo muy liso o suave como harina o talco?

NO

No es ni muy arenoso o muy sedoso; La apariencia es brillante o, el suelo es muy pegajoso

SI

SI

ARENA

ARENOSO FRANCO

ARCILLO ARENOSO

ARCILLO LIMOSO

ARCILLA

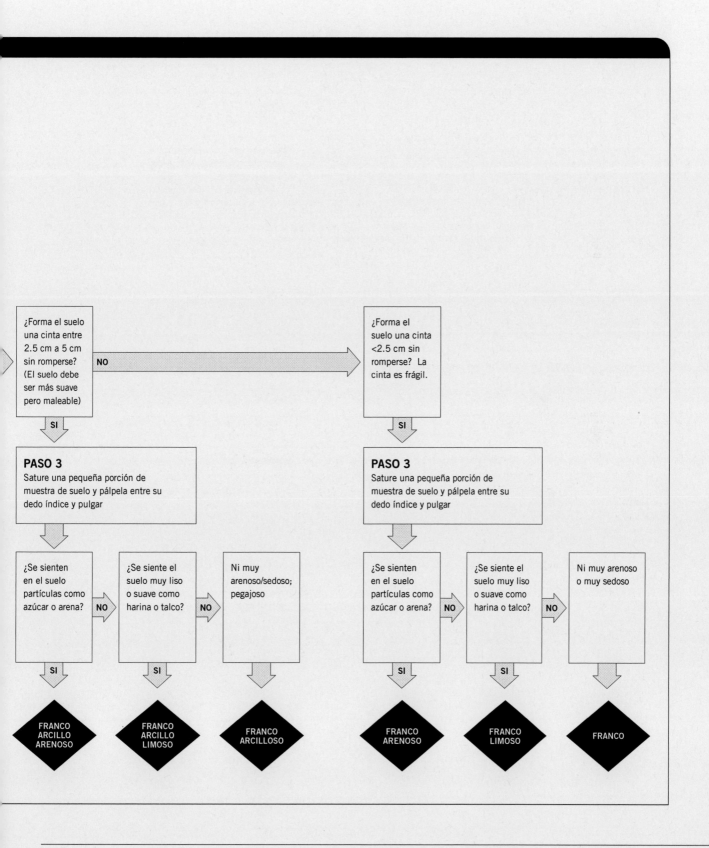

Soil texture guide   A field guide elaborated by R. Stallard to determine soil type by texture.

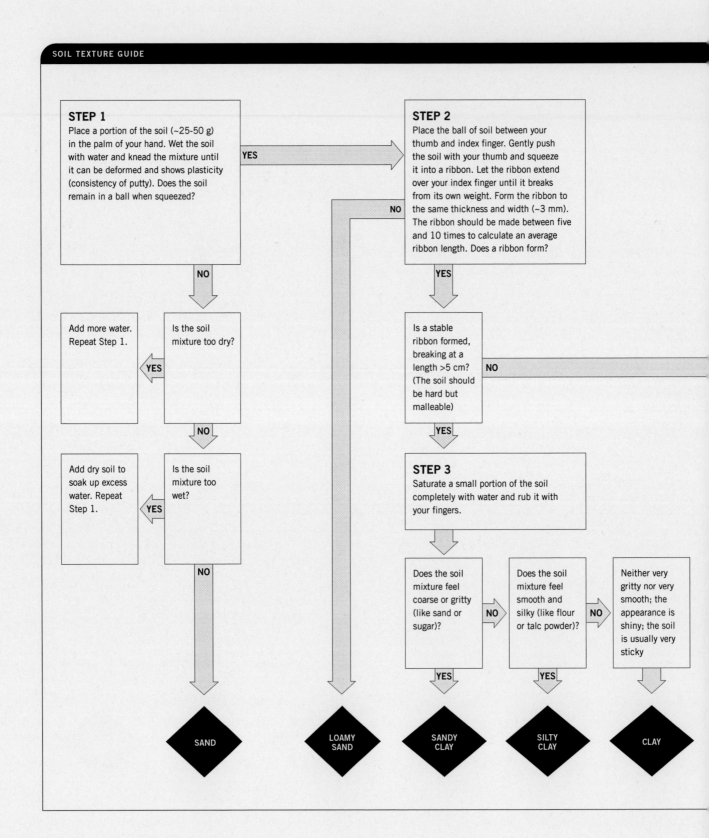

SOIL TEXTURE GUIDE

STEP 1
Place a portion of the soil (~25-50 g) in the palm of your hand. Wet the soil with water and knead the mixture until it can be deformed and shows plasticity (consistency of putty). Does the soil remain in a ball when squeezed?

STEP 2
Place the ball of soil between your thumb and index finger. Gently push the soil with your thumb and squeeze it into a ribbon. Let the ribbon extend over your index finger until it breaks from its own weight. Form the ribbon to the same thickness and width (~3 mm). The ribbon should be made between five and 10 times to calculate an average ribbon length. Does a ribbon form?

YES

NO

NO

Add more water. Repeat Step 1.

Is the soil mixture too dry?

YES

Is a stable ribbon formed, breaking at a length >5 cm? (The soil should be hard but malleable)

YES

NO

NO

Add dry soil to soak up excess water. Repeat Step 1.

Is the soil mixture too wet?

YES

STEP 3
Saturate a small portion of the soil completely with water and rub it with your fingers.

NO

Does the soil mixture feel coarse or gritty (like sand or sugar)?

NO

Does the soil mixture feel smooth and silky (like flour or talc powder)?

NO

Neither very gritty nor very smooth; the appearance is shiny; the soil is usually very sticky

YES

YES

SAND

LOAMY SAND

SANDY CLAY

SILTY CLAY

CLAY

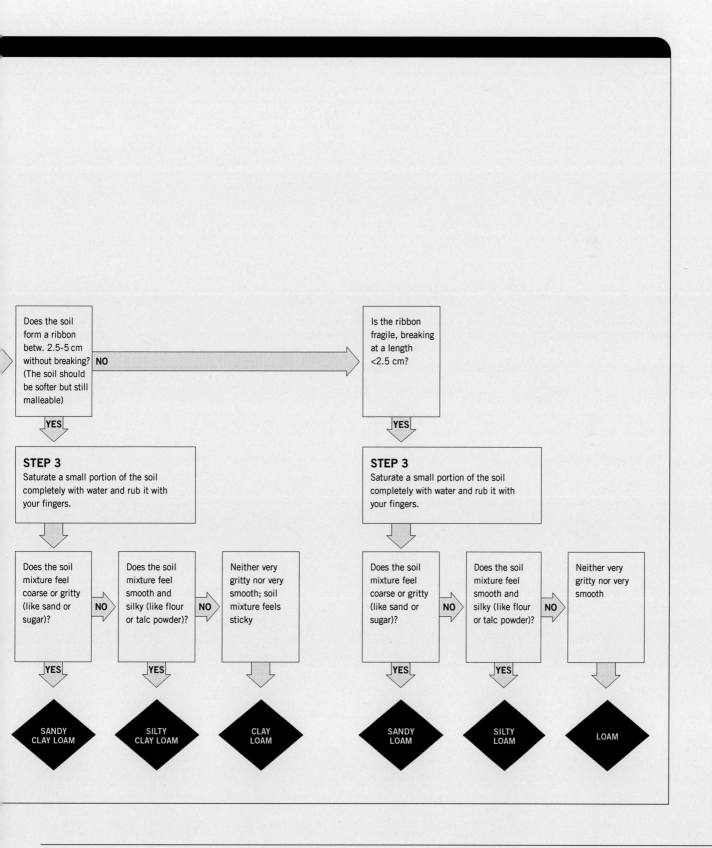

Does the soil form a ribbon betw. 2.5-5 cm without breaking? (The soil should be softer but still malleable)

NO →

Is the ribbon fragile, breaking at a length <2.5 cm?

YES ↓

STEP 3
Saturate a small portion of the soil completely with water and rub it with your fingers.

Does the soil mixture feel coarse or gritty (like sand or sugar)?

NO

Does the soil mixture feel smooth and silky (like flour or talc powder)?

NO

Neither very gritty nor very smooth; soil mixture feels sticky

YES

SANDY CLAY LOAM

YES

SILTY CLAY LOAM

CLAY LOAM

YES ↓

STEP 3
Saturate a small portion of the soil completely with water and rub it with your fingers.

Does the soil mixture feel coarse or gritty (like sand or sugar)?

NO

Does the soil mixture feel smooth and silky (like flour or talc powder)?

NO

Neither very gritty nor very smooth

YES

SANDY LOAM

YES

SILTY LOAM

LOAM

Estaciones de muestreo de suelos/
Soil sampling locations

Estaciones de muestreo de suelo en la propuesta Reserva Comunal Matsés durante el inventario biológico rápido entre el 25 de octubre y 6 de noviembre de 2004. Las coordenadas geográficas usan WGS 84, y la zona UTM es 18 M.

ESTACIONES DE MUESTREO DE SUELO / SOIL SAMPLING LOCATIONS

Muestra/ Sample	Sitio/ Site	Descripción/ Description	Este/ Easting (m)	Norte/ Northing (m)	Latitud/ Latitude (°)	Longitud/ Longitude (°)	Elevación/ Elevation (m)
AM040005	Choncó	V	654196	9383910	-5.5721	-73.6079	118
AM040006	Choncó	T	654236	9384189	-5.5696	-73.6075	141
AM040007	Choncó	W	654442	9384463	-5.5671	-73.6057	136
AM040012	Itia Tëbu	W	637389	9352794	-5.8539	-73.759	144
AM040017	Actiamë	T	703690	9300471	-6.3254	-73.1587	150
AM040018	Actiamë	R	703086	9300472	-6.3253	-73.1641	169

Soil sampling locations within the proposed Reserva Comunal Matsés, Peru in a rapid biological inventory from 25 October-6 November 2004. All geographic coordinates use WGS 84, and the UTM zone is 18 M.

**Estaciones de muestreo de suelos/
Soil sampling locations**

LEYENDA/ LEGEND	**Descripción/Description**
	R = Cresta/Ridge
	T = Terra firme/Tierra firme
	V = Valle plano/Flat valley
	W = Arena blanca/White sand

Estaciones de muestreo de agua/
Water sampling locations

Estaciones de muestreo de aqua en la propuesta Reserva Comunal Matsés durante el inventario biológico rápido entre el 25 de octubre y 6 de noviembre de 2004. Las coordenadas geográficas usan WGS 84, y la zona UTM es 18 M.

	Muestra/ Sample	Sitio/ Site	Tipo de agua/ Water type	Muestra/ Sample	Fecha/ Date
001	1	Choncó	C	–	10/25/04
002	2	Choncó	C	–	10/25/04
003	3	Choncó	C	–	10/25/04
004	4	Choncó	C	–	10/25/04
005	5	Choncó	C	–	10/25/04
006	6	Choncó	C	–	10/25/04
007	7	Choncó	C	–	10/25/04
008	8	Choncó	C	–	10/25/04
009	9	Choncó	C	–	10/25/04
010	10	Choncó	C	–	10/25/04
011	11	Choncó	C	–	10/26/04
012	12	Choncó	C	–	10/26/04
013	13	Choncó	C	AM040001	10/27/04
014	14	Choncó	C	AM040002	10/27/04
015	15	Choncó	C	AM040003	10/28/04
016	16	Choncó	B	AM040004	10/28/04
017	17	Itia Tëbu	B	–	10/30/04
018	18	Itia Tëbu	B	AM040008	10/31/04
019	19	Itia Tëbu	W	AM040009	11/01/04
020	20	Itia Tëbu	B	AM040010	11/01/04
021	21	Itia Tëbu	B	AM040011	11/01/04
022	22	Actiamë	W	–	11/02/04
023	23	Actiamë	C	AM040013	11/03/04
024	24	Actiamë	C	–	11/03/04
025	25	Actiamë	C	AM040014	11/04/04
026	26	Actiamë	W	AM040015	11/04/04
027	27	Actiamë	W	AM040016	11/05/04
028	28	Actiamë	W	–	11/06/04
029	29	Actiamë	C	–	11/06/04
030	30	Remoyacu/ Buen Perú	C	AM040019	11/07/04

LEYENDA/
LEGEND

Tipo de agua/Water type

B = Aguas negras/Blackwater

C = Aguas claras/Clearwater

W = Aguas blancas/Whitewater

Water sampling locations within the proposed Reserva Comunal Matsés, Peru in a rapid biological inventory from 25 October-6 November 2004. All geographic coordinates use WGS 84, and the UTM zone is 18 M.

Hora/ Time	Este/ Easting(m)	Norte/ Northing (m)	Latitud/ Latitude°	Longitud/ Longitude°	Elevación/ Elevation (m)
10:00	654423	9385630	-5.5565833	-73.605867	115
10:15	654399	9385588	-5.55695	-73.606083	129
10:30	654384	9385363	-5.5589889	-73.606211	146
10:45	654396	9385332	-5.5592667	-73.6061	149
11:00	654508	9384846	-5.5636625	-73.605083	134
11:30	654488	9384488	-5.5669	-73.60525	130
12:00	654285	9384340	-5.56825	-73.607083	111
13:00	654183	9383953	-5.5717467	-73.607993	117
12:45	654189	9383931	-5.5719433	-73.607937	118
12:30	654208	9383866	-5.5725333	-73.607767	120
13:00	654682	9385341	-5.5591833	-73.603517	132
13:15	654810	9385269	-5.5598333	-73.602367	134
11:30	654423	9385630	-5.5565833	-73.605867	115
12:00	654396	9385332	-5.5592667	-73.6061	149
12:00	654208	9383866	-5.5725333	-73.607767	120
13:00	654285	9384340	-5.56825	-73.607083	111
14:00	637273	9352331	-5.8580944	-73.760021	149
11:00	639177	9352617	-5.8554667	-73.742833	128
12:00	634427	9352597	-5.8557333	-73.785733	108
12:30	634494	9352569	-5.8559833	-73.785133	108
16:00	637273	9352331	-5.8580944	-73.760021	149
13:00	703784	9301302	-6.3178167	-73.157833	127
11:00	703666	9300546	-6.3246617	-73.15888	152
12:00	703033	9300466	-6.3254	-73.164608	171
13:00	702098	9301591	-6.3152667	-73.173083	160
15:00	703519	9302658	-6.3055667	-73.160283	143
09:30	703784	9301302	-6.3178167	-73.157833	127
09:30	703321	9302462	-6.30735	-73.162067	146
10:00	703604	9301425	-6.3167167	-73.159467	146
10:00	698632	9417006	-5.2718	-73.2077	146

Muestreo de aguas/
Water samples

Muestras de agua recolectadas por R. Stallard en la propuesta Reserva Comunal Matsés durante el inventario biológico rápido entre el 25 de octubre y 6 de noviembre de 2004.

MUESTREO DE AGUAS / WATER SAMPLES

	Muestra/ Sample	Muestra/ Sample	Tipo de agua/ Water type	Sitio/ Site	Fecha/ Date	Hora/ Time
001	17	–	B	Itia Tëbu	10/30/04	14:00
002	18	AM040008	B	Itia Tëbu	10/31/04	11:00
003	19	AM040009	W	Itia Tëbu	11/01/04	12:00
004	20	AM040010	B	Itia Tëbu	11/01/04	12:30
005	21	AM040011	B	Itia Tëbu	11/01/04	16:00
006	1	–	C	Choncó	10/25/04	10:00
007	2	–	C	Choncó	10/25/04	10:15
008	3	–	C	Choncó	10/25/04	10:30
009	4	–	C	Choncó	10/25/04	10:45
010	5	–	C	Choncó	10/25/04	11:00
011	6	–	B	Choncó	10/25/04	11:30
012	7	–	C	Choncó	10/25/04	12:00
013	8	–	C	Choncó	10/25/04	13:00
014	9	–	C	Choncó	10/25/04	12:45
015	10	–	C	Choncó	10/25/04	12:30
016	11	–	C	Choncó	10/26/04	13:00
017	12	–	C	Choncó	10/26/04	13:15
018	13	AM040001	C	Choncó	10/27/04	11:30
019	14	AM040002	C	Choncó	10/27/04	12:00
020	15	AM040003	C	Choncó	10/28/04	12:00
021	16	AM040004	B	Choncó	10/28/04	13:00
022	30	AM040019	C	Remoyacu	11/7/04	10:00
023	22	–	W	Actiamë	11/2/04	13:00
024	23	AM040013	C	Actiamë	11/3/04	11:00
025	24	–	C	Actiamë	11/3/04	12:00
026	25	AM040014	C	Actiamë	11/4/04	13:00
027	26	AM040015	W	Actiamë	11/4/04	15:00
029	27	AM040016	W	Actiamë	11/5/04	09:30
030	28	–	W	Actiamë	11/6/04	09:30
031	29	–	C	Actiamë	11/6/04	10:00

LEYENDA/LEGEND

Tipo de agua/Water type

B = Aguas negras/Blackwater
C = Aguas claras/Clearwater
W = Aguas blancas/Whitewater

Tipo de cauce/Channel style

B = Roca madre/Bedrock
L = Lago/Lake
M = Meandros/Meandering
N = Reticulado/Network
S = Recto/Straight

Water samples collected by R. Stallard within the proposed Reserva Comunal Matsés, Peru in a rapid biological inventory from 25 October-6 November 2004

Muestreo de aguas/
Water samples

	Campo/Field						Laboratorio/Lab	
Temperatura/ Temperature (°C)	pH	Conductividad/ Conductivity (µS)	Tipo de cauce/ Channel style	Anchura del cauce/Channel width (m)	Altura del cauce/Channel height (m)	Corriente/ River flow	pH	Conductividad/ Conductivity (µS)
25	3.8	30.57	N	2	0.1	M	–	–
25	4.1	19.24	N	3	0.2	S	4.0	20.53
26	5.5	20.78	M	50	1	S	5.1	17.72
26	4.2	13.56	L	100	0	Se	4.0	26.68
26	3.9	31.27	N	2	0.1	M	3.9	29.13
24	4.6	11.38	S	10	3	S	–	–
25	4.8	10.42	S	0.5	0.2	SI	–	–
25	4.5	14.50	N	2	0	Se	–	–
24	5.3	8.71	M	3	2	W	–	–
25	5.5	7.11	N	1	0	W	–	–
25	4.3	11.81	S	1	0.1	M	–	–
25	5.0	5.58	S	2.5	0.5	W	–	–
26	4.8	6.91	N	1	0	W	–	–
25	5.4	11.06	M	0.5	0.5	Se	–	–
25	5.4	6.55	S	12	1	S	–	–
25	5.8	7.86	S	4	2	S	–	–
25	4.5	15.68	N	5	0	Se	–	–
25	5.3	6.44	S	10	3	S	4.9	6.28
25	5.5	7.89	M	3	2	W	5.3	8.70
24	5.2	8.09	S	12	1	S	5.4	7.80
25	4.2	11.95	S	1	0.1	M	4.3	13.66
26	5.0	5.81	M	50	4	S	5.5	9.18
27	7.0	69.11	M	40	4	S	–	–
24	7.2	245.62	B	1	4	W	7.1	236.22
25	6.5	58.80	S	2.5	1.5	W	–	–
25	6.5	49.31	S	3	1.5	M	6.7	54.78
26	6.3	37.36	M	7	3	S	6.5	39.12
27	6.7	59.15	M	40	4	S	6.7	90.56
29	6.3	39.24	L	50	0	Se	–	–
26	6.1	56.69	N	10	0	W	–	–

Corriente/River flow

M = Moderada/Moderate

SI = Muy débil, conectada/Slight

Se = Muy débil, no conectada/Seepage

S = Fuerte/Strong

W = Débil/Weak

**Conductividad y topografía/
Conductivity and topography**

CONDUCTIVIDAD / CONDUCTIVITY

FIGURA/FIGURE I

Las medidas de pH y conductividad, en micro-Siemens por cm. Los símbolos negros representan muestras colectadas durante este estudio, mientras que los símbolos grises corresponden a las muestras colectadas en otros sitios a lo largo de las cuencas del Amazonas y el Orinoco. Notar que las quebradas de cada sitio tienden a agruparse. Las quebradas de las cabeceras del río Gálvez tienden a tener aguas negras, las quebradas de la cuenca intermedia del río Gálvez tienden a tener aguas claras, con pequeñas quebradas de aguas negras. Las quebradas cerca al río Yaquerana también tienen aguas claras pero son más solubles./Field measurements of pH and conductivity, in micro-Siemens per cm. The black symbols represent samples collected during this study, while the outlined symbols correspond to samples collected elsewhere across the Amazon and Orinoco basins. Note that streams from each site tend to group together. Río Gálvez headwater streams tend to have black water. Río Gálvez mid-basin streams tend to have clear water, with minor blackwater streams. The streams near the Río Yaquerana also have clea er, but with more solutes.

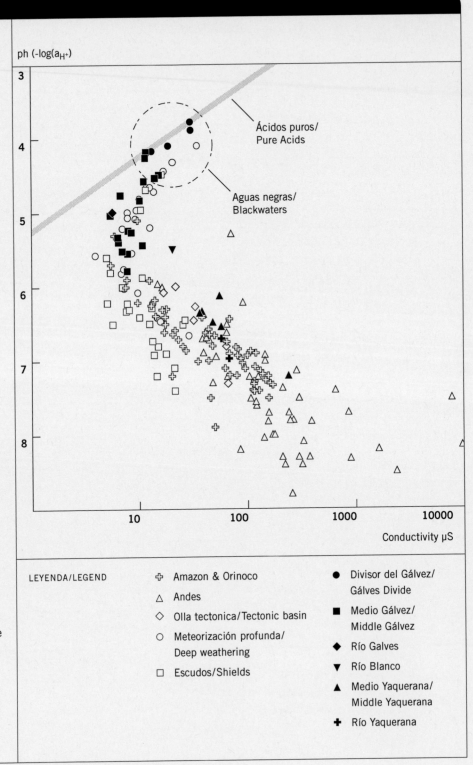

ph (-log(a_{H^+}))

Ácidos puros/
Pure Acids

Aguas negras/
Blackwaters

Conductivity µS

LEYENDA/LEGEND

✛ Amazon & Orinoco

△ Andes

◇ Olla tectonica/Tectonic basin

○ Meteorización profunda/
Deep weathering

□ Escudos/Shields

● Divisor del Gálvez/
Gálves Divide

■ Medio Gálvez/
Middle Gálvez

◆ Río Galves

▼ Río Blanco

▲ Medio Yaquerana/
Middle Yaquerana

✚ Río Yaquerana

TOPOGRAFIA / TOPOGRAPHY

FIGURA/FIGURE II

Ilustraciones de la topografía de los sitios visitados. A. Cabeceras del río Gálvez (Itia Tëbu). Las líneas verticales grises indican fallas, las capas superficiales gris oscuro indican una capa de raíces, la capa gris claro debajo de esta indica arenas de cuarzo. B. La cuenca intermedia del río Gálvez (Choncó). C. El canal principal del río Yaquerana en Actiamë. Las capas sedimentarias más oscuras son la Formación Pevas. No hay una capa de raíces. 3. D. El canal principal del río Gálvez hacia Remoyacu-Buen Perú./Illustrations of the topography at the sites visited. A. Headwaters of the Río Gálvez (Itia Tëbu). Vertical gray lines indicate faults, dark gray surface layers indicate root mat, light gray layer underneath indicates quartz sand. B. Mid-basin on the Río Gálvez (Choncó). C. Main channel of the Río Yaquerana at Actiamë. Darker sedimentary layers are Pevas Formation. There is no root mat. 3. D. Main channel of the Río Gálvez at Remoyacu-Buen Perú.

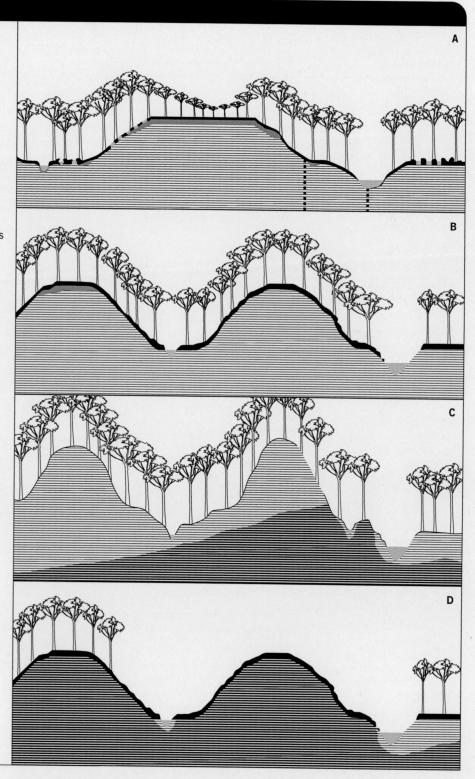

A

B

C

D

Apéndice/Appendix 2A

Plantas/Plants

Especies de plantas vasculares registradas en tres sitios en la propuesta Reserva Comunal Matsés, Perú, durante el inventario biológico rápido entre el 25 de octubre y 6 de noviembre de 2004. Compilación por R. Foster y N. Dávila. Miembros del equipo botánico: R. Foster, N. Dávila, P. Fine, I. Mesones y C. Vriesendorp. La información presentada aqui se irá actualizando y estará disponible en la página Web en *www.fieldmuseum.org/rbi.*

PLANTAS / PLANTS

Nombre científico/ Scientific Name	Endémicas a bosques de arena blanca/ White-sand forest endemics	Forma de vida/ Habit	Fuente/ Source
Acanthaceae			
Justicia glabribracteata cf.	–	H	P, ND 1389
Justicia tessmannii cf.	–	H	P, ND 1305
Justicia (1 unidentified sp.)	–	H	P, ND
Mendoncia (1 unidentified sp.)	–	V	P
Pulchranthus adenostachyus	–	H	P
Ruellia (1 unidentified sp.)	–	H	RF
Sanchezia (1 unidentified sp.)	–	S	RF
(2 unidentified spp.)	–	H/S	ND
Alismataceae			
Echinodorus (1 unidentified sp.)	–	H	ND 1395
Amaranthaceae			
Cyathula (1 unidentified sp.)	–	H	RF
Anacardiaceae			
Anacardium giganteum	–	T	ND1379
Anacardium (1 unidentified sp.)	E	T	PF
Astronium graveolens	–	T	RF
Spondias venosa	–	T	P, ND 1253
Tapirira guianensis	–	T	RF
Tapirira (2 unidentified spp.)	E	T	ND
(1 unidentified sp.)	–	T	ND
Annonaceae			
Annona hypoglauca	–	T/S	RF
Annona montana	–	T	P, ND 1047
Annona (2 unidentified spp.)	–	T	P, ND
Cymbopetalum abacophyllum	–	T	P, ND 987
Diclinanona tessmannii cf.	G, O	T	P, ND 830
Duguetia latifolia	–	T	P, ND 909/979/1207/1324
Duguetia odorata	–	T	ND 871
Duguetia quitarensis	–	T	P
Duguetia (1 unidentified sp.)	–	T	RF
Guatteria decurrens	G, O	T	PF
Guatteria elata	–	T	P, ND 1407
Guatteria hyposericea cf.	–	T	ND 1323
Guatteria megalophylla	–	T	P, ND 879
Guatteria (4 unidentified spp.)	–	T	P, RF, ND
Mosannona raimondii	–	T	P, ND 1266
Oxandra "mediocris" (*sphaerocarpa*)	–	T	RF
Oxandra xylopioides	–	T	RF

Species of vascular plants recorded at three sites in the proposed Reserva Comunal Matsés, Peru in a rapid biological inventory from 25 October - 6 November 2004. Compiled by R. Foster and N. Dávila. Rapid biological inventory botany team members: R. Foster, N. Dávila, P. Fine, I. Mesones y C. Vriesendorp. Updated information will be posted at *www.fieldmuseum.org/rbi*.

PLANTAS / PLANTS

Nombre científico/ Scientific Name	Endémicas a bosques de arena blanca/ White-sand forest endemics	Forma de vida/ Habit	Fuente/ Source
Ruizodendron ovale	–	T	RF
Tetrameranthus umbellatus	–	T	P, ND 858
Trigynea duckei	–	T	P, ND 1278
Unonopsis stipitata	–	T	P, ND 1048/1173
Unonopsis veneficiorum	–	T	ND 1226
Unonopsis (1 unidentified sp.)	–	T	P
Xylopia benthamii	–	T	P, ND 950
Xylopia parviflora	–	T	ND 955
(4 unidentified spp.)	–	T	P, ND
Apocynaceae			
Aspidosperma (2 unidentified spp.)	–	T	P, ND
Couma catingae cf.	E*	T	P, ND 1133
Himatanthus sucuuba	–	T	ND 1330
Lacmellea lactescens	G, O	T	ND 1062
Lacmellea oblongata cf.	–	T	P, ND 1209
Odontadenia killipi	–	V	ND 1163
Odontadenia (1 unidentified sp.)	–	V	P
Parahancornia peruviana	E, O	T	ND 868
Rauvolfia sprucei	–	T	P, ND 1019/1044/1279
Tabernaemontana heterophylla	–	S	ND 1368
Tabernaemontana sananho	–	T/S	RF
Tabernaemontana siphilitica	–	T/S	RF
Tabernaemontana undulata	–	S	ND 888
Tabernaemontana (1 unidentified sp.)	–	T/S	RF

LEYENDA/LEGEND

Forma de Vida/Habit
E = Epífita/Epiphyte
H = Hierba terrestre/Terrestrial herb
S = Arbusto/Shrub
T = Árbol/Tree
V = Trepadora/Climber

Fuente/Source
ND = Colecciones de Nállarett Dávila/Nállarett Dávila collections
P = Foto/Photograph
PF = Observaciones de campo de Paul Fine/Paul Fine field identifications
RF = Observaciones de campo de Robin Foster/Robin Foster field identifications

Endémicas a bosques de arena blanca/ White-sand forest endemics
E = Probablemente especie endémica a bosques de arena blanca/Probable endemic to white-sand forests
E* = Potencialmente una especie nueva/Potentially a new species
G = Recolectada en arena blanca, pero conocida de otros hábitats/Collected in white-sand forests, but known from other habitats
O = Recolectada en otros bosques de arena blanca en Loreto/Collected in other white-sand forests in Loreto
? = Sin confirmar/Unconfirmed

PLANTAS / PLANTS			
Nombre científico/ Scientific Name	Endémicas a bosques de arena blanca/ White-sand forest endemics	Forma de vida/ Habit	Fuente/ Source
(1 unidentified sp.)	–	V	RF
Aquifoliaceae			
Ilex nayana cf.	E, E*	T	P, ND 1093
Araceae			
Anthurium atropurpureum	–	E	P, ND 910/1384
Anthurium clavigerum	–	E	RF
Anthurium eminens	–	E	RF
Anthurium gracile	–	E	ND 1139/1148
Anthurium kunthii	–	E	RF
Anthurium oxycarpum	–	E	P
Anthurium (8 unidentified spp.)	–	E	P, RF, ND
Caladium smaragdinum	–	H	P
Dieffenbachia (4 unidentified spp.)	–	H	P, RF, ND
Dracontium (1 unidentified sp.)	–	H	RF
Heteropsis oblongifolia aff.	–	V	ND 1215
Heteropsis (2 unidentified spp.)	–	V	P, RF
Homalomena (1 unidentified sp.)	–	H	RF
Monstera dilacerata	–	E	RF
Monstera obliqua	–	E	RF
Monstera (1 unidentified sp.)	–	E	RF
Philodendron ernestii	–	E	RF
Philodendron goeldii	–	E	P
Philodendron panduriforme	–	E	P
Philodendron paxianum	–	E	RF
Philodendron tripartitum	–	E	RF
Philodendron wittianum	–	E	RF
Philodendron (14 unidentified spp.)	–	E	P, RF, ND
Rhodospatha latifolia	–	E	RF
Rhodospatha (1 unidentified sp.)	–	E	ND 1175
Syngonium (1 unidentified sp.)	–	E	RF
Urospatha sagittifolia	–	H	P. ND 927
Xanthosoma viviparum	–	H	RF
(1 unidentified sp.)	–	H/E	ND 934
Araliaceae			
Dendropanax arboreus	–	T	P
Dendropanax macropodus cf.	–	T	ND 1056/1398
Dendropanax palustris	E, O	T	ND 971/1091
Dendropanax (1 unidentified sp.)	–	T/S	P, ND
Schefflera megacarpa	–	T	P, ND 972

PLANTAS / PLANTS			
Nombre científico/ Scientific Name	**Endémicas a bosques de arena blanca/ White-sand forest endemics**	**Forma de vida/ Habit**	**Fuente/ Source**
Schefflera morototoni	–	T	RF
Arecaceae			
Aiphanes ulei	–	S	P, ND 1312
Aiphanes weberbaueri	–	S	P
Astrocaryum chambira	–	T	RF
Astrocaryum jauari	–	T	P
Astrocaryum murumuru	–	T	P
Attalea butyracea	–	T/S	P
Attalea maripa	–	T	RF
Attalea racemosa	–	T	P
Attalea tessmannii	–	T	P
Bactris bifida	–	S	P
Bactris brongniartii	–	S	P
Bactris concinna	–	S	RF
Bactris corossilla	–	S	RF
Bactris gasipaes	–	T	RF
Bactris hirta	–	S	P
Bactris maraja	–	S	RF
Bactris simplicifrons	–	S	RF
Bactris tomentosa	–	S	P
Bactris (3 unidentified spp.)	–	S	P, ND
Desmoncus giganteus	–	V	RF
Desmoncus mitis	–	V	RF
Desmoncus orthacanthos	–	V	RF

LEYENDA/LEGEND

Forma de Vida/Habit

E = Epífita/Epiphyte

H = Hierba terrestre/Terrestrial herb

S = Arbusto/Shrub

T = Árbol/Tree

V = Trepadora/Climber

Fuente/Source

ND = Colecciones de Nállarett Dávila/Nállarett Dávila collections

P = Foto/Photograph

PF = Observaciones de campo de Paul Fine/Paul Fine field identifications

RF = Observaciones de campo de Robin Foster/Robin Foster field identifications

**Endémicas a bosques de arena blanca/
White-sand forest endemics**

E = Probablamente especie endémica a bosques de arena blanca/Probable endemic to white-sand forests

E* = Potencialmente una especie nueva/Potentially a new species

G = Recolectada en arena blanca, pero conocida de otros hábitats/Collected in white-sand forests, but known from other habitats

O = Recolectada en otros bosques de arena blanca en Loreto/Collected in other white-sand forests in Loreto

? = Sin confirmar/Unconfirmed

PLANTAS / PLANTS			
Nombre científico/ Scientific Name	Endémicas a bosques de arena blanca/ White-sand forest endemics	Forma de vida/ Habit	Fuente/ Source
Euterpe catinga	E, O	T	P, ND 1183
Euterpe precatoria	G	T	RF
Geonoma aspidiifolia	–	S	RF
Geonoma brongniartii	–	S/H	RF
Geonoma camana	–	H	RF
Geonoma leptospadix	–	S	P
Geonoma macrostachys 1	–	H	RF
Geonoma macrostachys 2	–	H	RF
Geonoma maxima	–	S	RF
Geonoma poeppigiana	–	S	P
Geonoma stricta	–	S	P, ND 908
Geonoma (4 unidentified spp.)	–	S	P, RF, ND
Hyospathe elegans	–	S	RF
Iriartea deltoidea	–	T	RF
Iriartella stenocarpa	–	S	RF
Lepidocaryum tenue	–	S	RF
Mauritia carana	E	T	P
Mauritia flexuosa	–	T	P
Oenocarpus bataua	G	T	RF
Oenocarpus mapora	–	T	RF
Pholidostachys synanthera	–	S	P
Phytelephas macrocarpa	–	S	RF
Socratea exorrhiza	–	T	RF
Socratea salazarii	–	T	RF
Syagrus smithii	–	T	P, ND 1020
Wendlandiella gracilis	–	H	P
Wettinia augusta	–	T	P
Wettinia (1 unidentified sp.)	–	T	ND
(1 unidentified sp.)	–	S	ND
Aristolochiaceae			
Aristolochia (1 unidentified sp.)	–	V	P
Asteraceae			
Erechtites hieraciifolius	–	H	RF
Mikania (1 unidentified sp.)	–	V	RF
Piptocarpha (1 unidentified sp.)	–	V	RF
Vernonanthera patens	–	S	RF
(1 unidentified sp.)	–	V	RF
Bignoniaceae			
Callichlamys latifolia	–	V	RF

PLANTAS / PLANTS

Nombre científico/ Scientific Name	Endémicas a bosques de arena blanca/ White-sand forest endemics	Forma de vida/ Habit	Fuente/ Source
Jacaranda copaia	–	T	RF
Jacaranda macrocarpa	E, O	T	P, ND 838
Jacaranda obtusifolia	–	T	RF
Martinella (1 unidentified sp.)	–	V	ND 973
Memora cladotricha	–	T	RF
Pithecoctenium crucigerum	–	V	RF
Tabebuia serratifolia	–	T	RF
(5 unidentified spp.)	–	V	P
Bixaceae			
Cochlospermum orinocense	–	T	RF
Bombacaceae			
Cavanillesia umbellata	–	T	RF
Ceiba pentandra	–	T	RF
Ceiba samauma	–	T	RF
Huberodendron swietenioides	–	T	ND 1037
Matisia cordata	–	T	RF
Matisia malacocalyx	–	T	P, ND 1322
Matisia obliquifolia	–	T	RF
Matisia (3 unidentified spp.)	–	T	P
Ochroma pyramidale	–	T	RF
Pachira brevipes	E, O	T	P, ND 815, 913, 1165
Pachira insignis	–	T	P, ND 1276
Patinoa sphaerocarpa	–	T	P, ND 1228
Quararibea wittii	–	T	RF

LEYENDA/LEGEND

Forma de Vida/Habit
E = Epífita/Epiphyte
H = Hierba terrestre/Terrestrial herb
S = Arbusto/Shrub
T = Árbol/Tree
V = Trepadora/Climber

Fuente/Source
ND = Colecciones de Nállarett
Dávila/Nállarett Dávila
collections
P = Foto/Photograph
PF = Observaciones de campo de
Paul Fine/Paul Fine field
identifications
RF = Observaciones de campo de
Robin Foster/Robin Foster
field identifications

Endémicas a bosques de arena blanca/
White-sand forest endemics
E = Probablamente especie
endémica a bosques de arena
blanca/Probable endemic to
white-sand forests
E* = Potencialmente una especie
nueva/Potentially a new species
G = Recolectada en arena blanca,
pero conocida de otros hábitats/
Collected in white-sand forests,
but known from other habitats
O = Recolectada en otros bosques
de arena blanca en Loreto/
Collected in other white-sand
forests in Loreto
? = Sin confirmar/Unconfirmed

PLANTAS / PLANTS			
Nombre científico/ Scientific Name	Endémicas a bosques de arena blanca/ White-sand forest endemics	Forma de vida/ Habit	Fuente/ Source
Boraginaceae			
Cordia alliodora	–	T	RF
Cordia nodosa	–	T	RF
Cordia (2 unidentified spp.)	–	T	RF
Bromeliaceae			
Aechmea fernandae	–	H	P
Aechmea longifolia	–	E	P
Aechmea nidularioides	–	E	P, ND 1068
Aechmea (3 unidentified spp.)	–	E/H	P, RF, ND
Billbergia (1 unidentified sp.)	–	E	RF
Bromelia (1 unidentified sp.)	–	H	RF
Guzmania lingulata	–	E	P, ND 907
Pepinia (1 unidentified sp.)	–	E	P
Pitcairnia (1 unidentified sp.)	–	E	P
Burmanniaceae			
(1 unidentified sp.)	–	H	ND 887
Burseraceae			
Crepidospermum goudotianum	–	T	ND 991
Crepidospermum rhoifolium	–	T	P, ND 1287
Dacryodes chimantensis	–	T	PF
Dacryodes cuspidata	–	T	ND 989
Dacryodes hopkinsii cf.	–	T	PF
Dacryodes peruviana	–	T	PF
Dacryodes (2 unidentified spp.)	–	T	ND
Protium altsonii	–	T	ND 956
Protium amazonicum	–	T	ND 959
Protium calanense	G	T	ND 864/1176/1182
Protium crassipetalum	–	T	ND 967/1203
Protium decandrum	–	T	PF
Protium divaricatum subsp. *divaricatum*	–	T	ND 1204
Protium ferrugineum	–	T	PF
Protium gallosum	–	T	PF
Protium hebetatum	–	T	P, ND 1058/1297/1298
Protium hebetatum aff.	–	T	P, ND 1205/1299/1300
Protium heptaphyllum subsp. *heptaphyllum*	E, O	T	ND 1098
Protium klugii	–	T	ND 964
Protium krukovii	–	T	ND 1336
Protium laxiflorum	G	T	ND 1180
Protium nodulosum	–	T	PF

PLANTAS / PLANTS

Nombre científico/ Scientific Name	Endémicas a bosques de arena blanca/ White-sand forest endemics	Forma de vida/ Habit	Fuente/ Source
Protium opacum	–	T	ND 965
Protium pallidum	–	T	PF
Protium paniculatum	–	T	ND 1174
Protium sect. pepeanthos sp.1	–	T	ND 958
Protium sect. pepeanthos sp.2	–	T	ND 960
Protium sect. pepeanthos sp.3	–	T	ND 968/1053
Protium rubrum	–	T	PF
Protium sagotianum	–	T	ND 1270
Protium spruceanum	–	T	ND 990/1181
Protium strumosum	–	T	ND 941
Protium subserratum	G	T	ND 957/1128/1177/ 1178/1397
Protium tenuifolium	–	T	PF
Protium trifoliolatum	–	T	ND 966
Protium unifoliolatum	–	T	ND 1202
Tetragastris panamensis	–	T	ND 963
Trattinnickia glaziovii cf.	–	T	P, ND 946
Trattinnickia peruviana cf.	–	T	ND 1125
Cactaceae			
Epiphyllum phyllanthus	–	E	RF
Rhipsalis (1 unidentified sp.)	–	E	RF
Capparidaceae			
Capparis schunkei	–	T	ND 1269/1340/1403
Capparis sola	–	S	RF

LEYENDA/LEGEND

Forma de Vida/Habit

E = Epífita/Epiphyte

H = Hierba terrestre/Terrestrial herb

S = Arbusto/Shrub

T = Árbol/Tree

V = Trepadora/Climber

Fuente/Source

ND = Colecciones de Nállarett Dávila/Nállarett Dávila collections

P = Foto/Photograph

PF = Observaciones de campo de Paul Fine/Paul Fine field identifications

RF = Observaciones de campo de Robin Foster/Robin Foster field identifications

Endémicas a bosques de arena blanca/ White-sand forest endemics

E = Probablamente especie endémica a bosques de arena blanca/Probable endemic to white-sand forests

E* = Potencialmente una especie nueva/Potentially a new species

G = Recolectada en arena blanca, pero conocida de otros hábitats/ Collected in white-sand forests, but known from other habitats

O = Recolectada en otros bosques de arena blanca en Loreto/ Collected in other white-sand forests in Loreto

? = Sin confirmar/Unconfirmed

PLANTAS / PLANTS

Nombre científico/ Scientific Name	Endémicas a bosques de arena blanca/ White-sand forest endemics	Forma de vida/ Habit	Fuente/ Source
Caricaceae			
Jacaratia digitata	–	T	RF
Caryocaraceae			
Anthodiscus klugii cf.	–	T	P
Caryocar amygdaliforme	–	T	P
Caryocar glabrum	–	T	P
Cecropiaceae			
Cecropia engleriana	–	T	RF
Cecropia ficifolia	–	T	RF
Cecropia latiloba	–	T	RF
Cecropia membranacea	–	T	RF
Cecropia sciadophylla	–	T	RF
Cecropia (1 unidentified sp.)	–	T	RF
Coussapoa orthoneura	–	T/E	RF
Coussapoa trinervia	–	T/E	RF
Coussapoa villosa	–	T/E	RF
Coussapoa (1 unidentified sp.)	–	T/E	RF
Pourouma bicolor	–	T	ND 1331
Pourouma cecropiifolia	–	T	RF
Pourouma guianensis	–	T	P
Pourouma minor	–	T	RF
Pourouma myrmecophila	–	T	P, ND 1172
Pourouma (6 unidentified spp.)	–	T	P, RF
Chrysobalanaceae			
Couepia (1 unidentified sp.)	–	T	RF
Hirtella duckei	–	T/S	P
Hirtella (7 unidentified spp.)	–	T	P, RF, ND
Licania harlingii cf.	–	T	P
Licania intrapetiolaris	E, O	T	PF
Licania latifolia	–	T	ND 866
Licania (6 unidentified spp.)	–	T	P, RF, ND
Parinari klugii	–	T	RF
(2 unidentified spp.)	–	T	ND
Clusiaceae			
Calophyllum brasiliense	–	T	RF
Caraipa utilis aff.	E, O	T	ND 840
Caraipa (1 unidentified sp.)	–	T	RF
Chrysochlamys ulei	–	T	RF
Clusia (6 unidentified spp.)	–	E/V	P, RF, ND

PLANTAS / PLANTS

Nombre científico/ Scientific Name	Endémicas a bosques de arena blanca/ White-sand forest endemics	Forma de vida/ Habit	Fuente/ Source
Garcinia macrophylla	–	T	RF
Marila laxiflora	–	T	RF
Symphonia globulifera	–	T	RF
Tovomita calophyllophylla	E, O	T	ND 1127
Tovomita stylosa cf.	–	T	RF
Tovomita (1 unidentified sp.)	–	T	RF
Vismia macrophylla	–	T	RF
Vismia (1 unidentified sp.)	–	T	RF
Combretaceae			
Buchenavia macrophylla	–	T	RF
Buchenavia parvifolia	E, O	T	ND 1092
Buchenavia (3 unidentified spp.)	–	T	RF
Combretum assimile	–	T	P, RF, ND
Combretum (1 unidentified sp.)	–	T	RF
Terminalia (1 unidentified sp.)	–	T	RF
Commelinaceae			
Dichorisandra (2 unidentified spp.)	–	H	RF
Floscopa (2 unidentified spp.)	–	H	P, ND
Plowmanianthus (1 unidentified sp.)	–	H	RF
(1 unidentified sp.)	–	H	ND
Connaraceae			
Connarus fasciculatus	–	V	P
Rourea (1 unidentified sp.)	–	S	P

LEYENDA/LEGEND

Forma de Vida/Habit

E = Epífita/Epiphyte
H = Hierba terrestre/Terrestrial herb
S = Arbusto/Shrub
T = Árbol/Tree
V = Trepadora/Climber

Fuente/Source

ND = Colecciones de Nállarett Dávila/Nállarett Dávila collections
P = Foto/Photograph
PF = Observaciones de campo de Paul Fine/Paul Fine field identifications
RF = Observaciones de campo de Robin Foster/Robin Foster field identifications

Endémicas a bosques de arena blanca/White-sand forest endemics

E = Probablemente especie endémica a bosques de arena blanca/Probable endemic to white-sand forests
E* = Potencialmente una especie nueva/Potentially a new species
G = Recolectada en arena blanca, pero conocida de otros hábitats/Collected in white-sand forests, but known from other habitats
O = Recolectada en otros bosques de arena blanca en Loreto/Collected in other white-sand forests in Loreto
? = Sin confirmar/Unconfirmed

PLANTAS / PLANTS			
Nombre científico/ **Scientific Name**	**Endémicas a bosques** **de arena blanca/** **White-sand forest endemics**	**Forma de vida/** **Habit**	**Fuente/** **Source**
Convolvulaceae			
Dicranostyles (1 unidentified sp.)	–	V	RF
Ipomoea (1 unidentified sp.)	–	V	RF
Maripa peruviana	–	V	RF
Costaceae			
Costus scaber	–	H	RF
Costus (2 unidentified spp.)	–	H	P, RF, ND
Cucurbitaceae			
Cayaponia (1 unidentified sp.)	–	V	RF
Gurania (1 unidentified sp.)	–	V	RF
Psiguria (1 unidentified sp.)	–	V	RF
(1 unidentified sp.)	–	V	RF
Cycadaceae			
Zamia (2 unidentified spp.)	–	H	P, ND
Cyclanthaceae			
Asplundia (3 unidentified spp.)	–	E/H	P, RF, ND
Cyclanthus bipartitus	–	H	RF
Evodianthus funifer	–	E	P, ND 998
Ludovia (2 unidentified spp.)	–	E	RF
Thoracocarpus bissectus	–	V/E	RF
(3 unidentified spp.)	–	V/E	P, ND
Cyperaceae			
Calyptrocarya (1 unidentified sp.)	–	H	RF
Cyperus luzulae	–	H	RF
Diplasia karataefolia	–	H	RF
Kyllinga (1 unidentified sp.)	–	H	RF
Scleria microcarpa	–	H	RF
Scleria secans	–	H	RF
(1 unidentified sp.)	–	H	ND
Dichapetalaceae	–		
Dichapetalum (1 unidentified sp.)	–	V	RF
Tapura amazonica	–	T	RF
Tapura (2 unidentified spp.)	–	T	P, ND
Dilleniaceae	–		
Davilla nitida cf.	–	V	P, ND 1408
Doliocarpus dentatus subsp. *undulatus*	–	V	P
Doliocarpus (3 unidentified spp.)	–	V	P
Dioscoreaceae	–		
Dioscorea (3 unidentified spp.)	–	V	P, RF, ND

PLANTAS / PLANTS

Nombre científico/ Scientific Name	Endémicas a bosques de arena blanca/ White-sand forest endemics	Forma de vida/ Habit	Fuente/ Source
Ebenaceae	–		
Diospyros myrmecocarpa	–	T	P, ND 1188
Diospyros tessmannii	G?	T	P, ND 1107
Diospyros (2 unidentified spp.)	–	T/S	P, ND
Elaeocarpaceae			
Sloanea robusta cf.	E, O	T	ND 1097
Sloanea (5 unidentified spp.)	–	T	P, RF, ND
Erythroxylaceae			
Erythroxylum (1 unidentified sp.)	–	S	P
Euphorbiaceae			
Acalypha (1 unidentified sp.)	–	S	RF
Alchornea latifolia	–	T	RF
Alchornea triplinervia	–	T	P, ND 1011
Aparisthmium cordatum	–	T	RF
Caryodendron orinocense	–	T	RF
Conceveiba martiana	–	T	ND 1351
Conceveiba rhytidocarpa	–	T	P, ND 1338
Croton trinitatus	–	T	RF
Croton (2 unidentified spp.)	–	T	P, ND
Drypetes gentryi	–	T	RF
Glycydendron amazonicum cf.	–	T	P, ND 1303/1315
Hevea brasiliensis	–	T	P
Hevea guianensis	G, O	T	P, ND 831
Hieronyma alchorneoides	–	T	P

LEYENDA/LEGEND

Forma de Vida/Habit

E = Epífita/Epiphyte

H = Hierba terrestre/Terrestrial herb

S = Arbusto/Shrub

T = Árbol/Tree

V = Trepadora/Climber

Fuente/Source

ND = Colecciones de Nállarett Dávila/Nállarett Dávila collections

P = Foto/Photograph

PF = Observaciones de campo de Paul Fine/Paul Fine field identifications

RF = Observaciones de campo de Robin Foster/Robin Foster field identifications

Endémicas a bosques de arena blanca/ White-sand forest endemics

E = Probablamente especie endémica a bosques de arena blanca/Probable endemic to white-sand forests

E* = Potencialmente una especie nueva/Potentially a new species

G = Recolectada en arena blanca, pero conocida de otros hábitats/ Collected in white-sand forests, but known from other habitats

O = Recolectada en otros bosques de arena blanca en Loreto/ Collected in other white-sand forests in Loreto

? = Sin confirmar/Unconfirmed

PLANTAS / PLANTS			
Nombre científico/ Scientific Name	Endémicas a bosques de arena blanca/ White-sand forest endemics	Forma de vida/ Habit	Fuente/ Source
Hieronyma (1 unidentified sp.)	–	T	RF
Mabea subsessilis	E, O	T	ND 823
Mabea (5 unidentified spp.)	–	T	P
Margaritaria nobilis	–	T	RF
Micrandra spruceana	E, O	T	P, ND 820/846/1082
Micrandra (1 unidentified sp.)	–	T	ND
Nealchornea yapurensis	G, O	T	P, ND 1261/1273
Omphalea diandra	–	V	RF
Pausandra trianae	–	T	ND 1028
Pera nitida	–	T	P, ND 1357
Phyllanthus (1 unidentified sp.)	–	H	RF
Sapium marmieri	–	T	RF
Sapium (2 unidentified spp.)	–	T	P, RF
Senefeldera inclinata	–	T	RF
(1 unidentified sp.)	–	T	ND
Fabaceae (Caesalpinoid)			
Bauhinia brachycalyx	–	V	RF
Bauhinia guianensis	–	V	P
Bauhinia rutilans	–	V	RF
Campsiandra (1 unidentified sp.)	E?, G?	T	ND
Dialium guianense	–	T	RF
Dicorynia (1 unidentified sp.)	–	T	P, ND
Dimorphandra (1 unidentified sp.)	–	T	P, ND
Hymenaea palustris	–	T	P, ND 1246
Macrolobium acaciifolium	E, O	T	RF
Macrolobium angustifolium	G, O	T	P, ND 1130
Macrolobium bifolium	E, O	T	ND 826
Macrolobium limbatum cf.	–	T	P, ND 856/865
Macrolobium microcalyx	–	T	P, ND 821
Macrolobium (1 unidentified sp.)	–	T	P, ND
Phyllocarpus cf.	–	T	P, ND
Schizolobium parahyba	–	T	RF
Senna silvestris	–	T	RF
Tachigali formicarum	–	T	RF
Tachigali guianensis cf.	–	T	P
Tachigali polyphylla cf.	–	T	P
Tachigali tessmannii cf.	–	T	P
Tachigali vasquezii	–	T	P
Tachigali (4 unidentified spp.)	–	T	P, RF

PLANTAS / PLANTS

Nombre científico/ Scientific Name	Endémicas a bosques de arena blanca/ White-sand forest endemics	Forma de vida/ Habit	Fuente/ Source
(1 unidentified sp.)	–	T	P
Fabaceae (Mimosoid)			
Abarema adenophora	–	T	P, ND 822/869
Abarema laeta	–	T	ND 996
Abarema (1 unidentified sp.)	–	–	–
Calliandra (2 unidentified spp.)	–	T	P, ND
Cedrelinga cateniformis	–	T	ND 1033
Entada polystachya	–	V	RF
Inga acuminata	–	T	P
Inga auristellae	–	T	RF
Inga brachyrhachis	–	T	ND 1000
Inga capitata	–	T	RF
Inga cayennensis	–	T	P
Inga ciliata	–	T	RF
Inga marginata	–	T	RF
Inga nobilis	–	T	RF
Inga punctata	–	T	RF
Inga spectabilis	–	T	RF
Inga stipularis	–	T	P, ND 1210
Inga tarapotensis	–	T	RF
Inga (5 unidentified spp.)	–	T	P, RF
Marmaroxylon basijugum	–	T	P
Marmaroxylon ramiflorum cf.	–	T	P
Parkia igneiflora	G, O	T	P, ND 954

LEYENDA/LEGEND

Forma de Vida/Habit
E = Epífita/Epiphyte
H = Hierba terrestre/Terrestrial herb
S = Arbusto/Shrub
T = Árbol/Tree
V = Trepadora/Climber

Fuente/Source
ND = Colecciones de Nállarett Dávila/Nállarett Dávila collections
P = Foto/Photograph
PF = Observaciones de campo de Paul Fine/Paul Fine field identifications
RF = Observaciones de campo de Robin Foster/Robin Foster field identifications

Endémicas a bosques de arena blanca/ White-sand forest endemics
E = Probablamente especie endémica a bosques de arena blanca/Probable endemic to white-sand forests
E* = Potencialmente una especie nueva/Potentially a new species
G = Recolectada en arena blanca, pero conocida de otros hábitats/ Collected in white-sand forests, but known from other habitats
O = Recolectada en otros bosques de arena blanca en Loreto/ Collected in other white-sand forests in Loreto
? = Sin confirmar/Unconfirmed

PLANTAS / PLANTS			
Nombre científico/ Scientific Name	Endémicas a bosques de arena blanca/ White-sand forest endemics	Forma de vida/ Habit	Fuente/ Source
Parkia multijuga	–	T	ND 836
Parkia nitida	–	T	RF
Parkia panurensis	G, O	T	P
Piptadenia (1 unidentified sp.)	–	V	RF
Zygia (4 unidentified spp.)	–	T	P, RF
(1 unidentified sp.)	–	T	P
Fabaceae (Papilionoid)			
Aeschynomene (1 unidentified sp.)	–	S	RF
Andira inermis	–	T	RF
Andira unifoliolata cf.	–	T	P, ND 837
Andira (1 unidentified sp.)	–	T	ND
Dussia tessmannii	–	T	RF
Erythrina poeppigiana	–	T	RF
Erythrina peruviana	–	T	RF
Hymenolobium nitidum	–	T	ND 817
Hymenolobium pulcherrimum	–	T	P, ND 921
Lonchocarpus (1 unidentified sp.)	–	T	RF
Machaerium floribundum	–	V	RF
Machaerium macrophyllum	–	V	RF
Machaerium multifoliolatum	–	V	ND 844
Machaerium (3 unidentified spp.)	–	V	P, RF
Ormosia (1 unidentified sp.)	–	T	RF
Platymiscium stipulare	–	T	RF
Pterocarpus amazonum	–	T	ND 1342
Pterocarpus rohrii	–	T	RF
Swartzia arborescens	–	T	RF
Swartzia (2 unidentified spp.)	–	T	P
Vatairea (1 unidentified sp.)	–	T	RF
(3 unidentified spp.)	–	T/V	P, RF
Flacourtiaceae			
Carpotroche longifolia	–	S	RF
Carpotroche (1 unidentified sp.)	–	S	P, ND
Casearia javitensis	–	T	RF
Casearia pitumba	–	T	RF
Casearia (4 unidentified spp.)	–	T	P, RF, ND
Lacistema aggregatum	–	T/S	RF
Lindackeria paludosa	–	T/S	RF
Lozania (1 unidentified sp.)	G	T	ND
Lunania parviflora	–	T/S	RF

PLANTAS / PLANTS			
Nombre científico/ Scientific Name	Endémicas a bosques de arena blanca/ White-sand forest endemics	Forma de vida/ Habit	Fuente/ Source
Mayna odorata	–	S	
Neoptychocarpus killipii	G	S	P, ND 1025/1051
Pleuranthodendron lindenii	–	T	P
Ryania speciosa	–	S	P, ND 1057
Tetrathylacium macrophyllum	–	T	P, ND 1280
Xylosma (1 unidentified sp.)	–	T	P
(3 unidentified spp.)	–	T/S	ND
Gentianaceae			
Potalia resinifera	E?	S	RF
Voyria tenella	–	H	P, ND 1017
Voyria (1 unidentified sp.)	–	H	P, ND
Gesneriaceae			
Besleria (1 unidentified sp.)	–	H	ND
Codonanthe (2 unidentified spp.)	–	E	P
Codonanthopsis ulei	–	E	RF
Drymonia anisophylla	–	E	ND 1370
Drymonia coccinea cf.	–	E	ND 943/1378
Drymonia macrophylla cf.	–	E	RF
Drymonia (1 unidentified sp.)	–	E	P
Nautilocalyx (1 unidentified sp.)	–	H	RF
(3 unidentified spp.)	–	E/H	ND
Gnetaceae			
Gnetum nodiflorum	–	V	ND 889

LEYENDA/LEGEND

Forma de Vida/Habit

E = Epífita/Epiphyte
H = Hierba terrestre/Terrestrial herb
S = Arbusto/Shrub
T = Árbol/Tree
V = Trepadora/Climber

Fuente/Source

ND = Colecciones de Nállarett
Dávila/Nállarett Dávila
collections
P = Foto/Photograph
PF = Observaciones de campo de
Paul Fine/Paul Fine field
identifications
RF = Observaciones de campo de
Robin Foster/Robin Foster
field identifications

**Endémicas a bosques de arena blanca/
White-sand forest endemics**

E = Probablamente especie
endémica a bosques de arena
blanca/Probable endemic to
white-sand forests
E* = Potencialmente una especie
nueva/Potentially a new species
G = Recolectada en arena blanca,
pero conocida de otros hábitats/
Collected in white-sand forests,
but known from other habitats
O = Recolectada en otros bosques
de arena blanca en Loreto/
Collected in other white-sand
forests in Loreto
? = Sin confirmar/Unconfirmed

PLANTAS / PLANTS			
Nombre científico/ **Scientific Name**	**Endémicas a bosques** **de arena blanca/** **White-sand forest endemics**	**Forma de vida/** **Habit**	**Fuente/** **Source**
Heliconiaceae			
Heliconia chartacea	–	H	P
Heliconia densiflora	–	H	P
Heliconia juruana	–	H	P
Heliconia lasiorachis	–	H	RF
Heliconia marginata	–	H	RF
Heliconia stricta	–	H	RF
Heliconia tenebrosa	–	H	RF
Heliconia velutina	–	H	P
Hernandiaceae			
Sparattanthelium (1 unidentified sp.)	–	V	RF
Hippocrateaceae			
Cheiloclinium (1 unidentified sp.)	–	T	RF
Salacia (3 unidentified spp.)	–	V	P, ND
Hugoniaceae			
Roucheria punctata	–	T	P, ND 1123/1164
Roucheria schomburgkii	G	T	PF
Humiriaceae			
Humiria balsamifera	–	T	P
Humiriastrum cuspidatum	–	T	P, ND 919
Saccoglottis (1 unidentified sp.)	–	T	RF
Icacinaceae			
Discophora guianensis	–	T	RF
Emmotum floribundum	E, O	T	P, ND 1089/1102
Leretia cordata	–	V	P, ND 1291
Metteniusa tessmanniana	–	T	P
Pleurisanthes (1 unidentified sp.)	E?	T	P, ND
Lauraceae			
Aniba (2 unidentified spp.)	E?	T	P, ND
Caryodaphnopsis fosteri	–	T	RF
Endlicheria (2 unidentified spp.)	E?	T	P, ND
Licaria (1 unidentified sp.)	–	T	P, ND
Ocotea aciphylla	E, O	T	PF
Ocotea cernua	–	T	RF
Ocotea javitensis	–	T	RF
Ocotea oblonga	–	T	RF
Ocotea (2 unidentified spp.)	–	T	P, ND
Pleurothyrium (1 unidentified sp.)	–	T	P
(18 unidentified spp.)	–	T	P, ND

PLANTAS / PLANTS

Nombre científico/ Scientific Name	Endémicas a bosques de arena blanca/ White-sand forest endemics	Forma de vida/ Habit	Fuente/ Source
Lecythidaceae			
Cariniana decandra	–	T	RF
Couratari guianensis	–	T	ND 1355
Couroupita guianensis	–	T	RF
Eschweilera coriacea	–	T	ND 1346
Eschweilera gigantea	–	T	RF
Eschweilera (5 unidentified spp.)	–	T	P, ND
Gustavia augusta	–	T	P
Gustavia (1 unidentified sp.)	–	T	P
Lepidobotryaceae			
Ruptiliocarpon caracolito cf.	–	T	RF
Loganiaceae			
Strychnos panurensis cf.	–	V	ND 1187
Strychnos (4 unidentified spp.)	–	V	P, ND
Loranthaceae			
Phoradendron crassifolium	–	E	P, ND
Psittacanthus (2 unidentified spp.)	–	E	P
Lythraceae			
Adenaria floribunda	–	S	RF
Magnoliaceae	–		
Talauma (2 unidentified spp.)	–	T	P, ND
Malpighiaceae			
Banisteriopsis longialata cf.	–	V	ND 1009
Byrsonima laevigata cf.	E, E*, O?	T	P, ND 1115

LEYENDA/LEGEND

Forma de Vida/Habit

E = Epífita/Epiphyte
H = Hierba terrestre/Terrestrial herb
S = Arbusto/Shrub
T = Árbol/Tree
V = Trepadora/Climber

Fuente/Source

ND = Colecciones de Nállarett Dávila/Nállarett Dávila collections
P = Foto/Photograph
PF = Observaciones de campo de Paul Fine/Paul Fine field identifications
RF = Observaciones de campo de Robin Foster/Robin Foster field identifications

Endémicas a bosques de arena blanca/ White-sand forest endemics

E = Probablamente especie endémica a bosques de arena blanca/Probable endemic to white-sand forests
E* = Potencialmente una especie nueva/Potentially a new species
G = Recolectada en arena blanca, pero conocida de otros hábitats/ Collected in white-sand forests, but known from other habitats
O = Recolectada en otros bosques de arena blanca en Loreto/ Collected in other white-sand forests in Loreto
? = Sin confirmar/Unconfirmed

PLANTAS / PLANTS			
Nombre científico/ Scientific Name	**Endémicas a bosques de arena blanca/ White-sand forest endemics**	**Forma de vida/ Habit**	**Fuente/ Source**
Byrsonima (1 unidentified sp.)	–	T	ND
Hiraea grandifolia	–	V	RF
Hiraea (1 unidentified sp.)	–	V	RF
Stigmaphyllon (1 unidentified sp.)	–	V	P
(1 unidentified sp.)	–	V	RF
Marantaceae			
Calathea altissima	–	H	P, ND 1218
Calathea chrysoleuca/propinqua	–	H	P, ND 1080
Calathea loeseneri	–	H	P
Calathea micans	–	H	RF
Calathea pachystachys	–	H	P, ND 1216
Calathea roseo-picta	–	H	P, ND 1310
Calathea silvosa	–	H	P, ND
Calathea variegata	–	H	RF
Calathea wallisii	–	H	P
Ischnosiphon hirsutus	–	H	P
Ischnosiphon killipii cf.	–	H	RF
Ischnosiphon lasiocoleus	–	H	P, ND 1026
Ischnosiphon (9 unidentified spp.)	–	H/V	P, ND
Monotagma angustissimum	–	H	P, ND 906
Monotagma laxum	–	H	ND 1030
Monotagma (1 unidentified sp.)	–	H	RF
Stromanthe stromanthoides	–	H	P
Marcgraviaceae			
Marcgravia (2 unidentified spp.)	–	V	P, ND
Melastomataceae			
Adelobotrys (2 unidentified spp.)	–	V	P, ND
Clidemia foliosa cf.	–	S	P, ND
Clidemia septuplinervia	–	S	RF
Clidemia (3 unidentified spp.)	–	S	P, RF, ND
Leandra (1 unidentified sp.)	–	S	RF
Maieta guianensis	–	S	ND 984/1040
Maieta poeppigii	–	S	P, ND 899/981
Miconia bubalina	–	T/S	P
Miconia dispar	–	T/S	ND 976
Miconia fosteri	–	S	RF
Miconia grandifolia	–	T	RF
Miconia nervosa	–	S	RF
Miconia pterocaulon	–	S	P, ND 1137

PLANTAS / PLANTS

Nombre científico/ Scientific Name	Endémicas a bosques de arena blanca/ White-sand forest endemics	Forma de vida/ Habit	Fuente/ Source
Miconia tomentosa	–	T/S	RF
Miconia trinervia	–	T	RF
Miconia (12 unidentified spp.)	–	T/S	P, RF, ND
Ossaea boliviensis	–	S	P, ND 944
Salpinga secunda	–	H	P
Tococa guianensis	–	S	P
Tococa stenoptera	–	S	P
Tococa (1 unidentified sp.)	–	S	P
Triolena amazonica	–	S/H	ND 1247
(4 unidentified spp.)	–	S	P, ND
Meliaceae			
Carapa guianensis	–	T	RF
Guarea cristata	–	T	P
Guarea glabra	–	T	ND 1320
Guarea grandifolia	–	T	P, ND 1318
Guarea kunthiana	–	T	ND 1229
Guarea kunthiana aff.	–	S	P
Guarea macrophylla	–	T	RF
Guarea pterorhachis	–	T	RF
Guarea pubescens	–	T	ND 1256
Guarea silvatica	–	T	P, ND 995/1400
Guarea (5 unidentified spp.)	–	T	P, RF, ND
Trichilia obovata	–	T	P
Trichilia pallida	–	T	ND 1212

LEYENDA/LEGEND

Forma de Vida/Habit

E = Epífita/Epiphyte
H = Hierba terrestre/Terrestrial herb
S = Arbusto/Shrub
T = Árbol/Tree
V = Trepadora/Climber

Fuente/Source

ND = Colecciones de Nállarett
Dávila/Nállarett Dávila
collections
P = Foto/Photograph
PF = Observaciones de campo de
Paul Fine/Paul Fine field
identifications
RF = Observaciones de campo de
Robin Foster/Robin Foster
field identifications

Endémicas a bosques de arena blanca/
White-sand forest endemics

E = Probablamente especie
endémica a bosques de arena
blanca/Probable endemic to
white-sand forests
E* = Potencialmente una especie
nueva/Potentially a new species
G = Recolectada en arena blanca,
pero conocida de otros hábitats/
Collected in white-sand forests,
but known from other habitats
O = Recolectada en otros bosques
de arena blanca en Loreto/
Collected in other white-sand
forests in Loreto
? = Sin confirmar/Unconfirmed

PLANTAS / PLANTS			
Nombre científico/ Scientific Name	Endémicas a bosques de arena blanca/ White-sand forest endemics	Forma de vida/ Habit	Fuente/ Source
Trichilia poeppigii cf.	–	T	ND 1231
Trichilia rubra	–	T	RF
Trichilia septentrionalis	–	T	RF
Trichilia stipitata	–	T	ND 1042/1302
Trichilia (2 unidentified spp.)	–	T	P
Memecylaceae			
Mouriri cauliflora	–	T/S	ND 881
Mouriri grandiflora	–	T	P
Mouriri myrtilloides	–	T/S	RF
Mouriri (4 unidentified spp.)	–	T/S	P, RF, ND
Menispermaceae			
Abuta grandifolia	–	S	RF
Abuta grandifolia aff.	–	S	ND 1366
Abuta pahnii cf.	–	V	ND 1265
Abuta (4 unidentified spp.)	–	V	P, ND
Anomospermum andersonii cf.	–		P
Anomospermum reticulatum	–	V	ND 873
Anomospermum (1 unidentified sp.)	–	V	ND
Cissampelos (1 unidentified sp.)	–	V	RF
Curarea tecunarum	–	V	RF
Disciphania (1 unidentified sp.)	–	V	P
Odontocarya (1 unidentified sp.)	–	V	RF
Sciadotenia (1 unidentified sp.)	–	V	P
Telitoxicum (2 unidentified spp.)	–	V	P
(2 unidentified spp.)	–	V	P, ND
Monimiaceae			
Siparuna bifida	–	S	P, ND 947
Siparuna decipiens	–	T	ND 1362
Siparuna guianensis	E?, O	T	ND 1149
Siparuna magnifica cf.	–	T	P, ND 1196
Siparuna (3 unidentified spp.)	–	T/S	P, RF, ND
Moraceae			
Batocarpus amazonicus	–	T	P, ND 1227
Brosimum guianense	–	T	ND 1360
Brosimum lactescens	–	T	RF
Brosimum parinarioides	–	T	P, ND 885
Brosimum rubescens	–	T	RF
Brosimum utile	–	T	RF
Castilla ulei	–	T	RF

PLANTAS / PLANTS

Nombre científico/ Scientific Name	Endémicas a bosques de arena blanca/ White-sand forest endemics	Forma de vida/ Habit	Fuente/ Source
Clarisia racemosa	–	T	RF
Dorstenia peruviana	–	H	P, ND 1241
Ficus caballina	–	T/E	RF
Ficus gomelleira	–	T/E	P
Ficus insipida	–	T	RF
Ficus lauretana	–	T/E	P
Ficus maxima	–	T	RF
Ficus nymphaeifolia	–	T/E	P
Ficus perez-arbelaezii	–	T	P
Ficus piresiana	–	T	RF
Ficus popenoei	–	T/E	RF
Ficus schultesii	–	T/E	RF
Ficus trigona	–	T/E	RF
Ficus trigona aff.	–	T/E	ND 1363
Ficus (4 unidentified spp.)	–	T/E	P, RF, ND
Helicostylis turbinata	–	T	ND 1345
Maquira calophylla	–	T	RF
Maquira coriacea	–	T	RF
Maquira (1 unidentified sp.)	–	T	P
Naucleopsis concinna	–	T	ND 1343
Naucleopsis glabra	–	T	P
Naucleopsis krukovii	–	T	ND 1353
Naucleopsis ulei	–	T	RF
Naucleopsis (3 unidentified spp.)	–	T	P, RF

LEYENDA/LEGEND

Forma de Vida/Habit

E = Epífita/Epiphyte
H = Hierba terrestre/Terrestrial herb
S = Arbusto/Shrub
T = Árbol/Tree
V = Trepadora/Climber

Fuente/Source

ND = Colecciones de Nállarett Dávila/Nállarett Dávila collections
P = Foto/Photograph
PF = Observaciones de campo de Paul Fine/Paul Fine field identifications
RF = Observaciones de campo de Robin Foster/Robin Foster field identifications

Endémicas a bosques de arena blanca/ White-sand forest endemics

E = Probablamente especie endémica a bosques de arena blanca/Probable endemic to white-sand forests
E* = Potencialmente una especie nueva/Potentially a new species
G = Recolectada en arena blanca, pero conocida de otros hábitats/ Collected in white-sand forests, but known from other habitats
O = Recolectada en otros bosques de arena blanca en Loreto/ Collected in other white-sand forests in Loreto
? = Sin confirmar/Unconfirmed

PLANTAS / PLANTS			
Nombre científico/ Scientific Name	Endémicas a bosques de arena blanca/ White-sand forest endemics	Forma de vida/ Habit	Fuente/ Source
Perebea guianensis 1	–	T	RF
Perebea guianensis 2	–	T	RF
Poulsenia armata	–	T	RF
Poulsenia (1 unidentified sp.)	–	T	P, ND
Pseudolmedia laevigata	–	T	RF
Pseudolmedia laevis	–	T	ND 1337/1347
Pseudolmedia macrophylla cf.	–	T	P
Pseudolmedia rigida	–	T	P
Sorocea guilleminiana	–	T	P
Sorocea muriculata	–	T/S	RF
Sorocea pubivena 1	–	T/S	ND 975/1251/1275/1326
Sorocea pubivena 2	–	T/S	RF
Sorocea steinbachii	–	T/S	P
Sorocea (2 unidentified spp.)	–	T/S	P, ND
(1 unidentified sp.)	–	T	P
Myristicaceae			
Compsoneura (1 unidentified sp.)	–	T	PF
Iryanthera juruensis	–	T	P, ND 1281
Iryanthera lancifolia	–	T	ND 835
Iryanthera ulei cf.	–	T	P, ND 1233
Iryanthera (2 unidentified spp.)	–	T	P, ND
Osteophloeum platyspermum	–	T	RF
Otoba glycicarpa	–	T	P, ND 1334
Otoba parvifolia	–	T	ND 1234/1235
Virola calophylla	–	T	ND 1328
Virola duckei	–	T	ND 1352
Virola flexuosa	–	T	RF
Virola loretensis	–	T	P, ND 876/1213/ 1230/1367
Virola mollissima	–	T	P, ND 1402
Virola obovata	–	T	P
Virola pavonis	G, O	T	P
Virola surinamensis	–	T	ND 1350
Virola (3 unidentified spp.)	–	T	P
Myrsinaceae			
Ardisia (1 unidentified sp.)	–	S	P
Cybianthus (2 unidentified spp.)	–	S	P, ND
Myrsine (1 unidentified sp.)	E, E*?	S	ND
Stylogyne cauliflora	–	S	RF
Stylogyne (1 unidentified sp.)	–	S	ND

PLANTAS / PLANTS

Nombre científico/ Scientific Name	Endémicas a bosques de arena blanca/ White-sand forest endemics	Forma de vida/ Habit	Fuente/ Source
Myrtaceae			
Calyptranthes bipennis	G, O	S	P
Calyptranthes plicata	–	S	ND 980
Calyptranthes pulchella	–	S	ND 1225
Calyptranthes speciosa	–	S	P
Calyptranthes (6 unidentified spp.)	–	S	P, ND
Campomanesia lineatifolia	–	T	RF
Eugenia (4 unidentified spp.)	–	T	P, RF, ND
Marlierea caudata	E, O?	T	RF
Myrcia bracteata	–	T/S	P
Myrcia (3 unidentified spp.)	–	T	P, ND
Psidium guajava	–	S	RF
(2 unidentified spp.)	–	T	ND
Nyctaginaceae			
Neea spruceana	–	S	ND 1166
Neea (5 unidentified spp.)	E, E*, O?	S	P, ND
Ochnaceae			
Cespedesia spathulata	–	T	RF
Ouratea amplifolia	–	S	ND 818
Ouratea (1 unidentified sp.)	–	S	ND
Sauvagesia erecta	–	H	RF
Olacaceae			
Dulacia candida	–	S	P
Dulacia ovata cf.	–	S	ND 1248

LEYENDA/LEGEND

Forma de Vida/Habit

E = Epífita/Epiphyte

H = Hierba terrestre/Terrestrial herb

S = Arbusto/Shrub

T = Árbol/Tree

V = Trepadora/Climber

Fuente/Source

ND = Colecciones de Nállarett Dávila/Nállarett Dávila collections

P = Foto/Photograph

PF = Observaciones de campo de Paul Fine/Paul Fine field identifications

RF = Observaciones de campo de Robin Foster/Robin Foster field identifications

Endémicas a bosques de arena blanca/White-sand forest endemics

E = Probablamente especie endémica a bosques de arena blanca/Probable endemic to white-sand forests

E* = Potencialmente una especie nueva/Potentially a new species

G = Recolectada en arena blanca, pero conocida de otros hábitats/Collected in white-sand forests, but known from other habitats

O = Recolectada en otros bosques de arena blanca en Loreto/Collected in other white-sand forests in Loreto

? = Sin confirmar/Unconfirmed

PLANTAS / PLANTS			
Nombre científico/ Scientific Name	Endémicas a bosques de arena blanca/ White-sand forest endemics	Forma de vida/ Habit	Fuente/ Source
Dulacia (1 unidentified sp.)	–	S	ND
Heisteria burchelii	–	T	P, ND 1184/1295
Heisteria duckei	–	T	P, ND 1339
Minquartia guianensis	–	T	RF
Onagraceae			
Ludwigia hyssopifolia	–	H	RF
Ludwigia (2 unidentified spp.)	–	H/S	RF
Orchidaceae			
Cochleanthes amazonica	–	E	RF
Dichaea (2 unidentified spp.)	–	E	P, RF
Epistephium parviflorum	–	H	P, ND 1160
Maxillaria (1 unidentified sp.)	–	E	P
Palmorchis (1 unidentified sp.)	–	H	P
Pleurothallis (1 unidentified sp.)	–	E	RF
Polystachya (1 unidentified sp.)	–	E	P
(7 unidentified spp.)	–	E	P, ND
Oxalidaceae			
Biophytum somnians	–	H	RF
Biophytum (1 unidentified sp.)	–	H	P
Passifloraceae			
Dilkea (3 unidentified spp.)	–	S/V	RF
Passiflora vitifolia	–	V	P
Passiflora (1 unidentified sp.)	–	H	RF
Phytolaccaceae			
Phytolacca rivinoides	–	V	RF
Picramniaceae			
Picramnia bullata	–	S	ND 922
Picramnia juniniana	–	S	P, ND 1372
Picramnia latifolia	–	S	RF
Picramnia (2 unidentified spp.)	–	S	P, RF
Piperaceae			
Peperomia macrostachya	–	E	RF
Peperomia serpens	–	V/E	RF
Peperomia (3 unidentified spp.)	–	V/E	P, ND
Piper augustum	–	S	ND 1027
Piper costatum	–	S	ND 1369
Piper dumosum cf.	–	S	ND 1195/1319
Piper heterophyllum cf.	–	S	ND 1014
Piper obliquum	–	S	RF

PLANTAS / PLANTS

Nombre científico/ Scientific Name	Endémicas a bosques de arena blanca/ White-sand forest endemics	Forma de vida/ Habit	Fuente/ Source
Piper peltatum	–	S	RF
Piper reticulatum	–	S	RF
Piper (8 unidentified spp.)	–	S	P, ND
Poaceae			
Chusquea (1 unidentified sp.)	–	V	RF
Cryptochloa unispiculata	–	H	RF
Pariana (3 unidentified spp.)	–	H	P, RF, ND
Pharus latifolius	–	H	RF
Polygalaceae			
Moutabea aculeata	–	V	RF
Securidaca (1 unidentified sp.)	–	V	P, ND
Polygonaceae			
Coccoloba mollis	–	T	RF
Coccoloba (3 unidentified spp.)	–	T/V	P, RF
Triplaris americana	–	T	RF
Proteaceae			
Panopsis cf. (1 unidentified sp.)	–	T	P
Roupala montana	–	T	RF
(1 unidentified sp.)	–	T	ND
Quiinaceae			
Froesia diffusa	–	T	RF
Lacunaria (1 unidentified sp.)	–	T	RF
Quiina macrophylla	–	T	P, ND 1050
Quiina nitens	–	T	RF

LEYENDA/LEGEND

Forma de Vida/Habit

E = Epífita/Epiphyte
H = Hierba terrestre/Terrestrial herb
S = Arbusto/Shrub
T = Árbol/Tree
V = Trepadora/Climber

Fuente/Source

ND = Colecciones de Nállarett Dávila/Nállarett Dávila collections
P = Foto/Photograph
PF = Observaciones de campo de Paul Fine/Paul Fine field identifications
RF = Observaciones de campo de Robin Foster/Robin Foster field identifications

Endémicas a bosques de arena blanca/White-sand forest endemics

E = Probablamente especie endémica a bosques de arena blanca/Probable endemic to white-sand forests
E* = Potencialmente una especie nueva/Potentially a new species
G = Recolectada en arena blanca, pero conocida de otros hábitats/Collected in white-sand forests, but known from other habitats
O = Recolectada en otros bosques de arena blanca en Loreto/Collected in other white-sand forests in Loreto
? = Sin confirmar/Unconfirmed

PLANTAS / PLANTS			
Nombre científico/ Scientific Name	Endémicas a bosques de arena blanca/ White-sand forest endemics	Forma de vida/ Habit	Fuente/ Source
Quiina paraensis	–	T	P
Quiina (1 unidentified sp.)	–	T	RF
Rapateaceae			
Rapatea angustifolia cf.	–	H	P, ND 935
Rapatea (1 unidentified sp.)	–	H	ND
Rhamnaceae			
Ampelozizyphus amazonicus	–	V	P
Rhizophoraceae			
Cassipourea peruviana	–	T	P, ND 1192
Sterigmapetalum obovatum	G?	T	ND 847
Rubiaceae			
Alibertia (4 unidentified spp.)	–	T/S	P, ND
Amaioua corymbosa	–	T	RF
Bathysa (1 unidentified sp.)	–	T	P, ND
Borreria (1 unidentified sp.)	–	H	RF
Bothriospora corymbosa	–	T/S	RF
Calycophyllum spruceanum	–	T	RF
Capirona decorticans	–	T	RF
Chimarrhis glabrifolia cf.	–	T	RF
Chomelia klugii	–	V	RF
Chomelia (1 unidentified sp.)	–	S	P
Coussarea (2 unidentified spp.)	–	S	P, RF
Duroia hirsuta	–	T/S	RF
Duroia saccifera	G	T	P, ND 862/1061
Faramea anisocalyx	–	S	ND 1268
Faramea capillipes	–	S	P
Faramea quinqueflora	–	S	P, ND 1238/1396
Faramea (3 unidentified spp.)	–	S	RF, ND
Geophila cordifolia	–	H	P
Geophila macropoda	–	H	ND 1387
Geophila repens	–	H	RF
Ixora (2 unidentified spp.)	–	S/T	RF
Kutchubaea (2 unidentified spp.)	–	T	RF
Ladenbergia (1 unidentified sp.)	–	H	RF
Oldenlandia (1 unidentified sp.)	–	S/T	P, ND
Pagamea acrensis cf.	–	S/T	P, ND 1094
Pagamea plicata s.l.	–	S/T	ND 1134
Palicourea corymbifera cf.	–	S	ND 886/937
Palicourea grandiflora	–	S	P, ND 878/999/1373

PLANTAS / PLANTS			
Nombre científico/ Scientific Name	Endémicas a bosques de arena blanca/ White-sand forest endemics	Forma de vida/ Habit	Fuente/ Source
Palicourea subsessilis	–	S	P
Palicourea (3 unidentified spp.)	–	S	P, ND
Pentagonia macrophylla cf.	–	S	RF
Pentagonia (1 unidentified sp.)	–	S	RF
Platycarpum orinocense	E, E*?, O	T	P, ND 1114
Posoqueria latifolia	–	T	RF
Psychotria lupulina	–	S	P
Psychotria marcgraviella	–	S	RF
Psychotria poeppigiana 1	–	S	RF
Psychotria poeppigiana 2	–	S	P, ND 1142
Psychotria remota cf.	–	S	ND 936/1060
Psychotria stenostachya	–	S	P
Psychotria (25 unidentified spp.)	–	S	P, ND
Randia armata	–	S	P, ND 1293
Raritebe palicoureoides	–	S	P, ND 1021
Remijia pacimonica	E, O	T/S	P, ND 1118
Remijia peruviana cf.	E, E*?, O	T/S	P
Retiniphyllum (2 unidentified spp.)	–	S	P, ND
Rudgea coussarioides cf.	–	S	ND 1190/1294
Rudgea lanceifolia	–	S	PF
Rudgea (4 unidentified spp.)	E, O	S	P, RF, ND
Sabicea (1 unidentified sp.)	–	V	P
Sphinctanthus maculatus	–	S	P, ND 1317
Stachyococus adinanthus	–	T	P, ND 1002

LEYENDA/LEGEND

Forma de Vida/Habit

E = Epífita/Epiphyte
H = Hierba terrestre/Terrestrial herb
S = Arbusto/Shrub
T = Árbol/Tree
V = Trepadora/Climber

Fuente/Source

ND = Colecciones de Nállarett Dávila/Nállarett Dávila collections
P = Foto/Photograph
PF = Observaciones de campo de Paul Fine/Paul Fine field identifications
RF = Observaciones de campo de Robin Foster/Robin Foster field identifications

Endémicas a bosques de arena blanca/ White-sand forest endemics

E = Probablemente especie endémica a bosques de arena blanca/Probable endemic to white-sand forests
E* = Potencialmente una especie nueva/Potentially a new species
G = Recolectada en arena blanca, pero conocida de otros hábitats/ Collected in white-sand forests, but known from other habitats
O = Recolectada en otros bosques de arena blanca en Loreto/ Collected in other white-sand forests in Loreto
? = Sin confirmar/Unconfirmed

PLANTAS / PLANTS			
Nombre científico/ Scientific Name	**Endémicas a bosques de arena blanca/ White-sand forest endemics**	**Forma de vida/ Habit**	**Fuente/ Source**
Uncaria guianensis	–	V	RF
Uncaria tomentosa	–	V	RF
Warszewiczia coccinea	–	T	P
(6 unidentified spp.)	–	T/S	P, ND
Rutaceae			
Adiscanthus fusciflorus	G, O	S	ND 816
Angostura (1 unidentified sp.)	–	S	P, ND
Esenbeckia grandiflora	–	S	P
Zanthoxylum (2 unidentified spp.)	–	T	P, RF
Sabiaceae			
Meliosma (2 unidentified spp.)	–	T	RF, ND
Ophiocaryum manausense	–	T	P, ND 1377
Ophiocaryum (1 unidentified sp.)	–	T	P
Sapindaceae			
Allophylus glabratus cf.	–	S	P
Allophylus loretensis cf.	–	S	ND 1249
Allophylus pilosus	–	S	RF
Matayba (3 unidentified spp.)	E, O	T/S	P, RF, ND
Paullinia bracteosa	–	V	P
Paullinia grandifolia	–	V	RF
Paullinia rugosa	–	V	P
Paullinia serjaniifolia	–	V	P, ND 1381
Paullinia (8 unidentified spp.)	–	V	P, RF, ND
Serjania (1 unidentified sp.)	–	V	P
Talisia cerasina	–	S	ND 951
Talisia japurensis	–	S	ND 857
Talisia (4 unidentified spp.)	–	S	P, RF, ND
Toulicia reticulata	–	T	P
(2 unidentified spp.)	–	T	ND
Sapotaceae			
Chrysophyllum manaosense	E, O	T	P, ND 1095
Chrysophyllum sanguinolentum	E, O	T	P, ND 1104
Diploon cuspidatum cf.	E, E*?	T	ND 1069/1116
Ecclinusa lanceolata	–	T	ND 841
Ecclinusa (1 unidentified sp.)	–	T	ND
Manilkara bidentata	–	T	RF
Micropholis casiquiarensis cf.	–	T	ND 1348
Micropholis guyanensis	–	T	ND 1333
Micropholis trunciflora	–	T	ND 988

PLANTAS / PLANTS

Nombre científico/ Scientific Name	Endémicas a bosques de arena blanca/ White-sand forest endemics	Forma de vida/ Habit	Fuente/ Source
Micropholis venulosa	E, O	T	P, ND 1103
Micropholis (4 unidentified spp.)	–	T	P, RF, ND
Pouteria baehniana cf.	–	T	ND 1358
Pouteria caimito cf.	–	T	RF
Pouteria cuspidata	E, O	T	ND 1119, 1124
Pouteria durlandii	–	T	ND 1232
Pouteria guianensis aff.	–	T	ND 1035
Pouteria torta	–	T	RF
Pouteria (3 unidentified spp.)	–	T	P, RF, ND
(1 unidentified sp.)	–	T	RF
Scrophulariaceae			
Scoparia dulcis	–	T	P, ND
Simaroubaceae			
Simaba polyphylla cf.	–	T	P
Simarouba amara	–	T	RF
Smilacaceae			
Smilax (1 unidentified sp.)	–	V	RF
Solanaceae			
Juanulloa (1 unidentified sp.)	–	E	P, ND
Markea (1 unidentified sp.)	–	E	P
Physalis angulata	–	H	RF
Solanum lepidotum	–	S	P
Solanum pedemontanum	–	V	RF
Solanum (4 unidentified spp.)	–	S	RF, ND

LEYENDA/LEGEND

Forma de Vida/Habit
E = Epífita/Epiphyte
H = Hierba terrestre/Terrestrial herb
S = Arbusto/Shrub
T = Árbol/Tree
V = Trepadora/Climber

Fuente/Source
ND = Colecciones de Nállarett Dávila/Nállarett Dávila collections
P = Foto/Photograph
PF = Observaciones de campo de Paul Fine/Paul Fine field identifications
RF = Observaciones de campo de Robin Foster/Robin Foster field identifications

Endémicas a bosques de arena blanca/ White-sand forest endemics
E = Probablamente especie endémica a bosques de arena blanca/Probable endemic to white-sand forests
E* = Potencialmente una especie nueva/Potentially a new species
G = Recolectada en arena blanca, pero conocida de otros hábitats/ Collected in white-sand forests, but known from other habitats
O = Recolectada en otros bosques de arena blanca en Loreto/ Collected in other white-sand forests in Loreto
? = Sin confirmar/Unconfirmed

PLANTAS / PLANTS			
Nombre científico/ Scientific Name	Endémicas a bosques de arena blanca/ White-sand forest endemics	Forma de vida/ Habit	Fuente/ Source
Sterculiaceae			
Byttneria fulva	–	V	RF
Herrania (1 unidentified sp.)	–	S	RF
Pterygota amazonica	–	T	RF
Sterculia frondosa cf.	–	T	RF
Sterculia (5 unidentified spp.)	–	T	P, ND
Theobroma cacao	–	T	RF
Theobroma obovatum	–	T	P, ND 870/1186
Theobroma speciosum	–	T	P, ND 1332
Theobroma subincanum	–	T	RF
Theobroma (1 unidentified sp.)	–	T	P
Styracaceae			
Styrax (1 unidentified sp.)	–	T	P
Theaceae			
Gordonia planchonii/fruticosa	–	T	P
Theophrastaceae			
Clavija elliptica cf.	–	S	P, ND 1255
Clavija (1 unidentified sp.)	–	S	P, ND 1375
Tiliaceae			
Apeiba membranacea	–	T	RF
Apeiba tibourbou	–	T	RF
Luehea cymulosa	–	T/S	RF
Lueheopsis (1 unidentified sp.)	–	T/S	P, ND
Triuridaceae			
Sciaphila purpurea	–	H	ND 1263
Triurus (1 unidentified sp.)	–	H	P, ND
Ulmaceae			
Ampelocera edentula	–	T	RF
Celtis iguanaea	–	V	RF
Celtis schippii	–	T	RF
Trema micrantha	–	T/S	RF
Urticaceae			
Pilea (1 unidentified sp.)	–	H	P
Urera (1 unidentified sp.)	–	S	RF
Verbenaceae			
Aegiphila trifida	–	S	P, ND 1309
Aegiphila (1 unidentified sp.)	–	S	P
Stachytarpheta cayennensis	–	S	RF
(1 unidentified sp.)	–	S	ND

PLANTAS / PLANTS

Nombre científico/ Scientific Name	Endémicas a bosques de arena blanca/ White-sand forest endemics	Forma de vida/ Habit	Fuente/ Source
Violaceae			
Leonia cymosa	–	T/S	RF
Leonia glycycarpa	–	T	RF
Paypayrola grandiflora	–	T	RF
Paypayrola (1 unidentified sp.)	–	S	P, ND
Rinorea lindeniana	–	S	ND 1222
Rinorea racemosa	–	T	ND 1045
Rinorea viridifolia	–	S	P, ND 1211
Rinorea (1 unidentified sp.)	–	S/T	P, ND
Vitaceae			
Cissus (2 unidentified spp.)	–	V	P, ND
Vochysiaceae			
Erisma bicolor	–	T	ND 1382
Qualea (1 unidentified sp.)	–	T	RF
Vochysia (1 unidentified sp.)	–	T	RF
Zingiberaceae			
Renealmia thyrsoidea	–	H	P
Renealmia (1 unidentified sp.)	–	H	RF
Familia sin identificar/Family unidentified	–		
(6 unidentified spp.)	–	–	P, ND
Pteridophyta			
Adiantum pulverulentum	–	H	RF
Adiantum (1 unidentified sp.)	–	H	P
Antrophium guyanense	–	E	ND 924

LEYENDA/LEGEND

Forma de Vida/Habit

E = Epífita/Epiphyte
H = Hierba terrestre/Terrestrial herb
S = Arbusto/Shrub
T = Árbol/Tree
V = Trepadora/Climber

Fuente/Source

ND = Colecciones de Nállarett Dávila/Nállarett Dávila collections
P = Foto/Photograph
PF = Observaciones de campo de Paul Fine/Paul Fine field identifications
RF = Observaciones de campo de Robin Foster/Robin Foster field identifications

Endémicas a bosques de arena blanca/ White-sand forest endemics

E = Probablemente especie endémica a bosques de arena blanca/Probable endemic to white-sand forests
E* = Potencialmente una especie nueva/Potentially a new species
G = Recolectada en arena blanca, pero conocida de otros hábitats/ Collected in white-sand forests, but known from other habitats
O = Recolectada en otros bosques de arena blanca en Loreto/ Collected in other white-sand forests in Loreto
? = Sin confirmar/Unconfirmed

PLANTAS / PLANTS			
Nombre científico/ Scientific Name	Endémicas a bosques de arena blanca/ White-sand forest endemics	Forma de vida/ Habit	Fuente/ Source
Arachnioides macrostega	–	E	ND 1038
Asplenium auritium	–	E	ND 925
Asplenium cuneatum	–	E	ND 1193
Asplenium hallii	–	E	RF
Asplenium serratum	–	E	RF
Campyloneurum (2 unidentified spp.)	–	E	P, ND
Cyathea lasiosora	–	S	P
Cyathea (4 unidentified spp.)	–	S	P, ND
Danaea (1 unidentified sp.)	–	H	P
Didymochlaena truncatula	–	H	RF
Diplazium (1 unidentified sp.)	–	H	P
Elaphoglossum plumosum	–	E	ND 1140
Elaphoglossum (2 unidentified spp.)	–	E	P, RF, ND
Lindsaea divaricata	–	H	P, ND 892/1144
Lindsaea schomburgkii	–	H	P, ND 1084
Lindsaea ulei	–	H	RF
Lindsaea (2 unidentified spp.)	–	H	P, ND
Lomariopsis japurensis	–	E	P
Lomariopsis nigropaleata cf.	–	E	RF
Metaxya rostrata	–	H	RF
Microgramma fuscopunctata	–	E	RF
Microgramma megalophylla	–	E	RF
Microgramma percussa	–	E	RF
Microgramma reptans	–	E	RF
Microgramma (1 unidentified sp.)	–	E	P
Nephrolepis (1 unidentified sp.)	–	E	RF
Polybotrya (1 unidentified sp.)	–	E	RF
Polypodium fraxinifolium	–	E	RF
Salpichlaena volubilis	–	V	RF
Selaginella (4 unidentified spp.)	–	H	P, RF
Tectaria incisa	–	H	RF
Tectaria (1 unidentified sp.)	–	H	RF
Thelypteris macrophylla	–	H	RF
Trichomanes ankersii	–	H	P
Trichomanes bicorne	–	H	P, ND 1146
Trichomanes diversifrons	–	H	P
Trichomanes elegans	–	H	RF
Trichomanes martiusii	–	H	P, ND 916/1141
Trichomanes pinnatum cf.	–	H	P

PLANTAS / PLANTS

Nombre científico/ Scientific Name	Endémicas a bosques de arena blanca/ White-sand forest endemics	Forma de vida/ Habit	Fuente/ Source
Trichomanes plomosum	–	H	ND 917
Trichomanes (2 unidentified spp.)	–	H/E	P, ND
(1 unidentified sp.)	–	H/E	P, ND

LEYENDA/LEGEND

Forma de Vida/Habit

E = Epífita/Epiphyte

H = Hierba terrestre/Terrestrial herb

S = Arbusto/Shrub

T = Árbol/Tree

V = Trepadora/Climber

Fuente/Source

ND = Colecciones de Nállarett Dávila/Nállarett Dávila collections

P = Foto/Photograph

PF = Observaciones de campo de Paul Fine/Paul Fine field identifications

RF = Observaciones de campo de Robin Foster/Robin Foster field identifications

Endémicas a bosques de arena blanca/ White-sand forest endemics

E = Probablemente especie endémica a bosques de arena blanca/Probable endemic to white-sand forests

E* = Potencialmente una especie nueva/Potentially a new species

G = Recolectada en arena blanca, pero conocida de otros hábitats/ Collected in white-sand forests, but known from other habitats

O = Recolectada en otros bosques de arena blanca en Loreto/ Collected in other white-sand forests in Loreto

? = Sin confirmar/Unconfirmed

Burseraceae

Especies en la familia Burseraceae y sus afinidades edáficas en tres sitios en la propuesta Reserva Comunal Matsés, Perú, durante el inventario biológico rápido entre el 25 de octubre y 6 de noviembre de 2004. Compilación por P. Fine y I. Mesones.

BURSERACEAE				
	Presencia/Presence			
Tipo de suelo/ **Soil type**	**Arena blanca/** **White sand**	**Arena blanca/** **White sand**	**Arena blanca/** **White sand**	**Arena marrón/** **Brown sand**
Fertilidad del suelo/Soil fertility[A]	1	2	2	3
Tipo de Vegetación/ **Vegetation type**	**Chamizal/** **Stunted forest**	**Varillal alto/** **Taller stunted forest**	**Varillal alto/** **Taller stunted forest**	**Tierra firme/** **Terra firme**
Sitio/Site	Itia Tĕbu	Itia Tĕbu	Choncó	Itia Tĕbu
Especie				
001 *Protium subserratum*	X	X	X	X
002 *Protium heptaphyllum* subsp. *ulei*	X	X	–	–
003 *Protium calanense*	–	X	X	X*
004 *Protium laxiflorum*	–	X	–	X*
005 *Protium rubrum* cf.	–	X	–	–
006 *Protium paniculatum*	–	X	–	–
007 *Protium hebetatum*	–	–	–	X
008 *Protium opacum*	–	–	–	X
009 *Protium altsonii*	–	–	–	X
010 *Dacryodes chimantensis* cf.	–	–	–	X
011 *Protium trifoliolatum*	–	–	–	X
012 *Protium spruceanum*	–	–	–	X
013 *Protium decandrum*	–	–	–	X
014 *Protium ferrugineum*	–	–	–	–
015 *Protium strumosum*	–	–	–	–
016 *Protium klugii*	–	–	–	–
017 *Protium* sect. Pepeanthos sp. 1	–	–	–	–
018 *Dacryodes* sp. 1	–	–	–	–
019 *Dacryodes hopkinsii* cf.	–	–	–	–
020 *Protium pallidum*	–	–	–	–
021 *Crepidospermum goudotianum*	–	–	–	–
022 *Dacryodes cuspidata*	–	–	–	–
023 *Protium grandifolium*	–	–	–	–
024 *Trattinnickia aspera* cf.	–	–	–	–
025 *Dacryodes peruviana*	–	–	–	–
026 *Protium* sect. Pepeanthos sp. 2	–	–	–	–
027 *Protium nodulosum*	–	–	–	–
028 *Protium amazonicum*	–	–	–	–
029 *Trattinnickia peruviana* cf.	–	–	–	–
030 *Protium divaricatum* subsp. *divaricatum*	–	–	–	–
031 *Protium crassipetalum*	–	–	–	–

Species in the plant family Burseraceae and their soil preferences at three sites in the proposed Reserva Comunal Matsés, Peru in a rapid biological inventory from 25 October-6 November 2004. Compiled by P. Fine and I. Mesones.

	Presencia/Presence			
	Arena marrón/ Brown sand	Arcilla arenosa/ Sandy-clay	Arcilla arenosa/ Sandy-clay	Arcilla/ Clay
	3	3	5	5
	Tierra firme/ Terra firme	Bosque inundado/ Flooded forest	Llanura del río/ Floodplain forest	Tierra firme/ Terra firme
	Choncó	Choncó	Actiamë	Actiamë
001	X	–	X	X
002	–	–	–	–
003	–	–	–	–
004	–	–	–	–
005	–	–	–	–
006	–	–	–	–
007	X	–	–	X
008	X	–	–	–
009	X	–	–	–
010	X	–	–	X
011	X	–	–	X
012	X	–	–	–
013	X	–	–	X
014	X	–	–	–
015	X	–	–	–
016	X	–	–	–
017	X	–	–	–
018	X	–	–	–
019	X	–	–	–
020	X	–	–	–
021	X	–	–	–
022	X	–	–	–
023	X	–	–	–
024	X	–	–	–
025	X	–	–	–
026	X	–	–	–
027	X	X*	X	X
028	X	–	–	X
029	X	–	–	X
030	X	–	–	X
031	X	–	–	X

LEYENDA/LEGEND

Presencia/Presence

X = Presente/Present

X* = Observado, pero cerca al límite del hábitat/Observed, but close to habitat edge

A = Un índice arbitrario de fertilidad que varia entre 1-5, con 5 siendo lo más fértil/ An arbitrary fertility index that varies between 1-5, with 5 being the most fertile

BURSERACEAE				
	Presencia/Presence			
Tipo de suelo/ **Soil type**	Arena blanca/ White sand	Arena blanca/ White sand	Arena blanca/ White sand	Arena marrón/ Brown sand
Fertilidad del suelo/Soil fertility[A]	1	2	2	3
Tipo de Vegetación/ **Vegetation type**	Chamizal/ Stunted forest	Varillal alto/ Taller stunted forest	Varillal alto/ Taller stunted forest	Tierra firme/ Terra firme
Sitio/Site	Itia Tëbu	Itia Tëbu	Choncó	Itia Tëbu
032 *Tetragastris panamensis*	–	–	–	–
033 *Protium* sect. Pepeanthos sp. 3	–	–	–	–
034 *Protium krukovii*	–	–	–	–
035 *Protium tenuifolium*	–	–	–	–
036 *Protium* aff. *hebetatum* sp. nov?	–	–	–	–
037 *Protium glabrescens*	–	–	–	–
038 *Protium unifoliolatum*	–	–	–	–
039 *Crepidospermum rhoifolium*	–	–	–	–
040 *Protium sagotianum*	–	–	–	–
041 *Dacryodes* sp. 2	–	–	–	–
Total Especies/Species	**2**	**6**	**2**	**10**

Presencia/Presence			
Arena marrón/ Brown sand	**Arcilla arenosa/ Sandy-clay**	**Arcilla arenosa/ Sandy-clay**	**Arcilla/ Clay**
3	**3**	**5**	**5**
Tierra firme/ Terra firme	**Bosque inundado/ Flooded forest**	**Llanura del río/ Floodplain forest**	**Tierra firme/ Terra firme**
Choncó	Choncó	Actiamë	Actiamë
032 X	–	–	X
033 X	–	–	X
034 –	–	–	X
035 –	–	X	–
036 –	–	X	–
037 –	–	X	X
038 –	–	X	X*
039 –	–	–	X
040 –	–	–	X
041 –	–	–	X
28	**1**	**6**	**18**

LEYENDA/LEGEND

Presencia/Presence

X   = Presente/Present

X*   = Observado, pero cerca al límite del hábitat/Observed, but close to habitat edge

A   = Un índice arbitrario de fertilidad que varia entre 1-5, con 5 siendo lo más fértil/ An arbitrary fertility index that varies between 1-5, with 5 being the most fertile

**Estaciones de Muestreo de Peces/
Fish Sampling Stations**

Resúmen de las características de las estaciones de muestreo de peces durante el inventario biológico rápido en la propuesta Reserva Comunal Matsés, Perú, entre 25 de octubre y 6 de noviembre de 2004./ Summary characteristics of the fish sampling stations during the rapid biological inventory from 25 October-6 November 2004 in the proposed Reserva Comunal Matsés, Peru.

ESTACIONES DE MUESTREO DE PECES / FISH SAMPLING STATIONS

	Itia Tëbu	Choncó	Actiamë
Número de estaciones/ Number of stations	6	10	8
Fechas/Dates	29 octubre al 1 noviembre 2004/29 October- 1 November 2004	25 al 29 octubre 2004/ 25-29 October 2004	2 al 5 noviembre 2004/ 2-5 November 2004
Ambientes/Environments	dominancia de lóticos/ mostly lotic (4)	dominancia de lóticos/ mostly lotic (7)	dominancia de lóticos/ mostly lotic (6)
Tipos de agua/Type of water	dominancia de aguas negras/ mostly black water (5)	dominancia de aguas claras/ mostly clear water (9)	dominancia de aguas blancas y claras/mostly white and clear water (7)
Ancho/Width (m)	5–70	3–45	1.5–70
Superficie total de muestreo/ Total surface area sampled (m²)	~1700	~2500	~3000
Profundidad/Depth (m)	0.3–2.5	0.5–2	0.5–2.5
Tipo de corriente/ Type of current	lenta a moderada/ slow to moderate	nula a moderada/ none to moderate	nula a moderada/ none to moderate
Color	té oscuro y marrón/ black tea color to brown	verde y té claro/ green and light tea color	verdoso claro, marrón y té oscuro/light green, brown and black tea color
Transparencia/ Transparency (cm)	5–50	15–50	5–50
Tipo de substrato/ Type of substrate	arena y arcilla/sand and clay	limo-arenoso/silt and sand	limo-arenoso/silt and sand
Tipo de orilla/ Type of bank	muy estrecha/ very narrow	estrecha-nula/ narrow to none	estrecha-moderada/narrow to moderate
Vegetación/ Vegetation	bosque primario, varillal/ primary forest, white sand forest	bosque primario/ primary forest	bosque primario/ primary forest
Temperatura promedio del agua/Average water temperature (ºC)	23	23	24

Ictiofauna registrada en tres sitios durante el inventario biológico rápido en la propuesta Reserva Comunal Matsés, Perú, entre 25 de octubre y 6 de noviembre de 2004. La lista está basada en el trabajo de campo de M. Hidalgo y M. Velásquez.

PECES / FISHES						
Nombre científico/ Scientific name	Nombre común/ Common name	Abundancia en los sitios visitados/Abundance in the sites visited			Uso actual o potencial/Current or potential uses	Hábitat/ Habitat
		Itia Tëbu	Choncó	Actiamë		
MYLIOBATIFORMES						
Potamotrygonidae						
Potamotrygon sp.	raya	–	–	1	o/s	Rb
OSTEOGLOSSIFORMES						
Osteoglossidae						
Osteoglossum bicirrhosum	arahuana	–	–	1	o/c/s	Rb
CLUPEIFORMES						
Engraulididae						
Anchoviella sp.	anchovetita	2	–	1	n	Rb
CHARACIFORMES						
Acestrorhynchidae						
Acestrorhynchus falcatus	pejezorro	–	1	–	o/c/s	Qc
Acestrorhynchus sp.1	pejezorro	–	6	–	o	Pc, Qc
Characidae						
Aphyocharax sp.	mojarita	–	–	2	s	Cb
Astyanacinus multidens	mojara	–	–	1	s	Qc
Boehlkea fredcochui	tetra azul	–	–	6	o	Qc
Brachychalcinus nummus	mojara	–	–	2	o/s	Qc
Brycon sp.	sábalo	–	–	1	c/s	Rb
Bryconella pallidifrons	mojarita	1	97	–	o	Bn, Pn, Qc, Qn
Bryconops sp.	mojarita	3	13	–	o	Bn, Qc, Qn
Chalceus macrolepidotus	mojara	–	–	1	o/c/s	Cb
Charax tectifer	dentón	–	–	4	s	Qc
Charax sp.	dentón	–	3	–	–	Pc, Qc
Cheirodontinae Indet.	mojarita	4	1	–	n	Qc, Rb
Chryssobrycon sp.	mojarita	–	–	12	o	Qc
Creagrutus sp.	mojarita	–	–	2	n	Qc
Ctenobrycon hauxwellianus	mojarita	–	–	1	o	Cb
Cynopotamus amazonus	dentón	–	–	1	c/s	Cb
Gnatocharax sp.	mojarita	1	–	–	o	Qn

LEYENDA/ LEGEND

Uso/Use
c = consumo comercial/ commercial consumption
n = no conocido/unknown
o = ornamental
s = consumo de subsistencia/ subsistence consumption

Hábitat/Habitat
B = bajial/lowland
C = cocha o laguna/lake
P = poza en el bosque/pool
Q = quebrada/stream
R = río/river

b = agua blanca/whitewater
c = agua clara/clearwater
n = agua negra/blackwater

Peces/Fishes

Fishes recorded at three sites during the rapid biological inventory from 25 October-6 November 2004 in the proposed Reserva Comunal Matsés, Peru. The list is based on field work by M. Hidalgo and M. Velásquez.

PECES / FISHES						
Nombre científico/ Scientific name	Nombre común/ Common name	Abundancia en los sitios visitados/Abundance in the sites visited			Uso actual o potencial/Current or potential uses	Hábitat/ Habitat
		Itia Tëbu	Choncó	Actiamë		
Gymnocorymbus thayeri	mojarita	–	–	5	o	Cb
Hemigrammus aff. *lunatus*	mojarita	1	–	–	o	Rb
Hemigrammus aff. *ocellifer*	mojarita	16	–	–	o	Qn
Hemigrammus ocellifer	mojarita	4	52	1	o	Cn, Pc, Pn, Qc, Qn
Hemigrammus sp.1	mojarita	62	267	–	o	Bn, Cn, Pc, Pn, Qc, Qn, Rb,
Hemigrammus sp.2	mojarita	–	44	–	o	Pc, Pn, Qc
Hemigrammus sp.3	mojarita	–	2	5	o	Cb, Qc, Rb
Hemigrammus sp.4	mojarita	1	2	1	o	Pc, Qc, Qn
Hyphessobrycon bentosi A	mojarita	1	–	–	o	Rb
Hyphessobrycon bentosi B	mojarita	1	–	–	o	Rb
Hyphessobrycon copelandi	mojarita	1	–	3	o	Cb, Cn
Hyphessobrycon erythrostigma	mojarita	4	1	–	o	Cn, Qc
Hyphessobrycon sp.1	mojarita	–	13	–	o	Pc, Qc
Hyphessobrycon sp.2	mojarita	24	–	–	o	Bn, Cn, Qn
Iguanodectes sp.	mojarita	5	–	5	o	Cb, Cn
Jupiaba anteroides	mojara	1	7	–	s	Cn, Pn, Qc
Jupiaba zonata	mojara	–	–	3	s	Qc
Knodus beta	mojarita	–	–	1	n	Qc
Knodus breviceps	mojarita	–	5	1	n	Qb, Qc
Knodus sp.	mojarita	5	–	2	n	Qb, Qc, Rb
Microschemobrycon sp.	mojarita/tetra	1	11	1	n	Qc, Qn
Moenkhausia cf. *copei*	mojarita/tetra	–	1	–	o	Qc
Moenkhausia collettii	mojarita/tetra	–	22	5	o	Cb, Pc, Qc
Moenkhausia comma	mojarita/tetra	–	3	–	o	Qc
Moenkhausia chrysargyrea	mojarita/tetra	–	–	2	o	Qc
Moenkhausia dichroura	mojarita/tetra	–	–	1	o	Cb
Moenkhausia lepidura	mojarita/tetra	2	2	–	o	Cn, Pc, Qc
Moenkhausia oligolepis	mojarita/tetra	–	2	27	o	Pc, Qb, Qc
Moenkhausia sp.	mojarita/tetra	–	–	1	o	Qc
Mylossoma duriventre	palometa	–	1	1	o/c/s	Qc, Rb
Paracheirodon innesi	tetra neón	–	7	–	o	Pc, Pn, Qc
Paragoniates alburnus	mojara	–	–	9	s	Qb, Rb
Phenacogaster sp.1	mojarita	–	21	9	o	Cb, Pc, Qc, Rb
Phenacogaster sp.2	mojarita	–	1	–	o	Pc, Qc
Poptella sp.	mojara	–	–	3	o	Cb
Roeboides myersii	dentón	–	–	1	s	Cb

PECES / FISHES

Nombre científico/ Scientific name	Nombre común/ Common name	Abundancia en los sitios visitados/Abundance in the sites visited			Uso actual o potencial/Current or potential uses	Hábitat/ Habitat
		Itia Tëbu	Choncó	Actiamë		
Scopaeocharax sp.	mojarita	–	19	–	n	Qc
Serrapinnus sp.	mojarita	–	–	2	n	Cb
Serrasalmus sp.	piraña	–	1	4	o/c/s	Qb, Rb
Tetragonopterus argenteus	mojara	–	–	1	o/c/s	Qb
Triportheus angulatus	sardina	–	–	5	c/s	Cb
Tyttobrycon sp.	mojarita	–	35	–	n	Pc, Qc
Tyttocharax madeirae	mojarita	–	23	22	o	Qb, Qc
Indet.	mojarita	2	5	–	n	Pc, Qc, Qn
Crenuchidae						
Ammocryptocharax sp.	mojarita	1	22	–	n	Qc, Bn
Characidium aff. *fasciatum*	mojarita	–	–	8	n	Qb, Qc
Characidium sp.1	mojarita	–	19	–	n	Qc
Characidium sp.2	mojarita	–	51	–	n	Qc
Characidium sp.3	mojarita	–	1	–	n	Pc
Characidium sp.4	mojarita	–	–	1	n	Qc
Characidium sp.5	mojarita	–	–	1	n	Qc
Crenuchus spilurus	mojarita	6	15	–	o	Bn, Pn, Pc, Qc, Qn
Elacocharax pulcher	mojarita	–	5	–	n	Qc
Melanocharacidium cf. *rex*	mojarita	–	9	–	n	Pn,Qc
Microcharacidium sp.1	mojarita	21	–	–	n	Qn
Microcharacidium sp.2	mojarita	5	–	–	n	Qn
Curimatidae						
Curimata sp.	chiochio	–	–	1	c/s	Qb
Curimatopsis sp.	chiochio	2	31	–	c/s	Bn, Cn, Pc, Qc
Cyphocharax pantostictos	chiochio	–	2	–	c/s	Qc
Cyphocharax spiluropsis	chiochio	–	5	–	c/s	Pc
Steindachnerina guentheri	chiochio	–	–	5	c/s	Cb
Indet.	chiochio	–	5	–	n	Pn
Erythrinidae						
Erythrinus erythrinus	shuyo	2	–	3	c/s	Pc, Qb, Qn, Rb

LEYENDA/ LEGEND	**Uso/Use**		**Hábitat/Habitat**			
	c	= consumo comercial/ commercial consumption	B	= bajial/lowland	b	= agua blanca/whitewater
	n	= no conocido/unknown	C	= cocha o laguna/lake	c	= agua clara/clearwater
	o	= ornamental	P	= poza en el bosque/pool	n	= agua negra/blackwater
	s	= consumo de subsistencia/ subsistence consumption	Q	= quebrada/stream		
			R	= río/river		

PECES / FISHES						
Nombre científico/ Scientific name	**Nombre común/ Common name**	**Abundancia en los sitios visitados/Abundance in the sites visited**			**Uso actual o potencial/Current or potential uses**	**Hábitat/ Habitat**
		Itia Tëbu	Choncó	Actiamë		
Hoplias malabaricus	huasaco	3	5	7	c/s	Bn, Cb, Pc, Pn, Qc, Qn
Chilodontidae						
Chilodus sp.	mojara	–	1	–	o	Pc
Gasteropelecidae						
Carnegiella myersii	pechito	1	–	3	o	Cn,Qc
Carnegiella strigata	pechito	8	51	–	o	Cn, Pc, Pn, Qc, Qn
Anostomidae						
Leporinus friderici	lisa	1	1	–	o/c/s	Qc, Rb
Leporinus sp.	lisa	1	–	–	c/s	Rb
Hemiodontidae						
Hemiodus sp.	lisa	–	–	5	c/s	Qb
Lebiasinidae						
Copella sp.	pez lápiz	–	–	4	o	Qc
Nannostomus eques	pez lápiz	1	29	–	o	Cn, Pc, Pn, Qc
Nannostomus trifasciatus	pez lápiz	1	3	–	o	Cn, Pc, Qc
Pyrrhulina brevis	pez lápiz	1	3	8	o	Qc, Qn
Pyrrhulina sp.1	pez lápiz	–	6	–	o	Pc, Pn, Qc
Pyrrhulina sp.2	pez lápiz	2	33	–	o	Bn, Pn, Qc, Qn
Pyrrhulina sp.3	pez lápiz	–	–	3	o	Pc
GYMNOTIFORMES						
Apteronotidae						
Sternarchorhynchus sp.	pez eléctrico	–	–	1	–	Qb
Gymnotidae						
Electrophorus electricus	anguila eléctrica	–	–	1	o	Rb
Gymnotus carapo	pez eléctrico	–	1	–	o/s	Pc
Gymnotus yavari	pez eléctrico	–	1	–	o	Qc
Gymnotus sp.	pez eléctrico	1	1	–	o	Qc, Qn
Hypopomidae						
Brachyhypopomus pinnicaudatus	pez eléctrico	2	–	–	o	Qn
Brachyhypopomus sp.	pez eléctrico	–	–	1	o	Qc
Sternopygidae						
Eigenmannia virescens	pez eléctrico	1	–	–	o	Rb
Sternopygus macrurus	pez eléctrico	–	–	1	o/s	Qb
SILURIFORMES						
Aspredinidae						
Bunocephalus sp.	sapocunchi/banjo	4	1	1	o	Qc, Qn, Rb

PECES / FISHES

Nombre científico/ Scientific name	Nombre común/ Common name	Abundancia en los sitios visitados/Abundance in the sites visited			Uso actual o potencial/Current or potential uses	Hábitat/ Habitat
		Itia Tëbu	Choncó	Actiamë		
Dysichthys sp.	sapocunchi/banjo	–	–	15	o	Pc, Qc, Qn
Auchenipteridae						
Tatia sp.1	–	–	23	–	o	Pc, Pn, Qc
Tatia sp.2	–	–	2	–	o	Qc
Callichthyidae						
Callichthys callichthys	shirui	–	–	1	o	Qc
Corydoras aeneus	shirui/coridora	–	2	–	o	Qc
Corydoras aff. *napoensis*	shirui/coridora	–	–	3	o	Qn
Corydoras napoensis	shirui/coridora	–	1	2	o	Pc
Corydoras semiaquilus	shirui/coridora	–	2	–	o	Qc
Corydoras aff. *trilineatus*	shirui/coridora	–	–	5	o	Cb
Corydoras sp.1	shirui/coridora	–	–	9	o	Qc, Qn
Corydoras sp.2	shirui/coridora	–	–	3	o	Qn
Lepthoplosternum sp.	shirui	–	1	–	o	Pc
Megalechis personata	shirui	–	–	3	o	Qc
Cetopsidae						
Helogenes marmoratus	–	1	2	–	n	Qc, Qn
Pseudocetopsis sp.	canero	–	2	–	n	Qc
Doradidae						
Acanthodoras sp.	–	–	1	–	–	Pc
Heptapteridae						
Myoglanis koepckei	bagre	3	5	–	n	Qc, Qn
Pariolius sp.	bagre	–	12	3	n	Qc
Pimelodella cristata	cunchi	5	–	–	o/c/s	Rb
Pimelodella sp.1	cunchi	–	1	1	o/c/s	Qc
Pimelodella sp.2	cunchi	1	–	2	o/c/s	Rb
Rhamdia sp.	cunchi	–	1	–	c/s	Qc
Loricariidae						
Ancistrus tamboensis	carachama	–	–	8	o/s	Qb, Qc
Ancistrus cf. *temminckii*	carachama	–	23	–	o/s	Qc

LEYENDA/ LEGEND

Uso/Use

c = consumo comercial/ commercial consumption

n = no conocido/unknown

o = ornamental

s = consumo de subsistencia/ subsistence consumption

Hábitat/Habitat

B = bajial/lowland

C = cocha o laguna/lake

P = poza en el bosque/pool

Q = quebrada/stream

R = río/river

b = agua blanca/whitewater

c = agua clara/clearwater

n = agua negra/blackwater

PECES / FISHES						
Nombre científico/ Scientific name	**Nombre común/ Common name**	**Abundancia en los sitios visitados/Abundance in the sites visited**			**Uso actual o potencial/Current or potential uses**	**Hábitat/ Habitat**
		Itia Tëbu	Choncó	Actiamë		
Cochliodon sp.	carachama	–	–	11	o/s	Cb, Qb
Farlowella sp.	shitari	–	3	2	o	Qb, Qc, Rb
Hypoptopoma sp.	carachama	6	–	–	o	Rb
Hypostomus sp.1	carachama	–	–	3	o/c/s	Cb, Pc
Hypostomus sp.2	carachama	–	–	1	o/c/s	Qc
Limatulichthys sp.	shitari	–	–	2	o	Qb, Rb
Liposarcus sp.1	carachama	–	–	3	o/c/s	Qc
Liposarcus sp.2	carachama	–	–	1	o/c/s	Cb
Loricariichthys sp.	shitari	–	–	1	o/c/s	Cb
Otocinclus sp.	carachamita	–	–	5	o	Qb, Qc
Oxyropsis sp.	carachama	–	2	–	o	Qc
Peckoltia sp.	carachama	–	1	1	o	Qc
Rineloricaria lanceolata	shitari	–	2	–	o	Qc
Rineloricaria morrowi	shitari	–	–	3	o	Qc
Rineloricaria sp.1	shitari	–	–	1	o	Rb
Rineloricaria sp.2	shitari	–	–	6	o	Qb
Sturisoma sp.	shitari	–	–	1	o/s	Rb
Pimelodidae						
Calophysus macropterus	mota			2	c/s	Rb
Goslinia platynema	mota flemosa	–	–	1	c/s	Rb
Hemisorubim platyrhynchos	toa	–	–	1	c/s	Rb
Pimelodus blochii	cunchi	–	–	1	o/c/s	Cb
Pimelodus maculatus	cunchi	–	–	1	o/c/s	Rb
Pimelodus ornatus	cunchi	–	–	1	o/c/s	Rb
Pinirampus pinirampus	mota	–	–	1	c/s	Rb
Pseudoplatystoma tigrinum	tigre zúngaro	–	–	1	o/c/s	Rb
Pseudopimelodidae						
Microglanis sp.	bagrecito	–	–	9	o	Qb, Qc
Trichomycteridae						
Ituglanis amazonicum	canero	–	1	–	n	Qc
Ochmacanthus reinhardti	canero	–	1	–	n	Qc
Pseudostegophilus sp.	canero	–	–	1	n	Rb
Tridentopsis sp.	canero	–	6	–	n	Pc,Pn
CYPRINODONTIFORMES						
Rivulidae						
Rivulus sp.	–	3	8	–	o	Bn, Pc, Qc, Qn

PECES / FISHES						
Nombre científico/ Scientific name	**Nombre común/ Common name**	**Abundancia en los sitios visitados/Abundance in the sites visited**			**Uso actual o potencial/Current or potential uses**	**Hábitat/ Habitat**
		Itia Tëbu	Choncó	Actiamë		
BELONIFORMES						
Belonidae						
Potamorrhaphis guianensis	pez aguja	–	1	2	o	Qc
PERCIFORMES						
Cichlidae						
Aequidens diadema	bujurqui	3	1	–	o/s	Qc, Qn
Aequidens tetramerus	bujurqui	2	19	1	o/c/s	Cb, Cn, Pc, Pn, Qc
Apistogramma sp.1	bujurqui	13	36	2	o	Bn, Cn, Pc, Pn, Qc, Qn
Apistogramma sp.2	bujurqui	–	–	6	o	Cb, Pc, Qc
Bujurquina hophrys	bujurqui	–	4	1	o/s	Qb, Qc
Cichla monoculus	tucunaré	–	–	1	o/c/s	Cn, Rb
Crenicara sp.	bujurqui	–	6	–	o	Pc, Qc
Crenicichla sp.	añashua	–	2	1	o/c/s	Qc
Heroina sp.	bujurqui	1	–	–	o/s	Cn
Heros appendiculatus	bujurqui	–	–	1	o/c/s	Qb
Laetacara sp.	bujurqui	–	6	2	o/s	Pc, Pn, Qc
Satanoperca jurupari	bujurqui	–	–	1	o/c/s	Cb
Polycentridae						
Monocirrhus polyacanthus	pez hoja	–	3	–	o	Pc, Pn
Número total especies	**177**	**50**	**85**	**103**		

LEYENDA/
LEGEND

Uso/Use

c = consumo comercial/ commercial consumption

n = no conocido/unknown

o = ornamental

s = consumo de subsistencia/ subsistence consumption

Hábitat/Habitat

B = bajial/lowland

C = cocha o laguna/lake

P = poza en el bosque/pool

Q = quebrada/stream

R = río/river

b = agua blanca/whitewater

c = agua clara/clearwater

n = agua negra/blackwater

Anfibios y Reptiles/
Amphibians and Reptiles

Anfibios y reptiles observados en tres sitios durante el inventario biológico rápido en la propuesta Reserva Comunal Matsés, Perú, entre 25 de octubre y 6 de noviembre de 2004. La lista está basada en el trabajo de campo de Guillermo Knell, Dani E. Rivera González y Marcelo Gordo.

ANFIBIOS Y REPTILES / AMPHIBIANS AND REPTILES				
Especie/ **Species**	**Localidades visitadas/** **Sites visited**			**Abundancia/** **Abundance**
	Itia Tëbu	Choncó	Actiamë	
AMPHIBIA				
Bufonidae				
001 *Atelopus spumarius*	–	X	–	M
002 *Bufo glaberrimus*	X	–	–	L
003 *Bufo marinus*	–	–	X	L
004 *Bufo margaritifer*	X	X	X	VH
005 *Bufo dapsilis*	X	X	X	H
006 *Bufo* sp. nov. (pinocho)	–	–	X	L
007 *Dendrophryniscus minutus*	–	–	X	L
Centrolenidae				
008 *Hyalinobatrachium* sp. nov.	–	–	X	L
Dendrobatidae				
009 *Allobates femoralis*	X	X	X	M
010 *Colostethus melanolaemus*	–	–	X	H
011 *Colostethus* cf. *trilineatus*	X	X	X	H
012 *Colostethus* sp. 1 gr. *marchesianus* (espalda marron)	X	X	M	T
013 *Colostethus* sp. 2 gr. *marchesianus* (rayas cremas)	–	–	X	M
014 *Dendrobates amazonicus*	–	–	X	L
015 *Dendrobates* sp. (patas doradas)	X	–	–	H
016 *Dendrobates* sp. gr. *tinctorius igneus*	–	–	X	L
017 *Epipedobates hahneli*	X	X	X	VH
018 *Epipedobates trivittatus*	X	X	X	M
Hylidae				
019 *Cruziohyla craspedopus*	X	–	–	L
020 *Dendropsophus brevifrons*	–	–	X	L
021 *Dendropsophus haraldschultzi*	–	–	X	M
022 *Dendropsophus leali*	X	X	X	M
023 *Dendropsophus miyatai*	X	–	–	M
024 *Dendropsophus parviceps*	X	–	–	M
025 *Dendropsophus sarayacuensis*	–	X	–	L
026 *Hemiphractus scutatus*	X	–	–	M
027 *Hypsiboas boans*	–	X	X	M
028 *Hypsiboas calcaratus*	–	–	X	M
029 *Hypsiboas geographicus*	X	X	–	H

Amphibians and reptiles observed at three sites during the rapid biological inventory from 25 October-6 November 2004 in the proposed Reserva Comunal Matsés, Peru. The list is based on fieldwork by Guillermo Knell, Dani E. Rivera Gonzáles and Marcelo Gordo.

	Microhábitat/Microhabitat	Actividad/Activity	Fuente/Source	Voucher
001	T	D	O, F	10390
002	T	N	F	–
003	T	N	O, F	–
004	T	D	O, F	–
005	T	D	E, F, C	10388, 10427
006	T	D	O, F	–
007	T	D	E, O, F	10414
008	R, S	N	O	–
009	T	D	O, C	–
010	T	D	E, F, C	10417, 10418, 10419
011	T	D	E, F, C	10401, 10402, 10421, 10422
012	D	E, F, C		10399, 10400, 10423, 10424
013	T	D	E, F, C	10403, 10404
014	T	D	O, F, E	10420
015	T	D	E, F, C	10441-10449
016	T	D	O	–
017	T	D	E, F, C	10409, 10410
018	T	D	F, C	–
019	A	N	O, F	–
020	LV	N	E, F	10389, 10394, 10411
021				
022	LV	N	C	–
	LV	N	E, F	10405
023	A	N	E, C	–
024	LV	N	F, O	–
025	LV	N	O	–
026	T	N	F	–
027	R	N	O, F	10377
028	LV	N	F	10407
029	A, R, S	N	F	–

LEYENDA/LEGEND

Microhábitats/Microhabitats

A = Arbóreo/Arboreal
F = Fossorial
LV = Vegetación baja/Low vegetation
R = Ripario/Riparian
T = Terrestre/Terrestrial
S = Quebradas/Streams

Abundancia/Abundance

L = Baja/Low
M = Mediana/Medium
H = Alta/High
VH = Muy alta/Very high
X = Presente/Present

Actividad/Activity

D = Día/Diurnal
N = Noche/Nocturnal

Fuentes/Sources

C = Canto/Song
E = Espécimen/Specimen
F = Foto/Photo
O = Observación en el campo/Field observation
R = Renacaujo/Tadpole

ANFIBIOS Y REPTILES / AMPHIBIANS AND REPTILES				
Especie/ **Species**	**Localidades visitadas/** **Sites visited**			**Abundancia/** **Abundance**
	Itia Tëbu	Choncó	Actiamë	
030 *Hypsiboas granosus*	X	X	–	M
031 *Hypsiboas lanciformis*	–	X	X	M
032 *Hypsiboas microderma*	X	X	–	L
033 *Hyla marmorata*	–	X	–	L
034 *Osteocephalus buckleyi*	X	X	–	M
035 *Osteocephalus* cf. *deridens*	X	–	–	L
036 *Osteocephalus planiceps*	X	X	–	VH
037 *Osteocephalus taurinus*	X	X	X	M
038 *Osteocephalus* sp.	X	–	X	L
039 *Phyllomedusa bicolor*	–	–	X	L
040 *Phyllomedusa tomopterna*	–	–	X	L
041 *Phyllomedusa vaillanti*	–	X	X	L
042 *Scinax cruentommus*	X	X	–	L
043 *Scinax funereus*	–	–	X	L
044 *Scinax* sp. nov.?	X	X	–	M
045 *Trachycephalus resinifictrix*	–	X	X	M
Leptodactylidae				
046 *Adenomera* sp. 1	–	X	–	L
047 *Adenomera* sp. 2 (piernas naranjas)	X	–	X	M
048 *Edalorhina perezi*	–	–	X	L
049 *Eleutherodactylus acuminatus*	–	–	X	L
050 *Eleutherodactylus* cf. *buccinator*	–	–	X	L
051 *Eleutherodactylus* cf. *conspicillatus*	X	X	–	M
052 *Eleutherodactylus malkini*	–	X	–	L
053 *Eleutherodactylus* cf. *ockendeni*	X	–	X	L
054 *Eleutherodactylus variabilis*	–	X	–	L
055 *Eleutherodactylus* sp. 1 (patas naranjas)	–	X	–	L
056 *Eleutherodactylus* sp. cf. *sulcatus*	X	X	–	L
057 *Eleutherodactylus* sp. 3	–	X	–	L
058 *Ischnocnema quixensis*	X	X	X	VH
059 *Leptodactylus didymus*	–	X	–	L
060 *Leptodactylus knudseni*	–		X	L
061 *Leptodactylus leptodactyloides*	–	X	–	M

	Microhábitat/ Microhabitat	Actividad/ Activity	Fuente/ Source	Voucher
030	LV, S	N	F	10379
031	LV	N	O	–
032	LV	N	F	10380, 10381
033	A	N	C, F	–
034	A	N	E, F	10387
035	A	N	O, C	–
036	A	N	E, F	10384, 10385, 10413
037	A	N	F	–
038	A	N	F, E	–
039	A	N	C,O	–
040	A	N	O	–
041	A	N	F,O	–
042	LV	N	E, F	10383, 10440
043	LV	N	E, F	10408
044	LV	N	E, F	10412, 10434-35, 10438
045	A	N	E, C, F	10378
046	T	D	E, F	–
047	T	D	E, F	10392, 10430
048	T	N	O	–
049	LV	N	F	–
050	LV	N	E, F	–
051	LV	N	E, F	–
052	LV	N	E	10382
053	LV	N	E	10415, 10433, 10436, 10450
054	LV	N	E, F	–
055	LV	N	E	–
056	LV	N	E	–
057	LV	N	E, F	–
058	T	N	F	–
059	T	N	F	–
060	T	N	F	–
061	R	N	F	10439

LEYENDA/LEGEND

Microhábitats/Microhabitats

A = Arbóreo/Arboreal

F = Fossorial

LV = Vegetación baja/Low vegetation

R = Ripario/Riparian

T = Terrestre/Terrestrial

S = Quebradas/Streams

Abundancia/Abundance

L = Baja/Low

M = Mediana/Medium

H = Alta/High

VH = Muy alta/Very high

X = Presente/Present

Actividad/Activity

D = Día/Diurnal

N = Noche/Nocturnal

Fuentes/Sources

C = Canto/Song

E = Espécimen/Specimen

F = Foto/Photo

O = Observación en el campo/ Field observation

R = Renacaujo/Tadpole

ANFIBIOS Y REPTILES / AMPHIBIANS AND REPTILES				
Especie/ **Species**	**Localidades visitadas/** **Sites visited**			**Abundancia/** **Abundance**
	Itia Tëbu	Choncó	Actiamë	
062 *Leptodactylus pentadactylus*	X	X	X	M
063 *Leptodactylus petersi*	X	X	X	M
064 *Leptodactylus rhodomystax*	X	X	–	M
065 *Leptodactylus rhodonotus*	–	X	–	L
066 *Leptodactylus stenodema*	–	X	–	L
067 *Leptodactylus* sp. gr. *fuscus*	–	–	X	L
068 *Phyllonastes myrmecoides*	–	X	–	L
069 *Physalaemus petersi*	X	X	X	M
Microhylidae				
070 *Chiasmocleis bassleri*	X	–	–	L
071 *Chiasmocleis ventrimaculatus*	X	X	–	M
072 *Ctenophryne geayi*	–	–	X	L
073 *Hamptophryne boliviana*	–	–	X	L
074 *Synapturanus* cf. *rabus*	X	X	–	L
REPTILIA				
Boidae				
075 *Epicrates cenchria*	X	–	–	L
Colubridae				
076 *Chironius* sp. 1	–	X	–	L
077 *Chironius* sp. 2	–	–	X	L
078 *Chironius* sp. 3	–	–	X	L
079 *Clelia clelia*	–	X	–	L
080 *Imantodes cenchoa*	–	–	X	L
081 *Leptodeira annulata*	X	–	–	L
082 *Liophis reginae*	X	X	–	L
083 *Pseustes* sp.	–	X	–	L
084 *Spilotes pullatus*	–	–	X	L
085 *Xenoxybelis argenteus*	–	–	X	L
Crocodylidae				
086 *Caiman crocodilus*	–	–	X	H
087 *Paleosuchus trigonatus*	–	X	–	L
Gekkonidae				
088 *Gonatodes humeralis*	X	X	X	H
089 *Pseudogonatodes guianensis*	–	–	X	L
Gymnophthalmidae				
090 *Leposoma parietale*	–	X	–	L
091 *Prionodactylus argulus*	X	X	X	M

	Microhábitat/ Microhabitat	Actividad/ Activity	Fuente/ Source	Voucher
062	T	N	O	–
063	R	N	F	–
064	T	N	F	–
065	T	N	F	–
066	T	N	C	–
067	T	N	C	–
068	T	N	F	10397, 10425
069	T	N	F	–
070	F	N	E, F	10432
071	F	N	E, F	10437
072	F	N	E, F	–
073	F	N	O	–
074	F	N	E, F	10393
075	T	D	O	–
076	T	D	O	–
077	T	D	O	–
078	T	D	O	10452
079	T	N	F	10406
080	LV	N	F	–
081	LV, T	N	O	–
082	T	N	F	–
083	T	N	F	10453
084	T	D	O	–
085	A	D	F	–
086	R	N	O	–
087	R	N	O	–
088	A, LV	D	F	–
089	T	D	E	–
090	T	D	F	–
091	T	D	F	–

LEYENDA/LEGEND

Microhábitats/Microhabitats

A = Arbóreo/Arboreal
F = Fossorial
LV = Vegetación baja/Low vegetation
R = Ripario/Riparian
T = Terrestre/Terrestrial
S = Quebradas/Streams

Abundancia/Abundance

L = Baja/Low
M = Mediana/Medium
H = Alta/High
VH = Muy alta/Very high
X = Presente/Present

Actividad/Activity

D = Día/Diurnal
N = Noche/Nocturnal

Fuentes/Sources

C = Canto/Song
E = Espécimen/Specimen
F = Foto/Photo
O = Observación en el campo/
Field observation
R = Renacaujo/Tadpole

ANFIBIOS Y REPTILES / AMPHIBIANS AND REPTILES				
Especie/ **Species**	**Localidades visitadas/** **Sites visited**			**Abundancia/** **Abundance**
	Itia Tëbu	Choncó	Actiamë	
Hoplocercidae				
092 *Enyalioides laticeps*	X	X	–	L
Pelomedusidae				
093 *Podocnemis unifilis*	–	–	X	L
Polychrotidae				
094 *Anolis fuscoauratus*	X	–	X	L
095 *Anolis nitens tandai*	–	X	X	M
096 *Anolis punctatus*	–	–	X	L
097 *Anolis trachyderma*	–	X	–	L
098 *Anolis transversalis*	X	–	X	L
Scincidae				
099 *Mabuya* cf. *bistriata*	X	X	X	H
100 *Mabuya nigropalmata*	–	–	X	L
Teiidae				
101 *Kentropix altamazonica*	–	–	X	L
102 *Kentropix pelviceps*	X	X	X	H
103 *Tupinambis teguixin*	–	–	X	L
Testudinidae				
104 *Geochelone denticulata*	–	–	X	L
Tropiduridae				
105 *Plica plica*	–	–	X	L
106 *Plica umbra*	X	–	–	L
107 *Stenocercus fimbriatus*	–	–	X	M
Viperidae				
108 *Bothrops atrox*	X	–	–	L
109 *Bothrops* cf. *brazili*	X	–	–	L

	Microhábitat/ Microhabitat	Actividad/ Activity	Fuente/ Source	Voucher
092	T, LV	D	F	10451
093	R	D	O	–
094	LV	D	O	–
095	T, LV	D	F	10395
096	A	D	O	–
097	A, LV	D	F	10396
098	A, LV	D	F	–
099	T	D	O	–
100	T	D	O, F	–
101	R, T	D	O	–
102	T	D	O	–
103	T	D	O	–
104	T	D	O	–
105	A	D	O	–
106	A	D	F	–
107	T	D	F	–
108	T	D	O	–
109	T	D	F	–

LEYENDA/LEGEND

Microhábitats/Microhabitats

A   = Arbóreo/Arboreal

F   = Fossorial

LV = Vegetación baja/Low vegetation

R   = Ripario/Riparian

T   = Terrestre/Terrestrial

S   = Quebradas/Streams

Abundancia/Abundance

L   = Baja/Low

M   = Mediana/Medium

H   = Alta/High

VH = Muy alta/Very high

X   = Presente/Present

Actividad/Activity

D   = Día/Diurnal

N   = Noche/Nocturnal

Fuentes/Sources

C   = Canto/Song

E   = Espécimen/Specimen

F   = Foto/Photo

O   = Observación en el campo/
Field observation

R   = Renacaujo/Tadpole

Aves/Birds

Aves registrados en la propuesta Reserva Comunal Matsés, Perú, durante el inventario biológico rápido entre el 25 de octubre y 6 de noviembre de 2004. La lista está basada en trabajo de campo de D. Stotz y T. Pequeño.

AVES / BIRDS						
Nombre científico/ Scientific Name	**Abundancia en los sitios visitados/ Abundance in the sites visited**					**Hábitat/Habitat**
	Itia Tëbu	Choncó	Actiamë	Río Blanco	Remoyacu	
Tinamidae (7)						
Tinamus major	F	F	U	–	U	TFB, TFC
Tinamus guttatus	F	F	U	–	–	TFC, TFB
Crypturellus cinereus	U	F	C	U	U	OR,BI,TFB
Crypturellus soui *	–	–	R	–	R	AB,OR
Crypturellus undulatus	–	–	F	U	C	OR
Crypturellus variegatus	F	F	F	U	–	TFC, TFB
Crypturellus bartletti	F	U	F	U	U	BI,TFB
Cracidae (4)						
Ortalis guttata	–	R	C	C	C	OR,AB
Penelope jacuacu	F	F	F	–	–	M
Pipile cumanensis	–	F	U	–	R	TFB,OR
Crax tuberosum	U	U	U	–	–	TFB,TFC
Odontophoridae (1)						
Odontophorus stellatus	U	U	F	–	–	M
Anhingidae (1)						
Anhinga anhinga	–	R	–	–	–	OR
Ardeidae (6)						
Cochlearius cochlearius *	–	–	–	–	R	OR
Zebrilus undulatus *	–	–	R	–	–	BI
Butorides striatus	–	–	–	–	–	OR
Bubulcus ibis	–	–	–	–	R	AB
Ardea cocoi	–	–	R	–	–	OR
Ardea alba	–	–	–	–	R	OR
Threskiornithidae (1)						
Mesembrinibis cayennensis	–	–	U	R	–	BI,OR
Ciconiidae (1)						
Jabiru mycteria	–	–	X	–	–	O
Cathartidae (4)						
Cathartes aura	R	R	U	R	U	O,OR
Cathartes melambrotus	U	–	U	U	R	O
Coragyps atratus	–	R	–	–	C	O,AB,OR
Sarcoramphus papa	–	R	–	–	O	–
Accipitridae (16)						
Pandion haliaetus	–	–	–	R	–	OR
Leptodon cayanensis *	–	–	–	–	R	O
Chondrohierax uncinatus *	R	–	–	–	–	TFC
Harpagus bidentatus	–	U	U	–	–	TFC,AG
Ictinia plumbea	R	–	R	–	–	O,OR

Birds registered in the proposed Reserva Comunal Matsés, Peru in a rapid biological inventory from 25 October-6 November 2004. List is based on field work by D. Stotz and T. Pequeño.

Nombre científico/ Scientific Name	Abundancia en los sitios visitados/ Abundance in the sites visited					Hábitat/Habitat
	Itia Tëbu	Choncó	Actiamë	Río Blanco	Remoyacu	
Accipiter superciliosus	–	R	–	–	–	TFC
Geranospiza caerulescens	R	–	R	–	–	TFB,OR
Leucopternis schistacea	–	–	R	–	R	AG,CO
Leucopternis kuhli	–	–	R	–	–	TFC
Buteogallus urubitinga	–	–	U	–	–	OR,CO
Buteo magnirostris	R	–	F	U	R	OR,AB,V
*Buteo platypterus**	R	–	–	–	–	AB
Morphnus/Harpia	–	X	–	–	–	TFC
*Spizastur melanoleucus**	–	R	–	–	–	O
Spizaetus tyrannus	R	R	U	–	–	O
Spizaetus ornatus	U	U	R	–	–	O
Falconidae (7)						
Daptrius ater	R	–	F	U	U	OR,AB
Ibycter americanus	U	U	U	–	U	M
Herpetotheres cachinnans	–	–	U	–	–	OR,TFB
Micrastur ruficollis	R	–	U	–	–	TFB,TFC
Micrastur gilvicollis	R	R	R	–	–	TFB,TFC
*Micrastur semitorquatus**	–	R	–	–	–	TFC
Falco rufigularis	R	–	R	–	–	OR,O
Psophiidae (1)						
Psophia leucoptera	U	F	U	–	–	BI,TFB
Rallidae (2)						
Aramides cajanea	–	U	U	R	U	M
*Amaurolimnas concolor**	–	R	–	–	–	BI

LEYENDA/
LEGEND

* = Especies no vistas en el inventario del río Yavarí/ Species not recorded during the río Yavarí inventory (Lane et al. 2003).

Hábitat/Habitat

AB = Hábitat abierto/Human-created clearing

AG = Aguajal/Mauritia palm swamp

BI = Bosque inundado/Flooded forest

CO = Cocha/Oxbow lake

M = Hábitats multiples/Multiple habitats (>4)

O = Aire/Overhead

OR = Orilla de río/River edge

QU = Quebrada/Stream

TFB = Tierra firme baja/Low terra firme

TFC = Tierra firme colinosa/Hilly terra firme

V = Varillal/White-sand forest

Abundancia/Abundance

C = Común en hábitat propio/ Common (daily in habitat in numbers, 10+)

F = Poco común en hábitat propio/ Fairly common (daily in habitat, <10 individuals/dia)

U = No común (menos que diariamente)/Uncommon (less than daily)

R = Raro (uno dos registros)/ Rare (one or two records)

X = Estatus desconocido/ Present (status unclear)

AVES / BIRDS						
Nombre científico/ Scientific Name	**Abundancia en los sitios visitados/ Abundance in the sites visited**					**Hábitat/Habitat**
	Itia Tëbu	Choncó	Actiamë	Río Blanco	Remoyacu	
Heliornithidae (1)						
Heliornis fulica	–	–	R	–	–	QU
Eurypygidae (1)						
Eurypyga helias	–	R	R	–	–	BI, QU
Charadriidae (1)						
Vanellus cayanus	–	–	–	–	R	OR
Scolapacidae (5)						
Tringa melanoleuca*	–	–	–	–	R	OR
Tringa flavipes*	–	–	–	–	R	OR
Tringa solitaria*	–	–	R	–	–	OR
Actitis macularius	–	–	R	–	–	OR
Calidris melanotos*	–	–	–	–	R	OR
Columbidae (4)						
Patagioenas plumbea	F	C	F	U	U	M
Patagioenas subvinacea	–	U	F	R	R	TFB, BI
Leptotila rufaxilla	–	–	C	U	U	BI, TFB, OR
Geotrygon montana	U	U	U	–	–	TFC, TFB
Psittacidae (17)						
Ara ararauna	F	F	C	U	–	AG, O
Ara macao	–	U	U	–	–	O, AG
Ara chloropterus*	–	R	F	–	–	O, TFB, AG
Ara severus	R	U	C	–	U	O, OR
Orthopsittaca manilata	R	U	C	C	U	AG, O
Aratinga leucopthalma	F	U	C	–	C	OR, O
Aratinga weddellii	–	–	R	–	R	OR, O
Pyrrhura roseifrons	C	C	C	–	–	TFC, TFB
Forpus sclateri	–	–	R	R	–	OR
Brotogeris cyanoptera	C	C	C	C	C	M
Brotogeris sanctithomae	–	–	R	–	–	OR
Touit purpuratus	R	–	–	–	–	TFC
Pionites leucogaster	U	F	F	–	–	TFC, TFB
Pionopsitta barrabandi	F	F	F	–	C	M
Pionus menstruus	F	U	C	C	U	M
Amazona ochrocephala	R	U	–	C	–	OR, O
Amazona farinosa	F	F	C	U	–	M
Opisthocomidae (1)						
Opisthocomus hoatzin	–	–	F	–	–	CO
Cuculidae (5)						
Piaya cayana	–	R	U	–	R	OR, QU

AVES / BIRDS						
Nombre científico/ **Scientific Name**	**Abundancia en los sitios visitados/** **Abundance in the sites visited**					**Hábitat/Habitat**
	Itia Tëbu	Choncó	Actiamë	Río Blanco	Remoyacu	
Piaya melanogaster	–	R	R	R	–	TFC
Crotophaga major	–	–	U	–	–	OR, CO
Crotophaga ani	–	–	–	U	U	AB
*Dromococcyx phasianellus**	–	–	R	–	–	BI
Strigidae (6)						
Megascops watsonii	F	F	F	–	R	M
Megascops choliba	–	–	–	–	U	AB
Pulsatrix perspicillata	–	–	R	–	R	TFB
Glaucidium hardyi	–	–	R	–	–	TFB
Glaucidium brasilianum	–	–	R	–	–	OR
Ciccaba huhula	–	U	U	–	–	TFB
Nyctibiidae (3)						
Nyctibius grandis	–	R	–	–	–	TFB
*Nyctibius aethereus**	R	–	–	–	–	TFC
Nyctibius griseus	–	–	U	–	–	TFB
Caprimulgidae (5)						
Lurocalis semitorquatus	–	–	–	–	R	O
Chordeiles minor	F	U	–	–	–	O
Nyctidromus albicollis	–	R	F	R	U	AB, OR
Nyctiphrynus ocellatus	R	R	R	R	–	TFB
*Caprimulgus nigrescens**	R	–	–	–	–	V
Apodidae (7)						
Cypseloides lemosi	–	R	–	–	–	O
*Chaetura cinereiventris**	–	R	–	–	–	O

LEYENDA/ LEGEND	*	= Especies no vistas en el inventario del río Yavarí/ Species not recorded during the río Yavarí inventory (Lane et al. 2003).	**Hábitat/Habitat**	**Abundancia/Abundance**

Hábitat/Habitat

AB = Hábitat abierto/Human-created clearing

AG = Aguajal/Mauritia palm swamp

BI = Bosque inundado/Flooded forest

CO = Cocha/Oxbow lake

M = Hábitats multiples/Multiple habitats (>4)

O = Aire/Overhead

OR = Orilla de río/River edge

QU = Quebrada/Stream

TFB = Tierra firme baja/Low terra firme

TFC = Tierra firme colinosa/Hilly terra firme

V = Varillal/White-sand forest

Abundancia/Abundance

C = Común en hábitat propio/ Common (daily in habitat in numbers, 10+)

F = Poco común en hábitat propio/ Fairly common (daily in habitat, <10 individuals/dia)

U = No común (menos que diariamente)/Uncommon (less than daily)

R = Raro (uno dos registros)/ Rare (one or two records)

X = Estatus desconocido/ Present (status unclear)

AVES / BIRDS						
Nombre científico/ Scientific Name	**Abundancia en los sitios visitados/ Abundance in the sites visited**					**Hábitat/Habitat**
	Itia Tëbu	Choncó	Actiamë	Río Blanco	Remoyacu	
Chaetura pelagica*	–	F	F	–	–	O
Chaetura brachyura	–	F	U	–	–	O, OR
Chaetura sp.	F	–	–	–	U	O
Tachornis squamata	U	–	U	C	–	AG, OR, O
Panyptila cayennensis	–	R	–	–	–	O
Trochilidae (14)						
Glaucis hirsuta	–	–	R	–	–	QU
Threnetes leucurus	–	–	–	U	–	BI
Phaethornis ruber	R	U	F	–	R	TFB
Phaethornis hispidis	–	U	U	R	R	BI, TFB
Phaethornis philippii	F	F	F	–	–	TFC, TFB
Phaethornis superciliosus*	F	F	U	–	–	M
Campylopterus largipennis*	–	R	–	–	–	QU
Florisuga mellivora*	F	–	U	U	–	AB, OR
Chlorostilbon mellisugus	–	–	R	–	–	QU
Thalurania furcata	U	U	F	–	–	M
Hylocharis cyanus*	R	–	–	–	–	V
Amazilia fimbriata	–	–	–	R	–	OR
Heliodoxa aurescens*	–	R	–	–	R	QU
Heliothryx aurita	–	–	R	–	–	TFB
Trogonidae (7)						
Trogon viridis	F	F	F	–	R	TFC, TFB
Trogon curucui	–	R	F	R	R	OR, BI
Trogon violaceus	U	U	F	–	–	TFB, TFC
Trogon collaris	–	R	F	–	R	TFB, BI, TFC
Trogon rufus	R	R	R	–	–	TFB, TFC
Trogon melanurus	–	U	F	U	U	TFB, BI, OR
Pharomachrus pavoninus	U	U	–	–	–	TFB
Alcedinidae (4)						
Ceryle torquata	–	–	R	–	R	OR
Chloroceryle americana	–	R	–	–	–	QU
Chloroceryle inda	–	–	R	–	R	QU, CO
Chloroceryle aenea	–	R	–	–	–	QU
Momotidae (3)						
Electron platyrhynchum	R	U	–	–	–	TFB
Baryphthengus martii	U	U	F	–	–	TFC, TFB
Momotus momota	–	F	C	U	U	TFB, BI, OR
Galbulidae (6)						
Galbalcyrhynchus purusianus*	–	–	F	–	–	OR

AVES / BIRDS

Nombre científico/ Scientific Name	Abundancia en los sitios visitados/ Abundance in the sites visited					Hábitat/Habitat
	Itia Tëbu	Choncó	Actiamë	Río Blanco	Remoyacu	
Galbula cyanicollis	–	U	R	–	–	TFB
Galbula cyanescens	U	U	F	U	U	OR, BI, AB
Galbula chalcothorax	–	R	R	–	–	QU, TFB
Galbula dea	F	U	R	U	–	TFC, V, TFB
Jacamerops aurea	R	U	F	–	–	BI, TFB
Bucconidae (10)						
Notharchus macrorhynchus	–	–	R	–	–	QU
*Notharchus tectus**	–	–	–	–	R	TFB
Bucco macrodactylus	–	–	–	U	–	OR
Bucco capensis	–	–	R	–	–	TFB
Nystalus striolatus	–	U	U	–	–	TFC, TFB
Malacoptila semicincta	R	R	U	–	–	TFC, TFB
*Nonnula rubecula**	–	R	R	–	–	TFC
Monasa nigrifrons	–	–	C	U	C	OR, TFB, BI
Monasa morphoeus	U	F	F	–	–	TFC, TFB
Chelidoptera tenebrosa	–	–	F	U	R	OR, AB
Ramphastidae (10)						
Capito auratus orosae	F	C	F	U	U	M
Eubucco richardsoni aurantiicollis	R	U	F	R	R	TFB, BI, OR
*Aulacorhynchus prasinus**	–	–	R	–	–	OR
Pteroglossus inscriptus	–	–	U	–	–	OR, QU
Pteroglossus azara *	–	U	U	–	–	TFB
Pteroglossus castanotis	R	U	R	–	–	OR, TFB
*Pteroglossus beauharnesii**	–	U	R	–	–	TFB

LEYENDA/ LEGEND

* = Especies no vistas en el inventario del río Yavarí/ Species not recorded during the río Yavarí inventory (Lane et al. 2003).

Hábitat/Habitat

AB = Hábitat abierto/Human-created clearing

AG = Aguajal/Mauritia palm swamp

BI = Bosque inundado/Flooded forest

CO = Cocha/Oxbow lake

M = Hábitats multiples/Multiple habitats (>4)

O = Aire/Overhead

OR = Orilla de río/River edge

QU = Quebrada/Stream

TFB = Tierra firme baja/Low terra firme

TFC = Tierra firme colinosa/Hilly terra firme

V = Varillal/White-sand forest

Abundancia/Abundance

C = Común en hábitat propio/ Common (daily in habitat in numbers, 10+)

F = Poco común en hábitat propio/ Fairly common (daily in habitat, <10 individuals/dia)

U = No común (menos que diariamente)/Uncommon (less than daily)

R = Raro (uno dos registros)/ Rare (one or two records)

X = Estatus desconocido/ Present (status unclear)

AVES / BIRDS						
Nombre científico/ Scientific Name	**Abundancia en los sitios visitados/ Abundance in the sites visited**					**Hábitat / Habitat**
	Itia Tëbu	Choncó	Actiamë	Río Blanco	Remoyacu	
Selenidera reinwardtii	F	C	F	–	R	M
Ramphastos vitellinus	F	F	F	U	U	M
Ramphastos tucanus	C	C	F	U	U	M
Picidae (13)						
Picumnus aurifrons	–	U	R	R	–	TFB, BI, OR
Melanerpes cruentatus	U	U	F	U	U	M
Veniliornis affinis	U	U	U	–	–	TFC, TFB
Piculus flavigula	R	R	R	–	–	TFC, TFB
*Piculus chrysochloros**	R	U	U	–	–	TFC
Colaptes punctigula	–	–	–	R	–	OR
Celeus grammicus	C	F	F	U	–	TFC, V, TFB
Celeus elegans	U	F	F	–	–	TFB, BI
Celeus flavus	–	U	F	R	–	BI, TFB
Celeus torquatus	–	R	R	–	R	TFB
Dryocopus lineatus	–	–	U	R	U	OR
Campephilus rubricollis	U	U	F	–	–	TFC, TFB
Campephilus melanoleucos	U	U	F	–	U	M
Dendrocolaptidae (14)						
Dendrocincla fuliginosa	F	U	U	–	–	TFC, TFB
Dendrocincla merula	R	R	R	–	–	TFC
Deconychura longicauda	U		F	–	–	TFB, TFC
Sittasomus griseicapillus	R	R	F	–	–	TFB, BI, OR
Glyphorynchus spirurus	F	C	F	–	R	M
Nasica longirostris	–	–	U	R	R	BI, CO, OR
Dendrexetastes rufigula	R	–	U	R	–	OR, AB, QU
Xiphocolaptes promeropirhynchus	–	R	U	–	–	TFB, OR
Dendrocolaptes certhia	R	R	R	–	–	TFC
*Xiphorhynchus picus**	–	–	F	R	R	OR, QU
Xiphorhynchus elegans juruanus	F	F	F	U	R	M
Xiphorhynchus guttatus	F	F	F	–	U	M
Xiphorhynchus obsoletus	–	U	R	–	R	BI
*Lepidocolaptes albolineatus**	–	U	–	–	–	TFC
Furnariidae (18)						
*Furnarius leucopus**	–	–	U	–	–	QU
*Synallaxis rutilans**	R	–	–	–	–	V
Cranioleuca gutturata	–	–	R	–	–	BI
Thripophaga fusciceps	–	–	R	–	–	OR
*Ancistrops strigilatus**	–	U	R	–	–	TFC
Hyloctistes subulatus	–	U	U	–	–	TFB

AVES / BIRDS						
Nombre científico/ Scientific Name	Abundancia en los sitios visitados/ Abundance in the sites visited					Hábitat / Habitat
	Itia Tëbu	Choncó	Actiamë	Río Blanco	Remoyacu	
Philydor erythrocercum	–	U	R	–	–	TFC
Philydor erythropterum	R	U	U	–	–	TFC, TFB
Philydor pyrrhodes	–	R	–	–	–	BI
Automolus ochrolaemus	–	F	R	–	–	TFB, TFC
Automolus infuscatus	F	F	F	R	–	M
Automolus rubiginosus	–	–	R	–	–	TFC
Automolus rufipileatus	–	–	F	–	R	OR, CO
Sclerurus mexicanus	R	U	–	–	–	TFB
Sclerurus caudacutus	–	U	R	–	–	TFC, TFB
Xenops milleri	R	U	R	–	–	TFC, TFB
*Xenops tenuirostris**	–	–	R	–	–	QU
Xenops minutus	U	F	U	–	–	M
Thamnophilidae (47)						
Cymbilaimus lineatus	–	F	U	–	R	M
Taraba major	–	R	F	U	U	OR, BI, QU
*Sakesphorus canadensis**	–	–	–	U	–	BI
Thamnophilus doliatus	–	R	–	–	–	TFB
Thamnophilus aethiops	F	U	U	–	–	TFC, TFB
Thamnophilus schistaceus	U	F	F	U	R	TFB, BI
Thamnophilus murinus	F	F	F	U	–	TFC, V, TFB
Thamnophilus amazonicus	–	–	–	–	R	OR
Thamnomanes saturninus	C	C	C	U	R	M
Thamnomanes schistogynus	U	F	F	–	R	TFB, BI
Pygiptila stellaris	R	F	U	–	R	M

LEYENDA/ LEGEND

* = Especies no vistas en el inventario del río Yavarí/ Species not recorded during the río Yavarí inventory (Lane et al. 2003).

Hábitat/Habitat

AB = Hábitat abierto/Human-created clearing

AG = Aguajal/Mauritia palm swamp

BI = Bosque inundado/Flooded forest

CO = Cocha/Oxbow lake

M = Hábitats multiples/Multiple habitats (>4)

O = Aire/Overhead

OR = Orilla de río/River edge

QU = Quebrada/Stream

TFB = Tierra firme baja/Low terra firme

TFC = Tierra firme colinosa/Hilly terra firme

V = Varillal/White-sand forest

Abundancia/Abundance

C = Común en hábitat propio/ Common (daily in habitat in numbers, 10+)

F = Poco común en hábitat propio/ Fairly common (daily in habitat, <10 individuals/dia)

U = No común (menos que diariamente)/Uncommon (less than daily)

R = Raro (uno dos registros)/ Rare (one or two records)

X = Estatus desconocido/ Present (status unclear)

AVES / BIRDS						
Nombre científico/ Scientific Name	**Abundancia en los sitios visitados/ Abundance in the sites visited**					**Hábitat/Habitat**
	Itia Tëbu	Choncó	Actiamë	Río Blanco	Remoyacu	
Myrmotherula haematonota	F	C	F	–	–	M
*Myrmotherula ornata**	–	R	R	–	–	TFB?
Myrmotherula erythrura	–	–	R	–	–	TFC
Myrmotherula brachyura	U	F	F	U	U	M
Myrmotherula ignota	–	U	–	R	–	TFB, OR
Myrmotherula sclateri	F	F	U	–	–	TFC, TFB
Myrmotherula surinamensis	–	–	F	U	R	OR, QU
Myrmotherula hauxwelli	U	U	U	R	–	M
Myrmotherula axillaris	F	U	F	–	R	M
*Myrmmotherula longipennis**	F	F	C	–	–	TFC, TFB
Myrmotherula menetriesii	F	F	F	–	R	TFC, TFB
Dichrozona cincta	U	F	F	–	–	TFB, TFC
Terenura humeralis	R	U	F	R	–	TFC, TFB
Cercomacra cinerascens	U	F	F	–	U	TFB, BI, TFC
Cercomacra nigrescens	–	–	F	U	–	OR, CO, BI
Cercomacra serva	U	F	U	–	–	TFB, BI
Sclateria naevia	–	U	R	–	–	QU
Myrmoborus leucophrys	R	F	F	U	C	BI, OR
Myrmoborus myotherinus	F	F	F	U	–	TFC, TFB
Hypocnemis cantator	F	F	F	U	U	M
Hypocnemis hypoxantha	U	U	U	–	–	TFB, BI
Hypocnemoides maculicauda	–	R	R	–	–	QU, CO
Percnostola schistacea	U	R	U	–	–	TFC, TFB
Percnostola leucostigma	–	F	–	–	–	QU
Myrmeciza hemimelaena	F	F	F	U	–	TFC, TFB
*Myrmeciza atrothorax**	–	–	R	–	C	OR
Myrmeciza melanoceps	–	–	F	–	–	BI
Myrmeciza hyperythra	–	–	U	–	–	QU
Myrmeciza fortis	F	F	F	–	–	TFC, TFB
Gymnopithys salvini	F	F	F	R	R	M
Rhegmatorhina melanosticta	U	U	F	–	–	M
Hylophylax naevius	U	F	R	–	–	TFB, TFC
Hylophylax punctulatus	–	U	–	–	–	QU, BI
Hylophylax poecilinotus	F	F	U	–	–	M
Phlegopsis nigromaculata	U	U	F	–	R	M
Phlegopsis erythroptera	–	–	R	–	–	TFB
Formicariidae (5)						
Formicarius colma	F	F	U	–	–	TFC, TFB
Formicarius analis	–	R	F	–	R	TFB, BI

AVES / BIRDS

Nombre científico/ Scientific Name	Abundancia en los sitios visitados/ Abundance in the sites visited					Hábitat/Habitat
	Itia Tëbu	Choncó	Actiamë	Río Blanco	Remoyacu	
Chamaeza nobilis	–	R	R	–	–	TFB
*Hylopezus berlepschi**	–	–	F	–	–	BI
Myrmothera campanisona	U	F	F	–	–	M
Conopophagidae (1)						
*Conopophaga aurita**	–	U	–	–	–	TFC
Rhynocryptidae (1)						
Liosceles thoracicus	R	F	U	–	–	TFC, TFB, BI
Tyrannidae (54)						
Tyrannulus elatus	F	U	F	U	U	BI, TFB, V, OR
Myiopagis gaimardii	F	F	F	U	U	M
Myiopagis caniceps	R	R	U	–	–	TFC
Ornithion inerme	U	F	U	R	R	M
Camptostoma obsoletum	–	–	–	R	–	OR
*Capsiempis flaveola**	–	–	–	R	–	OR
Corythopis torquata	F	F	U	–	–	TFB
Zimmerius gracilipes	U	F	F	R	–	TFC, TFB
Mionectes oleagineus	F	U	F	–	–	TFC, TFB
Myiornis ecaudatus	–	U	U	–	–	TFB
Lophotriccus vitiosus	F	F	U	–	R	TFC, TFB
Hemitriccus (minimus)	U	–	–	–	–	V
Poecilotriccus latirostre	–	–	–	R	C	AB
Todirostrum maculatum	–	–	F	U	U	OR, AB
*Todirostrum chrysocrotaphum**	–	–	R	–	–	QU
Cnipodectes subbrunneus	F	U	R	–	–	TFB, BI

LEYENDA/ LEGEND

* = Especies no vistas en el inventario del río Yavarí/ Species not recorded during the río Yavarí inventory (Lane et al. 2003).

Hábitat/Habitat

AB = Hábitat abierto/Human-created clearing

AG = Aguajal/Mauritia palm swamp

BI = Bosque inundado/Flooded forest

CO = Cocha/Oxbow lake

M = Hábitats multiples/Multiple habitats (>4)

O = Aire/Overhead

OR = Orilla de río/River edge

QU = Quebrada/Stream

TFB = Tierra firme baja/Low terra firme

TFC = Tierra firme colinosa/Hilly terra firme

V = Varillal/White-sand forest

Abundancia/Abundance

C = Común en hábitat propio/ Common (daily in habitat in numbers, 10+)

F = Poco común en hábitat propio/ Fairly common (daily in habitat, <10 individuals/dia)

U = No común (menos que diariamente)/Uncommon (less than daily)

R = Raro (uno dos registros)/ Rare (one or two records)

X = Estatus desconocido/ Present (status unclear)

AVES / BIRDS						
Nombre científico/ Scientific Name	**Abundancia en los sitios visitados/ Abundance in the sites visited**					**Hábitat/Habitat**
	Itia Tëbu	Choncó	Actiamë	Río Blanco	Remoyacu	
Tolmomyias assimilis	U	F	R	R	–	TFB, TFC
Tolmomyias poliocephalus	F	F	F	–	R	M
Tolmomyias flaviventris	–	–	–	R	–	OR
Platyrinchus coronatus	–	R	F	–	–	TFB
Platyrinchus platyrhynchos	–	–	R	–	–	TFC
Myiobius barbatus	–	R	U	–	–	TFC
Terenotriccus erythrurus	F	F	F	–	–	TFC, TFB
*Lathrotriccus euleri**	–	–	R	–	–	OR
*Cnemotriccus duidae**	U	–	–	–	–	V
*Empidonax alnorum**	–	–	–	–	U	AB
Contopus virens	–	–	F	–	R	OR, AB
Ochthornis littoralis	–	–	U	–	R	OR
Legatus leucophaius	U	U	R	–	–	TFB, BI
Myiozetetes similis	–	–	U	U	U	OR
Myiozetetes granadensis	–	–	F	R	C	OR, CO, AB
Myiozetetes luteiventris	–	–	U	–	–	TFB
Pitangus sulphuratus	–	–	F	U	U	OR, CO, AB
Pitangus lictor	–	–	U	U	–	CO, OR
Conopias parva	C	F	R	–	–	V, TFC
Myiodynastes maculatus	–	–	–	R	–	OR
*Megarynchus pitangua**	–	–	–	R	–	AB
Tyrannus melancholicus	–	–	F	U	C	OR, AB
Tyrannus tyrannus	–	–	–	–	U	AB
Rhytipterna simplex	U	F	F	–	–	TFB, TFC
Sirystes sibilator	–	–	U	–	–	TFC
Myiarchus tuberculifer	–	R	R	U	–	TFB, OR
Myiarchus ferox	–	–	F	U	U	AB,OR
*Ramphotrigon megacephalum**	–	R	–	–	–	TFB
Ramphotrigon ruficauda	F	F	U	R	–	TFC, TFB
*Attila cinnamomeus**	–	–	R	–	–	BI
Attila citriniventris	F	F	U	R	–	TFC, TFB
*Attila bolivianus**	–	R	–	–	–	TFB
Attila spadiceus	–	U	U	–	–	QU, TFB
Pachyramphus marginatus	U	U	U	–	–	TFC, TFB
Pachyramphus polychopterus	–	R	F	U	R	OR
*Tityra inquisitor**	–	–	U	–	–	QU
Tityra cayana	–	R	U	–	–	OR, QU
Tityra semifasciata	–	–	–	U	–	OR

AVES / BIRDS

Nombre científico/ Scientific Name	Abundancia en los sitios visitados/ Abundance in the sites visited					Hábitat/Habitat
	Itia Tĕbu	Choncó	Actiamĕ	Río Blanco	Remoyacu	
Cotingidae (6)						
Laniocera hypopyrra	R	U	F	–	–	M
Iodopleura isabellae	U	–	–	–	R	V, AB
Cotinga maynana	–	–	R	R	U	OR
Lipaugus vociferans	F	C	C	U	–	TFC, TFB
Gymnoderus foetidus	–	R	U	–	–	OR, O
Querula purpurata	R	U	F	–	–	TFC
Pipridae (11)						
Schiffornis major	–	–	R	U	R	BI
Schiffornis turdinus	U	U	–	–	–	TFC
Piprites chloris	F	F	F	–	R	M
Tyranneutes stolzmanni	F	C	C	–	R	TFC, TFB
Machaeropterus regulus*	U	U	U	–	–	TFC, TFB
Lepidothryx coronata	F	C	F	–	R	TFC, TFB
Manacus manacus*	–	–	–	R	U	AB
Chiroxiphia pareola regina	U	F	U	–	–	TFC, TFB
Dixiphia pipra	F	F	R	–	–	TFC
Pipra filicauda	–	U	C	–	–	BI
Pipra rubrocapilla	U	C	F	–	–	TFB, TFC
Vireonidae (7)						
Vireolanius leucotis	U	U	U	–	–	TFC
Vireo olivaceus	U	U	U	R	C	M
Vireo flavoviridis*	–	–	–	R	U	AB
Hylophilus thoracicus	U	F	U	–	–	TFB, BI, TFC

LEYENDA/ LEGEND

* = Especies no vistas en el inventario del río Yavarí/ Species not recorded during the río Yavarí inventory (Lane et al. 2003).

Hábitat/Habitat

AB = Hábitat abierto/Human-created clearing

AG = Aguajal/Mauritia palm swamp

BI = Bosque inundado/Flooded forest

CO = Cocha/Oxbow lake

M = Hábitats multiples/Multiple habitats (>4)

O = Aire/Overhead

OR = Orilla de río/River edge

QU = Quebrada/Stream

TFB = Tierra firme baja/Low terra firme

TFC = Tierra firme colinosa/Hilly terra firme

V = Varillal/White-sand forest

Abundancia/Abundance

C = Común en hábitat propio/ Common (daily in habitat in numbers, 10+)

F = Poco común en hábitat propio/ Fairly common (daily in habitat, <10 individuals/dia)

U = No común (menos que diariamente)/Uncommon (less than daily)

R = Raro (uno dos registros)/ Rare (one or two records)

X = Estatus desconocido/ Present (status unclear)

AVES / BIRDS						
Nombre científico/ **Scientific Name**	**Abundancia en los sitios visitados/** **Abundance in the sites visited**					**Hábitat/Habitat**
	Itia Tёbu	Choncó	Actiamё	Río Blanco	Remoyacu	
*Hylophilus semicinereus**	–	R	–	U	–	OR, QU
Hylophilus hypoxanthus	F	F	F	U	R	TFC, TFB
Hylophilus ochraceiceps	–	U	U	–	–	TFC
Corvidae (1)						
Cyanocorax violaceus	R	–	C	U	U	OR, QU, CO
Hirundinidae (7)						
Tachycineta albiventer	–	–	U	–	–	OR
Progne tapera	–	–	–	U	–	OR
Progne chalybea	–	–	–	–	R	AB
Atticora fasciata	–	R	C	C	C	OR, AB
*Neochelidon tibialis**	–	–	R	–	–	OR
Stelgidopteryx ruficollis	–	–	–	U	C	OR, AB
Hirundo rustica	–	R	–	–	–	O
Troglodytidae (6)						
Campylorhynchus turdinus	–	–	F	–	–	QU, CO
Thryothorus genibarbis	U	F	C	U	U	OR, BI, TFB
Thryothorus leucotis	–	–	–	C	U	OR, CO
*Troglodytes aedon**	–	–	–	–	U	AB
Microcerculus marginatus	F	F	F	U	–	TFC, TFB
*Cyphorhinus arada**	–	R	R	–	–	TFB, BI
Polioptilidae (2)						
Ramphocaenus melanurus	–	U	R	–	–	BI,TFB
Polioptila plumbea	–	–	U	–	–	TFB,TFC
Turdidae (6)						
*Catharus minimus**	R	–	–	–	–	TFC, TFB
*Catharus ustulatus**	–	U	–	R	–	TFB, AB
Turdus ignobilis	–	–	U	–	U	OR, AB
Turdus lawrencii	–	F	F	–	–	TFB, BI
*Turdus hauxwelli**	–	–	R	R	R	OR
Turdus albicollis	U	U	F	U	R	TFB, TFC, BI
Thraupidae (29)						
Cissopis leveriana	–	–	F	U	U	AB, OR
*Lamprospiza melanoleuca**	F	F	R	–	–	TFC
Eucometis penicillata	–	–	F	–	–	BI
Tachyphonus rufiventer	–	F	R	–	–	TFC
Tachyphonus surinamus	U	F	U	–	–	TFC, TFB
Tachyphonus luctuosus	–	R	–	–	–	TFB
*Tachyphonus rufus**	R	–	–	–	–	V
Lanio versicolor	F	C	F	–	–	TFC, TFB

AVES / BIRDS

Nombre científico/ Scientific Name	Abundancia en los sitios visitados/ Abundance in the sites visited					Hábitat/Habitat
	Itia Tëbu	Choncó	Actiamë	Río Blanco	Remoyacu	
Ramphocelus nigrogularis	–	–	C	–	–	OR
Ramphocelus carbo	–	R	F	C	U	AB,OR
Thraupis episcopus	–	–	F	C	C	OR, AB
Thraupis palmarum	–	–	U	U	U	OR
Tangara mexicana	–	U	–	–	–	TFC
Tangara chilensis	F	C	U	–	–	M
Tangara schrankii	U	F	F	–	R	M
*Tangara gyrola**	R	F	R	–	–	TFC,TFB
*Tangara velia**	R	F	–	–	–	TFC,TFB
Tangara callophrys	–	R	–	–	–	TFC
Tersina viridis	R	–	R	–	–	OR, AB
*Dacnis albiventris**	–	R	–	–	R	TFB,AB
Dacnis lineata	–	U	U	–	–	TFB,TFC,BI
Dacnis flaviventer	–	–	R	–	–	BI,QU
Dacnis cayana	F	F	R	–	–	M
*Cyanerpes nitidus**	U	U	–	–	R	TFC,TFB
Cyanerpes caeruleus	F	F	R	–	R	M
Chlorophanes spiza	U	F	–	–	–	TFC,TFB
Hemithraupis flavicollis	–	F	–	–	–	TFC,TFB
*Piranga olivacea**	R	R	R	–	R	TFB,OR,V
Habia rubica	–	F	F	–	–	TFB,TFC
Emberizidae (5)						
Ammodramus aurifrons	–	–	U	–	–	OR
*Sporophila lineola**	–	–	–	–	U	AB

LEYENDA/
LEGEND

* = Especies no vistas en el inventario del río Yavarí/ Species not recorded during the río Yavarí inventory (Lane et al. 2003).

Hábitat/Habitat

AB = Hábitat abierto/Human-created clearing

AG = Aguajal/Mauritia palm swamp

BI = Bosque inundado/Flooded forest

CO = Cocha/Oxbow lake

M = Hábitats multiples/Multiple habitats (>4)

O = Aire/Overhead

OR = Orilla de río/River edge

QU = Quebrada/Stream

TFB = Tierra firme baja/Low terra firme

TFC = Tierra firme colinosa/Hilly terra firme

V = Varillal/White-sand forest

Abundancia/Abundance

C = Común en hábitat propio/ Common (daily in habitat in numbers, 10+)

F = Poco común en hábitat propio/ Fairly common (daily in habitat, <10 individuals/dia)

U = No común (menos que diariamente)/Uncommon (less than daily)

R = Raro (uno dos registros)/ Rare (one or two records)

X = Estatus desconocido/ Present (status unclear)

AVES / BIRDS						
Nombre científico/ Scientific Name	Abundancia en los sitios visitados/ Abundance in the sites visited					Hábitat/Habitat
	Itia Tëbu	Choncó	Actiamë	Río Blanco	Remoyacu	
Sporophila castaneiventris	–	–	U	–	–	OR
*Oryzoborus angolensis**	–	–	–	R	U	AB
Paroaria gularis	–	–	F	–	–	CO, OR
Cardinalidae (4)						
Saltator grossus	R	F	F	–	–	TFB,TFC
Saltator maximus	–	R	F	R	U	BI,TFB,OR
Saltator coerulescens	–	–	F	–	–	OR
Cyanocompsa cyanoides	R	U	R	–	–	TFB,BI
Parulidae (2)						
*Seiurus novaboracensis**	–	–	R	–	–	QU
Phaeothlypis fulvicauda	–	U	R	R	–	QU
Icteridae (13)						
Psarocolius angustifrons	–	U	R	U	–	TFC,OR
Psarocolius viridis	–	R	–	–	–	TFC
Psarocolius decumanus	–	–	R	R	–	QU,OR
Psarocolius bifasciatus	R	F	F	–	–	TFC,OR
*Clypicterus oseryi**	–	R	U	–	–	TFC
*Ocyalus latirostris**	–	–	U	–	–	TFC
Cacicus solitarius	–	–	–	–	R	OR
Cacicus cela	R	U	F	C	U	M
*Icterus icterus**	–	–	R	–	–	OR
Icterus cayanensis	–	R	R	R	–	OR,QU
*Lampropsar tanagrinus**	–	–	F	–	–	OR,CO,BI,AG
Molothrus oryzivorus	–	–	R	R	U	OR,AB
*Dolichonyx oryzivorus**	–	–	–	–	U	AB
Fringillidae (4)						
Euphonia chrysopasta	–	U	F	–	–	TFB,TFC
Euphonia minuta	R	R	U	–	–	TFB
Euphonia xanthogaster	–	U	R	–	–	TFC,TFB
Euphonia rufiventris	F	F	F	U	R	M
Totales/totals	**187**	**260**	**323**	**124**	**144**	**416**

LEYENDA/ LEGEND	*	= Especies no vistas en el inventario del río Yavarí/ Species not recorded during the río Yavarí inventory (Lane et al. 2003).

Hábitat/Habitat

AB = Hábitat abierto/Human-created clearing

AG = Aguajal/Mauritia palm swamp

BI = Bosque inundado/Flooded forest

CO = Cocha/Oxbow lake

M = Hábitats multiples/Multiple habitats (>4)

O = Aire/Overhead

OR = Orilla de río/River edge

QU = Quebrada/Stream

TFB = Tierra firme baja/Low terra firme

TFC = Tierra firme colinosa/Hilly terra firme

V = Varillal/White-sand forest

Abundancia/Abundance

C = Común en hábitat propio/ Common (daily in habitat in numbers, 10+)

F = Poco común en hábitat propio/ Fairly common (daily in habitat, <10 individuals/dia)

U = No común (menos que diariamente)/Uncommon (less than daily)

R = Raro (uno dos registros)/ Rare (one or two records)

X = Estatus desconocido/ Present (status unclear)

Mamíferos / Mammals

Mamíferos registrados en la propuesta Reserva Comunal Matsés, Perú, durante el inventario biológico rápido entre el 25 de octubre y 6 de noviembre de 2004, indicando su estatus de conservación a nivel de Perú y mundial. Incluimos mamíferos solamente registrados mediante entrevistas a los pobladores locales. Los nombres en inglés fueron tomados de Emmons (1990), y los nombres en castellano y Matsés son los utilizados por las comunidades locales. La lista de especies registradas está basada en las observaciones de J. Amanzo y asistentes locales. La información de la UICN y de CITES es de 2004 y disponible en *www.redlist.org. y www.cites.org.*

MAMÍFEROS GRANDES / LARGE MAMMALS COMUNIDADES NATIVAS/INDIGENOUS COMMUNITIES

Nombre científico/ Scientific name	Nombre local/ Local name	Nombre Matsés/ Matsés name	Nombre en inglés/ English name
MARSUPIALIA			
Didelphidae			
001 *Caluromys lanatus**	Zorro	abuc checa	Western woolly opossum
002 *Chironectes minimus**	Zorro de agua	–	Water opossum
003 *Didelphis marsupialis*	Zorro	mapiocos	Common opossum
004 *Metachirus nudicaudatus**	Pericote	checa dëuisac	Brown four-eyed opossum
005 *Philander opossum**	Zorro	checa dëuisac	Four-eyed opossum
006 *Philander mcilhennyi*	Zorro	checa dëuisac	Four-eyed opossum
XENARTHRA			
Myrmecophagidae			
007 *Cyclopes didactylus**	Serafín	tsipud	Pygmy anteater
008 *Myrmecophaga tridactyla*	Oso hormiguero	shaë	Giant anteater
009 *Tamandua tetradactyla*	Shiui	bëui	Southern tamandua
Bradypodidae			
010 *Bradypus variegatus*	Pelejo	mëincanchush	Brown-throated three-toed sloth
Megalonychidae			
011 *Choloepus* sp.[a]	Pelejo colorado	shuinte	Two-toed sloth
Dasypodidae			
012 *Cabassous unicinctus*	Trueno carachupa	mencudu	Southern naked-tailed armadillo
013 *Dasypus kappleri*	Carachupa	tsaues	Great long-nosed armadillo
014 *Dasypus novemcinctus*	Carachupa	sedudi	Nine-banded armadillo
015 *Priodontes maximus*	Carachupa mama	tsauesamë	Giant armadillo
PRIMATES			
Callitrichidae			
016 *Callimico goeldii**	Pichico	sipi chëshë	Goeldi's monkey
017 *Cebuella pygmaea*	Leoncito	madun sipi	Pygmy marmoset
018 *Saguinus fuscicollis*	Pichico	sipi cabëdi	Saddleback tamarin

LEYENDA/LEGEND
O = Observada/ Observed
V = Vocalizaciones/Calls
H = Huellas/Tracks
R = Rastro de actividad (alimentación, madrigueras, cuevas, heces, bañaderos, etc.)/Signs of activity (Feeding marks, scratchmarks, etc.)

a = *Choloepus* cf. *hoffmani* registrado en río Gálvez/registered along Río Gálvez (Fleck y/and Harder 2000)

b = Dato no confirmado/ Unconfirmed data

Categorías de la UICN/IUCN categories
EN = En peligro/Endangered
VU = Vulnerable
LR/nt = Riesgo menor, no amenazada/ Low risk, not threatened
NT = Casi amenazada/ Near threatened
DD = Datos insuficientes/ Data deficient

Mammals registered during the rapid biological inventory from 25 October-6 November in the proposed Reserva Comunal Matsés, and their conservation status at the global and national level. We list additional mammals only recorded during interviews with local people. English names follow Emmons (1990), and Spanish and Matses names are those used by local Matsés. The list is based on field work by J. Amanzo, and local assistants. IUCN threat categories (2004) and CITES categories (2004) available at *www.redlist.org and www.cites.org.*

	Especies potenciales/ Potential species	Itia Tëbu	Choncó	Actiamë	Entrevistas a pobladores	UICN/IUCN	CITES	INRENA
001	X	–	–	–	X	LR/nt	–	–
002	X	–	–	–	X	LR/nt	–	–
003	X	–	–	H, O	X	–	–	–
004	X	–	–	–	X	–	–	–
005	X	–	–	–	–	–	–	–
006	X	–	O	–	X	–	–	–
007	X	–	–	–	X	–	–	–
008	X	–	O, H, R	O, R	X	VU A1cd	II	VU
009	X	–	O	O	X	–	–	–
010	X	–	–	O	X	–	II	–
011	X[a]	O	O	O	X	DD	III	–
012	X	–	R	R	X	–	–	–
013	X	R	–	R	–	–	–	–
014	X	O, R	R	O, R	X	–	–	–
015	X	R	R	R	X	EN A1cd	I	VU
016	X	–	–	–	X	NT	I	VU
017	X	–	O	–	X	–	II	–
018	X	O	O	O	X	–	II	–

Apéndices CITES/CITES Appendices

I = En vía de extinción/ Threatened with extinction

II = Vulnerables o potencialmente amenazadas/Vulnerable or potentially threatened

III = Reguladas/Regulated

Categorias INRENA/ INRENA categories (2004) DS.034-2004-AG

EN = En peligro de extinción/Endangered

VU = Vulnerable

NT = Casi Amenazado/Near Threatened

* = Especies esperadas, pero no observadas/Species expected, but not observed.

MAMÍFEROS GRANDES / LARGE MAMMALS

	Nombre científico/ Scientific name	Nombre local/ Local name	Nombre Matsés/ Matsés name	Nombre en inglés/ English name
019	*Saguinus mystax*	Pichico barba blanca	sipi ësed	Black-chested mustached tamarin
	Cebidae			
020	*Alouatta seniculus*	Coto	achu	Red howler monkey
021	*Aotus nancymae*	Musmuqui	dide	Night monkey
022	*Ateles paniscus*	Maquisapa	chëshëid	Black spider monkey
023	*Cacajao calvus**	Huapo rojo	senta	Red uakari monkey
024	*Callicebus cupreus*	Tocón	uadë	Dusky titi monkey
025	*Cebus albifrons*	Machín blanco	bëchun ushu	White-fronted capuchin monkey
025	*Cebus apella*	Machín negro	bëchun chëshë	Brown capuchin monkey
026	*Lagothrix lagothricha*	Choro	poshto	Common woolly monkey
026	*Pithecia monachus*	Huapo negro	bëshuicquid	Monk saki monkey
028	*Saimiri sciureus*	Fraile	tsanca	Squirrel monkey
	CARNIVORA			
	Canidae			
029	*Atelocynus microtis**	Perro de monte	mayanën opa	Short-eared dog
030	*Speothos venaticus*	Perro de monte	achu camun	Bush dog
	Procyonidae			
031	*Bassaricyon gabbii**	Chosna	shëmëin	Olingo
032	*Nasua nasua*	Achuni, coati	tsise	South American coati
033	*Potos flavus*	Chosna	cuichic	Kinkajou
034	*Procyon cancrivorus**	–	tsise biecquid	Crab-eating raccoon
	Mustelidae			
035	*Eira barbara*	Manco	batachoed	Tayra
036	*Galictis vittata**	Sacha perro	bosen ushu	Grison, huron
037	*Lontra longicaudis*	Nutria	bosen	Southern river otter
038	*Mustela africana**	–	opampi	–
039	*Pteronura brasiliensis**	Lobo de río	onina	Giant otter

LEYENDA/LEGEND

O	= Observada/ Observed
V	= Vocalizaciones/Calls
H	= Huellas/Tracks
R	= Rastro de actividad (alimentación, madrigueras, cuevas, heces, bañaderos, etc.)/Signs of activity (Feeding marks, scratchmarks, etc.)

a = *Choloepus* cf. *hoffmani* registrado en río Gálvez/registered along Río Gálvez (Fleck y/and Harder 2000)

b = Dato no confirmado/ Unconfirmed data

Categorías de la UICN/IUCN categories

EN	= En peligro/Endangered
VU	= Vulnerable
LR/nt	= Riesgo menor, no amenazada/ Low risk, not threatened
NT	= Casi amenazada/ Near threatened
DD	= Datos insuficientes/ Data deficient

	Especies potenciales/ Potential species	Itia Tëbu	Choncó	Actiamë	Entrevistas a pobladores	UICN/IUCN	CITES	INRENA
019	X	O	O	O	X	–	II	–
						–	–	
020	X	–	O	O, V	X	–	II	NT
021	X	–	V	O	X	–	II	–
022	X	O	O	O, V	X	–	II	VU
023	X	–	–	–	X	NT	I	VU
024	X	O	O, V	O, V	X	–	II	–
025	X	–	O	O	X	–	II	–
025	X	O	O	O	X	–	II	–
026	X	O	O, V	O, V	X	–	II	NT
026	X	O	O	O	X	–	II	–
028	X	O	O	O	X	–	II	–
029	X	–	–	–	X	DD	–	–
030	X	–	O	–	X	VU C2a	I	–
031	X	–	–	–	X	LR/nt	III	–
032	X	O	O, V	–	X	–	–	–
033	X	O	O	O	X	–	III	–
034	X	–	–	–	X	–	–	–
035	X	–	O	O	X	–	III	–
036	X	–	–	–	–	–	–	–
037	X	–	O	–	X	DD	I	–
038	X	–	–	–	X	–	–	–
039	X	–	–	–	X	EN A3ce	I	EN

Apéndices CITES/CITES Appendices

I = En vía de extinción/ Threatened with extinction

II = Vulnerables o potencialmente amenazadas/Vulnerable or potentially threatened

III = Reguladas/Regulated

Categorias INRENA/ INRENA categories (2004) DS.034-2004-AG

EN = En peligro de extinción/Endangered

VU = Vulnerable

NT = Casi Amenazado/Near Threatened

* = Especies esperadas, pero no observadas/Species expected, but not observed.

MAMÍFEROS GRANDES / LARGE MAMMALS

Nombre científico/ Scientific name	Nombre local/ Local name	Nombre Matsés/ Matsés name	Nombre en inglés/ English name
Felidae			
040 *Herpailurus yaguaroundi**	Anushi puma	bëdi chëshë	Jaguarundi
041 *Leopardus pardalis*	Tigrillo	bëdimpi	Ocelot
042 *Leopardus wiedii**	Huamburushu	tëstuc mauequid	Margay
043 *Panthera onca*	Otorongo	bëdi	Jaguar
044 *Puma concolor*	Tigre colorado, puma	bëdi piu	Puma
CETACEA			
Platanistidae			
045 *Inia geoffrensis*	Bufeo colorado	chishcan piu	Pink river dolphin
Delphinidae			
046 *Sotalia fluviatilis**	Bufeo	chishcan chëshë	Gray dolphin
SIRENIA			
Trichechidae			
047 *Trichechus inunguis*[b]*	Vaca marina		Amazonian manatee
PERISSODACTYLA			
Tapiridae			
048 *Tapirus terrestris*	Sacha vaca	nëishamë	Lowland tapir
ARTIODACTYLA			
Tayassuidae			
049 *Pecari tajacu*	Sajino	shëcten	Collared peccary
050 *Tayassu pecari*	Huangana	shëctenamë	White-lipped peccary
Cervidae			
051 *Mazama americana*	Venado colorado	senad piu	Red brocket deer
052 *Mazama gouazoubira*	Venado gris	senad tanun	Gray brocket deer

LEYENDA/LEGEND

O = Observada/ Observed

V = Vocalizaciones/Calls

H = Huellas/Tracks

R = Rastro de actividad (alimentación, madrigueras, cuevas, heces, bañaderos, etc.)/Signs of activity (Feeding marks, scratchmarks, etc.)

a = *Choloepus* cf. *hoffmani* registrado en río Gálvez/registered along Río Gálvez (Fleck y/and Harder 2000)

b = Dato no confirmado/ Unconfirmed data

Categorías de la UICN/IUCN categories

EN = En peligro/Endangered

VU = Vulnerable

LR/nt = Riesgo menor, no amenazada/ Low risk, not threatened

NT = Casi amenazada/ Near threatened

DD = Datos insuficientes/ Data deficient

Especies potenciales/ Potential species	Itia Tëbu	Choncó	Actiamë	Entrevistas a pobladores	UICN/IUCN	CITES	INRENA
040 X	–	–	–	X	–	II	–
041 X	–	–	H	X	–	I	–
042 X	–	–	–	X	–	I	–
043 X	H	H, R	O, H	X	NT	I	NT
044 X	H	–	–	X	NT	II	NT
045 X	–	–	O	X	VU A1cd	II	–
046 X	–	–	–	X	DD	I	–
047 Xb*	–	–	–	–	VU A1cd	I	EN
048 X	H	H, R	H	X	VU A2cd +3cd+4cd	II	VU
049 X	O, V, H, R	O, V, H, R	O, V, H, R	X	–	II	–
050 X	R	O	–	X	–	II	–
051 X	–	O, H	H	X	DD	–	–
052 X	H	H	H	X	DD	–	–

Apéndices CITES/CITES Appendices

I = En vía de extinción/ Threatened with extinction

II = Vulnerables o potencialmente amenazadas/Vulnerable or potentially threatened

III = Reguladas/Regulated

Categorias INRENA/ INRENA categories (2004) DS.034-2004-AG

EN = En peligro de extinción/Endangered

VU = Vulnerable

NT = Casi Amenazado/Near Threatened

* = Especies esperadas, pero no observadas/Species expected, but not observed.

MAMÍFEROS GRANDES / LARGE MAMMALS			
Nombre científico/ Scientific name	Nombre local/ Local name	Nombre Matsés/ Matsés name	Nombre en inglés/ English name
RODENTIA			
Sciuridae			
053 *Microsciurus flaviventer*	Ardilla	capa cudu	Amazon dwarf squirrel
054 *Sciurillus pusillus**	Ardilla	cacsi	Neotropical pygmy squirrel
055 *Sciurus ignitus*	Ardilla	capampi	Bolivian squirrel
056 *Sciurus igniventris*	Huayhuashi	capa	Northern Amazon red squirrel
057 *Sciurus spadiceus*	Huayhuashi	capa	Southern Amazon red squirrel
Erethizontidae			
058 *Coendou bicolor**	Cashacushillo	–	Bicolor-spined Porcupine
059 *Coendou* cf. *prehensilis**	Cashacushillo	isa	Porcupine
Dinomyidae			
060 *Dinomys branickii**	–	tambis biecquid	Pacarana
Hydrochaeridae			
061 *Hydrochaeris hydrochaeris*	Ronsoco	memupaid	Capybara
Agoutidae			
062 *Agouti paca*	Majás	tambis	Paca
Dasyproctidae			
063 *Dasyprocta fuliginosa*	Añuje	mëcueste	Black agouti
064 *Myoprocta pratti**	Punchana	tsatsin	Green agouchy
TOTAL			

LEYENDA/LEGEND O = Observada/Observed
V = Vocalizaciones/Calls
H = Huellas/Tracks
R = Rastro de actividad (alimentación, madrigueras, cuevas, heces, bañaderos, etc.)/Signs of activity (Feeding marks, scratchmarks, etc.)

a = *Choloepus* cf. *hoffmani* registrado en río Gálvez/registered along Río Gálvez (Fleck y/and Harder 2000)
b = Dato no confirmado/ Unconfirmed data

Categorías de la UICN/IUCN categories
EN = En peligro/Endangered
VU = Vulnerable
LR/nt = Riesgo menor, no amenazada/ Low risk, not threatened
NT = Casi amenazada/ Near threatened
DD = Datos insuficientes/ Data deficient

	Especies potenciales/ Potential species	Itia Tëbu	Choncó	Actiamë	Entrevistas a pobladores	UICN/IUCN	CITES	INRENA
053	X	–	O	O	X	–	–	–
054	X	–	–	–	–	–	–	–
055	X	O	–	O	X	–	–	–
056	X	O	O		X	–	–	–
057	X	O	O	O	X	–	–	–
058	X	–	–	–	–	–	–	–
059	X	–	–	–	X	–	–	–
060	X	–	–	–	X	EN A1cd	–	EN
061	X	–	–	H	X	–	–	–
062	X	O, H	H, R	O, H, R	X	–	III	–
063	X	O	O, H	O, H	X	–	–	–
064	X	–	–	–	X	–	–	–
	65	25	35	35	59			

Apéndices CITES/CITES Appendices

I = En vía de extinción/ Threatened with extinction

II = Vulnerables o potencialmente amenazadas/Vulnerable or potentially threatened

III = Reguladas/Regulated

Categorias INRENA/ INRENA categories (2004) DS.O34-2004-AG

EN = En peligro de extinción/Endangered

VU = Vulnerable

NT = Casi Amenazado/Near Threatened

* = Especies esperadas, pero no observadas/Species expected, but not observed.

Apéndice/Appendix 7

Demografía de los Matsés/
Matsés demography

Demografía de la Comunidad Nativa Matsés. Datos recolectados por L. Calixto en 2004./Demography of the
Comunidad Nativa Matsés. Data collection by L. Calixto in 2004.

DEMOGRAFIA DE LOS MATSÉS / MATSÉS DEMOGRAPHY					
Anexo	**Población/Population**		**Total**	**Casas (número promedio)/Houses (average number)**	**Río/River**
	Hombres/ Males	Mujeres/ Females			
Buenas Lomas Antigua	162	157	319	40	Chobayacu
Buenas Lomas Nueva	169	149	318	50	Chobayacu
Estirón	63	58	121	21	Chobayacu
Santa Rosa	49	43	92	15	Chobayacu
Puerto Alegre	123	128	251	36	Yaquerana
Nuevo Cashishpi	46	33	79	20	Yaquerana
Paujíl	30	21	51	13	Gálvez
San José de Añushi	30	34	64	16	Gálvez
Jorge Chávez	30	28	58	13	Gálvez
San Mateo	28	24	52	12	Gálvez
Nuevo San Juan	26	17	43	12	Gálvez
Remoyacu	49	48	97	22	Gálvez
Buen Perú	50	63	113	23	Gálvez
Otros/Others	19	25	44	12	Chobayacu
TOTAL	**874**	**828**	**1702**	**305**	

LITERATURA CITADA/LITERATURE CITED

Aleva, G. J. J. 1984. Laterization, bauxitization and cyclic landscape development in the Guiana Shield. Pages 297-318 in L. Jacob, Jr. (ed.), Bauxite: Proceedings of the 1984 Bauxite Symposium, Los Angeles, California.

Álvarez, J. and B. M. Whitney. 2003. New distributional records of birds from white-sand forests of the northern Peruvian Amazon, with implications for biogeography of northern South America. Condor 105:552-566.

Álvarez, J. 2002. Characteristic avifauna of white-sand forests in Northern Peruvian Amazon. Master's thesis, Louisiana State University, Baton Rouge.

Alverson, W. S., D.K. Moskovits, and J.M. Shopland (eds.). 2000. Bolivia: Pando, Rio Tahuamanu. Rapid Biological Inventories Report No 1. Chicago, IL: The Field Museum.

Amanzo, J. and U. Paredes. 2001. Evaluación de Mamíferos Sierra del Divisor. Pronaturaleza. *www.pronaturaleza.org*.

Aquino, R. and F. Encarnacion. 1994. Primates of Peru. Primate Report. 40:1-127.

Barthem, R., M. Goulding, B. Fosberg, C. Cañas and H. Ortega. 2003. Aquatic ecology of the Rio Madre de Dios, scientific bases for Andes-Amazon headwaters conservation. Asociación para la Conservación de la Cuenca Amazónica (ACCA)/Amazon Conservation Association (ACA). Lima, Peru: Gráfica Biblos S.A.

Begazo, A. and T. Valqui. 1998. Birds of Pacaya-Saimiria National Reserve with a new population (*Myrmotherula longicauda*) and new record for Perú (*Hylophilus semicinereus*). Bulletin of the British Ornithologists' Club 118:159-166.

Bodmer, R., J. Penn, P. Puertas, L. Moya and T. Fang. 1997. Linking conservation and local people through sustainable use of natural resources: Community-based management in Peruvian Amazon. Pages 315-358 in Freese, C.H. (ed.), Harvesting wild species: Implications for biodiversity conservation. Baltimore, MD: The John Hopkins University Press.

Bodmer, R., and P. Puertas. 2003. Una breve historia del valle del Río Yavarí. Pages 92-96 in N. Pitman, C. Vriesendorp, D. Moskovits (eds.), Peru: Yavarí. Rapid Biological Inventories Report 11. Chicago, IL: The Field Museum.

Caldwell, J. P. and C. W. Myers. 1990. A new poison frog from Amazonian Brazil, with further revision of the *quinquevittatus* group of *Dendrobates*. American Museum Novitates. 2988:1-21.

Campbell, K. E., M. Heizler, C. D. Frailey, L. Romero-Pitman, and D. R. Prothero. 2001. Upper Cenozoic chronostratigraphy of the southwestern Amazon Basin. Geology 29 (7):595-598.

Chang, F. 1999. New species of *Myoglanis* (Siluriformes, Pimelodidae) from the Río Amazonas, Perú. Copeia 2:434-438.

CIMA-Cordillera Azul. 2004. Plan Maestro del Parque Nacional Cordillera Azul, Perú. Unpublished technical document.

CITES. 2004. *www.cites.org*

Collins, A. C. 1999. Species status of the Colombian Spider Monkey, *Ateles belzebuth hybridus*. Neotropical Primates 7(2):39-41.

Colinvaux, P. A., and P. E. De Oliveira. 2001. Amazon plant diversity and climate through the Cenozoic. Palaeogeography Palaeoclimatology Palaeoecology 166(1-2):51-63.

Coltorti, M., and C. D. Ollier. 2000. Geomorphic and tectonic evolution of the Ecuadorian Andes. Geomorphology 32(1-2):1-19.

Culik, B. 2000. *Inia geoffrensis*, Amazon river dolphin, Boto, Inia. Convention on Migratory Species. Website: *http://www.cms.int/reports/small_cetaceans/data/I_geoffrensis/I_geoffrensis.htm*

Cunha, O. R. and F. P. Nascimento. 1993. Ofídios da Amazônia. As cobras do leste do Pará. Boletim do Museu Paraense Emílio Goeldi, Série Zoologia 9(1):1-191.

Daly, D. C. 1987. A taxonomic revision of *Protium* (Burseraceae) in Eastern Amazonia and the Guianas. Ph.D. dissertation, City University of New York, New York.

Daly, D. C., in press. A new section of *Protium* from the Neotropics. Studies in Neotropical Burseraceae XIII. Brittonia.

Damuth, J. E., and K. Kumar. 1975. Amazon Cone: morphology, sediments, age, and growth pattern. Geological Society of America Bulletin 86:863-878.

De Jesús, M. J. and C. C. Kohler. 2004. The Commercial Fishery of the Peruvian Amazon. Fisheries 29 (4):10-16.

De Rham, P., M. Hidalgo, and H. Ortega. 2001. Peces. Pages 64-69 in W. S. Alverson, L. O. Rodríguez and D. Moskovits (eds.), Perú: Biabo Cordillera Azul. Rapid Biological Inventories Report 2. Chicago, IL: The Field Museum.

Dixon, J. R. and P. Soini. 1986. The reptiles of the upper Amazon basin, Iquitos Region, Peru. Milwaukee: Milwaukee Public Museum.

Dobson, D. M., G. R. Dickens, and D. K. Rea. 2001. Terrigenous sediment on Ceara Rise: A Cenozoic record of South American orogeny and erosion. Palaeogeography Palaeoclimatology Palaeoecology 165(3-4):215-229.

Duellman, W. E. 1978. The biology of an equatorial herpetofauna in Amazonian Ecuador. Miscellaneous Publications of the Museum of Natural History of Kansas 65:1-352.

Duivenvoorden, J. F. 1996. Patterns of tree species richness in rain forests of the middle Caqueta area, Colombia, NW Amazonia. Biotropica 28(2):142-158.

Dumont, J. F. 1993. Lake patterns as related to neotectonics in subsiding basins - the example of the Ucamara Depression, Peru. Tectonophysics 222(1):69-78.

Dumont, J. F. 1996. Neotectonics of the Subandes-Brazilian Craton boundary using geomorphological data: the Marañón and Beni Basins. Tectonophysics 259(1-3):137-151.

Dumont, J. F. and F. Garcia. 1991. Active subsidence controlled by basement structures in the Marañón basin of northeastern Perú. Proceedings of the Fourth International Symposium on Land Subsidence, International Association of Hydrological Sciences Publication 200:343-350.

Dumont, J. F., E. Deza, and F. Garcia. 1991. Morphostructural provinces and neotectonics in the Amazon lowlands of Perú. Journal of South American Earth Sciences 4(4):373-381.

Emmons, L. H. 1984. Geographic variation in densities and diversities of non-flying mammals in Amazonia. Biotropica 16:210-222.

Emmons, L. H. and F. Feer. 1997. Neotropical rainforest mammals. A field guide. Chicago, IL: University of Chicago Press.

Encarnación, F. 1985. Introducción a la flora y vegetación de la Amazonía peruana: estado actual de los estudios, medio natural y ensayo de una clave de determinación de las formaciones vegetales en la llanura amazónica. Candollea 40:237-252.

Etter, A., and P. J. Botero. 1990. Efectos de procesos climáticos y geomorfológicos en la dinámica del bosque húmedo tropical de la Amazonia colombiana. Colombia Amazonica 4(2):7-21.

Fine, P. V. A. 2004. Herbivory and the evolution of habitat specialization by trees in Amazonian forests. Ph.D. dissertation, University of Utah, Salt Lake City.

Fine, P. V. A., D. C. Daly, G. Villa Muñoz, I. Mesones, K. Cameron. 2005. The contribution of edaphic heterogeneity to the evolution and diversity of Burseraceae trees in the western Amazon. Evolution 59:1464-1478

Fleck, D. W. and J. D. Harder. 2000. Matsés Indian rainforest habitat classification and mammalian diversity in Amazonian Peru. Journal of Ethnobiology 20:1-36.

Foster, M. S. and J. Terborgh. 1998. Impacts of a rare storm event on an Amazonian forest. Biotropica 30(3):470-474.

Fragoso, J. M. 1997. Desapariciones locales del baquiro labiado *Tayassu pecari*: Migración, sobrecosecha o epidemia? Pages 309-312 in T. G. Fang, R. E. Bodmer, R. Aquino and M. H. Valqui (eds.), Manejo de Fauna Silvestre en la Amazonía. La Paz, Bolivia: OFAVIM.

Freese, C. H., P. G. Heltne, N. Castro and G. Whitesides. 1982. Patterns and determinants of monkeys densities in Peru and Bolivia, with notes on distributions. International Journal of Primatology 3:53-89.

Frost, D. 2004. Amphibian species of the world, 3.0. An online reference. American Museum of Natural History *http://research.amnh.org/herpetology/amphibia/index.php*

Garcia-Villacorta R. and B. E. Hammel. 2004. A noteworthy new species of *Tovomita* (Clusiaceae) from Amazonian white sand forests of Peru and Colombia. Brittonia 56:132-135.

Gentry, A. H. 1986. Endemism in tropical versus temperate plant communities. Pages 153-181 in M. Soulé (ed.), Conservation Biology: the science of scarcity and diversity. Sunderland, MA: Sinauer.

Gentry, A. H. 1988. Patterns of plant community diversity and floristic composition on environmental and geographical gradients. Annals of the Missouri Botanical Garden 75:1-34.

Gentry, A. H. 1989. Speciation in tropical forests. Pages 113-134 in L. Holm-Nielsen, I. Nielsen, and H. Balslev (eds.), Tropical forests: botanical dynamics, speciation, and diversity. London, UK: Academic Press.

Grández, C., A. García, A. Duque, and J. F. Duivenvoorden. 2001. La composición florística de los bosques en las cuencas de los ríos Ampiyacu y Yaguasyacu (Amazonía Peruana). Pages 163-176 in J. F. Duivenvoorden, H. Balslev, J. Cavelier, C. Grández, H. Tuomisto and R. Valencia (eds.), Evaluación de recursos vegetales no maderables en la Amazonía noroccidental. Amsterdam: IBED Universiteit van Amsterdam.

Grant, T. and L. O. Rodríguez. 2001. Two new species of frogs of the genus Colostethus (Dendrobatidae) from Peru and a redescription of C. trilineatus (Boulenger, 1883). American Museum Novitates 3355:1-24.

Gregory-Wodzicki, K. M. 2000. Uplift history of the central and northern Andes: A review. Geological Society of America Bulletin 112(7):1091-1105.

Gutscher, M. A., W. Spakman, H. Bijwaard, and E. R. Engdahl. 2000. Geodynamics of flat subduction: Seismicity and tomographic constraints from the Andean margin. Tectonics 19(5):814-833.

Hice, C.L. 2003. The non-volant mammals of the Estación Biológica Allpahuayo: Assessment of the natural history and community ecology of a proposed reserve. Ph. D. Dissertation. Texas Tech University, Lubbock.

Hidalgo, M. and R. Olivera. 2004. Peces. Pages 62-67 in N. Pitman, R. C. Smith, C. Vriesendorp, D. Moskovits, R. Piana, G. Knell and T. Watcher (eds.). Perú: Ampiyacu, Apayacu, Yaguas, Medio Putumayo. Rapid Biological Inventories Report 12. Chicago, IL: The Field Museum.

Higgins, M. A., and K. Ruokolainen. 2004. Rapid tropical forest inventory: a comparison of techniques based on inventory data from western Amazonia. Conservation Biology 18:799-811.

Hoorn, C. 1993. Marine incursions and the influence of Andean tectonics on the miocene depositional history of northwestern Amazonia: results of a palynostratigraphic study. Palaeogeography Palaeoclimatology Palaeoecology 105:267-309.

Hoorn, C. 1994a. Fluvial paleoenvironments in the intracratonic Amazonas Basin (Early Miocene - Early Middle Miocene, Colombia). Palaeogeography Palaeoclimatology Palaeoecology 109(1):1-7.

Hoorn, C. 1994b. An environmental reconstruction of the palaeo-Amazon River system (Middle-Late Miocene, NW Amazonía). Palaeogeography Palaeoclimatology Palaeoecology 112(3-4):187-238.

Hoorn, C. 1996. Miocene deposits in the Amazonian Foreland Basin. Science 273(5271):122-123.

Hoorn, C., J. Guerrero, G. A. Sarmiento, and M. A. Lorente. 1995. Andean tectonics as a cause for changing drainage patterns in Miocene northern South-America. Geology 23(3):237-240.

Husson, L. and Y. Ricard. 2004. Stress balance above subduction: Application to the Andes. Earth and Planetary Science Letters 222:1037-1050.

Irion, G. 1984a. Sedimentation and sediments of Amazonian rivers and evolution of the Amazonian landscape since Pliocene times. Pages 201-214 in H. Sioli (ed.), The Amazon: Limnology and Landscape Ecology of a Mighty Tropical River and its Basin. The Hague, NL: Dr. W. Junk Publishers.

Irion, G. 1984b. Clay minerals of Amazonian soils. Pages 537-579 in H. Sioli (ed.), The Amazon: Limnology and Landscape Ecology of a Mighty Tropical River and its Basin. The Hague, NL: Dr. W. Junk Publishers.

IUCN. 2004. www.redlist.org

INRENA. 2004. Categorización de especies amenazadas de fauna silvestre. D.S. 034-2004-AG. Lima: INRENA. Available at www.inrena.gob.pe

James, D. E. 1978. Subduction of Nazca Plate beneath central Peru. Geology 6(3):174-178.

Janzen, D. H. 1974. Tropical blackwater rivers, animals, and mast fruiting by the Dipterocarpaceae. Biotropica 6 (2):69-103.

Johnsson, M. J. and R. H. Meade. 1990. Chemical-weathering of fluvial sediments during alluvial storage—the Macuapanim Island point-bar, Solimões River, Brazil. Journal of Sedimentary Petrology 60(6):827-842.

Johnsson, M. J., R. F. Stallard, and R. H. Meade. 1988. First-cycle quartz arenites in the Orinoco River Basin, Venezuela and Colombia. Journal of Geology 96(3):263-277.

Kalliola, R. and M. Puhakka. 1993. Geografia de la selva baja Peruana. Pages 9-21 in R. Kalliola, M. Puhakka, and W. Danjoy (eds.), Amazonía Peruana: Vegetación Humeda Tropical en el Llano Subandino. Jyväskylä, Finland: Gummerus Printing.

Kauffman, S., G. Paredes Arce, and R. Marquina. 1998. Suelos de la zona de Iquitos. Pages 139-229 in R. Kalliola and F. Paitán (eds.), Geoecología y Desarrollo Amazónico. Annales Universitatis Turkuensis Series A II 114. Turku, Finland: Turun Yliopisto.

King, L. C. 1956. A geomorfologia do Brasil oriental. Revista Brasileira de Geografia 18:147-265.

Klammer, G. 1984. The relief of the extra-Andean Amazon basin. Pages 47-83 in H. Sioli (ed.), The Amazon: Limnology and Landscape Ecology of a Mighty Tropical River and its Basin. The Hague, NL: Dr. W. Junk Publishers.

Kronberg, B. I., J. R. Franco, R. E. Benchimol. 1989. Geochemical variations in Solimões Formation sediments (Acre basin, western Amazonía). Acta Amazonica 19:319-333.

Krook, L. 1979. Sediment petrographical studies in northern Surinam. Ph.D. dissertation, Free University, Amsterdam.

Lamar, W. 1998. A checklist with common names of the reptiles of the Peruavian lower Amazon. *www.greentracks.com/RepList.htm.*

Lane, D. F., T. Pequeño, and J. Flores Villar. 2003. Birds. Pages 254-267 in N. Pitman, C. Vriesendorp, and D. Moskovits (eds.), Perú: Yavarí. Rapid Biological Inventories Report No. 11. Chicago, IL: The Field Museum.

Latrubesse, E. M. and A. Rancy. 2000. Neotectonic influence on tropical rivers of southwestern Amazon during the Late Quaternary: The Moa and Ipixuna River basins, Brazil. Quaternary International 72:67-72.

Linna, A. 1993. Factores que contribuyen a las caracteristicas del sedimento superficial en la selva baja de la Amazonia peruana. Pages 87-97 in R. Kalliola, M. Puhakka, and W. Danjoy (eds.), Amazonía Peruana: Vegetación Humeda Tropical en el Llano Subandino. Jyväskylä, Finland: Gummerus Printing.

Lovejoy, N. R., E. Bermingham, and A. P. Martin. 1998. Marine incursion into South America. Nature 396(6710):421-422.

Maki S., R. Kalliola, and K. Vuorinen. 2001. Road construction in the Peruvian Amazon: process, causes and consequences. Environmental Conservation 28:199-214.

Marengo, J. A. 1998. Climatología de la zona de Iquitos. Pages 35-37 in R. Kalliola and F. Paitán (eds.), Geoecología y Desarrollo Amazónico. Annales Universitatis Turkuensis Series A II 114. Turku, Finland: Turun Yliopisto.

McConnell, R. B. 1968. Planation surfaces in Guyana. Geographical Journal 134:506-520.

McNulty, B. and D. Farber. 2002. Active detachment faulting above the Peruvian flat slab. Geology 30(6):567-570.

Mertes, L. A. K., T. Dunne and L. A. Martinelli. 1996. Channel-floodplain geomorphology along the Solimões-Amazon River, Brazil. Geological Society of America Bulletin 108(9):1089-1107.

Mittermeier, R.A. 1987. Effects of hunting on rainforest primates. Pages 109-146 in C. W. Marsh and R. A. Mittermeier (eds.), Primate Conservation in the Tropical Rain Forest. Alan R. Liss, Inc: New York, NY.

Montenegro, O. and M. Escobedo. 2004. Mamíferos. Pages 81-88 in N. Pitman, R. C. Smith, C. Vriesendorp, D. Moskovits, R. Piana, G. Knell and T. Wachter (eds.), Perú: Ampiyacu, Apayacu, Yaguas, Medio Putumayo, Rapid Biological Inventories Report 12. Chicago, IL: The Field Museum.

Munsell Color Company. 1954. Soil Color Charts. Baltimore, MD: Munsell Color Company.

NASA Jet Propulsion Laboratory. 2004. SRTM South America images.

Neckel-Oliveira, S. and M. Gordo. 2004. Anfíbios, lagartos e serpentes do Parque Nacional do Jaú. Pages 161-176 in S. H. Borges, S. Iwanaga, C. C. Durigan e M. R. Pinheiro (eds.), Janelas para a Biodiversidade no Parque Nacional do Jaú: uma estratégia para o estudo da biodiversidade na Amazônia. Manuas, Brasil: Fundaçao Vitória Amazônica.

Nelson, B. W., V. Kapos, J. B. Adams, W. J. Oliveira, O. P. G. Braun, and I. L. do Amaral. 1994. Forest disturbance by large blowdowns in the Brazilian Amazon. Ecology 75:853–858.

de Oliveira, A. A. and S. A. Mori 1999. A central Amazonian terra firme forest. I. High tree species richness on poor soils. Biodiversity and Conservation 8:1219-1244.

Oren, D. 1981. Zoogeographic analysis of the white sand campina avifauna of Amazonia. Ph. D. dissertation, Harvard University, Cambridge.

Ortega, H. and F. Chang. 1992. Ictiofauna del Santuario Nacional Pampas del Heath-Madre de Dios, Perú. Pages 215-221 in Memoria X Congreso Nacional de Biología. Lima, Peru: UNMSM.

Ortega, H., M. Hidalgo, and G. Bertiz. 2003a. Peces. Pages 59-63 in N. Pitman, C. Vriesendorp, D. Moskovits (eds.). Perú: Yavarí. Rapid Biological Inventories Report 11. Chicago, IL: The Field Museum.

Ortega, H., M. McClain, I. Samanez, B. Rengifo and M. Hidalgo. 2003b. Los peces y hábitats en la cuenca del Río Pachitea (Pasco-Huánuco). Proccedings of American Society of Ichthyologists and Herpetologists (ASIH) Annual Meeting. Manuas, Brazil: INPA.

Pacheco, V. and J. Amanzo. 2003. Análisis de datos de cacería en las comunidades nativas de Pikiniki y Nuevo Belén, río Alto Purús. Pages 217-225 in R. Leite Pitman, N. Pitman and P. Alvarez (eds.), Alto Purus: Biodiversidad, Conservación y Manejo. Duke University, NC: Center for Tropical Conservation and Lima, Peru: Impresso Gráfica.

Pacheco, V., B. D. Patterson, J. L. Patton, L. H. Emmons, S. Solari and C. F. Ascorra. 1993. List of mammal species known to occur in Manu Biosphere Reserve, Perú. Publicaciones del Museo de Historia Natural, Universidad Nacional Mayor de San Marcos 44:1-12.

Paredes Arce, G., S. Kauffman, and R. Kalliola. 1998. Suelos alluviales recientes de la zona de Iquitos-Nauta. Pages 231-251 in R. Kalliola and F. Paitán (eds.), Geoecología y Desarrollo Amazónico. Annales Universitatis Turkuensis Series A II 114. Turku, Finland: Turun Yliopisto.

Paynter, R. A., Jr. 1995. Nearctic passerine migrants in South America. Publication of the Nuttall Ornithological Club No. 25, Cambridge, MA.

Pennington, T. D., C. Reynel, and A. Daza. 2004. Illustrated guide to the trees of Peru. Sherborne, UK: David Hunt.

Pitman, N. C. A. 2000. A large-scale inventory of two Amazonian tree communities. Ph.D. dissertation, Duke University, Durham.

Pitman, N., H. Beltran, R. Foster, R. García, C. Vriesendorp, M. Ahuite. 2003. Flora and Vegetation. Pages 137-143 in N. Pitman, C. Vriesendorp, D. Moskovits (eds.), Perú: Yavarí. Rapid Biological Inventories Report 11. Chicago, IL: The Field Museum.

Pitman, N., R. C. Smith, C. Vriesendorp, D. Moskovits, R. Piana, G. Knell and T. Wachter (eds.). 2004. Perú: Ampiyacu, Apayacu, Yaguas, Medio Putumayo, Rapid Biological Inventories Report 12. Chicago, IL: The Field Museum.

Pook, A. G. and G. Pook. 1981. A field study of the socio-ecology of the Goeldi's Monkey (*Callimico goeldii*) in northern Bolivia. Folia Primatologica 35:288-312.

Proyecto Abujao. 2001. *http://www.pronaturaleza.org/ abujao/proyectoabujao.htm*

Räsänen, M. 1993. La geohistoria y geología de la Amazonía peruana. Pages 43-67 in R. Kalliola, M. Puhakka, and W. Danjoy (eds.), Amazonía Peruana: Vegetación Humeda Tropical en el Llano Subandino. Jyväskylä, Finland: Gummerus Printing.

Räsänen, M., R. Kalliola, and M. Puhakka. 1993. Mapa geoecológico de la selva baja peruana: explicaciones. Pages 207-216 in in R. Kalliola, M. Puhakka, and W. Danjoy (eds.), Amazonía Peruana: Vegetación Humeda Tropical en el Llano Subandino. Jyväskylä, Finland: Gummerus Printing.

Räsänen, M., A. Linna, G. Irion, L. R. Hernani, R. V. Huaman, and F. Wesselingh. 1998. Geología y geoformas de la zona de Iquitos. Pages 59-137 in R. Kalliola and F. Paitán (eds.), Geoecología y Desarrollo Amazónico. Annales Universitatis Turkuensis Series A II 114. Turku, Finland: Turun Yliopisto.

Reis, R. E., S. O. Kullander and C. J. Ferraris. 2003. Checklist of the Freshwater Fishes of South America and Central America. Porto Alegre, Brasil: EDIPUCRS.

Ridgely, R. S., and P. J. Greenfield. 2001. The birds of Ecuador: Status, distribution and taxonomy. Ithaca, NY: Cornell University Press.

Robinson, J. G., and K. H. Redford. 1997. Midiendo la sustentabilidad de la caza en los bosques tropicales. Pages 15-26 in T. Fang, R. Bodmer, R. Aquino y M. Valqui (eds.), Manejo de fauna silvestre en la Amazonía. La Paz, Bolivia: UNDP/GEF.

Rodríguez, L. and G. Knell 2003. Anfibios y reptiles. Pages 63-67 in N. Pitman, C. Vriesendorp, and D. Moskovits (eds.), Perú: Yavarí, Rapid Biological Inventories Report 11. Chicago, IL: The Field Museum.

Rodríguez, L. and G. Knell. 2004. Anfibios y reptiles. Pages 67-70 in N. Pitman, R. C. Smith, C. Vriesendorp, D. Moskovits, R. Piana, G. Knell and T. Wachter (eds.). Perú: Ampiyacu, Apayacu, Yaguas, Medio Putumayo, Rapid Biological Inventories Report 12. Chicago, IL: The Field Museum.

Rodríguez, L. and W. E. Duellman. 1994. Guide to the frogs of the Iquitos region. University of Kansas Museum of Natural History, Special Publication 22:1-80.

Rousse, S., S. Gilder, D. Farber, B. McNulty, P. Patriat, V. Torres, and T. Sempere. 2003. Paleomagnetic tracking of mountain building in the Peruvian Andes since 10 Ma. Tectonics 22(5):1048.

Ruokolainen, K., A. Linna, and H. Tuomisto. 1997. Use of Melastomataceae and pteridophytes for revealing phytogeographical patterns in Amazonian rain forests. Journal of Tropical Ecology 13:243-256.

Ruokolainen, K. and H. Tuomisto. 1998. Vegetación natural de la zona de Iquitos. Pages 253-365 in R. Kalliola and F. Paitán (eds.), Geoecología y Desarrollo Amazónico. Annales Universitatis Turkuensis Series A II 114. Turku, Finland: Turun Yliopisto.

Sacks, I. S. 1983. The subduction of young lithosphere. Journal of Geophysical Research 88(NB4):3355-3366.

Salovaara, K., R. Bodmer, M. Recharte, and C. Reyes F. 2003. Diversidad y abundancia de mamíferos. Pages 74-84 in N. Pitman, C. Vriesendorp, D. Moskovits (eds.), Peru: Yavari. Rapid Biological Inventories Report 11. Chicago, IL: The Field Museum.

Servat, G. P. 1993. First records of the Yellow Tyrannulet in Perú. Wilson Bulletin 105:534.

Shiva, V. 2000. Foreword: Cultural Diversity and the Politics of Knowledge. Pages vii-x in G. J. Sefa Dei, B. L. Hall, and D. G. Rosenberg (eds.), Indigenous Knowledges in Global Contexts: Multiple Readings of Our World. Toronto, Canada: University of Toronto Press.

Sick, H. 1993. Birds in Brazil. Princeton, NJ: Princeton University Press.

Smith, T. B., R.K. Wayne, D. Girman, and M.W. Bruford. 1997. A role for ecotones in generating rainforest biodiversity. Science 276:1855-1857.

Soini, P. 1990. Nota sobre el hallazgo de una subespecie adicional de Saguinus fuscicollis (Callitrichidae, Primates) para el Perú. Pages xx-xx in Dirección General Forestal y de Fauna, Instituto Veterinario de Investigaciones Tropicales y de Altura, Organización Panamericana de la Salud/Organización Mundial de la Salud (eds.), La Primatología en el Perú, Investigaciones primatológicas (1973-1985). Lima: Imprenta Probacep.

Souza, M. B. 2003. Diversidade de anfíbios nas unidades de conservação ambiental: Reserva Extrativista do Alto Juruá (REAJ) e Parque Nacional da Serra do Divisor (PNSD), Acre, Brasil. Ph.D. dissertation, Universidade Estadual Paulista, São Paulo.

Spichiger, R., J. Méroz, P. A. Loizeau, and L. Stutz de Ortega. 1989. Los árboles del Arboretum Jenaro Herrera, Volumen I, Moraceae a Leguminosae. Boissiera 43:1-359.

Spichiger, R., J. Méroz, P. A. Loizeau, and L. Stutz de Ortega. 1990. Los árboles del Arboretum Jenaro Herrera, Volumen II, Linaceae a Palmae. Boissiera 44:1-565.

Stallard, R. F. 1985. River chemistry, geology, geomorphology, and soils in the Amazon and Orinoco basins. Pages 293-316 in J. I. Drever (ed.), The Chemistry of Weathering: NATO ASI Series C: Mathematical and Physical Sciences 149. Dordrecht, NL: D. Reidel Publishing Co.

Stallard, R. F. 1988. Weathering and erosion in the humid tropics. Pages 225-246 in A. Lerman and M. Meybeck (eds.), Physical and Chemical Weathering in Geochemical Cycles. NATO ASI Series C: Mathematical and Physical Sciences 251. Dordrecht, NL: Kluwer Academic Publishers.

Stallard, R. F. and J. M. Edmond. 1983. Geochemistry of the Amazon 2. The influence of geology and weathering environment on the dissolved-load. Journal of Geophysical Research-Oceans and Atmospheres 88(NC14):9671-9688.

Stallard, R. F. and J. M. Edmond. 1987. Geochemistry of the Amazon 3. Weathering chemistry and limits to dissolved inputs. Journal of Geophysical Research-Oceans 92(C8):8293-8302.

Stallard, R. F., L. Koehnken and M. J. Johnsson. 1990. Weathering processes and the composition of inorganic material transported through the Orinoco River system, Venezuela and Colombia. Pages 81-119 in F. H. Weibezahn, H. Alvarez, and W. M. Lewis, Jr., (eds.), El Río Orinoco como Ecosistema/The Orinoco River as an Ecosystem: Caracas, Venezuela: Impresos Rubel.

Stark, N. and C. Holley. 1975. Final report on studies of nutrient cycling on white and black water areas in Amazonia. Acta Amazonica 5:51-76.

Stark, N. M. and C. F. Jordan. 1978. Nutrient retention by the root mat of an Amazonian rain forest. Ecology 59(3):434-437.

Stephens, L. and M. A. Traylor, Jr. 1983. Ornithological gazetteer of Peru. Cambridge, MA: Harvard University.

Stewart, J. W. 1971 Neogene peralkaline igneous activity in eastern Perú. Geological Society of America Bulletin 82(8):2307.

Stotz, D. F. 1993. Geographic variation in species composition of mixed species flocks in lowland humid forests in Brazil. Papéis Avulsos de Zoologia (São Paulo) 38:61-75.

Stotz, D. F., and T. Pequeño. 2004. Birds. Pages 242-253 in N. Pitman, R. C. Smith, C. Vriesendorp, D. Moskovits, R. Piana, G. Knell, and T. Watcher (eds.), Perú: Ampiyacu, Apayacu, Yaguas, Medio Putumayo. Rapid Biological Inventories Report No. 12. Chicago, IL: The Field Museum.

Valqui, M. 2001. Diversity and Ecology of Small Mammals in Western Amazonia. PhD. dissertation, University of Florida, Gainesville.

Vásquez Martinez, R. 1997. Florula de las reservas biologicas de Iquitos, Peru. St. Louis, MO: Missouri Botanical Garden Press.

Vásquez Martinez, R. and O. L. Phillips. 2000. Allpahuayo: Floristics, structure, and dynamics of a high-diversity forest in Amazonian Peru. Annals of the Missouri Botanical Garden 87:499-527.

Vonhof, H. B., F. P. Wesselingh, and G. M. Ganssen. 1998. Reconstruction of the Miocene western Amazonian aquatic system using molluscan isotopic signatures. Palaeogeography Palaeoclimatology Palaeoecology 141(1-2):85-93.

Vonhof, H. B., F. P. Wesselingh, R. J. G. Kaandorp, G. R. Davies, J. E. van Hinte, J. Guerrero, M. Räsänen, L. Romero-Pitman, and A. Ranzi. 2003. Paleogeography of Miocene western Amazonía: Isotopic composition of molluscan shells constrains the influence of marine incursions. Geological Society of America Bulletin 115(8):983-993.

Voss, R. S. and L. H. Emmons. 1996. Mammalian diversity in neotropical lowland rainforests: a preliminary assessment. Bulletin of the American Museum of Natural History 230:1-115.

Vriesendorp, C., N. Pitman, R. Foster, I. Mesones, and M. Rios. 2004. Flora and Vegetation. Pages 141-147 in N. Pitman, R. Smith, C. Vriesendorp, D. Moskovits, R. Piana, G. Knell, and T. Wachter (eds.), Perú: Ampiyacu, Apayacu, Yaguas, Medio Putumayo. Rapid Biological Inventories Report 12. Chicago, IL: The Field Museum.

Whitney, B. M., D. C. Oren, and R. T. Brumfield. 2004. A new species of Thamnophilus antshrike (Aves: Thamnophilidae) from the Serra do Divisor, Acre, Brazil. Auk 121:1031-1039.

Whittaker, A. and D. C. Oren. 1999. Important ornithological records from the Rio Juruá, western Amazonia, including twelve additions to the Brazilian avifauna. Bulletin of the British Ornithologists' Club 119:235-260.

Willink, P. W., B. Chernoff, H. Ortega, R. Barriga, A. Machado-Allison, H. Sanchez and N. Salcedo. 2005. Fishes of the Pastaza River watershed: Assessing the richness, distribution and potential threats. Pages 75-84 in P. W. Willink, B. Chernoff and J. McCullough (eds.). A Rapid Biological Assessment of the aquatic ecosystems of the Pastaza river basin, Ecuador and Perú. RAP Bulletin of Biological Assessment 33. Washington, DC: Conservation International.

Winkler, P. 1980. Observations on acidity in continental and marine atmospheric aerosols and in precipitation. Journal of Geophysical Research 85(C8):4481-4486.

WWF Perú. 2002. Evaluación Ecológica Rápida del Abanico del Pastaza. http://wwfperu.org.pe:8080/bdatos/pastaza/index.htm

Alverson, W. S., D. K. Moskovits, y/and J. M. Shopland, eds.
2000. Bolivia: Pando, Río Tahuamanu. Rapid Biological
Inventories 01. The Field Museum, Chicago.

Alverson, W. S., L. O. Rodríguez, y/and D. K. Moskovits, eds.
2001. Perú: Biabo Cordillera Azul. Rapid Biological
Inventories 02. The Field Museum, Chicago.

Pitman, N., D. K. Moskovits, W. S. Alverson, y/and R. Borman A.,
eds. 2002. Ecuador: Serranías Cofán–Bermejo, Sinangoe.
Rapid Biological Inventories 03. The Field Museum, Chicago.

Stotz, D. F., E. J. Harris, D. K. Moskovits, K. Hao, S. Yi, and
G. W. Adelmann, eds. 2003. China: Yunnan, Southern
Gaoligongshan. Rapid Biological Inventories 04. The Field
Museum, Chicago.

Alverson, W. S., ed. 2003. Bolivia: Pando, Madre de Dios. Rapid
Biological Inventories Report 05. The Field Museum, Chicago.

Alverson, W. S., D. K. Moskovits, y/and I. C. Halm, eds. 2003.
Bolivia: Pando, Federico Román. Rapid Biological Inventories
Report 06. The Field Museum, Chicago.

Kirkconnell P., A., D. F. Stotz, y/and J. M. Shopland, eds. 2005.
Cuba: Península de Zapata. Rapid Biological Inventories
Report 07. The Field Museum, Chicago.

Fong G., A., D. Maceira F., W. S. Alverson, y/and J. Shopland, eds.
2005. Cuba: Siboney-Juticí. Rapid Biological Inventories
Report 10. The Field Museum, Chicago.

Pitman, N., C. Vriesendorp, y/and D. Moskovits, eds. 2003.
Perú: Yavarí. Rapid Biological Inventories Report 11.
The Field Museum, Chicago.

Pitman, N., R. C. Smith, C. Vriesendorp, D. Moskovits, R. Piana,
G. Knell, y/and T. Wachter, eds. 2004. Perú: Ampiyacu,
Apayacu, Yaguas, Medio Putumayo. Rapid Biological
Inventories Report 12. The Field Museum, Chicago.

Maceira F., D., A. Fong G., W. S. Alverson, y/and T. Wachter, eds.
2005. Cuba: Parque Nacional La Bayamesa. Rapid Biological
Inventories Report 13. The Field Museum, Chicago.

Fong G., A., D. Maceira F., W. S. Alverson, y/and
T. Wachter, eds. 2005. Cuba: Parque Nacional "Alejandro
de Humboldt." Rapid Biological Inventories Report 14.
The Field Museum, Chicago.

Vriesendorp, C., L. Rivera Chávez, D. Moskovits, y/and
J. Shopland, eds. 2004. Perú: Megantoni. Rapid Biological
Inventories Report 15. The Field Museum, Chicago.